高等学校引进版经典系列教材

建 筑 管 理

[美] 丹尼尔·W·哈尔平
普渡大学
[澳] 罗纳德·W·伍德黑德
新南威尔士大学
著

关 柯 李小冬 关为泓 等译

中国建筑工业出版社

著作权合同登记图字：01－2003－3781号

图书在版编目（CIP）数据

建筑管理/（美）哈尔平，（澳）伍德黑德著；关柯等译．—北京：中国建筑工业出版社，2004
（高等学校引进版经典系列教材）
ISBN 7－112－06458－9

Ⅰ．建… Ⅱ．①哈… ②伍… ③关… Ⅲ．①建筑工程－施工管理－高等学校－教材②建筑企业－工业企业管理－高等学校－教材 Ⅳ．①TU71②F407.96

中国版本图书馆CIP数据核字（2004）第031731号

高等学校引进版经典系列教材
建 筑 管 理
［美］丹尼尔·W·哈尔平
普渡大学
［澳］罗纳德·W·伍德黑德
新南威尔士大学
著
关 柯 李小冬 关为泓 等译
*
中国建筑工业出版社出版、发行（北京西郊百万庄）
新 华 书 店 经 销
北京嘉泰利德公司制作
北京建筑工业印刷厂印刷
*
开本：787×1092毫米 1/16 印张：23¾ 字数：588千字
2004年6月第一版 2004年7月第一次印刷
印数：1—3,000册 定价：**32.00**元
ISBN 7-112-06458-9
F·506（12472）

本社网址：http://www.china-abp.com.cn
网上书店：http://www.china-building.com.cn

译文的主持者近些年曾致力于建筑管理的国际化和现代化的探索，并已悉知美国的建筑管理是国际一流，《建筑管理》一书为美国当今攻读该专业的大学生和研究生的首选教材，在全美建筑业界有广泛影响。本教材的第一版已经问世16年，并且重印了30次。本书为原著第二版的中文译著，主要是向本专业的学生介绍复杂的结构的基本内容，以及建筑业是如何构建和组织的。一名成功的项目经理必须“熟知各项施工内容，能够面对并战胜各种挑战”，为此本版增加了估算、成本控制以及施工过程分析等部分。

本书可作为从事建筑管理人员了解和系统学习建筑管理基础知识的主要读本，更是建筑管理相关专业大学生和研究生首选辅助教材。

* * *

责任编辑：张礼庆
责任设计：崔兰萍
责任校对：王金珠

译 者 的 话

译文的主持者近些年曾致力于建筑管理的国际化和现代化的探索，并已悉知美国的建筑管理是国际一流，这已为同行们所公认。2002年春有机会到美国访问几所国际上的知名大学。有幸与普渡（Purdue）大学建筑管理系主任丹尼尔·哈尔平（D.W.Halpin）教授相识，该系建筑管理的教学与研究在美国居于一流的前列，哈尔平教授的著作《建筑管理》一书，为美国当今攻读该专业的大学生和研究生的首选教材，在全美建筑业界有广泛影响。

阅读后，认为该书的许多内容对我们来说是新颖并实用的，对我国建筑企业、建筑业主的建筑管理与国际接轨，对我国土建工程大学生、研究生和教师致力于建筑管理领域的学习并掌握国际前沿知识，以及相关人士吸取新的知识，都是有益的。因此，得到中国建筑工业出版社的支持，由他们解决了与美方的版权、著作权问题，因而能够出版。

本译书的人员和分工如下：

关柯教授、博导，组织并主持全书的翻译，负责统一术语和全文的统稿；

李小冬博士负责全书的译文修改和校稿，本书的第10、13、16章和附录F、I、J的译文；

关为泓博士生负责前言、第1、6章和附录H的译文；

刘琳博士负责第2、3、4、5章的译文；

吕康娟博士负责第7、8、9、12章的译文；

胡保清博士生负责第11、14、15章和附录K的译文，以及附录的校稿；

胡季英博士生负责附录A、B、C、D、E、G的译文；

张磊博士也参与了部分译文的校核。

从译书的开始直到完成，得到了出版社胡永旭副总编和张礼庆编辑的积极支持和热心编辑。此外，还得到一些关心此书出版的人士的关怀。对此，谨表深深的谢意，而译文的不妥之处，诚望阅读此书的人士予以指正。

译文主持者　关柯

2004.1

前　　言

本教材的第一版已经问世16年了，并且重印了30次。在此期间，作者们积累了更多的经验，拥有了更开阔的视野，因此有必要对此教材进行修正和补充。第二版在保留第一版总体思想框架和简明特点的情况下，对教材素材进行了更新。本教材主要是向本专业的学生介绍复杂的结构的基本内容，以及建筑业是如何构建和组织的。建筑管理面临的挑战正如一名十项运动全能选手面临的挑战一样。一名成功的项目经理必须“熟知各项施工内容，能够面对并战胜各种挑战”。

为了更好地进行说明，作者对第一版教材中的某些章节进行了合并。基于过去20年在不同大学的授课经验，作者认为首先对进度安排及所涉及的数值计算进行介绍效果更好，因此将时间控制及进度安排两部分合为一章，并移至教材的开始部分。同时，作者增加了估算、成本控制以及施工过程分析等部分。

为了让学生们更好地感受到完成一个宏伟的工程项目的魅力及其挑战，第二版增添了对历史上著名工程项目的介绍。作者真诚地希望广大学生能够真正理解建筑业在整个社会中的重要地位。作为一名杰出的土木工程师，赫伯特·胡佛总统曾这样说过：

“这是一个杰出的职业。它的魅力在于，工程师们以科学技术为基础，能够将设想变为蓝图，用石头或金属等材料以及旺盛的精力建造房屋，从而提高人们的生活标准，让人们生活得更加舒适。这也正是作为工程师的殊幸。”

在本教材第二版付梓出版之际，作者十分感谢广大同事给予的支持以及无数学生们在更新资料时提供的帮助。同时感谢雷切尔·哈斯花费了大量时间打印书稿，并对出版本教材给予的行政事务上的支持。

丹尼尔·W·哈尔平（Daniel W. Halpin）

罗纳德·W·伍德黑德（Ronald W. Woodhead）

目　录

第1章　历史沿革和基本概念

1.1　历史回顾

建造房屋以及建造房屋的能力是人类最原始的技能之一。在远古时期，这种技能是区分人类与其他物种的才能之一。人类为了在恶劣的自然环境中生存，利用一些自然材料，例如泥土、石块、木头以及兽皮等材料来建造房屋，从而获得一定程度的保护。

随着社会结构演变得更具系统性，这种建造房屋的能力成为了人类原始文明的一种证明。一些古老世界的奇迹反映了人类不仅能够建造避难性房屋，而且具有令人惊异的建造庞大纪念物的能力，令世人瞩目的金字塔（参见图1.1）以及希腊寺庙如帕提农神庙(Parthenon)则是对人类古老文明中的建造能力的有力证明。一些优美的建筑超越了时空，许多古代的建筑即使按照现代的标准来衡量也毫不逊色。在公元6世纪建于君士坦丁堡(Constantinople)的圣·索菲亚（Saint Sophia）大教堂，在长达9个世纪的时间里曾是世界上最出色的圆顶建筑。这个令人难忘的生动实例证实了那个时代的工匠的智慧以及他们对力学的理解，也就是说利用拱形的平面受力特征来建造立体的圆屋顶的结构。

图1.1　古老的金字塔

在近代社会，布鲁克林大桥以及巴拿马大运河代表了工程界伟大的业绩。它们同样说明了一个事实：完成一个工程项目需要解决许多方面的问题，其中一些问题并非是技术问题。在布鲁克林大桥以及巴拿马大运河两个工程项目中，工程人员面临了与技术问题同样难以应付的与人员有关的难题。这些难题要求工程人员必须具备改革的思想以及领导能力。在解决这些难题的基础上，工程师们得以完成这样的“英雄”业绩。

1.2 优秀的建筑工程界领袖

在1869~1883年建造布鲁克林大桥的过程中，罗伊比林家族获得了很高的信誉。它一度成为那个时代最出色的工程项目，因为在这个工程中采用了前所未有的新技术。约翰·A·罗伊比林（John A.Roebling）（参见图1.2）发明了一种称之为“钢缆支撑悬浮结构桥梁”的概念。罗伊比林具备旺盛的精力以及聪明才智，他曾建造过多座悬浮结构桥梁，例如：在辛辛那提（Cincinnati）建造的约翰·A·罗伊比林大桥（现今仍在使用中），展示了在设计布鲁克林大桥之前，罗伊比林便已开始创造了“钢缆支撑”的概念。由于约翰·A·罗伊比林的不幸去世（约翰·A·罗伊比林丧生于桥梁中线最初测量的意外事故中），他的儿子华盛顿继承了他的事业。

华盛顿·罗伊比林（Washington Roebling）（参见图1.3）曾是一位在南北战争中受勋的英雄，他毕业于伦斯勒（Rensselaer）理工学院的土木工程专业，具备着与他父亲同样出色的洞察力和勇气。他改善了箱式施工方法，并在建造高耸于纽约市的桥梁过程中解决了大量的问题（参见图1.4）。华盛顿不要求任何人在不安全的条件下工作，因此他亲自进入潜水箱进行指导。由于这项工作是在高气压下的潜水箱中进行，他最终患上了一种疑难病症，现在被称之为“潜水员病”的疾病，是在工人们进出高压的潜水箱时，血液中的氮气急速吸收和释放造成的。

图1.2 约翰·A·罗伊比林，布鲁克林大桥的设计者（美国土木工程师协会）

图1.3 华盛顿·A·罗伊比林，克鲁克林大桥的首席工程师（出自鲁特格斯大学图书馆的特殊收藏品及大学档案）

图 1.4 建造中的布鲁克林大桥（出自纽约市美术馆）

尽管患病在身，华盛顿仍然坚持在一个能够俯视工程现场的公寓里指导工作，在此时期，华盛顿的妻子埃米莉（Emily），一位陆军将军的妹妹也加入了这项工程（参见图 1.5）。埃米莉将一些工作情况传达给工程现场的管理人员。渐渐地埃米莉变成了代理首席工程师，并以其丈夫的名义来指导工程。她逐渐拥有了自信，获得了现场工程人员的尊重，并成功地在完成的整个工程项目中发挥作用。在美国编年史中，有许多关于技术革新和个人成就的传奇。布鲁克林大桥工程（参见 1972 年出版，麦克古尔夫的著作《杰出的桥梁》），便是这其中的一个传奇。

图1.5　埃米莉·W·罗伊比林，华盛顿·罗伊比林之妻
（出自鲁特格斯大学图书馆的特殊收藏品及大学档案）

1.3　巴拿马大运河

19世纪末期曾一度成为有远见卓识者的时代，他们倡议建造了一些改变人类历史的工程项目。自从巴波亚（Balboa）穿越巴拿马以及他的关于海洋的新发现以来，一些设计者开始设想建造一条水渠连接在大西洋与太平洋之间。受连接地中海与红海的苏伊士运河成功的影响，法国人于1882年开始了横穿狭窄的巴拿马海峡的运河工程。当时该地区属于哥伦比亚的一部分。历经了9年的艰苦努力，法国人最终仍被难以应付的技术难题、恶劣的气候条件以及黄热病带来的灾难而击败。

当时美国的西奥多·罗斯福（Theodore Roosevelt）政权决定接过来这项大运河工程并将之完成。罗斯福采用了这种被喻为“炮艇外交”的政策，参与了成立巴拿马共和国的革命。在明确了其政治方向与策略的基础上，这位举世闻名的总统开始了对建造大运河适当人选的寻找。约翰·F·史蒂文斯（John F. Stevens），在建造北部大铁路的工程中赢得了美誉的铁路工程师，最终成为了这个适当的人选（参见图1.6）。史蒂文斯通过实际工作证实了自己就是那个时期的最出色的人选。

史蒂文斯十分熟悉有关大型工程项目的组织系统性，并立即发现了工人们的工作环境有待改善，同时意识到了必须根除工人们对黄热病的恐惧。为了解决工作环境的问题，史蒂文斯为工人们修建了一些大规模且功能齐全的宿营地，并为工人们提供了可口的食物。

为了解决黄热病的问题，史蒂文斯特意请来了战地医生威廉·C·戈加斯（William C.Gorgas）以寻求帮助。戈加斯医生曾在古巴首都哈瓦那与沃尔特·里德（Walter Reed）医生一起从事过消除黄热病的工作。正如里德医生曾经指明的一样，戈加斯医生同样明白控制并根除黄热病的关键在于对蚊子的控制以及对蚊子生育场所的根除，其理由在于蚊子能够携带黄热病的病原体（参见保尔·德克纽夫（Paul Deknuif）的著作《微生物猎手》）。戈加斯医生最终十分成功地控制住了黄热病带来的恐慌，但他的成功如果离开了史蒂文斯的全力合作与支持是无法实现的。

图 1.6 约翰·史蒂文斯，巴拿马大运河的首席工程师
（出自美国华盛顿特区的国家档案）

在建立了工程项目的组织管理机构并为工人们提供了安全舒适的工作环境的基础上，史蒂文斯开始着手解决工程上出现的技术难题。法国人最初设想建造一个与苏伊士运河相似的运河，也就是说，就技术内容而言仅需在同一个海拔高度上建造运河。然而，由于这个海峡地区既有高地又有低谷，所以最初的工程设想显然是行不通的。为了解决将轮船移过这些“高地”的问题，工程上需要一组水梯或船闸将轮船升起，从而将这些轮船从巴拿马海峡中部的高地移向另外一侧的低海拔地区。建造这组水闸系统在当时是一个巨大的挑战。尤其是在运河的大西洋一侧，情况更为复杂。这是由于狂暴的查戈瑞斯（Chagres）河的影响，这条河流在雨季大量涨潮，在干旱季水位又会降至很低。

为了控制查戈瑞斯河，项目部决定建造一个大坝，既能蓄水又能控制河流的涨潮落潮。这个大坝项目将形成一个大湖，这个大湖可以成为一级船闸，以便轮船在运河中移动。这项建造查戈瑞斯河流大坝及佳特（Gatun）大湖的工程项目，需要前所未有的大量的混凝土施工及土方工程（参见图 1.7）。

另外一个主要问题是关于如何解决位于运河海拔最高地区的挖掘问题。作为运河的一部分，这个被称之为“库勒布拉（Culebra）”的取土区，涉及了大量土方挖掘工程，其数量之多即使是用现在的工程标准来衡量都是令人惊叹的，史蒂文斯修建了一个巨大的每日24小时连续运转的铁路系统，将泥土从“库勒布拉”取土区移至查戈瑞斯大坝现场，用作大坝的坝体填充材料。史蒂文斯的这个设想的确十分英明。

图1.7 建造中的佳特大湖水闸（出自贝特曼档案）

于是，史蒂文斯建造了这个当时世界上最出色的铁路系统之一。经蒸汽驱动的挖土机（前面装有铁铲）装载着单节机动车连续不断地工作着。这些挖土机的工作具有机动性，工人们可以不断地改变位置从而使之与工作面接触而不断地挖土。实际上，这些在铁轨旁工作着的铁铲一天之内可以被移动若干次，从而加速了挖掘进度。在平行的铁轨上，单节机动车厢则在连续不断的挖掘机下面通过着。

作为一个出色的工程师和项目领导人，史蒂文斯可以与罗伊比林家族相媲美。作为一名工程师，史蒂文斯深知：为了项目成功，必须做好工程计划而为项目提供良好的气候条件及工作环境。基于他的铁路工作经验，史蒂文斯明白如果逐一解决每一项资源问题，这样一个大型工程将不会得以完成，他在有限时间内组织了他的资源。史蒂文斯同时直觉地认识到必须面对并击败疾病问题。史蒂文斯获得的一些成功离不开西奥多·罗斯福及其内政部长威廉·H·塔夫脱（William Howard Taft）的支持。在这个项目上，塔夫脱给予了史蒂文斯能够坚决果断地做出决定，不被华盛顿特区的官僚委员会所束缚的支持（这种情况曾在史蒂文斯主管此工作前出现过）。

在这个运河工程的各项准备工作完备并走上通向胜利之路时，史蒂文斯突然辞职。至于他为何决定不完成此项目的理由，无人知晓。得知史蒂文斯的辞职决定，美国总统罗斯福选择了另一名他认为“不可能辞职”的人选来接替史蒂文斯的位置，此人就是美国陆军上校乔治·W·戈瑟尔思（George Washington Goethals）。戈瑟尔思具备了高度的组织管理能力，从而促进了该工程项目的成功完成。毋庸置疑，由于巴拿马运河工程的成功，戈瑟尔思将军获得了无数美誉。然而，最初能将该项目从“泥沼”之中拉出并引入正常的轨道，开发关于运河建造的新技术，从而最终将该工程引向成功的仍是史蒂文斯——作为杰出的工程师和工程项目管理者，史蒂文斯亦应得到高度的赞誉。

1.4 其他历史性工程项目

从一些著作中，我们可以学习和理解类似于布鲁克林大桥及巴拿马大运河的工程项目，其中，戴维·麦卡洛（David McCullough）的著作《杰出的桥梁》（The great Bridge）与《海洋之间的道路》（The Path Between the Seas）像任何一本侦探小说一样生动有趣、引人入胜。这些著作也介绍了其他各种不同大小的工程项目。例如：建造位于科罗拉多河（Colorado River）之上的胡佛大坝（Hoover Dam）时，面临了与建造巴拿马大运河同等程度的冒险与挑战。建造位于圣弗朗西斯科（旧金山，San Francisco）市内的金门大桥（Golden Gate Bridge）时，在当时亦面临着与建造布鲁克林大桥一样的挑战。

在18个月内完成的帝国大厦（Empire State Building）工程则是土木工程师们的另一个杰出成就。能够在纽约建成像帝国大厦及克莱斯勒大厦（Chrysler Building）一样的摩天大楼，主要归功于早期工程项目中发展起来的新技术、新方法。20世纪初期在法国巴黎建造的埃菲尔铁塔（Eiffel Tower）工程以及在美国芝加哥的密歇根大道两侧建造的摩天大楼群（miracle mile），均展示了建造高层钢结构工程的可行性。建筑物的高度曾由于承重墙材料的强度而受限，直至钢骨架及其幕墙（Curtain Walls）的出现，才解决了这个问题。

高层钢结构理论的完善以及电梯的发展为建造人们现今已经习以为常的高层建筑物提供了必要的技术。离开土木工程师们的这些新发明和技术进步，现代都市的天际线将不可能实现。

最近完成的连接英国与法国之间的欧洲隧道则是另一项历史性的工程项目。几个世纪以来，人类梦想着建造这个项目；如今在聚集了大批土木工程师的智慧与项目管理者的领导能力的基础上，这个梦想终于得以实现。其他的一些工程项目也在不断地计划和实施中。对此有兴趣的读者，可以参见1992年美国国家地理学会（The National Geographic Society）出版的由伊丽莎白·L·纽豪（Elizabeth L. Newhouse）编辑的著作《建造者——土木工程的奇迹》（The Builders - Marvel of Engineering），此书对许多历史性工程项目进行了简短的概括。

1.5 建筑技术和建筑管理

对于建筑内容的学习可以宽泛地概括为以下两大内容：

1. 建筑技术；
2. 建筑管理。

“建筑技术”，是指在施工现场为处理原材料及其他施工要素而采用的施工方法或技术。“技术”（technology）一词可以被分割为两个词，即“techno”代表的“技术的”（technical）和“逻辑性”（logic）。“逻辑性”是就顺序或程序而言，也就是指做事的先后顺序——最初应做什么，接下来做什么，直至目标达成。在此过程中，同时需要加入技术内容。具体而言，施工技术可以是浇筑混凝土、装修建筑物以及开挖隧道等等。

一旦决定实施一个工程项目之后，施工管理者面对的最严峻的问题就是“应该采用哪一种施工技术”，施工方法有多种多样，各不相同，而新的施工技术又不断地趋于完善；因此，施工管理者在选择特定的方法或技术时必须衡量其利弊。

与“建筑技术”形成对比，“建筑管理”是指对工程管理者而言，如何能够最佳利用资源。通常，当提及建筑资源时，人们自然会联想到以下四种资源：人力、机械、材料及资金。“建筑管理”则是指在建造一个工程项目时，如何及时有效地运用这四种资源。在管理一个项目并希望成功地运用这四种资源时，必须考虑到方方面面的问题。其中，一些问题属于技术性问题（例如：建筑模板的设计问题、挖土机的容量问题、外部装修时的气候问题等）；另外一些问题则包括如何激发工人们的积极性，如何处理劳务关系，如何确定合同形式和法律义务与责任，以及如何保证施工现场的安全问题。如前所述的巴拿马大运河工程显示了组织结构问题对于任何一个工程项目而言都非常重要。本书的主题是建筑管理，因此将主要探讨与管理相关的四种资源以及如何实现省时省费用的项目管理。

1.6 项目的生产方式

制造业通常是大批量生产同样的部品，如汽车或电视机装置。与制造业形成对比，建筑业通常是集中建造一个独特的产品。也就是说，建筑业的产品通常在设计及制造方法上别具一格。这个产品必须与其功能、外观及位置相符合。在一些情况下，需要建造一些相似建筑物。例如：连栋住宅区或快餐店等。即使是这些简单的实例，其建筑物的结构及式样在一定程度上也要适合现场条件。

大批量生产主要是指制造业的行为而言。许多制造部门生产大量相似的部件或者一批完全相同的部件。企业为获取利润重复生产并销售大量的相同产品（例如：电话机、热水瓶等等）。在某些情况下，产品的生产数量是被限定的。例如：为了满足特殊的需要或特定的顾客，仅需生产几个（例如：2、3个或10个）具有特殊设计的变压器或水力发电汽轮机。我们可以将这种生产限定数量的相似产品的生产行为称为“批量生产”。

在建筑业，大批量生产与批量生产均不常见（参见图1.8）。由于建筑业是建造各不相同的独特产品，这些各具特色的建筑物的制造过程被称为“工程项目的程序”。可以认为，一个项目包括设计与施工，也就是说，一个工程项目是设计并建造一个建筑物的过程。

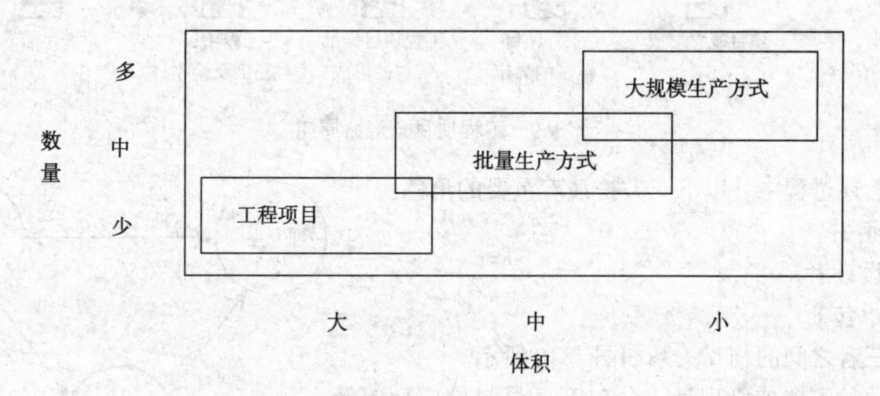

图1.8 不同生产方式的比较

建筑管理的侧重点是在一个工程项目中如何计划并控制资源。与其相对而言，制造部门的侧重点则是如何运用资源来长时间生产大批量产品。

1.7 工程项目的过程

工程项目的全过程由以下具有连续性的各个阶段构成：

1. 业主对项目需求的鉴别；
2. 进行初始的可行性分析和成本预测；
3. 做出初步设计的决定，并雇用设计人员；
4. 进行初步设计、确定施工范围，从而估算成本；
5. 进行可用于施工的最终设计；
6. 依据最终设计进行招标，投标者提出附有报价单的工程项目招标书；
7. 基于工程项目招标书，业主选择承包商并通知该承包商（又称建筑商）可以承包该工程项目；在此基础上，业主与承包商签订项目合同；
8. 项目开工、竣工、验收和投入使用；
9. 复杂的工程项目，在竣工之后有一个试用期，来判断设施是否达到了设计和规划的要求；工业项目通常有试用期，也被称为项目启动；
10. 规定时间内项目运行；
11. 设施报废或无限地维护使用。

以上所述的工程项目的过程如图1.9所示。这只是一般意义上的工程项目过程，不同项目具有特殊性，其过程也各有差异。本书的第2章及第3章将详细论述上述的1~8项内容。

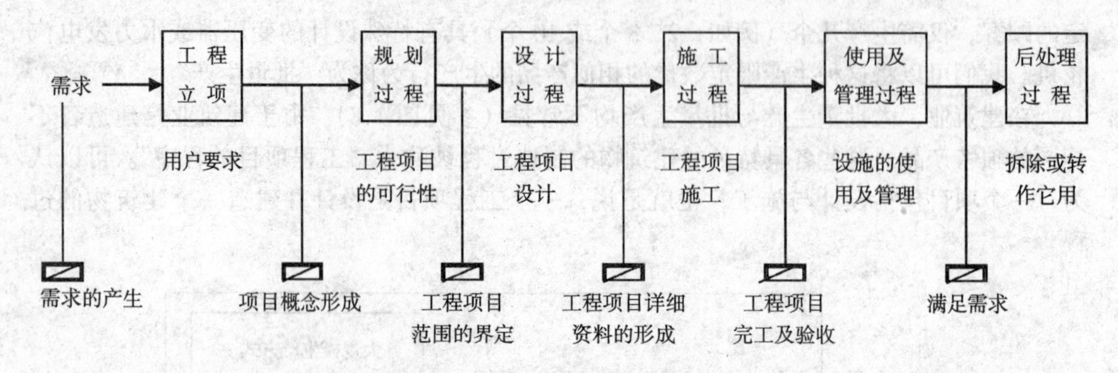

图1.9　工程项目全寿命周期

在上述过程中，以下三方扮演着重要的角色：

1. 业主
2. 设计者
3. 承包商

此三者之间的相互关系如图1.10所示。

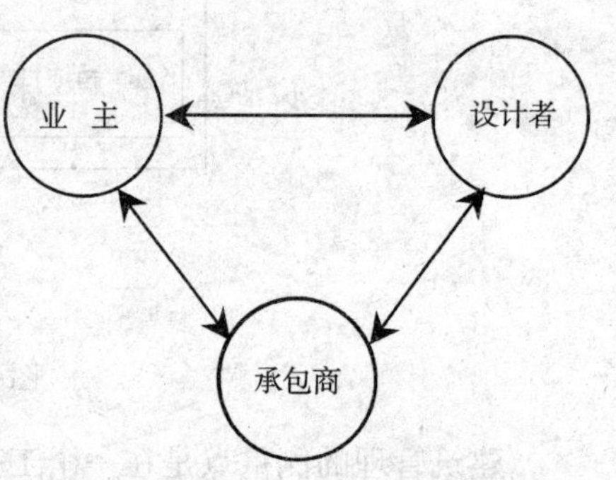

图1.10　业主、设计者与承包商三者之间的相互关系

其他的实体如管理者、分包商、材料供应商等等在此工程项目过程中也发挥着重要的辅助作用，然而对工程项目的运转起着最重要作用的仍是上述的三方。在工程项目合同中的通用条件部分，将对此三方的相互关系做出合法的界定（参见附录A），此相互关系将在以后的章节中作详细说明。

1.8　建筑管理与资源利用

项目经理的工作是指在既定的工期和预算内，如何经济有效地运用资源建造满足质量要求的工程设施。建筑行业常说，“在预算内并按期完工”。近年来，作为必要条件之一的质量问题在施工过程中也越发重要起来。因此，过去的基准被扩展为“在预算内并保质按期完工”。

项目经理可以支配调度人力、设备、材料等资源，保证建造出符合设计要求的设施。每个项目都有有限的资金和确定的完工期限。项目经理面临的挑战就是在此有限的时间和资金条件下，如何运用诸如人力、机械、材料等资源。这也正是施工管理的本质所在。

项目经理在运用有限的资源时，必须具备聪明的才智和创新的头脑。正如在战场上指挥作战的将军一样，项目经理必须制定一个工程计划，并协调有效地指挥和控制资源直至工程项目完工。

项目经理必须具备高层次的多种能力。换言之，项目经理必须像一个十项运动全能选手一样，具备在不同领域的强劲的能力。如果仅在一个领域内出类拔萃（例如：工程技术领域），但在其他领域内薄弱（例如：人际关系、合同法、劳务关系等领域），将不足以成为一名成功的项目经理。

1.9 建筑业

可以认为，建筑业是整个社会经济运转的发动机。在美国，建筑业是最大的社会经济部门之一。直至20世纪80年代初期，美国建筑业在国内生产总值（GDP）中所占份额最高，并在美国的工业界占有最高的资金周转率。近年来，建筑业依然是美国最大的产业。新的工程项目约占GDP的8%，维修更新项目另占GDP的5%。建筑业整个行业有100万家以上的企业以及约为1000万的职工，年均生产总额超过5000亿美元。

建筑企业的规模大小不同。大型建筑企业拥有数以千计的职工，每年的合同额超过200亿美元。许多大型建筑企业同时占有国内市场及国际市场。与此相比，有统计数据表明：多于三分之二的建筑企业的职工仅在5人以下。工程项目的范围亦极其广泛，它既包括像发电厂及州际高速公路等价值数十亿美元的大型工程项目，也包括像个人住宅、铺筑一般道路和人行道等小型工程项目。美国之所以能够拥有高质量的生活，主要是源于其高度发展的基础设施。这些基础设施包括道路、隧道、桥梁、通信系统、发电厂及供电网、水处理系统，以及支撑和维持人们日常生活的各种各样的设施。正是建筑业建造了并维护着这些基础设施，离开建筑业，这个国家将无法正常运转。

1.10 建筑业构成

由于工程项目多种多样、各不相同，因此为了正确理解建筑业的结构，有必要明确工程项目的几种主要类型。工程项目按其是否与住房、公共设施或制造业有关，可大致分为以下三种类型：房屋项目；基础设施项目；工业项目。

1.11 房屋工程项目

房屋工程项目是指为某种目的而建造的结构及设施。这些目的包括：居住、公共机构、教育、轻工业（例如：仓库等）、商业、社交及娱乐等等。具有代表性的房屋工程项目包括办公楼、购物商场、健身房、银行以及汽车销售代理机构等。房屋工程项目由建筑师或建筑/结构工程师担当设计，其工程采用的材料主要为满足其建筑用途（如内部及外部装修）。

1.12 基础设施工程项目

普遍而言，基础设施工程项目的设计者并非是建筑师，而是由专业的结构工程师担当。由于基础设施工程项目具备与基础设施相关的公共设施功能，因此由公共事业及其设施的业主们进行立项。基础设施工程项目基本上可分为以下两大类型：高速公路工程项目及大型土木工程项目。

高速公路工程项目主要由州政府或当地的高速公路部门担当设计。这类工程项目主要涉及：挖掘、填充、铺路及建造桥梁和排水沟等结构。高速公路工程在业主、设计者与承包商三者的角色分配上与房屋工程项目截然不同。在高速公路工程项目中，业主可以用内部的设计者及设计团体担当设计，因此业主及设计者双方可均为公共机构。

大型土木工程项目诸如污水处理厂、公共设施工程、大坝、交通工程（除高速公路工程以外）、管道工程以及河道工程等多由公共机构或半公共机构主持建设。根据实际情况，其业主及设计公司，可以是公有企业，也可以是私营企业。例如：美国的陆军土木工程企业（公有企业）（the U.S. Army Corps of Engineers）为了建造防洪结构（如大坝、河堤等）及航运结构（如河坝、水闸等）曾雇用过本企业的设计人员。由于政府部门的不断缩减，如今的工程设计多转包给私营建筑企业，公立的电力公司亦雇用私营工程公司来设计发电厂，公立的大型运输公司同样聘请私营工程公司协助建造快速运输工程项目。

1.13 工业工程项目

工业工程项目多指为制造及加工产品而建造的涉及大量专业技术的工程项目。业主多拥有工业企业担当设计。在某些情况下，在与业主/用户签订合同的基础上，可由一个建筑企业同时进行设计和施工。

1.14 建筑业部门的不同划分方法

在众多的划分行业的方法中，图1.11代表了其中的一种。按此种划分方法，单户住宅属于住宅工程部门。在其他的划分方法中，单户或双户住宅不属于建筑业而属于其他行业。由图1.11可以看出，住宅工程和房屋工程占整个建筑业的70%～75%，工业工程和重型土木工程（与基础设施密切相关）占整个建筑业的25%～30%。

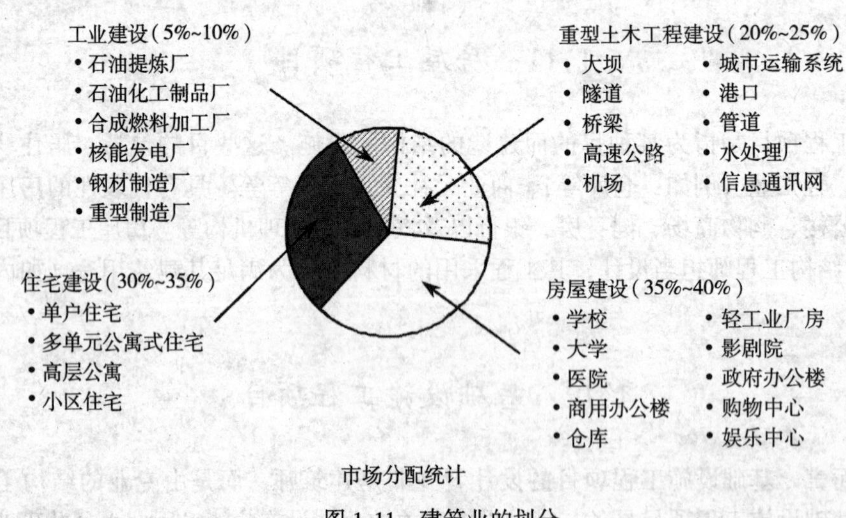

图1.11 建筑业的划分

图1.12代表了另外一种略为不同的划分行业的方法。此图源于《工程新闻记录》（Engineering News Record，简称ENR）杂志，展示了美国建筑业市场每周的变化规律及发展趋势。按此种划分方法，建筑业被划分为以下三个部门：

1. 重型土木工程及高速公路；

2. 非住宅性建筑物；

3. 多单元住宅。

其中，非住宅性建筑物包括一般建筑物和工业建筑物。由图 1.12 可以看出，按此种划分方法详细划分的各个部门代表了建筑业的各个主要专业领域。

ENR 市场动向

上周信息

成本指数 ENR20 个城市	5 月份指数值	与上个月相比（%）	与去年相比（%）
施工费用……………………	5572.10	+0.4	+2.6
房屋费……………………	3160.75	+0.4	+2.1
普通劳务费……………………	11378.29	+0.3	+3.0
熟练技工劳务费……………	5093.16	+0.2	+2.7
材料费……………………	2013.46	+0.7	+1.2

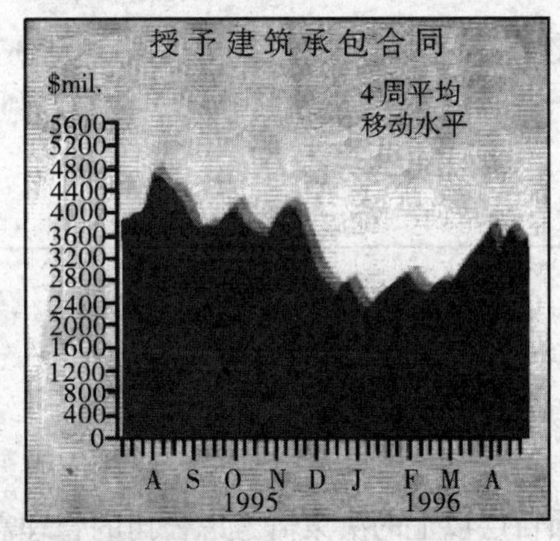

ENR 发布：全国总额（百万美元）	**至 4 月 22 日为止的一周**	**3 个月累计**	**1995～1996 年相比（%）**
工程合同总额……	3 247.2	39 078.5	-9
1. 重型土木工程及高速公路工程总额……	1 384.4	14 431.7	+1
水利用及水控制系统…………………	328.6	4 610.7	+18
供水系统…………………………	106.8	1 420.8	-2
下水道系统…………………………	125.9	1 744.7	+14
大坝、河道…………………………	95.9	1 445.1	+58
交通运输系统…………………………	855.4	7 362.2	+6
高速公路…………………………	566.1	4 894.3	+11
桥梁及隧道…………………………	241.2	1 795.2	-7
机场（包括建筑物）…………………	48.2	672.6	+8
发电系统、燃气系统、信息通讯系统…	16.9	449.6	-44
军事工程、太空工程…………………	0.1	1.2	-95
其他重型土木工程…………………	183.4	2 008.1	-21
2. 非住宅性建筑物工程总额………………	1 455.8	20 697.6	-13
制造工程…………………………	57.1	2 086.7	-25

商业用建筑物……………………………	678.7	8 277.0	-16
办公楼、银行……………………………	226.6	3 054.8	-19
商店、购物中心…………………………	231.3	2 588.5	-16
其他商业用建筑物………………………	220.8	2 623.7	-11
政府办公楼………………………………	44.3	1 278.8	-8
行政机关…………………………………	11.2	271.7	-48
邮局………………………………………	5.6	61.6	-6
监狱………………………………………	12.9	731.9	+32
警察局、消防站…………………………	14.6	213.5	-14
教育用建筑物……………………………	364.0	4 084.3	-14
基础教育设施……………………………	286.1	3 574.6	-22
大学………………………………………	27.9	632.6	-24
实验室……………………………………	50.0	877.1	+34
医疗用建筑物……………………………	123.6	2 070.9	-14
医院………………………………………	45.2	939.4	-27
保育所……………………………………	78.4	1 131.6	+1
其他非住宅性建筑物……………………	188.1	2 900.0	+6
3. 多单元住宅工程总额…………………	407.0	3 949.2	-17
公寓………………………………………	285.6	2 766.7	-23
酒店、汽车旅馆、宿舍…………………	121.4	1 182.5	0

图 1.12 土木工程简报的市场动向（由 ENR 杂志提供）

1.15 建筑管理的层次划分

从工程项目框架中可以确定建筑管理的层次。项目层以上的决策需考虑公司的管理需要。项目层之内的决策不仅与项目的运作方式有关（例如选择施工方法），而且与资源运用以及具体任务的实施有关。

具体而言，建筑管理可分为以下四个层次：

1. 企业管理层。企业管理者主要从一个公司的法律及商务等方面出发，涉及各个管理部门的职能，以及公司总部与工程项目经理之间的相互关系。

2. 项目管理层。项目管理层主要涉及如何把整个项目划分成各个部分，从而满足项目工期及预算的要求。同时，资源供应亦应满足资源计划的要求。

3. 操作及施工过程，主要涉及施工技术方法及施工细节。该层次发生在施工现场，通常较为复杂，因为该过程包含许许多多不同的施工细节，而每个施工细节都具有其独自的施工技术和施工顺序。当然，该层次也包括一些十分简单相似的施工过程。

4. 单项任务。这是最基本的管理层次，主要涉及如何具体使用人力及其他资源来完成一项任务。

对建筑管理层次的划分以及各层次的具体内容如图 1.13 所示。由图可知，企业管理层、项目管理层及工序层属于工程项目管理的上部层次，操作层、施工过程及现场操作（单项任务）层属于工程项目管理的基础层次。

为了明确上述的四个层次，现举例说明如下。例如：位于美国佐治亚州亚特兰大市的哈特斯菲尔德（Hartsfield）国际机场工程项目中，有一个有关安装玻璃及不透明板材的玻璃装配分包项目。该机场共包括4个机场大厅，每个机场大厅的支柱与支柱间有72块间格板。此项目要求每天在所有机场大厅的所有间格上安装5块板材，其建筑简图如图1.14所示。对此项目进行建筑管理层次划分的具体内容如表1.1所示。在项目管理层次，项目计划主要与玻璃及板材的安装工作有关。在现场操作层次，主要涉及定位、卸材料、拆包及其他相关工作。

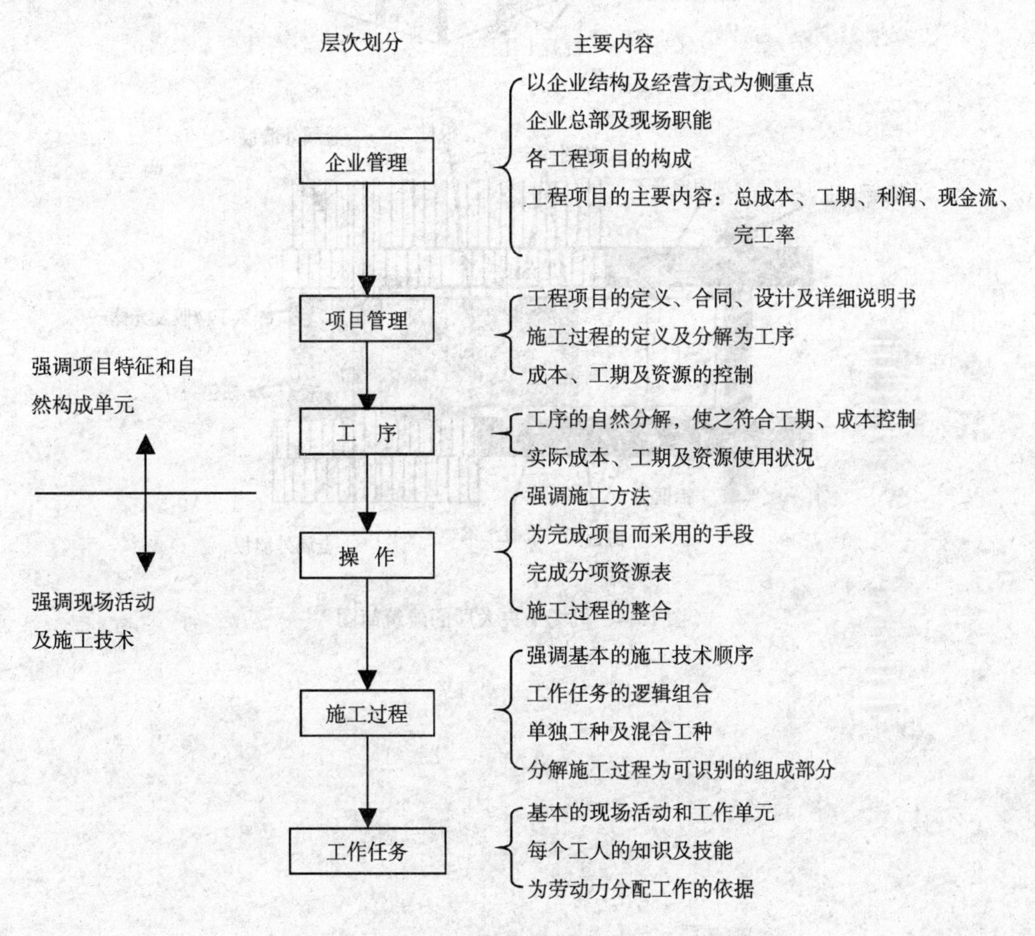

图1.13 建筑管理的层次

建筑管理的各个层次内容的举例说明 **表1.1**

项目管理	在美国佐治亚州亚特兰大市的哈特斯菲尔德国际机场工程项目中，对A~D4个机场大厅的所有外部玻璃及板墙进行安装
行 为	在机场大厅A的第65~72块间格上，安装玻璃及板材
操 作	板材安装及其框架安装；柱子的包装板的安装
施工过程	安置窗台固定卡子；安装窗中挺并在窗框内安置玻璃；移动并调整脚手架结构
单项任务	定位并扭紧扣件；卸下窗中挺，并定位；除去玻璃板材外部的保护性装置；在移位过程中保证脚手架的安全

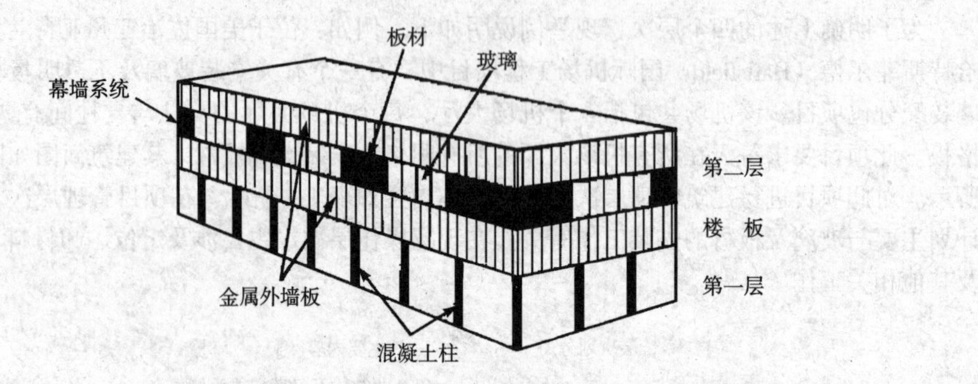

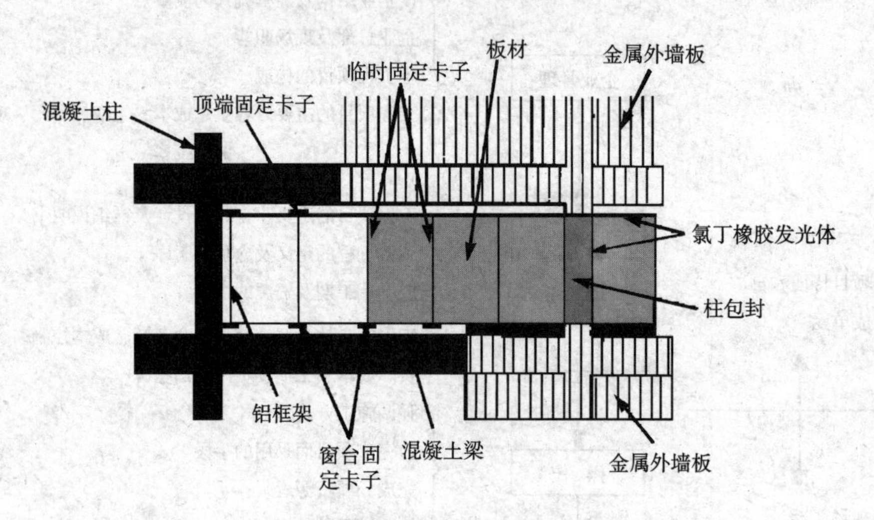

图 1.14 机场中央大厅的建筑简图

第 2 章　投标文件的准备

2.1　工程项目的概念及需求

我们居住的建筑环境是以工程项目的形式被认知的，因此建筑过程可以通过认识工程项目交付的特征而被很好地理解。在第 2 章和第 3 章，我们将介绍工程项目发展的每一过程。图 2.1 是工程项目发展的简要流程图，这个框架展示了竞争投标工程项目的发展过程，在第 4 章中我们将会看到，这是一个公共工程项目交付系统的特征。这些研究表明在工程项目投标和建造之前，必须准备好充足的投标文件。

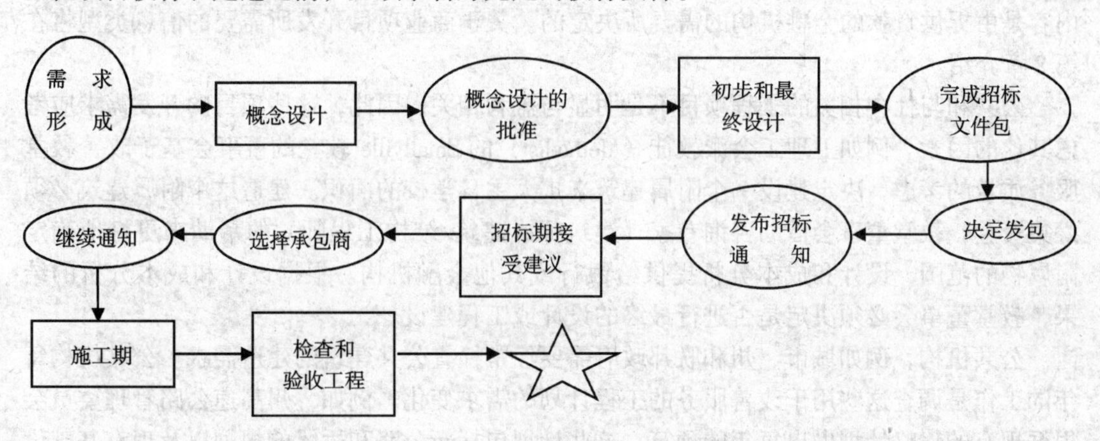

图 2.1　工程项目发展循环（新）

每一个工程项目的寿命期均起始于一种对需求的认识，这种需求通过建设工程项目而得到很好地满足。在一个复杂的社会中，能够改变建筑环境的需求是多种多样的，个人房屋都是具有功能性和舒适性的（例如住宅或居住性建筑）的需求，公共建筑是公共机构例如城市、州和联邦政府建造的建筑物以及为提高生活质量而建造的公共建筑。许多公共建筑与基础设施的发展有关，桥梁、隧道、交通设施、堤和坝都是用以满足一般社会需要的公共建筑。

私人业主（例如商业企业）建造工程项目是为了提供商品和服务，这些工程项目的建造要明显地受到利益的驱使。私人业主建造的工程项目包括工厂、医院、实验室、旅馆和商用建筑、通讯网络设施，以及许多其他的工程类型。

2.2　需求的形成

任何一个工程项目发展的第一步都是需求的形成，并对其进行定义。如果这种需求具有商业目的，则工程项目需求的定义必须根据市场分析和项目的盈利性来进行。例如，如果需要在西班牙建造一个化学工厂，则企业建造这个工厂必须在一个合适的市场条件下进行，即工厂的运行必须能够盈利。

化学工厂的经济可行性必须根据市场研究加以确定，这种市场研究要给出工厂产品的需求超过计划的界限。在许多条件下，这些研究通过推荐最佳建造时间计划来占据市场竞争的优势；工厂地点的选取也要考虑劳动力和资源的利用，这些资源包括能源、水和运输条件。这种研究有时作为可行性研究予以提出。

这些信息必须被提供，从而使企业内的高层管理人员能够制定企业的发展策略。尤其是可行性资料和成本分析必须能提交给董事会，然后，董事会对投资建厂是否合理进行决策。

对任何工程项目来说，相似的分析都是必要的。如果许多企业家决定在亚利桑那州的凤凰城（Phoenix）建造一个旅馆，就必须进行决定这项投资潜在收益的基础经济分析。如果经济分析支持建造旅馆的想法，则这个需求就是可行的。在这个案例中，为旅馆的建造提供贷款的金融机构在提供贷款前，特别需要有确定的论证。所以，可行性研究的大部分内容是由提供贷款的金融机构的需要所决定的。关于商业项目开发所需要的信息类型将在第8章介绍。

公共和与社会相关的工程项目不是明显与盈利相关，因此，这些项目的开发需求应考虑其他的因素。例如卫理工会派教徒（Methodist）的Smallville教堂的董事会基于改善教堂服务质量的考虑，决定建设一个附属建筑来扩大主日学校的面积。建造这个附属建筑必须筹集资金，教堂董事会借助咨询专家（建筑师或建筑/结构工程师）的帮助来更好地确定附属物的范围，设计和成本分析提供给银行或其他金融机构。根据设计和成本分析的结果，教堂董事会必须决定是否进行最终的设计或工程建设。

公共机构，例如城市、州和联邦政府需要经常检查公共建筑的建造需求。公共机构每年的工作是调查这些用于改善服务的工程计划的需求变化。例如，州高速公路管理委员会根据现有的战略计划做出每年的预算，这些计划包括新公路和桥梁的规划以及现有基础设施的维护。这些计划每年都要被审查，工程项目计划每年也要被修改完善，管委会还要对联系各个州的交通工程进行预算。在这种状况下，州的工程需要总在不停地更新，而工程需要和可利用的资金之间总要保持平衡。

2.3 需求目标的评估

在是否对给定工程项目进行初步和最终设计的决定中，工程项目周期中的概念设计部分必须包括以下三条内容，这些内容在决策过程中都要被考虑：

1. 成本/收益分析；

2. 工程项目的图表描述（草图或透视图）和项目的图纸设计；

3. 概念设计阶段的成本估计。

这些文件有利于决策者做出是否继续进行拟建的工程项目。

对于商业或以盈利为出发点的工程项目，成本/利益分析只是简单地对所估计的工程项目的成本和期望产生的合理利润进行比较。对于公共或其他不是以盈利为出发点的工程项目（例如博物馆、教堂、展览馆等等），建造该工程所得到的利益很难计算出来。

例如，如果在科罗拉多河建造一座大坝，它的部分收益可以被确定（形成经济效益），而部分收益不能被确定（与生活质量有关）。如果大坝截流发电，电力的出售及由此产生的收入可以被确定下来，并通过具体的美元数额体现出来。但是建造大坝可以防止下游河流交汇处发生洪水，以及形成的具有娱乐功能的湖泊，这些收益难以精确确定。

这项工程作为娱乐设施以及防洪等方面的利益很难用美元来量化，它们可以被看作是有关改善生活质量的不可确定的利益。开垦局和陆军土木工程企业（Bureau of Reclamation and the Army Corps of Engineers）（这些政府机构是管理水资源发展的）进行了将大坝工程的不确定收益转化为可确定收益的研究。然而，不确定收益的评估仍然存在争议和评论。

2.4 概念设计及其评估

为了筹集资金建设各种企业工程项目，例如旅馆、住宅、公寓、综合楼、购物中心和办公用房，通常要将当前的概念设计提供给潜在的资金供给者（例如银行和投资者）。成本/收益分析、图表资料（包括建筑物透视图，草图以及规划图）有助于潜在的资金供给者更好地理解工程项目。因此，概念性的图纸是概念设计文件中的一部分，成本分析的估计是基于概念设计的图纸和其他设计资料（例如以平方英尺计算的屋顶面积、楼层面积、供暖和空调设备的尺寸等等）来完成的。

联邦政府工程需要相似的支持分析，以便每年向国会提出预算请求。支持文件包括规划草图和细部设计的提纲（见图 2.2）。工程的预算见图 2.3。这些工程作为分项预算包括在向政府机构申请资金的报告中。在这个案例中，申请者应该是邮政工程师。这份申请与国防部的申请相结合提交给预算局，并与预算局的文件一起提交给国会。

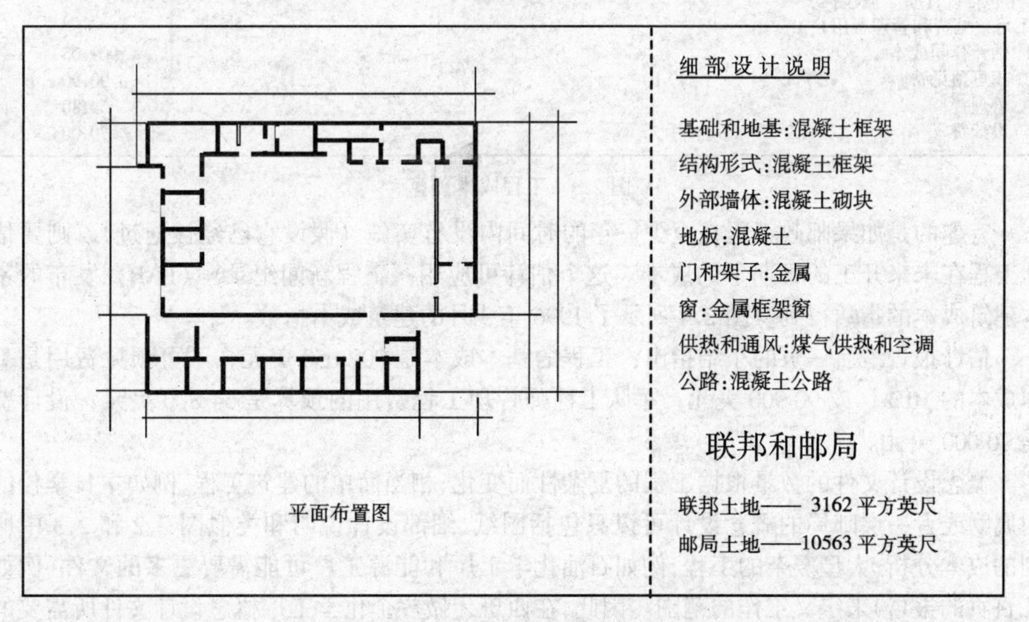

图 2.2 项目建议书：设计草图和细部提纲

送至：总工程师 军队管委会 华盛顿，D.C 会计年：20×× A.E的姓名和地址 N.A. 预算草图　1391 安装的名字和地址 * * 设计情况 初步完成0% 条目总数 224 最终设计完成日期 没有授权	自：×× ×× ×× 准备日期：×× A.E.FEE N.A. 建筑类型 永久 最终完成0% 工程描述 邮局

描　述	数　量	单　位	单位价格	总价（千美元）
1. 土建				
一般建筑	13，725	平方英尺	42.24	579.7
铅制品	13，725	平方英尺	2.42	33.2
供热和通风设备	13，725	平方英尺	2.68	36.8
空调（50t）	13，725	平方英尺	7.62	104.6
电力	13，725	平方英尺	5.76	79.0
小计	13，725	平方英尺	60.72	833.3
2. 设备				
A. 电力				19.3
B. 上水				6.8
C. 下水				10.15
D. 煤气				7.0
3. 现场工作				85.3
4. 块石路面				75.1
5. 防雷设施				5.4
6. 景观美化				6.2
7. 电信				6.0
估计成本总计 (不包括设计费，但包括 不可预见费和管理费用)				1054.75
1. 估计合同成本				909.05
2. 不可预见费	10			90.90
3. 管理费				54.80
4. 设计费				70.00

图2.3　工程成本预算

有趣的是如果邮政工程在至少一年的时间内没有实施（假设它已经被通过），则要估计工程在未来开工的日期下的成本。这个估计可应用《工程新闻纪录》（ENR）发布的基本建筑成本的指数得到。图2.4列示了1996年3月的建筑成本指数。

估计报告最后一页的小结指出：工程的基本成本是909 050美元，不可预见费用是基本成本的10%，或90 900美元；军队工程师管理工程费用的预算是54 800美元；设计费是70 000美元。

概念设计文件的数量根据工程的复杂性而变化，相当简单的建筑工程，例如主日学校的附属物或者一层邮局的概念设计可以只包括图纸、细部设计说明和类似图2.2和2.3中所列的成本分析；大型复杂的工程，例如石油化学工厂和能源工厂可能需要更多的文件（例如几百页的报告）来定义工作的范围。因此，在西班牙做一个化学工厂概念设计文件所需要的工程师人工数要明显地多于做一个小商业建筑概念设计文件所需要的工程师人工数。

房屋成本指数，1914－1996

年平均							月平均指数												每年
							1月	2月	3月	4月	5月	6月	7月	8月	9月	10月	11月	12月	平均
1914	92	1935	166	1956	491	1977	1489	1499	1504	1506	1507	1521	1539	1554	1587	1618	1604	1607	1545
1915	95	1936	172	1957	509	1978	1609	1617	1620	1621	1652	1663	1696	1705	1720	1721	1732	1734	1674
1916	131	1937	196	1958	525	1979	1740	1740	1750	1749	1753	1809	1829	1849	1900	1900	1901	1909	1819
1917	167	1938	197	1959	548														
1918	159	1939	197	1960	559	1980	1895	1894	1915	1899	1888	1916	1950	1971	1976	1976	2000	2017	1941
1919	159	1940	203	1961	568	1981	2015	2016	2014	2064	2076	2080	2106	2131	2154	2151	2181	2178	2097
1920	207	1941	211	1962	580	1982	2184	2198	2192	2197	2199	2225	2258	2259	2263	2262	2268	2297	2234
1921	166	1942	222	1963	594	1983	2311	2348	2352	2347	2351	2388	2414	2428	2430	2416	2419	2406	2384
1922	155	1943	229	1964	612	1984	2402	2407	2412	2422	2419	2417	2418	2428	2430	2424	2421	2408	2417
1923	186	1944	235	1965	627														
1924	186	1945	239	1966	650	1985	2410	2414	2406	2405	2411	2429	2448	2442	2441	2441	2446	2439	2428
1925	183	1946	262	1967	676	1986	2440	2446	2447	2458	2479	2493	2499	2498	2504	2511	2511	2511	2483
1926	185	1947	313	1968	721	1987	2515	2510	2518	2523	2524	2525	2538	2557	2564	2569	2589	2589	2541
1927	186	1948	341	1969	790	1988	2574	2576	2586	2591	2592	2595	2598	2611	2612	2612	2617	2617	2598
1928	188	1949	352	1970	836	1989	2615	2608	2612	2615	2616	2623	2627	2637	2660	2662	2669	2669	2634
1929	191	1950	375	1971	948														
1930	185	1951	401	1972	1048	1990	2664	2668	2673	2676	2691	2715	2716	2716	2730	2728	2730	2720	2702
1931	168	1952	416	1973	1138	1991	2720	2716	2715	2709	2723	2733	2757	2792	2785	2786	2791	2784	2751
1932	131	1953	431	1974	1205	1992	2784	2775	2799	2809	2828	2938	2845	2854	2857	2867	2873	2875	2834
1933	148	1954	446	1975	1306	1993	2886	2886	2915	2976	3071	3065	3038	3014	3009	3016	3029	3046	2996
1934	167	1955	469	1976	1425	1994	3071	3106	3116	3127	3125	3115	3107	3109	3116	3116	3109	3110	3111
						1995	3112	3111	3103	3100	3096	3095	3114	3121	3109	3117	3131	3128	3111
						1996	3127	3131	3135										

以 1913 = 100

建安成本指数，1907－1996

年平均							月平均指数												每年
							1月	2月	3月	4月	5月	6月	7月	8月	9月	10月	11月	12月	平均
1907	101	1930	203	1953	600	1976	2305	2314	2322	2327	2357	2410	2414	2445	2465	2478	2486	2490	2401
1908	97	1931	181	1954	628	1977	2494	2505	2513	2514	2515	2541	2579	2611	2644	2675	2659	2660	2576
1909	91	1932	157	1955	660	1978	2672	2681	2693	2698	2733	2753	2821	2829	2851	2851	2861	2869	2776
1910	96	1933	170	1956	692	1979	2872	2877	2886	2886	2889	2984	3052	3071	3120	3122	6161	3140	3003
1911	93	1934	198	1957	724														
1912	91	1935	196	1958	759	1980	3132	3134	3159	3143	3139	3198	3260	3304	3319	3327	3355	3376	3237
1913	100	1936	206	1959	797	1981	3372	3373	3384	3450	3471	3496	3548	3616	3657	3660	3697	3695	3535
1914	89	1937	235	1960	824	1982	3704	3728	3721	3731	3734	3815	3899	3899	3902	3901	3917	3950	3825
1915	93	1938	236	1961	847	1983	3960	4001	4006	4001	4003	4073	4108	4132	4142	4127	4133	4110	4066
1916	130	1939	236	1962	872	1984	4109	4113	4118	4132	4142	4161	4166	4169	4176	4161	4158	4144	4146
1917	181	1940	242	1963	901														
1918	189	1941	258	1964	936	1985	4145	4153	4154	4150	4171	4201	4220	4230	4229	4228	4231	4228	4195
1919	198	1942	276	1965	971	1986	4218	4230	4231	4242	4275	4303	4332	4334	4335	4344	4342	4351	4295
1920	251	1943	290	1966	1019	1987	4354	4352	4359	4363	4369	4387	4404	4443	4456	4459	4453	4478	4406
1921	202	1944	299	1967	1074	1988	4470	4473	4484	4489	4493	4525	4532	4542	4535	4555	4567	4568	4519
1922	174	1945	308	1968	1155	1989	4580	4573	4574	4577	4578	4599	4608	4618	4658	4658	4668	4685	4615
1923	214	1946	346	1969	1269														
1924	215	1947	413	1970	1381	1990	4680	4685	4691	4693	4707	4732	4734	4752	4774	4771	4787	4777	4732
1925	207	1948	461	1971	1581	1991	4777	4773	4772	4766	4801	4818	4854	4892	4891	4892	4896	4889	4835
1926	208	1949	477	1972	1753	1992	4888	4884	4927	4946	4965	4973	4992	5032	5042	5052	5058	5059	4985
1927	206	1950	510	1973	1895	1993	5071	5070	5106	5167	5262	5260	5252	5230	5255	5264	5278	5310	5210
1928	207	1951	543	1974	2020	1994	5336	8371	5381	5405	5405	5408	5409	5424	5437	5437	5439	5439	5408
1929	207	1952	569	1975	2212	1995	5443	5444	5435	5432	5433	5432	5484	5506	5491	5511	5519	5524	5471
						1996	5523	5532	5537										

以 1913 = 100

图 2.4 《工程新闻记录》中的建安成本指数

2.5 初步和详细设计

一旦工程项目的概念设计被通过，业主为了工程设计要雇用建筑师和工程师，或两者的结合者，被称为建筑/工程师（A/E）。工程建设的设计阶段的最终产品是一系列的计划和设计说明书，这些产品定义和描述了待建项目。图纸是指导工程施工的图示或计划的指示；细部设计是言辞或文字上的描述，说明应该施工什么，到达什么质量水平。这些工作都成为合同的一部分。计划和细部设计通常分两步完成。第一步是初步设计，它在详细设计之前为业主提供仔细斟酌的机会。通常初步设计占据的时间是总设计的40%。初步设计是概念设计的延伸和深化。在许多工程中，通常采用首席设计师制度，首席设计师将建筑师和各个专业工程师的工作结合起来，建筑专业主要包括建筑、土木工程、结构工程、机械和电气工程等。例如，建筑师或建筑工程师设计地板和一般的工程外部设计图纸；设备（水暖）工程师设计供热、通风、空调以及供水系统的图纸，在初步设计中，要给出空调、供热设备和供水设备（例如管子）的位置和大小；同样，电气工程师要给出电气系统的设计，结构设计工程师要给出结构部件及其连接的设计方案。所有的这些设计都是互相联系和互相影响的，建筑设计决定了楼层结构的受力特性，由此影响了结构选型，而上部结构类型又影响了结构基础的选择和设计。建筑平面布置决定了管道的位置和主要设施的空间。

一旦初步设计被业主认可，就可以进行最终或详细设计，这是设计实现的第二步。对于建筑工程师来说，这部分的工作主要集中在室内装修，包括墙、地板、顶棚和玻璃的装修；而电气和设备的精确位置和设计，以及结构的详细设计和连接都由相应的工程师来完成。如前所述，详细设计最终以计划和设计说明书的形式用于业主招标。建筑/工程师根据这些设计文件为业主做出概算，该概算要扣除虚假成分。因为所有的设计在目前都已经完成，因此概算的估计误差控制在3%左右。概算的目的是确定工程设计在业主用于建筑工程的财力范围内；为评标建立参考依据。有时，当所有承包商的投标大大超过了业主的概算，则所有的投标均遭到拒绝，该工程重新设计和重新评估。一旦完成了详细设计，业主应在提供给预期的竞标者有关文件之前，再次批准详细设计。

2.6 招标通知

将招标文件通知给预期的竞标者，以便竞标者考虑设计文件和业主准备接受投标的过程，称为招标通知。因为建筑/工程师的职责在于为业主设计在预算范围内的建筑工程，因此建筑/工程师期望获得最低的投标价格。因此，招标文件发给那些被认为是有能力以合理的价格完成工程的承包商。所有建筑/工程师设计事务所都有一些合格的竞标者的名单。当设计完成后，类似于图2.5的招标通知被邮寄给所有期望的竞标者。招标通知包括的信息有：关于工程的总体特征和规模、设计和设计说明书，以及开标的时间、地点和日期。通常设计和设计说明书可以在建筑/工程师设计事务所以及规划室查看，在大城市中，规划室处于交通便利的位置。这些机构为竞标者准备了大量的工程计划和详细说明复印件，承包商可以进去查阅。为承包商提供机会到中心地点了解工程情况，从而免去他们驱车到每一个建筑/工程师的办公室去找信息。对于部分承包商而言，到建筑/工程师办公室或计划办公室去看所有的建筑文件的花费只有汽油和少部分的时间。如果他们决定投标一个特殊的工程，则他们在时间和费用等方面的工作投入将急剧增加。

招标通知
建筑排水系统改善工程
合同“B”
州中心医院
交给佐治亚州营造管理局（医院）
州中心城市——亚特兰大，佐治亚州

建筑排水系统改善工程的密封投标书将被接收，合同“B”，将交给佐治亚州营造管理局（医院），它位于佐治亚州的中心城市——亚特兰大的47大道州健康大厦315房间；递交的时间截止到19××年2月18日东部时间下午两点，届时将进行公开开标，第10部分中有关设备的投标信息应该在19××年2月4日前提交。

将要完成的工作：包括提供所有的材料、设备、劳动力以及如下建筑工程：

分部工程1：所有的排水管道安装及其附属设施；

分部工程2：一个污水泵站——“主要泵站”；

分部工程3：一个污水泵站——“支流泵站”；

分部工程4：一个污水泵站——“合流泵站”。

可以就其中任一或全部分部工程投标，所有的分部工程可以单独或随意组合。

投标书：投标书应该包括投标工程的价格，用文字和数字表示。所有的投标书必须附有保付支票，或佐治亚州有信誉的担保公司的保证，保证金额至少为投标总额的5%。

在合同执行之后，所有投标者的支票或担保金将被退还。

如果投标不是被面送，而是通过邮寄的方式提交，邮寄的地址为×××××。

履约和支付担保：相当于合同金额100%的履约和支付担保。

退回标书：在接受标书截止日期之后的60天以内，没有中标的标书将被退回。

工程计划、设计说明书和合同文件：工程计划、详细说明和合同文件在×××地方公开备查，或者从××人处可以得到，但必须交纳如下押金：

分部工程1：规划和设计说明，45美元；

分部工程2，3，4：规划和设计说明，50美元；

所有的分部工程：只要求设计说明，20美元。

在开标结束后的30天以内归还没有损坏的所有文件，押金将被归还一半；超过30天不归还所有文件，押金将不被退还。

工资计划：工程要求的劳动力和设备的最小小时工资计划由美国劳动部的秘书部决定，决定的AI-971条在详细说明的一般条件中包括。这个规定，在标书被接受之前有效，在授予中标者之前将被合同中的新规定代替。

接受或拒绝标书：接受或拒绝任一或所有投标者，以及非正式放弃的权利被保留。

这个工程部分将由联邦水污染管理局资助，可以作为工程WPC-GA-157被查阅到。

这个工程的投标商将要遵守美国总统令的11246条到11375条，对投标商和承包商的有关要求将在详细说明中予以解释。

佐治亚州营造管理局（医院）

图2.5 招标通知（佐治亚州营造管理局批准）

除了通过作为业主代表的建筑/工程师事务所发出的邮件，承包商还可以通过其他的方法来了解招标工程的信息。在一些大城市中，建筑工程交易在特定的地区为工程缔约各方服务，提供设计和投标的活动信息。除了计划办公室，这些交易所也可以定期公开发表如图2.6的新闻报告。这些报告给出了可以进行投标工程的名单，建筑/工程师利用这些媒介来使他们的宣传得到最大范围的传播。每一个报告包括的内容除了开标的时间和地点等基本信息外，还包括一些需要提交存档的文件的说明。

招　标

综合电力工程
建字　2752
Ft Benning，GA
1996年8月22日下午2点

混合电力工程修理，建字2752（B－0051），Ft Benning，GA
提交标书——＊＊＊＊＊＊＊＊＊＊
ATZB－KTD，Ft Benning 31905－5000
706/545－2221，1996年8月22日下午两点
规划和图纸来源——业主
保函信息——20%投标保证，50%支付保证，100%履约保证
分部工程2——拆除
分部工程16——内部电力工程
计划档案——ATL档案柜55－＃107292

图2.6　日建筑报告：AGC/亚特兰大建筑工程交易所

国家级的服务，如道奇报告系统（Dodge Reporting System）也为招标项目提供相关信息。交一笔登记费，这些服务可以将工程类型、地理位置、工作量和其他参数直接提供给承包商。这些公布的信息指出这项工作是否正在设计，还是准备投标或评标，对于已经评标的工程，低标和其他标的价格也被列出，使承包商可以观察市场投标竞争的发展趋势。典型的道奇报告系统的报告见图2.7。

提交报告日期:1996年7月15日　最后报告:1996年7月1日　最初报告:1994年8月4日　第1页，共2页

总况：总包合同招标（合理和最终报价）由业主确定，7月25日下午3点（东部时间） **提交标书给**：业主 **业主**：总务处　＊＊＊＊ 设计所：＊＊＊＊ **规划（电气、机械、结构）设计**：设计所 **注释**：101220 **担保信息**：20%投标担保，100%履约担保，50%支付担保 **规划设计图纸来源**：业主，5月17日或以后，查阅费520美元	**结构信息**：1．三层房屋/面积36 626m²/现场工作：沥青、混凝土摊铺，环境整饬，现场清理/板式基础：防潮和防水/框架：钢结构安装，预制混凝土浇筑/楼层施工：混凝土金属薄板组合楼板/楼板支撑：金属托梁 **材料和设施信息** 外部：墙体：砖、混凝土/墙体细目：装饰栅，通风孔/窗：铝合金和木窗/门：卷帘门、旋转门、扇形门、门面；屋顶：沥青屋面/屋顶细目：天窗 内部：隔墙：石膏板、木板、金属薄板/门：木门、空金属板/墙体装饰：油漆、墙体包装/顶棚装饰：隔声/ 设施：装载支架，厨房及其设施、儿童保育设施、报告厅座位 特殊构造：墙体或转角防护板、旗杆、指示牌、有锁的存物柜、窗户清洗设备/竖杆	投标日期：1996年7月25日 投标时间：下午3点 工程估计费用：8000万～9000万美元 工程类型：新建 **道奇报告**

报告日期：1996年7月15日　最后报告：1996年7月1日　最初报告：1994年8月4日　第2页，共2页

交通：液压升降机/防火装置：无水灭火系统、喷淋系统/空调系统：中央空调/供暖系统：集中供暖/电气系统：报警系统，应急灯和动力电 包括：特殊系统：变压器，水处理系统 投标商： ××； ××； ××； ××； ××。		**备注**

图2.7　典型的道奇报告系统公告

2.7 招标文件包

提供给承包商的文件是招标文件包，承包商据其决定投标还是不投标。招标文件包由建筑/工程师提供，除了工程规划和设计说明书之外，还包括投标书格式样本、针对所有承包商都适用的通用条件，以及只适合特定工程的特殊条件。所有的文件在建议书的参考处都有列示。招标文件包中的所有文件如图 2.8 所示。投标建议书是由建筑/工程师设计事务所设计、由承包商完成并提交的文件，它显示了承包商想承揽完成工程的愿望以及完成工程的价格。典型的投标书的格式如图 2.9 所示。

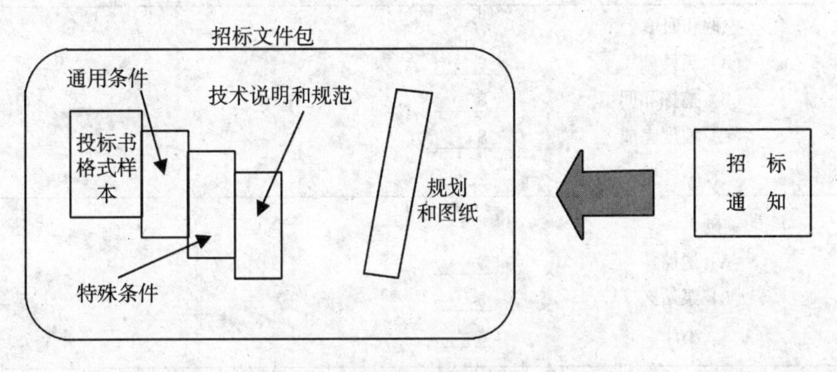

图 2.8 招标文件包

投标报价书

致：佐治亚州营造管理局（医院）

州首府

亚特兰大，佐治亚州

提交人：__________，19＊＊

作为投标者在下面签名，意味着只有这个企业或这些企业对报价书的内容负责，其他的企业不对该报价书或将要签订的合同负责，也就是说，本报价书的制定与其他投标或提交投标书的个人、企业或团体无关；签名还意味着报价书的所有内容都是公平和诚实的，没有共谋和欺骗。

更深一步地，签名还表明投标者已经勘查了现场，并且充分了解了现场中与工程有关的所有条件；并且还表明他已经研究了工程计划和设计说明，以及有关的合同文件，在开标之前已阅读了所有特殊条款和通用条款，对将要进行的工程感到满意。

如果中标，投标者将愿意与佐治亚州建筑营造管理局（医院）签订合同，完成所有必要的材料采购、设备、机械、交通设施和劳动力的准备，按照计划和详细说明以及合同文件中所体现的意图完成工程，除在特殊条款和通用条款中所说明的工作外，不必支付其他额外的工程中的费用。工程以管理局认可的价格完成，该价格如下：

合流泵站

第 1 部分：单价工程

（除了岩石挖掘外，各项工程按照工程量计算总价支付工程款）

分项工程	数量	单位	描述	单价	总价
1	550	立方英尺	岩石挖掘	$____	$____
2	50	英尺	8英寸压力干管	$____	$____
3	20	立方英尺	管沟挖掘	$____	$____
4	200	平方英尺	铺砌	$____	$____

小计，第1部分，第1条到4条，包括________________

________计（________美元）

第2部分：总价工程

分项工程	描述		总价
5	挖掘和回填		
	（A）道路施工	$____	
	（B）挖掘和回填	$____	
	（C）坡度完成	$____	
	小计	$____	
6	铺砌		
	（A）通路	$____	
	（B）泵站区	$____	
	小计	$____	
7	混凝土工程	$____	

投标者进一步同意根据合同以充足的力量和设备开始工作，按照规定的工期在300个连续的工作日内完成工作。

投标者表示他认同在合同中所列的工程量以及增加或减少调整的工程量，并承诺将以报价书的价格承担增加的工程量；一旦工程量减少，投标者将以标书所示的单价完成工程，并认可由此所带来的利润的减少；实际的工程量在工程完工后确定，并以合同方式调整。投标者表示如果在合同成立的书面通知到达以后10日内，不能执行合同条款，支票或担保金将支付给佐治亚州营造管理局（医院），赔偿由此引起的损失。否则，支票或投标保证金与投标书一同退回给签字者。

这里附属的担保由________________担保，金额为________美元。担保与招标文件和规定中一致，可以支付给佐治亚州建筑权威机构（医院）。

提交者：________

职　称：________

注释：如果投标者是公司制企业，则由法人代表签字；如果投标者是合伙制企业，则由合伙人签字；如果投标者是其他人，也必须附有签字授权。

地址：________________

图2.9　典型的投标报价书（由佐治亚州营造管理局认可）

投标报价书表明承包商愿意签署在招标文件确定的成本范围内完成该工程的协议，它只是一种要约而不是正式的合同。然而，如果业主根据投标书签订工程合同，则意味着投标书中的标价被接受，合同关系被建立起来。工程建设的价格形式可以是总价也可以是单价。图2.9只给出了一部分的价格，两种价格表示的方法（总价或单价）都被用到。条目1到4需要投标者针对指定的数量给出单价（例如美元/单位），所以，如果承包商将以

80.00美元/立方英尺的价格开凿岩石，这项工程的总价就是550×80.00=44 000美元。条目5~7需要以总价法或者协定价格来报价。据此，承包商就针对道路、路基平整等工作给出了一个报价。

在图2.9中所示的投标书中，还规定了合同的期限，尽管通常并不这样做。在许多例子中，工程期限或日历天数被列在招标文件包中的特殊条件下。投标书也指出承包商应该在获得工程合同书面通知后10天内开始工作。业主授予合同通常以通知的形式传给承包商。对承包商投标书做出中标回复的行为就建立了一种法律上的契约关系，公司法人的签字必须附在投标书的后面。

2.8 通用条件

关于一个如何进行合同管理，以及对合同中各方关系的规定，通常对于所有的合同都是相同的。每年参与签订大量合同的组织通常制定一个标准，规定了签订合同的有关程序并将它们提供给所有的承包商，这套标准通常被称为通用条件。而规模较大的政府缔约组织，例如美国陆军土木工程企业、开垦局和公共建筑服务管理委员会都有一套标准的通用条件。对于这些组织来说，因为不是经常接触建筑合同，专业和商业组织出版的标准通常也被用到工业合同中。工程师文件的管委会由美国咨询工程师委员会（American Consulting Engineers Council）、专业工程师全国协会（the National Society of Professional Engineers）和美国土木工程师协会（the American Society of Civil Engineers）联合组成，准备标准的合同文件，这个管委会被称为工程师联合合同管理委员会（Engineers Joint Contract Documents Committee，EJCDC），这些文件被美国一般合同联合会（AGC）和建筑专业协会（CSI）认可。一般条件中的内容分项见表2.1。因为与最初合同各方有关的权利、特权和责任在建筑合同的通用条件中都予以定义，所以，与业主，建筑师（或建筑/工程师），承包商，分包商有关的内容都可以在一般条件中找到。在通用条件下，大多数的承包商权利和责任基本相似。标准的通用条件下的每一条款都有法律上的含义，其词句没有经过仔细斟酌不可以改动。通用条件中的合同用语已经经过了无数次在法庭上的检验和锤炼，因此它的词句能够保证合同各方的公平平衡关系。然而当承包商发现在标准语言中有偏差时，由于害怕发生纠纷而发生的诉讼费用，他可能要减少投标。在一些小偏差可能发生的地方，当灰色区域产生时，给定的标准表格的语言可能倾向保护一方（例如建筑师），而将责任推给其他各方。可以肯定的是，AGC的标准分包合同在一些责任不清或需要解释的地方保护了承包商。

通用条件中的典型内容 **表2.1**

1. 定义	8. 工作变更
2. 正文前的图文	9. 合同价变更
3. 合同文件	10. 合同时间变更
4. 担保和保险	11. 试验和检查
5. 承包商的义务	12. 工程款支付
6. 业主的义务	13. 工程中止和竣工
7. 工程师的义务	14. 纠纷解决

2.9 附加条件（特殊条件）

对于工程中那些体现特殊或独特合同关系的内容，则写在附件条件中，例如工期、有关开工的附加条件、业主采购材料、当地指令人工价格、损失补偿的总数等条款均属于列为附加条件中的规定。在附加条件中包括的内容主要有两类：

1. 以附加、删除或替代的方式修正通用条件的基本条款；
2. 按照合同法要求，附加对于特殊工程必要或希望的条款。

因为一些附加条件是通用条件的扩展或解释，所以一些附加条件主要条款的标题与通用条件相似。图2.10列示了美国陆军土木工程企业的隧道改善工程中补充或特殊条件的内容。

第2部分
特殊条件
索引

图2.10 特殊条件：特殊条件索引（由陆军土木工程企业认可）

2.10 技术说明

合同文件必须将工程的要求转达给潜在的竞标者，并且要对即将实施的工程的技术形成做出合乎法律规定的精确描述，这个工作可以通过图纸形象地实现。技术说明给出了有关技术要求的文字说明，大多数内容属于对工程质量水平的规定，给出了施工工艺标准和材料标准，对于材料和设备，通常要标明要求使用的材料或者设备的品牌和型号。在采用竞标方式的政府采购中也采用类似的方法，通常规定必须使用指定品牌和型号或者具有完全替代性的材料或者设备，并要求投标者对可替代性做出说明。

在实际中，可以借鉴公认的实践经验或技术规范来建立质量要求。美国混凝土研究所（ACI）、美国焊接协会（AWS）、美国高速公路和交通管理局（AASHTO）、美国试验与材料协会（ASTM），以及美国联邦采购机构颁布了技术规范和指导意见，图 2.11 列举了一些典型的条目。技术说明各部分内容按照施工顺序进行组织，因此关于混凝土浇筑的技术要求内容应在机械设备的安装说明之前。典型的重型建造项目的技术说明目录如下：

章节：

1. 现场清理和挖掘；
2. 现有结构拆除；
3. 挖掘和回填；
4. 薄壁钢管桩；
5. 石头护栏；
6. 混凝土工程；
7. 零散工作；
8. 金属加工；
9. 供水设备；
10. 油漆；
11. 绿化。

如同对通用条件一样，绝大多数的承包商对技术说明书的条款都是很熟悉的。一个承包商能对技术说明做出快速评价，并且判断出是否存在异常或者不合标准之处而影响成本，并在这些条款上划线或以荧光笔标出加以仔细研究。

美国混凝土研究所 ACI211.1 - 91　普通、高密、大体积混凝土配合比的标准方案 * * * ACI 550R - 93　预制混凝土结构的设计建议	**美国焊接协会** AWS D 1.4 - 79　钢结构焊接规范 **美国工程师协会** ASCE 7　房屋和其他结构的最小设计荷载
美国试验和材料协会 ASTM A 36 - 90　钢结构技术规范 * * * ASTM D 2000 - 86　汽车用橡胶产品分类系统	**房屋地震安全管委会** NEHRP 新建建筑物的抗震规范 **钢增强混凝土机构** 钢筋绑扎：锚固、搭接和连接等

图 2.11　结构检测标准参考

2.11 补 遗

招标文件包里的文件对将要建筑的工程进行了描述，也规定了合同各方的责任和合同管理的方式，这些文件构成了确定投标价格的基础，影响了预期的投标者投标或达成协议的意愿。所以，招标文件包里的文件能否准确反映将要施工的工程和业主或业主代表的合同实施意图是非常重要的。在开标之前发生的合同细节、附加条款、合同条件及招标基础的变化都要通过补遗形式纳入招标文件包中。

这样，补遗就变成了合同文件的一部分，为业主（或业主的代理人）在合同确定前修改合同的范围和细节提供了媒介。所以，在开标前将附录的细节迅速地通知给所有的期望竞标者是非常重要的。因此，补遗是否已经传达，应该以接受方邮政收据或者投标文件中列出的签收文件列表为证。

一旦合同签署，合同实施期在范围或细节上的变化会导致合同各方之间形成新的经济关系。在这种条件下，最初的合同不再作为规定整个工程的基础，这些变化被称为工程变更（见3.5节）。

2.12 投标决策

在建筑师办公室或计划办公室咨询了工程计划和细节之后，承包商必须做出重要的决定，即是否投标。这是一个财务决策，因为它可能忽略了一些没有被考虑进去的附加成本。投标工作需要承包商投入人力进行估算。

估算是预测未来的工程费用和各种所需资源的过程。整个过程的关键是估算者要有过去的经验，预计可能要发生的能够影响成本情况的能力，估算结果的准确性，与估算者的能力及其恰当地使用过去经验息息相关。因为估算是决定投标价格的基础，因此仔细地准备估算是非常重要的。研究表明承包商失败的多数原因是其错误的估算和竞标策略。

根据图纸估算材料的数量是估算专家的工作，确定所需材料数量的工作过程称为数量测量。一旦材料的数量确定下来，估算者便会将价格信息和材料数量相结合，应用工程计量方法和生产率的知识估算完成每一个项目的直接成本。然后，估算者在直接成本基础上，加总不能在具体分部分项工程中分摊的间接费。最后，加上管理费用、摊销费、不可预见费用和适当的利润就形成投标价。附录B给出了投标决策应考虑的因素。

时间成本、确定投标价和提交投标书的费用只在承包商获得合同后才得到补偿。通常条件下最好的状况是承包商估算工作的费用约为标底的0.25%左右，当然，这笔费用会随着工程的复杂程度而改变。根据这个经验规则，一个约1 000万美元的工程，其估算工作费用在25 000美元左右。花费这样一笔钱来准备可能中标的项目是主要的财务决策。所以，多数承包商都会很仔细地考虑这项费用。为了补偿没有中标工程中的投标费用，承包商会在所有的投标中加入一笔费用，这笔费用将根据该承包商的中标概率来决定。也就是说，在一般情况下，承包商的中标概率为1/4，他将会在每一个投标书中调整投标价格，将3/4的投标成本加进去。除了准备投标价格的直接费用，承包商每使用工程规划和设计说明书，还必须付给建筑师一笔押金，这只是一笔名义上的费用，当归还工程计划和详细说明后，这笔押金还要退给承包商。其他的成本包括向分包商和材料供应商询价所发生的电话费用，以及笔录这些价格的行政费用，还有一小笔费用包括：投标保证金（见2.14节），以及按指示递交标书发生的管理费用。

2.13 资格预审

在一些复杂的工程条件下，业主必须确保选择到有能力建造招标工程的承包商。所以，在投标之前，业主可以对所有投标者进行资格预审，这项内容在发给投标者的通知中都已说明了。每一个有兴趣准备投标的承包商必须提交所完成的类似工程的文件资料，以证明其专业水平和施工能力，事实上，这是业主要求承包商递交的“简历”。如果业主怀疑承包商具备完成工作的能力，业主可以不授予其投标的资格。

这对于各方都是有利的。对于预审不合格的承包商来说，他可以不必浪费内部成本来准备投标文件；另一方面，业主也没有选择其认为不能完成工作的承包商提出的低标的压力。在极端的例子中，一个仅具备承揽独立式住宅施工的小企业可以低标竞争复杂的雷达站工程。如果业主认为承包商不能成功地完成工作，可以认定承包商预审不合格。

2.14 分包商和供应商的报价/合同

正如前文所述，估算部门可以对总承包商自己完成施工任务进行成本估算。但是对专业分项工程，例如电气工程、内部装修和屋面工程，总承包商估算的价格是根据以前成功完成任务的分包商的报价完成的，材料价格的报价是从供应商那里得到的。这些报价可以通过电话联系得到，并写在标书中。采用分包商/供应商投标报价的形式是一种很好的商业交易方式，其投标内容包括具有法律效力的签名和投标价格单。承包商在价格招标时，应该要求采用传真报价单方式，并在开列的报价上签署投标者的姓名。

承包商将这些报价汇总到最终的投标价格中。在承包商确定分包商或供应商之前，承包商遏制供应商或分包商不履约或改变价格的惟一措施就是报价传真单。在传真报价出现之前，承包商只能通过电话联系报价，只得到分包商的将以现价签署正式协议的承诺。应用传真传递报价和具有签字的报价单大大改善了这种状况，并减少了可能发生的误解。

在签署了总包合同之后，承包商应立即派出采购组与适当的专业公司签订分包合同。美国建筑师协会（AIA）和 EJCDC 颁布了专门的分包合同格式。

2.15 投标担保

在业主和承包商之间往往存在各种违约行为。担保概念的确定可以使得与某合同当事方有合同关系的另一方不履行责任时，保护其利益不受侵犯。如果不履行责任在两方之间引起损失（例如资金或其他价值的损失），被称作担保方的第三方就会对受到损害的一方提供保护。保护的形式通常是弥补或赔偿所受到的损失。因此，工程担保包含了三方之间的关系——一个不履行义务的责任人或责任方，一个受到损失的权利人或权利方，和一个可以弥补损失的担保人或担保方。因此，担保又被称作规定上述三方关系的契约（图

2.12）。

当一个具有有限财产的人想向银行贷款的情形中存在相似的关系。如果银行考虑到借款人偿还贷款的能力，会要求另外一个人与借款人联名签署借款协议。当借款人不能偿还借款时，银行会要求联名签署人偿还。在这种情况下，银行是权利人，借款人是责任人，联名签署人是担保人。

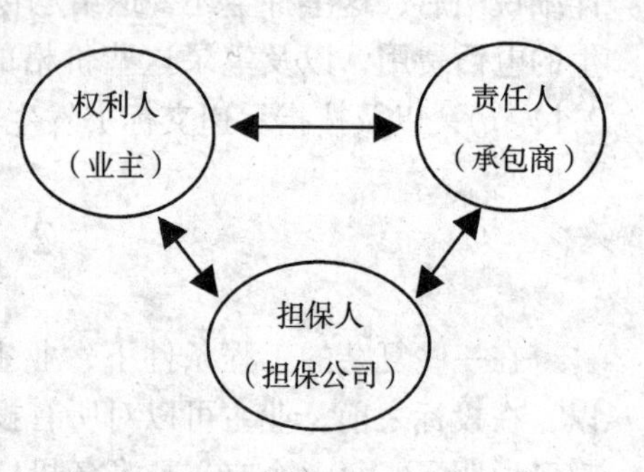

图 2.12 担保的关系（三方）

在投标的过程中，业主通常要求投标担保。当承包商不能如期开工时，担保者通常被要求提供损失的补偿，这种情况的发生条件可能是中标者认识到其中标价过低，继续工作有可能导致经济上的损失。

在这种情况下，业主通常由于不得不选取另外一个投标价最低的投标者，从而引起经济上的损失。例如，投标 300 万美元的承包商拒绝签署合同，业主不得不选取投标价为 308 万美元的承包商，业主的损失为 8 万美元。图 2.13 给出了典型的投标担保的格式。我们可以注意到如果责任方不能履行合同的责任，权利方将获得责任方的补偿。

责任方应支付权利方超过处罚的差额，这个差额就是已经确定好的投标价和权利方不得不与可以完成工作的另一方重新确定的更大的投标价之间的差额。

波多黎各
交通和公共工程部
高速公路委员会
投标担保

兹以本文件证明，我们(承包商的全名和地址)（以下称“委托人”），作为委托人，与作为担任人的根据州法律依法经营的(担保机构的全名和地址)（以下称担保人），坚定而真诚履行针对权利人——波多黎各联邦高速公路委员会的执行董事的责任，以下称波多黎各联邦高速公路委员会为权利人，担保金额为________美元。

上述委托人、担保人，为了保证支付这笔担保金，将共同地且各自地严格遵守本文件的规定，约束自身及各自的受让人、执行者、管理者。

鉴于，委托人已经投标(工程名称、地址和描述)

为此，本担保义务终止并无效的条件如下：如果权利人同意接受委托人的投标，委托人同意将根据标书条款签订合同，并担保完成合同中的工作和及时支付劳动力和材料费用；或者，在委托人拒绝签署合同并支付保证金的情况下，如果委托人支付给权利人的罚金数额低于上述委托人的投标书金额与权利人同其他承包商签署的合同金额之差额的款额。否则，本担保义务保持完全有效。

签名盖章

________（证明人） ________（委托人）盖章

________（职 务）

________（证明人） ________（担保人）盖章

________（职 务）

图 2.13 典型的投标保证

如果责任方不能支付这笔费用，则担保方必须支付。

在多数情况下，担保方只有完全确认责任方的资产超过由于不能开工所导致的损失时，才会提供投标保证。所以，投标担保方的提供只需要一笔很小的行政费用。从担保公司的立场来看，投标担保的重要性不是承包商支付的担保费用，而是在于如果承包商获得工程合同，担保方将可以继续提供履约和支付担保。投标担保只是另外两个担保的诱饵，附录C中给出了履约和支付保证的两种格式。当承包商不按照合同的约定进行施工时，履约担保提供对业主的保护；当总包商不能支付分包商或供应商的费用时，支付担保提供对业主的保护。如果担保方不能提供这些担保（合同文件中要求），承包商就无法签订工程合同，担保方也不得不被迫补偿由于责任的不履行所导致的损失。

作为投标担保的替代方式，业主有时规定或建议竞标者交纳一定数额的现金支票，来保证业主工程的顺利进行。如果承包商不签署合同，他将会失去这张支票，业主将用这笔钱来补偿以较高的价格来另寻最低投标价的损失。图2.5中在给竞标者的通知中指出了这种投标保证的方法，通知中写到："所有的投标者必须交纳一张保付支票，或获得被授权在本州从事商业活动的享有盛誉的担保公司提供的投标担保，其数额至少是投标价的5%"。

这个程序在图2.9中所示的投标书参考格式中给予了更进一步的解释："投标者进一步同意：在签署合同的书面通知到达后10日内，如果投标者未能履行合同责任以及提供履约和支付担保，保付支票或投标担保金将归业主所有。"

所有政府建筑合同通常要求投标担保金为投标价的20%，而私人项目业主一般要求投标担保金为投标价的5%或10%。因此，对于担保机构来说，住宅和商用建筑的承包商与公共建筑的承包商是不同的。如果公共建筑中的承包商因为投标价过低而不签署工程合同，由于公共建筑的投标担保金更大，因此会给担保机构带来更大的风险。

2.16　履约和支付担保

如果承包商得到了建筑合同，应进行履约和支付担保。履约担保要求承包商按照设计说明书的要求完成业主的项目。换句话说，履约担保是当承包商不按照要求履行施工任务时对业主的保护。如果承包商没有按照工程的要求施工，担保机构必须遵循规划和设计说明书的要求，按照违约承包商报价支付项目完成的费用。

支付担保是针对承包商未履行支付责任而导致的留置利息或费用产生，为业主提供的一种担保。也就是说，如果承包商不能留置利息和费用，则担保机构会支付这些债务。如果承包商未能及时支付分包商或供应商各项费用，担保机构必须保证业主免于索赔。附录C中给出了履约和支付担保的标准格式。

由于项目存在不可预见的成本支出和麻烦，容易导致承包商无法履行责任，因此担保机构可以与承包商进行短期金融方面的协商，担保机构可能向承包商提供额外的借款，协助其完成工程。在不履行责任的情况下，担保机构会一直到承包商的资金完全耗尽，才会支付履约担保金。因此，担保机构通常帮助承包商度过暂时的资金短缺阶段。

担保机构有一系列调解专家的名单，这些专家都有迅速接手有问题的工程并且使它们成功完成的记录。在某些情况下，担保机构会用调解专家来代替承包商的管理人员，用现有的施工力量来尝试完成工程；在另外一些情况下，担保机构可以与第二家承包商谈判，以在当时的情况下可以接受的固定价格让其完成工程。业主的兴趣是减少由于承包商违约引起的时间和中断遭致的损失。

2.17 担保的费用和要求

提供履约和支付担保将收取服务费，其费用通常的费率是建筑工程费用的第一个20万美元时为每1000美元的1%或10美元，建筑工程费用越高，这个担保费率就以递增的速度下降。事实上，担保机构无任何大的风险，因为担保协议包括了针对承包商的赔偿条款。换句话说，承包企业、合伙企业或控股企业都必须设置抵押，代表承包商支付担保公司的损失。由于为作为招标投标担保的结果，要求承包商或责任人必须确保赔偿担保机构的任何损失，因此对于个人财产和公司股东的股份保护的规定就不起作用了。在股东人数有限的公司或合伙企业中，关键人物可能会被要求签署以其个人财产为抵押物的担保。

Miller法案（1935年颁布）规定了联邦出资工程担保金的等级标准，履约担保必须足以补偿所有合同总值，而支付担保的要求按如下范围变化：

50%，合同金额为100万美元或更少；

40%，合同金额在100万美元至500万美元之间；

固定费用250万美元，合同金额超过500万美元。

担保机构总想了解担保工程的进展情况，以及承包商的经营和财务状况变化。为了达到这个目的，承包商定期向担保机构提供定期的进度报告，着重说明未完工程的成本、支付和纠纷。担保机构根据这些报告可以判断承包商的清偿能力，清偿能力可以根据承包商平衡表中的净速动资产与信誉系数的乘积计算得到。净速动资产是承包商可以迅速变现为现金或其他协议支付手段，用来补偿不履行责任的费用。这些支付手段指在承包商不履行责任时，容易利用的包括手边现金、活期存款、应收账款和类似的高流动性的资产。

倍数的大小要根据承包商多年的表现而定，没有任何施工记录的新承包商的信誉系数比较小，例如5或6；历史悠久且信誉高的承包商的信誉系数可以达到40或更高。在倍数为40的条件下，净速动资产净额为14万美元的企业，其清偿能力水平为560万美元。在这种条件下，担保机构将会为承包商工程（新开工工程与在建工程剩余部分）提供总数为560万美元的投标担保。

习 题

2.1 建筑担保的主要类型有哪些？为什么设立这些担保？

2.2 通常在合同哪个部分规定了项目的工期？

2.3 建筑担保协议要涉及哪几方？

2.4 如承包商不履行合同，导致担保方为完成工程支付必要工程款，这是什么类型的担保？

2.5 下述建筑合同中的文件的目的是什么？

a. 通用条件；

b. 特殊条件；

c. 补遗；

d. 技术说明。

2.6 为什么在竞争性投标中，通常要求承包商向业主递交投标担保？

2.7 什么是Miller法案，它对政府出资工程做了什么规定？

2.8 招标通告的目的是什么？

2.9　列举出高层建筑项目设计需要的专业设计组名称?

2.10　对于招标工程，在下述各阶段承包商需要投入多少资金?

a. 到达建筑师/工程师办公室查阅规划和设计说明书。

b. 将图纸带回办公室，进一步分析。

c. 工程量初步估算。

d. 充分准备投标文件。

2.11　对承包商的预审主要考虑哪些条件? 对当地的小型住宅承包商和总承包商的预审考虑条件进行调查。

2.12　查阅面砖、外部混凝土和油漆等有关装修装饰工程的技术规范中针对质量的条款。分析工程质量的规定、现场质量控制和验收是谁的责任?

2.13　阅读与业主、建筑师、承包商和分包商有关的建筑合同通用条件条款（见附录 A)。然后列出下述情况中各方的主要责任。

a. 项目定义、目的和范围;

b. 项目融资交易;

c. 工程质量验收。

第3章 施工阶段中的事项和问题

3.1 承诺期和退标

在正式的竞争投标过程中，各种活动的时间是法定的。招标通知意味着投标过程的开始，而开标的日期和时间则标志着投标期的正式结束。招标办公室通常在中心地区建立，如果在要求的时间内，招标办公室还没有接到的标书被认为是迟到的标书，通常被取消竞标资格。在投标截止日期（如开标）之前，承包商可以随时撤回自己的标书，该行为不会受到惩罚。如果他们发现标书中有错误，承包商可以对原始标书进行更正。一旦宣布开标，这些权利将被取消。如果已经开标了，投低标者宣布标书中存在错误，则在程序上允许解决这个问题。如果标书中的计算错误可以被清清楚楚地发现，业主一般会拒绝标书。如果错误以撤回标书为目的而人为制造的，业主将不会拒绝标书；这时，承包商将必须签署合同，或者投标担保金将被没收。招标进程如图3.1所示。

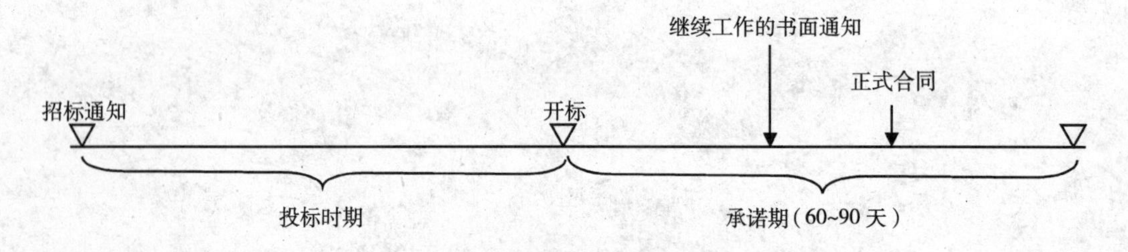

图3.1 招标过程时序表

投标担保金可以保护业主免受承包商不签署正式协议的损失，而承包商可以通过承诺期得到保护。投标通知一般规定了一个开标之后的时期，在这个时期内，被提交的标书持续有效；也就是说，如果业主在这个时期内不接受其中之一的标书，承包商可以撤回或调整他们的标书，在给投标者的通知中（图2.5），该项内容如下：

标书的撤回 在计划投标截止日期之后的60内，任何已投标书都不可以撤回。

这个规定的制定实质是为了保护投标者，否则业主可以借此使承包商在一个不确定的时期内保持投标状态。如果预期的投资或拨款没有兑现，在理论上，业主可以说："等到明年，我将以这个价格与你签约。"因此，这规定实际上对承包商不利。所以，业主必须在可接受的时间内向被选择的承包商发送接受其标书的书面通知，或者通知投标者没有中标。

3.2 接受合同和开始工作通知

接受合同的通知由指定承包商的信函构成，指示承包商开始进行工作。虽然没有签署正式协议，从法律的观点看，开始工作通知已经建立起合同关系。这封信函也表明施工现场是无阻碍的，承包商可以为了工作的目的占据现场。该通知的相关条款指示被选择的承包商应在规定的时间内开始工作，例如10天。

开工通知还有另外的意义，通知被发出的时间形成了工期开始计算的基准时间。因此，根据附加条件中对工程合同工期的规定，工程竣工的时间可以被估计出来。正如以后探讨的，时间延长可以增加工期，但是在竣工时估算不能按期完工的损失要参考开始工作的通知中所规定的日期。

这可以以如下方式规定：

完工日期不应超过承包商接到开始工作的通知后的1050日历天。

应用日历天数的原因在于可以简化工程完工的日期的计算。在相当多的情况下，工期是以工作日为准的。在通常情况下，合同的通用条件规定工作日是从星期一到星期五。所以，一周包括五个工作日。

在一些工程中，所有进入工程地点的障碍并没有得到清除。所以，由于不能保证承包商进入工程地点，业主就不能发布开始工作的通知。在这种情况下，为了表达业主的选择和对投标书的接受，业主通常可以向已选择的投标者发布意向书，该意向书将阐明障碍的性质，以及一旦障碍得到解决业主就将签订合同的意向。

3.3 合同协议

尽管开工通知具备了形成合同的要素，但是合同的正式成立还必须通过合同协议的签订。在法律意义上，正式的合同是一个将各方联系在一起的文件，并且在文件中将所要完成的工程进行详细的描述，它将下列所有的文件合一：图纸；通用条件；补充条件；技术规范；初始合同变更附录。与其他投标文件包一样，各种专业组织也提供适用于各类工程的标准合同格式。附录D和E为总价和协商（成本加费用）形式的合同格式。

3.4 工期延长

一旦正式合同签订，施工过程中，承包商的活动应该进入考虑范围。通常情况下，承包商所不能控制的环境情况，这些情况在投标阶段是无法合理预期的，将要导致延迟的产生。这些延迟又使得按期完工变得十分困难或根本不可能。在这些情况下，承包商通常请求延期来补偿延迟，如果这些延长得到允许，就会增加工期。通用条件规定了延期处理的程序，延期索赔的原因必须是由于业主或业主的代理人或不可抗力的因素造成的。由于设计错误或变更所导致的推迟是典型的业主负责的延迟，也是很普遍的。对于政府合同的延迟原因的研究表明大部分的延迟与设计有关（见表3.1），而天气原因则是所说的不可抗力产生的延迟的典型类型。然而，正常的天气不能成为获得延期的理由，多数通用条件中特别指出只有“在广播中不能合理预测的天气条件”才有资格作为延期的基础。这意味着明尼苏达州的工程在一月由于冰冻不能掘土而延长15天的要求将不被允许，因为在明尼苏达州，一月份的冻土是非常普遍的，承包商应该“合理地预测”这种情况，并且在计划中反映出来。天气一直是个有争议的问题，如果天气有一点点的超常，许多承包商都会在每个月自动递交延期请求以及工程进度款请求。

将延期时间加入初始工期，这使得如果初始工期为1050天的工程，允许有62天的延期，则工程将在承包商接到开始工作的通知后1112天完成。如果承包商超过了这个工期，清偿损失额（见3.9节）将以天为单位计算超期损失。工程完工时所包含的工期构成通常规定如下：

工程或指定的部分工程的实际竣工日期是指，与建筑合同相符合，并得到业主代表认可的工程充分完工的日期。届时业主可以根据其意图占有和使用工程或指定的部分工程。

各种延期形式的平均延期率 表3.1

设备	设计问题	业主修改	天气	罢工	配送延迟	其他
飞机场铺路/灯光	7.2	1.3	2.3	0	10.5	4.9
飞机场建筑	12.1	2.3	3.7	3.2	0.8	29.9
训练设备	6.2	20.8	2.9	0	0.6	4.6
航行器维护设施	12.0	2.0	8.4	1.0	2.2	0.2
自动维护设施	12.9	2.3	3.4	1.4	0.7	0.4
医院建筑	16.0	3.4	2.6	0.6	0.6	0.9
社区设施	6.7	5.4	2.3	1.7	1.5	0.3

资料来源：D.W.Halpin 和 R.D.Neathammer，《施工超时》技术报告第16页．建筑工程研究实验室，Champaign，1973年8月。

竣工日期通常被称作收益占用日期，或BOD。一旦业主占用了工程，他就放弃了大部分要求承包商弥补显著工程缺陷的法律权利。通常当工程快要完工时，可以被双方接受的竣工日期也就确定下来，在该日期应进行工程验收。业主代表（正常情况下是建筑/工程师）和承包商组织工程验收，记录工程缺陷，提出改正意见，这些改正意见可以提高业主对竣工工程的满意度。记录的工程缺陷列表在业内被称作打卡表。理论上，当承包商按照列表的内容将工程修改，业主将会接受所完成的工程。如果业主和承包商能和善相处，工程的这个过程将会顺利完成，否则，移交过程可能会引起双方的损失索赔。

表3.1中给出了一些政府工程项目中由于各种各样的原因导致的延期的百分比。延期的理由主要有：设计问题、业主修正、天气、罢工、材料配送延迟、其他，延期以百分数表示=（允许的延期天数）/（原始工期天数）×100。

3.5 工程变更

因为合同文件由正式的协议、图纸中的线条、技术规范中的语句和其他法定的合同文件组成，所以，对这些文件中任何改变都会导致合同的变更。正如我们在第4章中所讨论的如单价合同的合同形式有一定的灵活度。然而，协定价格合同或总价合同在实际应用中却没有变更或解释的余地。当提供给投标者可以考虑的合同形式为总价合同时，也就意味着项目的范围和设计达到了与飞机或小提琴的最终图纸一样的精确程度。在施工过程中，由于任何原因所导致的变更代表了一种法律关系的改变，因此，这些变更必须作为对合同的修正进行正式处理。这些对原始初始的修正，是附加的小合同，被称为工程变更。

工程合同的通用条件规定了工程变更的程序。因为工程变更是一些小合同，其处理方式也具备了初始合同投标过程的许多元素。因为承包商已经被选定，因此工程变更的处理过程中的主要的不同在于不存在竞争。通常，一个包括范围和技术变更的正式通知被送至承包商，据此承包商对变更工程进行报价，这就构成了承包商的要约。业主可以接受他的报价或者进行协商（也就是实施反要约）。无疑，这就是典型的契约往来。通常，承包商由于工作中断和节奏被打乱而提高工程价格被认为是正当的。如果初始合同文件不够完备，最终的项目就会成为工程变更的拼凑，这将导致业主和承包商之间尖锐的冲突，从而显著影响工程的实施。

3.6 条件变更

工程设计是基于建筑/工程师对工程地点条件的认知完成的。对于结构、装修和地面上的机械、电力系统安装等工程，其条件是恒定的，并可以很容易加以确定。风荷载的变化虽然可能导致与初始设计的偏离，从而带来一些问题。但是通常情况下，与地上建筑结构有关的环境条件可以被较好地预测出来。

然而当设计地面以下结构部分就不是这种情况了。因为设计者了解地下状况的能力是有限的，他只能依靠土和岩石的总体性质和条件来近似地判断。他确定设计环境的“眼睛”是地质条件勘察报告，通过一系列的钻孔，这些报告给出了现场土和岩石的情况。这些钻孔一般以栅格形式排列，试图反映出土和岩石的剖面。地下土的承重能力通过试验桩测试确定。进行勘察设计活动的费用可多可少，但是如果钻孔或测试不充分可能导致地下情况的错误判断。工程师要根据地质勘察的情况来设计工程基础，如果勘察区域不足，设计就可能不适当。

地质勘察的信息也是承包商对土方开挖和基础工程量进行估计的依据，如果调查不能完全反映现场条件，承包商的估计就会受影响。现场地形勘测同样是估计的基础，如果也出现错误，也会影响承包商对工程量的估计和最终报价。如果承包商认为招标文件提供的工程条件与实际情况不相符，他可以要求进行条件变更。例如，根据钻孔记录，需要挖掘的土和岩石分别为2000立方英尺和500立方英尺，然而在工程开始后，承包商发现现场挖掘量变为：1500立方英尺岩石和1000立方英尺土。显然，这将显著影响土方开挖的工程价，并可以作为条件变更索赔的依据。

在一些情况下，勘察设计过程中一个条件可能没有被检查到，便假设它是不存在的。例如，如果现场地下有地下河流或水流，则需要抽水及建立主要的临时工程来保护现场和工程基础，如果这个条件没有被承包商合理地预测到，那么在他的标书中就不会包含这笔费用，招标文件没有反映这种情况的会引起承包商提出条件变更索赔。

如果业主同意条件变更，增加的工程便会被作为工程变更包括在合同中，如果业主不同意条件变更，承包商索赔的合法性要通过调解或仲裁加以解决。

3.7 价 值 工 程

作为本章讨论建筑招标的基础——竞标模式，存在两个因素阻碍了从承包商到设计者的信息传导。第一个困难来源于敌对或“友善的敌人”的态度，经常出现在传统的竞标合同条件下；第二个困难来源于竞标合同中设计和施工的先后顺序。

由于业主和业主的代理人——建筑/工程师的利益时常与承包商存在分歧，因此竞标合同模式常常导致工程师和承包商之间的敌对关系。可以将工程师比作作曲家，将承包商比作必须演奏作曲家曲子的琴手，作曲家要求琴手演奏他写的每一个音符，并且抱怨琴手的演奏；另一方面，琴手则认为曲子写得很差，很难演奏得好。相似地，工程师总是试图控制和批评施工，而承包商则进行友善地反驳。就像有些曲子天生容易演奏，一些设计很容易建造并且成本低廉。实现给定设计方案的施工方法对工程成本有极大的影响，承包商处在一个有利的位置上，可以知道哪些材料最容易安装，哪个设计可建造性最高。这些知识对成本有很大的影响。然而，由于承包商和工程师之间的“友善”的敌对态度，可能导致关于设计成本的有用的信息交流渠道缺失。现在，人们已认识到鼓励建筑/工程师和承包商之间进行有关设计的良好交流是十分必要的。

而设计在施工之前的固定顺序也导致一些问题。在传统的投标顺序中（见图3.1），设计和工程文件在选择承包商之前已经全部完成，这导致承包商不能对设计发表意见，设计者也无法征集担负施工任务的承包商的意见。某些采用协商合同模式的项目可以通过在设计阶段选择合适的承包商来解决这个问题。另外，应用阶段并行法施工（Phased construction，又称为快速跟进法），使设计工作只是比施工过程稍微提前一段时间。这样，施工者从现场就能反馈关于设计可建造性的信息。传统的施工方法与阶段并行施工方法比较如图3.2所示。

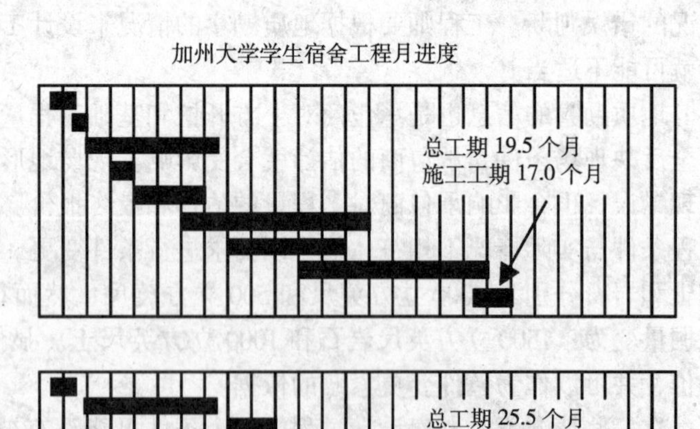

图3.2　传统施工方法与阶段并行施工方法比较

价值工程的理念在于鼓励承包商对设计提出改进建议。在被选择之后的任何时间，如果承包商认为他的建议有助于改善设计和节约成本，可以通过奖金措施来鼓励承包商提出这样的建议。如果承包商的建议被业主采纳，并且节省了成本，所节约的部分成本被作为奖金奖励给承包商。例如，如果承包商提出的建议使空调的成本降低了6万美元，并且在合同的条款中规定：节约的成本双方平均分享，承包商将会得到3万美元的奖励。提出建议的指导原则是：成本降低的同时功能保持不变。

政府机构在应用通用条件中的价值工程条款规定起到了应用示范作用，这是因为政府工程必须采用竞标模式，无法采用阶段并行施工或其他类型合同增强设计者与承包商之间的关系。节省的成本在业主和承包商之间的分配关系随合同的不同而不同。

3.8 暂停、延迟和中断

许多应用于政府工程合同中的标准通用条件规定：

当业主代表确认对政府有利，并且适当，他可以以书面形式通知承包商暂停、延迟或中断全部或部分工程一段时间。

暂停或中断工程一段时间必然给承包商带来费用损失，因为他必须经历停止—再启动的循环，在重新工作时，可能面临劳动力和材料的价格上涨。在这种情况下，根据合同的规定，业主（含政府）被要求支付“不合理”暂停的调整费用如下：

必须调整由于不合理暂停、延迟或中断引起的合同（不包括利润）实施成本的增加，同时合同做相应的书面修正。

调整的数量经常引起业主与承包商的争执，并导致长时间的诉讼。通常业主会努力避免中断，但事实上，业主资金的困难是引起中断的主要原因。

3.9 清偿损失额

项目的目的和功能存在不同。一些项目的建造是为了开拓商机（例如新加坡的肥料工厂），而另外一些项目则是利用政府的资金营造良好和安全的公共环境（例如公路、桥梁等）。在任何一种情况下，项目的目的和功能实现要基于在给定的时点完成工程。为此，合同文件对工期进行了明确规定。工期确定要考虑工程占用和使用的日期，如果工程在这个日期不能被完成，业主可能由于不能按期启用该工程而招致一定的损失。

例如，假设某企业正在建造一个商业中心工程，该工程计划于10月1日交付使用，商业中心一个月的租金预计为3万美元。如果商业中心所有店面在10月1日出租，但是承包商直到10月15日才完成工程，则商业中心不能按时使用，造成半个月的租金损失。企业的损失为1.5万美元，于是向承包商提出赔偿损失的请求。特殊条件规定业主可以按天向承包商索取误工损失。图2.10中给出的合同特殊条件中的SC－2条款对清偿损失额进行了典型的描述：

清偿损失额 在承包商不能按照合同及其附加文件所约定的时间内完成工程，延期时段内，承包商要向业主支付每天3 000美元的清偿损失额，直至工程完成或验收通过。

清偿损失额每天的数额不是随意制定的，而是实际损失的适当反映。如果存在疑问，遭受损失的业主必须掌握损失的基础数据。在上面给出的租金例子中，清偿损失额的计算基础如下：

租金损失：30 000 美元/30 天 = 1 000 美元/天

管理和监督成本： = 200 美元/天

小计： = 1 200 美元/天

如果一个项目延期交付，业主不仅要计算收入的损失，还要计算控制和管理合同的成本，这个成本是 200 美元/天。业主不能随意拿出一个很高的数字（例如 20000 美元/天），要求承包商进行赔偿。法庭已规定这种没有根据的高收费事实上不是清偿损失额，而是一种罚金。根据美国司法惯例，如果业主想要制定超期的罚金（不是清偿损失额），他必须提供相同数量的奖金以奖励承包商提前完工。也就是说，如果承包商晚交工 3 天，他将交罚金 60 000 美元（根据上面的数字）；另一方面，如果承包商提前 3 天完工，他也应得到 60 000 美元的奖励。除非是在特殊的情况下，一般不鼓励使用这种奖—罚条款。

确定政府工程的清偿损失额的大小是困难的，例如，在法庭诉讼中，很难以美元衡量没有按期完成桥梁或大坝工程造成的社会损失。

3.10 进度款和保留金

施工期间，业主应向承包商定期支付工程款。通常在每个月末，业主代表（例如项目或驻地工程师）和承包商估计本月完成的工程量，据此，业主支付进度款来补偿承包商的成本消耗和所完工程的利润。支付进度款的方式如下：

如果需要，在合同条款规定的支付进度款日期的至少前 10 天，承包商必须向业主代表提交所要求的支付款项的清单，清单中的数据代表了承包商要求支付工程款的权利，也含有合同文件中所规定的保留款。

这个内容将在关于现金流的第 7 章进行详细探讨。业主特别保留一部分资金作为承包商成功完成工程的激励。设立保留金的原因在于，如果工程接近完工，并且承包商已经获得了所有投保价款，承包商会缺乏动力完成竣工验收要求收费任务。通过扣留一定比例的工程款作为保留金，业主还剩下一个“胡萝卜”以留在工程结束时使用。他可以明确地说，“直到你完成的工程让我满意为止，否则我不会支付保留金”。保留金的数额是相当大的，所以对承包商在工程最后完成小任务有强烈的激励作用。

在合同文件中（一般条件）以下列形式表示保留金的数额：

扣留工程进度款的 10% 作为保留金，直到工程全部完工和验收完毕。

根据业主的经验和策略，可以使用不同的保留金公式。假如工程在完成 50% 时候，进展情况令人满意，业主可以采用如下形式取消保留金：

在工程完成 50% 后的任一时间，如果业主代表（建筑/工程师）发现工程进度能令人满意，可以批准在以后的进度足额支付进度款。

如果承包商获得一个 150 万美元的项目，要求在工程的前半部分返还保留金，其比例为 10%，则保留金的总额为 7.5 万美元，这对承包商及时地完成剩余工程是一个有力的激励。

3.11 进度报告

合同要求主要的承包商提交施工进度计划，并且定期更新进度计划以反映实际进度。该要求通常在通用条件中被规定如下：

进度图 承包商应在工程开始后的5天内或业主代表确定的时间内，准备好并向业主代表提交可行的进度计划，以期获得批准。进度计划规定了承包商的施工顺序、各分项工程（包括采购材料、装置和设备）开始施工的日期及预计完工的日期。进度计划以进度图的形式体现，要求选择合适的刻度比例来表示在任何时间点的计划工作的百分比，承包商应在必要的时候修正进度计划，以保持实时性，在每个周末或工种的间歇，根据业主代理的要求修改图表，在每周末或者是按照业主代表的要求的时间间隔来绘制实际进度，并且立即向业主代表提交三份复印件。如果承包商不能在规定的时间内提交进度图，业主代表就会撤销对进度支付款的批准，直到承包商将所要求的进度计划提交上来。

进度计划和控制的手段主要是S曲线或横道图，横道图是基于工序或者是不同分项工程完成的百分比进行绘制，例如混凝土、结构、电气和机械工作。进度报告应用于确定和支付月进度款，证明承包商已经满意地完成了工程。图3.3和3.4给出用横道图表示实际工作的完成和用S曲线表示完成工程百分比的方法。

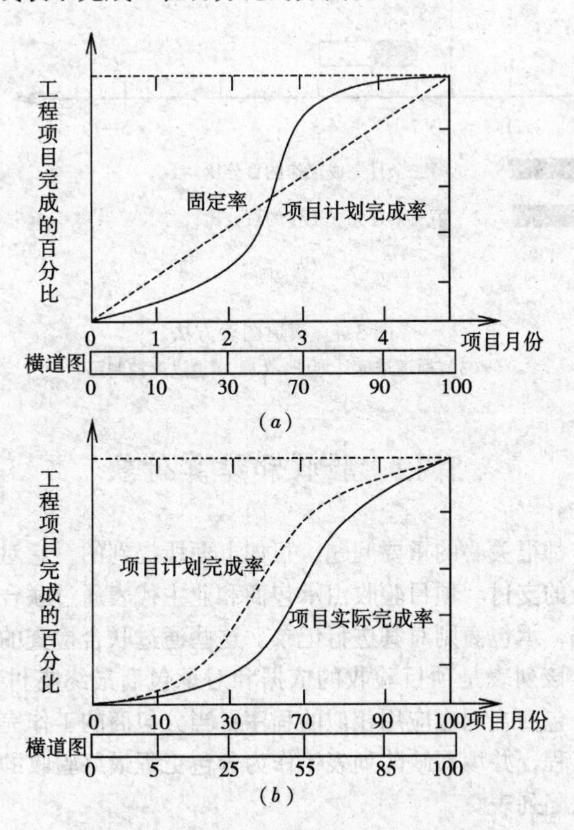

图3.3 项目的计划和控制方法S曲线

（a）项目的计划完成率；（b）项目的实际完成率

网络图法则提供更为详细的信息，在表示单个工序的计划和时间及其前后逻辑关系方面有优势。在施工和验收时期，网络图代表了更为精确的逻辑顺序和进度，简单的横道图或S曲线图不能显示承包商在关键工序中的延误，而网络图则可以对总工期的延迟影响提供早期的预警。

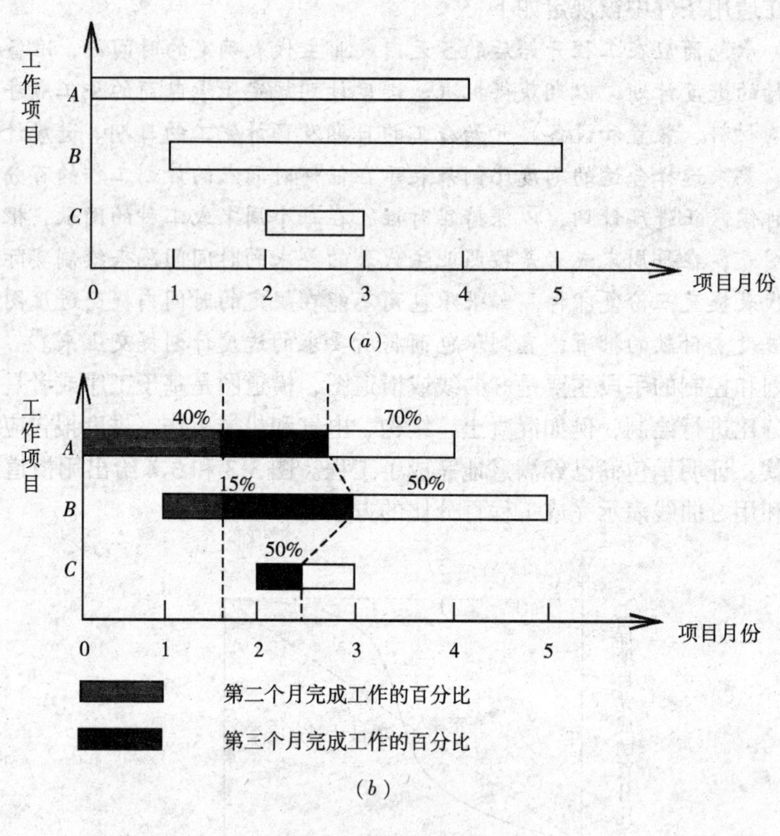

图3.4　横道图表方法
(a) 横道进度计划图；(b) 横道进度控制图

3.12　验收和结算付款

项目验收是各方都很关心的重要问题。正如上面所提到的，它对承包商尤为重要，因为验收意味着保留金的支付。项目验收由承包商和业主代表通过联合检查完成，业主代表指出需要改善的缺陷，承包商则对其进行记录。这些通过联合检查的记录由详细的条目构成，称为缺陷列表。该列表是项目验收的依据和对承包商最终支付（包括保留金）的依据。在总承包商和分包商之间也应用相似的程序：当分包商的工作完成时，总包商和分包商的代表共同检查工程，并填写缺陷列表，作为分包工程最终验收的依据。图3.5为总包商和分包商之间的缺陷列表。

19××年5月20日
××工程的缺陷列表

较大建筑物
1. 下层的砖灰缝需要填实
2. 水泥墙面的条纹和裂缝需要修补

较小建筑物
1. 建筑物后部的水泥线要注意维护
2. 水泥墙面的条纹和裂缝需要修补
3. 外部门廊：水泥补缀必须要统一
4. 超出规定剥落区域必须修整

图3.5　典型的缺陷列表

3.13　小　　结

本章主要介绍项目从中标、施工到由业主或客户验收的整个过程。本章的内容简明扼要，给出了承包商如何获得工程，以及在施工过程中应该注意的合同问题的整体参考框架。对竞标合同的类型及针对该合同的竞标次序的介绍是本章内容展开的基础。其他类型的合同形式将在第4章讲述，然而它们的基本程序是相似的。在对项目实施过程有个整体认识后，下面的章节将详细阐述承包商在整个建筑队伍中所扮演的角色。

习　　题

3.1　工期延迟产生的赔偿损失额和罚金有什区别？

3.2　设置保留金的目的是什么？

3.3　在什么阶段，承包商撤回投标文件不会导致罚款？

3.4　作为一名承包商，您承建了一栋100个单元的公寓楼，每个单元的租金为450美元/月。由于延迟完工，要求您每天赔偿2 000美元。您会要求对此清偿损失额或者罚款进行评估吗？如果合同中已包含了提前完工一天将奖励500美元的条款，您还会通过法庭进行评估吗？为什么？

3.5　描述接受标书和开标的程序。如果您有可能参加开标和决标会议，请计算落选投标价超出中标价的百分比。请思考这些数字反映了目前市场竞争达到了什么程度？估计中标者的利润大约能有多少？

3.6　浏览一份典型的协议总价合同，并找出其中规定、修改或者与项目时间安排有关的条款。然后绘制一份时间安排图（类似于图3.1），图中要标明有关合同条款所指示的时间点（或者时间段）。哪些条款对时间做了严格限制，哪些条款的时间计划执行要依赖于不可抗力或者业主？

3.7　描述承包商提出时间延长申请的程序？需要提供何种类型的文件反驳或者证明时间延长的原因在于异常的天气？各地的承包商需要保存什么类型的天气条件记录？

3.8　承包商必须接受和执行所有涉及工程变更的工作吗？形成合同文件的变更的数量和范围是否有限制？什么时候承包商可以拒绝接受工程变更？

3.9　列举建筑合同导致条件变更的通常原因？与条件变更相关的典型合同条款是什么？如果您是第二承包商，发现地基不论平面尺寸或者标高都不正确，您是否可以申请条件变更？

3.10　准备一份您的房间、车库或者教室需维修的缺陷列表。这些缺陷与设施验收有关吗？

3.11　在当地，您是如何准备典型的建筑工程进度款支付的申请的？

第4章 建筑合同

4.1 合同环境

建筑施工是具有多重特征的服务活动，其中之一就是商业特征。商界是由合同关系构成的，因此建筑施工的商业环境的形成需要建立广泛的多方合同关系。合同关系的中心角色是被称做“承包商”的建筑企业。除了与业主/客户的合同关系外，建筑经理人还要与分包商、专业公司、工会以及设备和材料的供应商建立合同关系，另外保险、担保以及公司的法定结构文件也具有合同关系的元素。本章我们将探讨用于项目建设的主要合同形式。

为了某种目的，两方或多方之间合作的协议是合同的基础，“一份合同是关于法律责任的一个承诺或一系列承诺，这说明合同是法律规定的强制性承诺”（杰克逊（Jackson），1973）。法院通常要确定：

1. 合同的各方是谁？

2. 他们的承诺是什么？

3. 合同协议的其他内容。

一系列的法律是围绕许多合同关系发展起来的。但是因为合同关系对多数建筑施工环境都是保持不变的，因此许多年来，建筑业的合同语言已经标准化和规范化，并且出现了各种各样的标准合同形式。

4.2 建筑采购过程

建筑合同构成了建筑物被“采购”的方式，将建筑采购与购买新割草机或一套居室家具的过程作一个比较是非常有意思的。进入商店的消费者首先要看看可供选择的商品的范围，然后付钱给商品的提供者（店主）买走想买的物品。例如，如果我们想买一个冰箱，我们就要去电器商店，察看冰箱的样品，并咨询价格，然后选择其中的一件，在随后的几天内店主将冰箱运到我们的家中。

与“购买”建筑产品相比，该过程有两个特点：

1. 我们选择的成品是自己选择的，我们可以鉴别它是否满足我们的要求。也就是说，该产品在购买之前，我们是可以进行检查的；

2. 由于最终产品是现成的，因此我们从某个人或货源处购买到。

建筑产品被“购买”之前只是一堆图纸和描述，最终形成产品还需要购买者与包括设计者、承包商、特殊分包商和许多供应商等进行协商调整，这就好像是我们购买一个冰箱，我们必须先有冰箱的图纸，购买所需要的材料，然后与10个不同的实体协调进行生产。特别的是,没有任何一方能保证冰箱的正常运行,他们只能保证他们各自所完成的工作。

在第1章中所提到的布鲁克林桥的建造过程中,华盛顿·罗伊比林在地方造船厂订购了一个巨大的木头箱子(例如沉箱)。造船厂要求提前付款,并只能是按照华盛顿·罗伊比林所提供的图纸进行制造。因为他们并不知道沉箱是什么样子或者做什么用的,因此不能保证沉箱实现全部的功能。

理想状况下,我们愿意只找一个货源,将建筑项目整个购买过来,但事实上这对于建筑产品,几乎是不可能的。传统情况下,为解决这个问题的合同模式是只注重提供设计的一方(例如设计者)和施工任务的总包商,再由总包商购买材料和设备,并协调各部分进行工作。正如我们已经提到的,甚至只是这三方的购买关系(业主、设计者和承包商)也能够导致各方之间的敌对关系。

一般情况下,业主喜欢只与一方打交道,并购买建筑成品(已经建好可以使用)。该模式能够保证建筑产品的正常使用,并能协调项目实施过程出现的所有问题。一体化模式应用于从自建住房到大型构筑物的广阔范围。房屋建筑者在没有买者的情况下建造房屋是出于投机目的,此时提供给公众的房屋是一个完整的产品,承包商作为合同中惟一的一方要担负购买和保证责任。

而隧道、桥梁和大部分的大型建筑并不是建造后再投向社会。因为建造一个“大累赘物”不能被卖掉的风险是非常大的,因此这些构筑物的建造并不是出于投机目的。因此,建造完整的建筑物提供给预期的买主的情况,对大多数建筑项目是不可行的(除了单个家庭的房屋)。

项目交易体系已经向买主(即客户)提供单方责任合同,这些合同模式在过去的20多年中非常盛行,至今还在完善之中。将项目建造服务为“一站购物”(one - stop shopping)提供给客户的两种主要的合同模式是:设计—建筑合同;建筑管理合同。在讨论这些最近流行的合同模式之前,很有必要了解一下在过去50年中应用最广泛的合同类型。

4.3 主要的建筑合同类型

应用最广泛的合同类型是竞标合同。由于各种原因,几乎所有与公共资金有关的合同都是竞标合同。之所以应用竞争性合同,是因为通过竞争性的投标,可获得较低的和有竞争力的价格,进而保障了纳税人的钱被公正和最有效的使用。在第2章和第3章介绍了这类合同订立的过程。竞标合同中主要两种的类型是:总价合同;单价合同,这两种合同类型的名称是根据工程报价的方法来确定的。

第二个应用较多的合同形式为协议合同,又被称为成本加酬金合同,从本质上来说这种称谓是根据付款方式,而非承包商选择过程进行定义,承包商以成本加费用的形式得到偿还。在这种合同形式下,由于不再要求以固定的价格完成工程,承包商的风险大大降低。业主也不仅仅根据投标价格来选择承包商,使得选择有了很大的柔性。选择方法的重点在于鉴别据项目文件来准备投标书的受邀承包商的能力。建议书表明了企业的资信,并给出了基于招标资料的工程成本的估计。这些估计不仅包括例如“砖和灰浆”的直接成本,也包括承包商员工的管理成本支出以及所要求的费用水平。投标书通常以半正式的访谈式框架形式提出,在此框架下,承包商与客户或他/她的代表们进行磋商。这种合同形式不是很适合公共工程项目，因为个人的偏好在承包商选择过程中起主要作用。

4.4 竞标合同

竞标合同的机制在第2章和第3章已经做了介绍。从本质上看，业主是根据工程项目的完整规划和设计说明书来进行招标的，合同通常授予给“可信赖”的报价最低的投标者。语句“可信赖”是非常重要的，因为事实上最低报价的承包商也许不能胜任项目。一旦开标和公布标底（时间和地点在招标书中注明），将正式公布“明显”的低标者。然后，业主会立刻将投标者按资信从低到高排列，如果投最低标的承包商被认为有能力施工，则进一步的商讨将没有必要了。

影响承包商“可信赖”的因素与承包商资格预审考虑的因素相同，如下：

1. 技术实力和经验；
2. 根据财务平衡表和收益表确定的当前财务状况；
3. 担保能力；
4. 正在进行的工程数量；
5. 过去诉讼的历史；
6. 以往违约情况。

如承包商在以上任何一方面有缺陷，都被认为是有风险的和不可信赖的。通常，业主通过参考美国邓百氏资信评估公司（Dun AND Bradstreet）的资信报告（建筑业分册）来查验投标者的财务现状，或者利用类似的资信报告系统来确定投标文件反映的财务状况。

一般情况下，使用竞标合同的作用是一把双刃剑。首先，因为竞标合同的竞争特征，选择低标者就保证获得最低的可信赖的价格。然而这仅仅从理论上是正确的，因为一些承包商发现工程计划方案和设计文件有问题时，这样工程开工后肯定要有大量的工程变更和设计变更，于是投低标中标，而在施工过程中向业主索要由于变更引起的高价额外费用。

最主要的好处，本质上是针对公共工程。竞争性投标体现了公平，而不是个人的好恶。因为在公共工程中政策的影响和其他压力可以影响承包商的选择。目前，公共工程的设计合同还未采取竞标方式，协议设计合同仍然是传统的合同形式，并受工程专业协会组织（例如美国的土木工程协会和国家专业工程师协会）支持。然而，这已经遭到美国司法部的诘责，最近的裁定也表明了对竞争性设计合同的支持，竞争性设计合同在设计领域正在成为普遍的形式，正如在施工领域中一样。

竞标合同发包模式存在一些内在的缺陷。首先，在招标广告之前工程规划和设计都要求必须全部完成。正如在3.7部分中讨论的，这导致施工与设计的脱节，割裂了设计的可施工性的反馈渠道。另外，因为该发包模式不能实现设计和施工并行，延长了设计建造的时间。在许多例子中，业主想尽快完成工程以免人工和材料费上涨，而工程开工必须完成全部设计要求，从而延误了开工的时间。

4.5 总价合同

总价合同是承包商对包括规划和设计所要求的工程报一个总体价格的合同。在这个模式中，业主携带全部的图纸和工程说明到各个施工单位进行对完成整个工程进行询价，就像一个客户带着帆船或双体船的图纸到船厂去咨询价格。船厂所给的价格是建造该船需要的所有成本，因此是个总价。工程合同的总价合同不仅包括承包商用于材料、劳动力、机械等的直接费用，还包括管理费、设备维护费等，并且还必须包括利润在内。

总价合同价是图纸和支持文件所包含的工作形成的保证价格，由于业主确切知道工程完成所需要的预算，有助于业主防止出现任何的不可预见费用及合同变更产生的费用等。

另外按照总价合同，进度款的支付是按照工程的完成形象进度百分比来确定，而不像其他合同形式要求的进度款支付必须以完成的工程量来确定。因此对工程进度的估计就不需要特别的精确。这就意味着为业主工作的现场工程进度测算人员可以减少，进而减少了成本。由于业主支付额总和不能超过工程的总价，所以，粗糙的测量和观察加上“偏差”，已足够为月工程款的支付提供支持。

除了已经提到的缺点（在开标和工程开工之前必须完成工程的详细设计）之外，设计变更或条件变更引发的对合同的修改是主要的不足。总价合同的不足之处已在竞争性投标合同中阐述了。另外由于合同条款的柔性非常小，造成为了适应施工中变化而产生与原规划和设计说明书的差异必须采用工程变更通知单的形式处理（见 3.5 节）。合同变更带来的成本增加很容易导致业主与承包商之间的纠纷和诉讼，激化了二者之间的对立关系。

总价合同的模式主要应用在设计需要很小修改的项目中，而土方工程或地下工程通常不采用一次付清总价合同，因为这类工程的合同必须具有灵活性来应对地下工程的复杂状况。公共房屋建筑项目较适合采用竞标总价合同。

4.6 单价合同

与总价合同或固定价格的合同相比，单价合同在处理建筑过程中遇到工程量的变化时更有灵活性。在这种合同类型中，工程被分解为可以用单位或者数量（例如立方码、平方英尺和英尺，以及 16 榀窗架等）表征的工作分项，承包商针对单位工作进行报价，而不是给出一个简单的合同总价。例如，他给出每立方码的混凝土、机械挖掘土方的价格，以及每英尺砌筑墙的价格等等。合同建议书包括了所有要被支付的分项工程的列表，图 2.9 的第一部分的 1～4 条为典型的单价报价列表，再次列表如下：

分项编号	数 量	单 位	描 述	单 价	总价格
1	550	立方码	岩石挖掘	$ _____	$ _____
2	50	英 尺	压力干管	$ _____	$ _____
3	20	立方码	管道挖掘	$ _____	$ _____
4	200	平方码	铺 路	$ _____	$ _____

该表给出四个条目的单价，也给出来各自的指导工程量。例如，岩石挖掘的估计工程量为 550 立方码。根据这个工程数量，承包商提出单价，将单价与工程数量相乘便可以得到总价。最低标价是指将各个分项的价格相加得到总数之和最低的投标价，最低价的投标者是低标投标者。在实际的单价合同中，完整的合同被分割成工程单项，那些不易由单位（如立方码）表征的工程单项，则应用“一个工作”来表示。

工程分项的报价要根据指导数量确定，如果某分项的工程量较小，通常报价要高一些，来弥补由调整引起的成本变动。而工程量较大可以产生规模经济，可以降低单位报价。也就是说，如果砌筑墙体，100平方英尺的墙体单位报价通常要比5000平方英尺的墙体要高一些。在第一个例子中，不可变成本在100个单位中分摊，而在第二个例子中，不可变成本将在5000个单位中分摊，因此降低了每个单位的成本。

绝大多数单价合同执行中，当实际完成的工程量明显偏离于预定的工程量时要对价格进行重新协商。如果偏离量超过10%，单价通常要重新商定，业主或业主代表将根据工程量较大的工程产生规模经济的原理而要求降低价格。相反，如果完成的工程量低于指导工程量的10%，承包商就会要求提高单价，其理由是初始报价是基于指导的数量确定，而现在他必须在不可变成本和间接成本方面得到补偿。也就是说，因为只有较少的工程量可以分摊这些成本，所以他必须提高单价。

确定合同单价，承包商不仅要包括单位的直接成本，还要包括现场和公司的管理成本以及合同规定利润。

在单价合同中，要根据承包商所完成工程量的精确估计支付承包商月工程进度款。所以，业主要对提交的总报价中的所有成本有清晰的了解。然而，工程完成估计量和指导工程量之间的偏差会导致在报价上的偏离。所以，单价合同的一个不足就是直到工程全部完成，业主才能获知最终精确报价。换句话说，必须为偏离准备透支预算。另外，工程量测量是支付工程款的依据，因此与总价合同相比，单价合同对工程量的测量精度要求也更高。所以，业主的测量师队伍必须要仔细，力求测算精确，因为他们所测量的工程量是计算工程实际成本的依据。

可以巧妙应用不平衡投标法对单价合同工程进行投标。图4.1为项目的建造周期中承包商支出和收入的关系，由于存在3.10节所提到的延迟支付和保留款，收入线要滞后于费用线，从而导致承包商必须通过借贷方式对项目进行融资。关于贷款的数量和性质详见第7章。

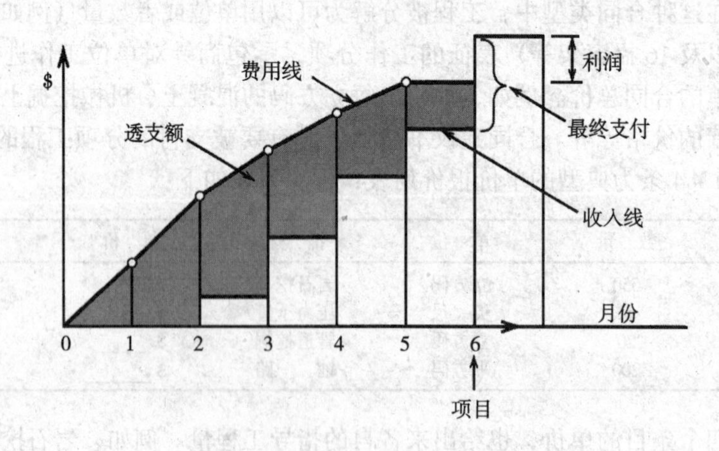

图4.1 项目消费—收入曲线

图4.1中的阴影面积为承包商的透支额，承包商必须从银行进行融资以平衡透支额，然后由客户进行补偿。为了尽可能地减少融资额，承包商一般都尽可能地向左移动收入线。

实现这个目标的一个方法就是不平衡投标法，即对早期施工的工程分项，提高投标单价。例如，人工挖掘的实际成本是每立方码50美元，报价可调整为75美元；基础管道每英尺的成本为40美元，可以提高到每英尺60美元。因为这些项目的报价提高，为保持竞争力，承包商必须降低后期施工分项的报价，如景观美化和铺路收尾等的工程分项就应该报低价。这样通过投标分项的成本向前不平衡调整，实现了施工过程中工程款补偿提前的目的。

从图4.2可以看出，透支额明显减少。应用单价合同模式的业主通常对承包商的这种做法很敏感，如果相对后面分项，早期分项不平衡报价单价太高了，业主会要求承包商对其报价提出合理解释，甚至拒绝接受其投标书。

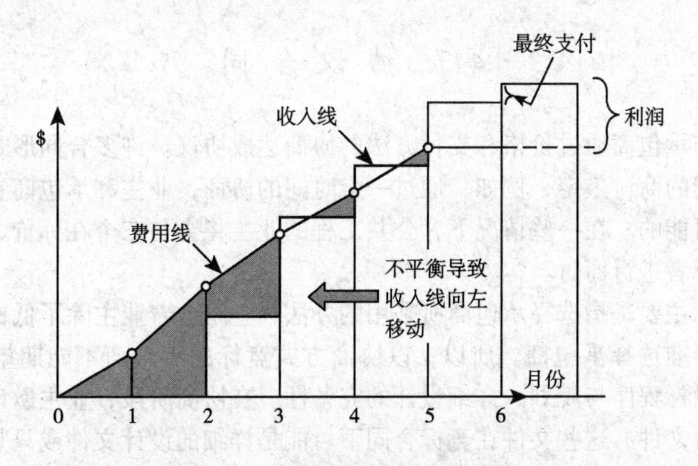

图4.2 不平衡的竞争收入利润

一些合同为了规避不平衡投标，允许承包商为工程动员报价（工程准备金）。这种方法实际上允许投标者要求业主早期付款，工程动员分项使收入线移动到支出线的左边（见图4.3）。在正常情况下（图4.1）对由于平衡支出和收入产生的差额进行融资而产生的财务成本，承包商都将其列入成本加到报价中。所以，业主最终将负担因推迟支付工程款而产生的融资费用。如果业主在银行的贷款利率要低于承包商，这样通过设定工程动员分项，业主可以抵消承包商的中间财务费用，达到节约资金的目的。例如，规模较大的业主经常可以以优惠利率（8%或9%）贷到资金，而承包商必须支付较高的利率（11%或12%）。通过设置工程动员投标分项，业主实际上以他的利率假定透支的资金，而不是在较高的利率下假定承包商的财务费用。

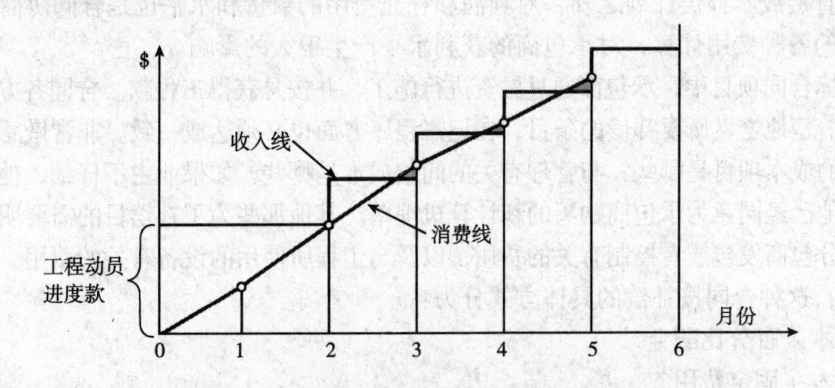

图4.3 存在工程动员进度支付的收入—费用线

除了可以灵活地适应现场工程量的变化，对于承包商，单价合同的另一个优点是，作为投标过程的工程量估计仅仅需要验证标书条目中所列出的指导工程量。所以，对工程量的早期估计不必像固定价格合同中所要求的那样精确，并且由于偏差的自动补偿，也减少了由于指导工程量变化产生的工程变更。

由于它的灵活性，单价合同经常用于重型建造项目和高速公路的建造合同中，因为在这些工程中，土方工程和基础工程占据主导地位。工厂翻修项目也可以应用附有报价列表的单价合同模式。而主要的工业设施项目则一般采用协商合同模式进行投标竞争。

4.7 协议合同

业主可以与承包商通过价格和支付方法的协商达成协议。许多合同形式都可以通过业主与承包商之间的商讨敲定，例如，通过一定时间的协商，业主和承包商签订单价或固定总价合同也是可能的。在一些情况下，公共工程的业主将会与三个在标价、材料价较低和工期较短的投标者进行商讨。

协议的概念主要是指选择承包商所采用的办法，它暗含着业主除了低标以外，还可以灵活地以其他标准选择承包商。所以，以协商方式竞标的承包商不能期望只凭低标价中标，也保证了投标程序与规划、详细设计的完备性。在协商阶段，业主邀请被选择的承包商查阅分析项目文件，这些文件在竞标合同下可能是详细的设计文件或只是概念设计。根据所提供的文件，被邀请的承包商提供担当工程的资质证明，以及预计完成工程的成本和费用。因为设计文件的细化程度可以从详细设计到概念设计，因此费用的准确性也是变化的。在协议合同模式下，业主从经验、信誉、设备、人员、费率和费用结构等方面对不同的投标者进行评估。根据评估结果，签约对象缩减到二至三个承包商，并开始就具体的合同形式和支付方法等有关事项进行协商。

因为在绝大多数情况下，设计文件在协商阶段还不完整，因此最常用的合同形式是成本加费用。在这种形式的合同中，承包商由于其在工程施工中的费用得到补偿，合同详细描述了所要补偿的费用的性质。正常情况下，所有与劳动力、设备和材料有关的直接成本以及管理工程所要求的合理间接成本都要得到补偿。另外，承包商的专门技能和为支持工程使用自己的场地都应该得到补偿，这实质上是承包商除成本之外获得的利润或补充费用。除了直接成本补偿计划之外，对利润和补充费用的数量和水平也是合同协商的主要内容。不同的各种费用计算，对承包商的获利水平产生很大的影响。

在竞标合同项目中，承包商通过融资进行施工，并按月获得工程款。合同各方都必须同意，并且清楚地定义所要补偿的条目，在记账程序方面也必须达成一致。非常敏感并且必须清楚建立的成本项目是哪些？与管理有关的间接成本是哪些？如果业主不仔细，他可能会惊讶地发现他已经同意为承包商购买的新计算机埋单。其他那些为了补偿目的需要明确定义的项目是与分包商发包或者控制有关的费用，以及与工程所使用的设备有关的费用。

通常，这种合同按补偿的具体方式分为：

1. 成本+百分比酬金

2. 成本+固定费用

3. 成本+固定费用+利润分配

4. 成本 + 可变费用

最古老的费用计算方式是百分比酬金。这种形式对承包商非常有诱惑力，但也存在明显的弊端。在项目施工中，由于项目的成本越大，业主所支付的百分比费用越高，因此它无法激励承包商提高效率和节约成本。如果工程的成本是4000万美元，百分数酬金是2%，则承包商的酬金是80万美元；如果工程成本上升到4200万美元，则承包商的酬金就上升了4万美元。人们对这种合同形式的批评可以比喻为“杀掉可以下金蛋的鹅”。

为了弥补百分数酬金方式的不足，项目上开始采用固定费用形式的合同。在这种合同下，不管成本波动幅度如何，业主只支付固定的费用，通常采用最初总成本的一个百分数。这种合同形式通常用于工期多年的大型工厂的项目中。如果项目的预估成本是5亿美元，固定费率取该成本的1%，无论预估成本发生怎样的变化，该费用不变，所以承包商的费用固定为500万美元。这种形式形成了承包商尽快完成工程，从而可以在最短的时间内费用得到补偿的动机。然而，因为有了尽快完成工程的渴望，承包商可能有意使用昂贵的可以补偿的材料和快速完成工程的方法。

固定费用加利润分配的方法可以产生对控制成本的承包商奖励的效果。在这个方式中，通常规定了合同的目标价格，如果承包商在目标价格之内完成工作，所节约的成本在业主和承包商之间进行分配。通常的分配方式是将所节约费用的25%给承包商。例如，如果目标价格是1500万美元，承包商用1450万美元完成了工程，他将会得到12.5万美元的奖励。如果承包商的成本超过了目标，则就没有利润可供分配。

在一些情况中，目标价格被用来定义保证最大价格(GMP)，这是承包商保证不超过的最大价格。在这种情况下，任何超过GMP的成本都由承包商支付。GMP由目标价格和目标价格比率额组成，在上面的例子中，目标价格是1500万美元，GMP将可能是1600万美元。

在此合同形式下，对目标价格进行准确的估计是很必要的。所以，计划和概念图纸及设计说明要做到尽可能的详细，以便可以得到一个合理的目标价格。将成本控制在目标价格以下对承包商的激励是该合同形式的另外一个额外的积极因素。业主也容易验收并接受在目标价格之下完成的工程。这是因为额外的工作承包商负担25%，而业主将负担75%。

利润分配的合同形式的一种变异是可变费用合同，不仅对成本低于目标进行奖励，而且对成本超过目标价格进行惩罚。当承包商在目标价格之下完成工程，酬金额将会提高；当超过目标价格时，酬金额将降低。按比例增减的承包商报酬的计算如公式（4-1）所示。

$$\text{报酬} = R\,(2T - A) \tag{4-1}$$

式中 T——目标价格；

R——基本的百分比价值；

A——实际的施工成本。

协议合同绝大多数用于私人部门，因为私人业主选择承包商时除了低价之外，还要考虑其他的标准。由于协议合同无法回避发包者的个人偏好，因此在公共部门该模式的使用遭到普遍的指责，只用于一些特殊的情况。在使用协商形式合同中，私人业主之所以倾向应用协议合同还因为可以应用前面介绍的阶段重叠施工，也就是施工和设计可以基本同时进行，这样就可以有效缩短工期，进而减少融资的财务、时间和费用，这要比采用典型的竞争性合同为了选择最低标价而必须采用设计、施工先后顺序进行，以及招投标本身花费的时间而产生的时间浪费和资金时间费用要合算的多。大的旅馆工程的财务成本可以达到每天5万美元；大型动力设备的交付推迟，每天的损失估计在25~50万美元之间。显而易见，任何对设计—施工交接时间的压缩都是极其重要的。

任何地方的大规模且复杂的工程都要延续2~3年，甚至10年，对于这些项目，成本加酬金合同是惟一可行的合同形式。对于持续许多年的工程项目，承包商将不会采用固定价格合同，因为承包商很难预测劳务、建材、机械设备的长期价格波动，所以，在复杂且长期的项目中使用成本加费用协议合同几乎是惟一的选择。

4.8 设计—施工合同

正如在4.2节中所提到的，从客户的视角来看，签订一个单一的合同，由一个承包商完成整个工程是更有利的。在20世纪70年代，大型建筑企业作为单一供给方开始为客户提供从设计到项目交付的一体化服务。这种设计和施工一体化的方式可以被看作协议合同的一个自然演变阶段，在时间紧、技术复杂的工程中，采用设计—施工一体化的发包模式在工业项目领域是普遍的做法。应用此合同形式，由一个承包商提供全套的设计和施工服务对客户是有利的。

该发包体系的好处就是使设计团队和施工团队的不同意见和争端在同一个公司内部解决，这样就减少了两个或更多的公司在实施同一个项目时产生不同意见（例如减少了设计和施工之间的争论）。通常在此发包模式下，设计—施工承包商的管理部门具有采用迅速有效的方式去调解设计和施工团队之间的分歧和争执的积极性，因为如果该问题不被解决，可能要导致承包商利润的丧失和由于糟糕的表现而被解雇。

由于在同一个公司且具有交叉的职能，设计和施工部门之间的协调得到加强。该发包模式增强了设计者与现场施工者之间的联系，使设计方案不仅增加了工程的可施工性，而且提高了施工的效率。企业由于利益的驱动，通过完善及修改设计方案，使项目不仅在其寿命周期内保持良好功能，并且提高了施工过程的效率。这可以与在4.2节中提到的冰箱生产做一个比较，如果一个工厂生产冰箱，它不仅要设计出适合在家中使用的具有良好功能的冰箱，在冰箱组件设计时还要考虑组装时节约成本和时间的要求。

设计—施工合同还具有设计和施工同时进行的优点，这意味着可以在设计没有完全完成时，就可以进行现场施工。这种发包模式适合"阶段叠加施工"或"快速路径施工"等施工方法的应用，并且由于设计没有必要一定在开工之前完成，压缩了项目竣工时间。

在20世纪70年代，这种类型的合同主要用于大而复杂的工程（例如石化工厂、能源工厂等等），以便提高信息在设计和现场施工部门之间的传递。通常只有具有很强的设计和施工能力的企业才能够提供设计—施工一体化服务。通过一个设计—施工承包商建造的工程经常被称作"交钥匙工程"，因为业主只与一个承包商打交道，该承包商负责整个工程的完成，使工程在交钥匙的同时便可以使用。也就是说，业主只需签订一个合同，并规定"当您完成工程时候通知我，您使我只需转动钥匙打开门就可以使用它"。

4.9 设计—施工联合承包合同

在过去的几十年中，在房屋建筑部门，设计—施工合同的应用越来越普遍。许多建筑企业为了以最好的价格、最省时间的方法获得最好的产品，开始采用设计、施工承包、私人业主的工程。因为绝大多数的房屋承包商自身不具备设计能力，牵头的承包商往往就组织一个由设计单位和专业承包商构成的团队或者联合体，共同协调工作以满足业主的需求，业主或者客户将这个联合体视为单一队伍签署合同，这个队伍要提供完整的项目服务(例如设计、施工和采购等)。

联合体中的每一个成员都要承担风险和被激励去与其他成员一同协调工作以缩小延误和争端，事实上，一群设计者和承包商们是在业主提供的概念文件下形成的一个团体，他们达成协议共同完成工程，所以也暗示着避免与其他任何一方发展成为敌对关系。

联合发包模式具有吸引力的原因是，在设计完成了30%~40%之后，业主可以按照总价方式进行招标。除非重大的变更，联合体在初步设计完成时就确定完成工程的最终价格，这对业主非常有吸引力，因为在设计阶段根据固定的成本价格可以确定整个工程的融资计划，就可减少不可预见费用，并且贷款数量的明确对借款人也具有吸引力。

如果不能按照初步设计所确定的价格完成工程，将导致联合体中所有成员收益的损失，因此联合体的成员们具有创新的动力，并且避免相互之间的冲突，并且设计和施工部门之间的敌对关系也得到了很大程度的改善，因为成员之间的争吵和不合作可以导致很大的损失，因此具有避免争执和推动创新的激励作用是这类合同的固有特性。

这种以联合体为基础的设计—施工合同在私人项目中得到广泛应用，现在美国联邦政府的许多工程中也应用该发包模式。美国国家税务局的许多大型设施都是通过设计—施工合同建造的。在私人部门应用过程中，不同联合体针对同一个项目的激烈竞争是很少见的。多数情况下，业主（客户）与一个或两个牵头的承包商谈判，由其组建满足客户个性化需求的设计—施工队伍。在私人房屋建造领域，联合体之间的竞争并不是一个主要的问题。

随着该合同形式在公共工程领域的应用，竞争成为一个主要的问题。业主根据各个联合体提供的建议书来选择具有优势的联合体。在这种模式下，没有被选择的联合体会由于准备竞争建议书而招致费用上的损失。

4.10 建筑管理（CM）合同

根据建筑管理合同，某一家公司要协调项目从概念设计到验收通过的所有活动。CM公司代表业主行使所有的建筑管理活动。在这种类型的合同中，建筑管理被定义为“涉及前期设计、设计和施工阶段等与施工项目进程有关的，并为新项目的时间和成本控制做出贡献的一系列管理活动”。在典型的CM合同关系中，CM公司联系着业主、承包商和建筑工程师，如图4.4所示。

CM公司具有交通警察的功能，使信息在工程建设中的所有各方进行流动。CM确定向建筑工程师、供应商及专业承包商发包的程序。一旦合同关系建立，CM不仅控制最主要的承包商、所有的分包商，而且控制了主要的供应商和预制件生产商。CM应用类似道路图或实施计划的控制或管理的模式实施项目，保证各种工作以节约时间和成本的方式顺利进行。根据项目所处的阶段的变化：初步设计—设计—施工阶段，CM公司的主要职责而随之变化。

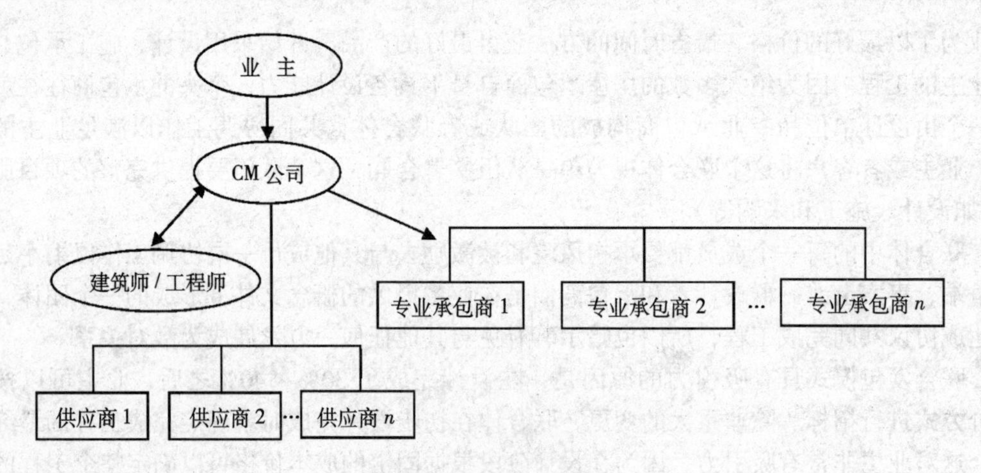

图4.4 CM组织结构

建筑管理合同对周期性的建造复杂工程，又不需要拥有完整的项目管理部门和整个施工团体的组织（例如医疗机构、市政部门等）尤其具有吸引力。在这种情况下，业主与一个建筑管理企业保持联系，由他来计划、管理、协调一个或更多的设计专家、贸易承包商、供应商，以及其他有关的组织（经营许可和管理部门）的活动。

习 题

4.1 指出两类基本竞标合同的名称，并做简单描述。哪一类合同最适合应用于悬索桥的桥墩施工？

4.2 如果要求您竞标某土方挖掘工程，而工程的数据有限，您选择哪类合同形式？为什么？

4.3 指出中止合同的三种方式。

4.4 指出两类协议合同的名称，并描述其工程款的支付方法。

4.5 不平衡报价的含义是什么？什么类型合同可以使用此方法？举例说明如何使用不平衡报价方法？

4.6 为什么成本加百分比报酬合同不能在很大范围应用？

4.7 在何种环境下，成本加百分比合同适用于业主和承包商？

4.8 有效的合同要素包括要约、要约接受以及报酬。分析下列情况的三类要素具体是什么？

a.在商店购买一件商品；

b.雇佣劳务；

c.乘坐公共汽车；

d.建筑合同；

e.某一公司的员工职务安排。

4.9 假设您是位细心的承包商，负责附录I中的小型加油站的施工。列出您将分包的专业分项。

4.10 访问一家房屋施工现场，确定分包项目的数量和类型。您认为一个高层建筑施工需要分解为多少分项分包？为什么房屋建造比重型建造有更多的分包商？

4.11 从业主合同管理者的角度来看，不同类型的合同对监督管理的需求也是不同的。列举影响合同管理人员数量的不同合同的差异因素。

4.12 访问本地的一家承包商，确定其采用协议合同与竞标合同获得工程之间的比例。该比例与小型房屋承包商的比例有明显的不同吗？房屋承包商与重型建造承包商有明显的不同吗？

第5章 法定组织

5.1 组织的类型

决定成立建筑企业，第一个要面临的问题是如何组织企业以完成利润目标，实现对企业经营和技术功能的控制。当组织一个企业时，通常有两个组织问题受到关注，一个是关于公司的法定组织，一个是公司管理的组织。对于隶属任何商业领域的企业，不论是建筑企业还是乳牛场，由于法定的组织类型决定了企业如何纳税，公司倒闭时责任的分担，适用美国何种州、市、联邦政府规定企业行为的法律，以及公司筹集资金的能力，因此法定组织极其重要。而管理组织则是规定了企业人员在完成公司目标时的不同范围和层次的责任，并且规定了企业员工为实现共同的利益进行相互交流的方式。本章将对企业的法定组织进行讨论。

5.2 法定组织

当一个企业家决定建立一个企业时，首先必须解决的问题之一是采用哪一种法定组织。从商业活动的性质，可以从逻辑上显而易见地判断出其法定组织类型，例如，如果某人拥有一辆卡车，并且决定通过与各类消费者订立合同，作为自由承运人来运送材料，这时该人为自己工作，并拥有自己的业务。在一个人拥有并经营商业活动，独自做出各种与企业活动有关的决策的情况下，这个企业性质为业主制。如果企业有所发展，企业可以购买更多的卡车，并雇佣更多的司机来扩展公司规模，从而增加业务量。然而该企业依然保持业主制性质，甚至当他拥有1000名雇员时，只要他个人保持对企业的所有权并且独自控制企业的经营，该企业的所有制不变。

如果一个有管理经验的年轻的工程师和一个有现场经验的管理人员决定一起建立一个企业，这个企业就是合伙制企业。合伙制企业的规模不局限于两个人，可以由任意多的合作者组成。律师事务所或其他专业企业（例如会计师事务所）通常由10~12个或更多的合作者组成合伙制企业。如果两个或三个人决定组成一个合伙制企业，所有权的划分由各方最初的投入所占比例确定。所有权的划分可以依据每一个合作方的资金或资本资产来划分。所以，如果三个人组成一个合伙制企业，其中两个人各出资2万美元，另外一个人出资1万美元，则各方拥有的所有权的比例分别为40%、40%、20%。另外，合作方之一所拥有的专业技术也可以作为划分所有权的依据。例如，在刚才引用的例子中，如果投入1万美元的合作者是将要开展的业务领域的专家，其专业技术被估价为1万美元，那么他对企业的总投入为2万美元。所以，所有权将在三个合作方之间进行平均划分。所有权的实际划分方法通常在合伙企业的章程中进行规定，如果没有书面的章程，只是通过口头协议来组建合伙制企业，则假设所有权是平均分配的。

在一些商业活动中，由于存在很大的失败或损害赔偿的风险，公司制组织被认为更为合适。公司制组织的概念将企业作为一个法律实体看待，在企业破产或损失清偿时，只有企业的财产可用于债务清偿，这使得公司的法人或股东，在清偿债务时可以保护其个人财产不受损失。因此，如果公司的一个股东私人财产是10万美元，公司宣布破产时，这10万美元将不必用来偿还公司的债务。其他的可以引起企业选择公司制组织的因素将在本章后面进行介绍。

以下两种类型的公司制企业最普遍。一种是只有少数人握有公司的股票的公司被称为内股公司或封闭性控股公司。因为该所有制形式提供了风险保护，并且允许为数不多的股东控制企业的战略和职能，因此该所有制在建筑领域非常普遍。与封闭性控股公司相对，开放式股份公司允许自由买卖公司股票，对于上市的大企业，由于股票交易，企业的股票市值每天都在变化。图5.1为美国南部的建筑企业的法定组织类型示意图。本例中，企业按照采用固定价格合同与协议合同方式承揽项目的比例进行分组，各组的定义如下：

*A*组：以协议合同方式承揽项目小于25%或更少的承包商；

*B*组：25%～50%项目以协议合同方式承揽的承包商；

*C*组：50%～75%的项目以协议合同方式承揽的承包商；

*D*组：以协议合同方式承揽75%或更多项目的承包商。

数据表明封闭性控股企业的形式非常流行。

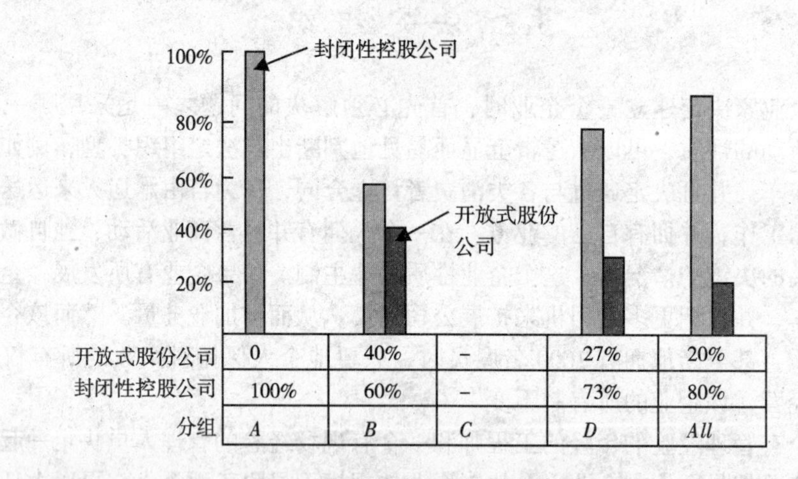

图5.1　建筑领域企业的所有制类型

另一种有法律含义的组织形式是联营体，区别于其他的公司法定组织类型，在于其不体现所有权的关系，而是针对特定项目和特定任务组织在一起的临时组建的公司。当建设一个特别大的项目，并需要从各个公司调拨各种资源或专家时，几个企业要组建联营体。各成员企业之间本着相互协作的原则，事先达成一些协议，以共同企业体的名义进行投标。在项目实施时，联营体人员在工作中，在法律协议的约束下，为了项目的顺利实施和完成相互配合，协调一致。联营体形式最早在大坝工程中得到实施，例如美国西部的库里（Coulee）大坝和胡佛（Hoover）大坝的施工中，从那之后被应用到更加广泛的工程建设中。

5.3 业 主 制

最简单的法定组织形式是业主制。业主制企业就是个人拥有并控制企业的运营。所有者对与企业有关的事务进行决策，企业的资产全部由一个人所有，从而增大了个人的价值，企业的所有收入都是所有者个人的现金收入，企业发生的亏损或消费都由所有者个人支付。所以，所有者是作为个人进行纳税，企业的税收项目无法分开。例如福德大叔(Uncle Fudd) 经营一家小型的建筑企业，年收入为 18.7 万美元，每年的支出为 10 万美元，所以该企业的税前收入为 8.7 万美元。假设这是福德的全部收入，他将根据企业收入申报个人所得税，除去他的免税部分 1.7 万美元，他缴纳个人所得税的收入为 7 万美元。

因为所有者的资产就是企业的资产,所以企业的信誉水平和创造财富的能力受所有者个人资产的限制。并且,企业所发生的任何一笔损失都必须由所有者的个人财产来弥补,企业发生的任何债务都是所有者个人的债务,必须动用其个人的财产来承担。所以,企业的破产也就是个人的破产。因为没有债务的限制,通常高风险的商业不采用业主制所有制。

业主制企业的寿命与业主一致，如果业主离世，企业也就不存在了，企业的财产通常由业主的继承人分享。

5.4 合 伙 制

与业主制企业类似，合伙制企业的责任直接由各合伙方承担，也就是说，合伙方要承担无限责任。但是，在合伙制下，因为有两个或更多的合伙人，责任可以分散给几个责任人。合伙制企业成立的原因主要有风险的分散，以及管理和资金资源的聚集。企业的所有权由合伙人共同享有，并且由企业的章程决定。因为几个人联合成立合伙制企业，企业的财产扩展到所有合伙人的个人财产，因此同单一所有制企业相比较，合伙制企业具有较高信誉度。然而企业的控制权也要由全体合伙人分享。合伙人获得的利润或承担的损失的划分要根据合伙协议中规定的每个合伙人的所有权比例而定，但对于每一个合伙人而言，其要担负无限责任，在较大的亏损下，一个合伙人可能要承担更多的责任。假设卡勒尔(Carol)，琼（Joan）和鲍勃（Bob）是一个小型建筑企业的合伙人，个人财产和三个合伙人分别享有的所有权如下：

卡勒尔	140 万美元	40%所有权
琼	80 万美元	30%所有权
鲍勃	10 万美元	30%所有权

企业的亏损是 100 万美元，并且必须偿付给债权人，亏损额的分担比例如下：

卡勒尔	40 万美元
琼	30 万美元
鲍勃	30 万美元

然而，因为鲍勃只能承担 10 万美元，剩下的 90 万美元必须由卡勒尔和琼按照其享有的所有权来承担。

有限责任合伙制企业，正如其名称所暗指的，企业的合伙人只承担有限的责任。这有利于企业的无限责任合伙人吸引投资，有限责任的合伙人只对他或她的投资额负责。假设汤姆作为有限合伙人投资一个合伙企业，投资金额为20万美元，他所享有的企业所有权为15%。所以，他分红和承担债务的比例是15%；然而，他偿付的亏损上限是20万美元，超过这个限度，他不会再用个人的财产来支付企业的任何债务。这种制度为合伙企业提供了吸引投资的机制，也可以吸引那些希望承担有限责任而又能分享收益的人的投资。在企业中合伙人的地位如同股份公司中的股东，亏损仅仅限制在他们的投资范围内。

有限责任合伙人没有权力参加企业的管理,所以无限合伙人仍可以保持相同水平的企业控制权,通过有限合伙人的加入,提高了企业的资金实力和信誉。在任何一个合伙制企业中,至少且必须有一个无限责任合伙人。由于公司制企业要受到美国州特许机构的严格管理,而有限责任合伙企业具有公司制企业的一些优势,因此包含有限合伙人的合伙企业组建比较困难,并且受到美国各州的特许机构(特许合伙企业的州秘书处办公室)的严格规定。

有限合伙人的投资必须是切实的，也就是说，有限合伙人不能用专利权、著作权或其他类似的权力来投资，他的投资必须是切实的财产（例如设备、现金、支票和上市公司的股票等)。

任何一个合伙制企业在其中一个合伙人死亡时要被终止，但是当一个合伙人死后，可以通过重新协商来使企业延续。此时，要重新制定合伙协议，健在的合伙人将收购已故合伙人的股份。通常在这个协议中给出计算合伙企业资产波动的公式，健在的合伙人按照这个数目来购买已故合伙人的股份。

对企业的经营进行日常管理的无限责任人，可以要求支付自己薪金，此时，要考虑合伙人付出的时间和专业技能，这种日常管理报酬与最初对企业投资水平的分红有所不同。在卡勒尔，琼和鲍勃的例子中，所有权的分割比例为40%、30%和30%，如果鲍勃在合伙人中对企业管理付出最多，他可以因此获得全日制的工资；而卡勒尔和琼工作的时间短，只能获得较低的薪金或小时工资。在任何情况下，税款收取是根据企业的经营所得的工资和收入。

一个合伙人的行为与其他所有合伙人都是有关系的。例如，在上述的合伙企业中，如果琼与客户签订了一个工程合同，这个合同与鲍勃和卡勒尔也有关系。在这种意义上，合伙企业就是一个“婚姻”，任何一方都必须承担另一方为企业利益所做的承诺；另一方面，如果没有征得其他合伙人的同意，一方合伙人将自己的财产卖掉或抵押都是不允许的。如果合伙人卖掉财产，所得收入要归合伙企业所有；如果合伙人以企业的财产为自己的票据或债务进行担保，其他的合伙人就可以告诫票据持有者，他们反对以企业的财产作担保。

5.5 公司制

公司制企业为股权分散的法律实体，依据所注册地区的法律而创立。在美国多数州中，企业通过向州秘书办公室或相关的部门提出申请，由这些部门颁布营业执照，批准公司股票的最初发行，从而确立原始股东的所有权比例。与合伙制企业相似，原始股东可以用资金、专业技术和其他的无形资产，例如专利权和特许权入股，投资额度依据每一个原始股东持有的股票来确定。在上述的合伙制企业中，如果卡勒尔，琼和鲍勃决定组成有限公司，并保持每个人的所有权水平不变，那么股份应该按照适当的比例分摊给每一个责任人。公司成立时，股份数量和价值的选择是为了所有权的明晰划分，而不是代表企业资产的实际价值。如果卡勒尔—琼—鲍勃（CJB）通过发行1000份股票成立公司，卡勒尔将获得400份（40%），琼和鲍勃将各获得300份（30%）。为了简单，每一份股票价值1美元，这种分摊方式简化了用于划分所有权的单位。另一方面，公司成立时，原始投入资金如果是10万美元，那么每一份股票的账面价值就是100美元。每一股的账面价值是公司净资产与股票发行量的比值，在这个例子中，股票发行量为1000份，公司资产净值为10万美元，因此每一份股票的账面价值为100美元。

公司股票除了账面价值以外，还有贸易值或市值。面值是股票交易所公开发售的股票的交易单价和报纸上刊载的价格，其说明了一般公众或股票交易人购买某公司所有权的意愿。如果未来看好，交易者将预计公司的股票价格上涨，将愿意购买有升值潜力的股票；如果企业预期亏损，股票的市场价格表现为下降。要说明的是，如果CJB公司成立，并且签订了一份合同，因此估计企业的税后净利润将增加到10万美元，那么该股票的市场价格将会上升。事实上，如前面已经提及，多数建筑企业为封闭控股企业，并不公开发售股票。所以，关心股票的市场价值的主要是公开发售股票的特大建筑企业。

公司制企业是最复杂的一种所有权形式，其组建要遵守严格的法律程序。通常要雇佣律师准备适当的文件，为经营许可部门的管理支付费用，准备印刷股票，并且召开责任人的正式会议。因为企业可以进一步发行股票来增资，所以在这一点上比业主制企业和合伙制企业具有优势。一旦组建股份公司，股票将卖给充满信任的购买者，但是并没有向这些购买者合理传达所需要的信息，导致发行股票的动力可能被滥用，因此，公司股票的发行和增发都要受到特许机构的严格控制，美国州法律在某些方面对发售股票做了规定。

对于高风险的行业，例如建筑业，公司制最吸引人的方面就是对有限责任的规定。因为公司制企业是以公司本身作为法律主体，因此只有公司的财产才与索赔和企业的损失有关，这意味着企业的股东将失去股票投资，但是也限制了其潜在的损失，他们拥有的公司外的财产不必用来偿付企业的债务。

公司制企业的一个不利的方面是双重纳税特征。因为企业是一个法律主体，它要缴纳税赋，而同一利润作为企业盈利要纳税，当它们被作为红利发放给股东时还要缴税。对于个人股东来说，这部分分红要作为个人收入纳税。假设CJB公司在经营的第一年税前利润为10万美元，如果收入超过7.5万美元，美国国家税务局（IRS）规定按照34%的税率来收受所得税，因此该公司将要为10万美元的税前利润缴纳3.4万美元的税款，其税后利润变为6.6万美元。假设CJB决定向三位股东发放红利3万美元，也就是说，卡勒尔，琼和鲍勃作为公司的股东将获得3万美元，留下3.6万美元作为企业的运营资金。在这个例子中，卡勒尔——主要的股东，获得红利1.2万美元，琼和鲍勃每人获得9000美元的红利。如果我们假设每一个股东个人所得税的税率大约为25%，卡勒尔为此将支付3000美元所得税，琼和鲍勃将要支付2250美元所得税。换句话说，在企业和股东身上，美国联邦征收的税款合计为3.4+0.75=4.15万美元。

双重收税也不总是不利的。回到前文福德大叔建立的业主制企业，假设企业的税前收入为14.7万美元。福德决定将他的业主制企业改组为公司制企业。作为公司制企业的董事长，福德为自己支付8.5万美元的年薪，在此工资水平下，他按照21%的税率上缴收入税。在业主制企业下，企业的税率是25%，税基是14.7万美元减去1.2万美元的免税额，他将支付13.5万美元的25%，即33750美元的税款。而在公司制下，福德的税款是：

$147 000
－85 000 福德的薪水＝企业支出
$62 000

公司税款＝0.25×62 000＝ $15 500（如果收入低于7.5万美元，美国国家税务局（IRS）规定按照25%的税率来收受所得税）

个人税款＝ $85 000
－ $12 000免税额
0.21×73 000＝ $15 330

所以，在公司制下福德的税款为15 500＋15 330＝30 830美元。在这个例子中，尽管存在双重收税，公司制企业的税款仍然较低。所以当决定采取哪种所有制是最适当的形式时，聘请一位好的税款咨询师是非常有价值的。

美国某些州提供了一种特殊的公司制形式，它可以避免双重收税，却可以保持有限责任，这就是下一章提到的“*S*”企业。在下一章中的*S*公司制企业中，责任人被假定为合伙制企业的成员缴纳税赋，也就是说，公司的收入仅仅作为个人收入缴税。但是企业股东还可以受到保护，他们的损失仅仅限制在购买的股票上。

正如前面所提到的，在吸引外部资金时，公司制企业具有很大的优势。图5.2给出了组建公司制企业时所发行的典型的股权证书，该证书代表了500份股票。另外，还表明企业被批准发放总数为50 000份的股票。所以，公司董事长可以决定通过发行股票而不是通过借款来融资，提供了分散所有权来吸引额外资金的方法。它的优点是筹集来的资金可以不用偿还，在企业的资产负债表中不记入负债。

公司制也有不依赖于股东变更而保持连续性的优势。合伙制或业主制企业中的一个责任人死亡时,企业也就寿终正寝。而公司制企业与此不同,其寿命是永久的。除非企业破产或企业章程失效,企业将保持运营直到所有的股东都同意解散它。在美国许多州中,公司章程的条款规定公司股票应有效地控制在股东范围中,也就是说,任何想出售股票的股东必须首先将股票卖给其他的股东,在股票出售给外部人之前,已有股东可以选择是否收购这些股权,这使得公司得以保持封闭的特征。如果一个股东死去,其继承人应首先承诺在把股票出售给外部人之前,应先考虑现有股东。当然,该继承人也可以决定保持该股票。

公司制企业存在两个内在的缺陷，即降低了管理决策的控制力度，以及与州外公司重组操作存在一定的限制。公司规模越大，其所有权越分散。在红利分配的问题上、扩股增资和其他重要的经营决策，都必须征得全体股东的同意。在大的公司中，必须通过投票来取得一致意见，这个过程是非常麻烦的，并且大大降低了企业适应形式发展的速度，但对于小型的封闭式控股企业，与合伙制企业类似，这不是一个主要的问题。

在美国当一个公司在一个不是其成立时的州进行经营时，它被作为外国企业对待。例如，某公司在特拉华州成立，当它在印地安那州经营时就被当作外国企业看待。特定行业的公司制企业在被作为外国企业看待时，要受到一些法律限制，必须在当地设立法律代表，而对业主制企业和合伙制企业就没有这样的法律限制，因为这些企业是由合法的个人构成的。而宪法规定，个人都受到平等的对待，因此将对公司制企业的法律的限制施加到业主制企业和合伙制企业中就是不合法的。

SF 样本

2

250

HA HALCO 建筑有限责任公司

本公司被批准发行的股票总量为 50,000 股—每股票面值 1 美元

兹证明 Daniel W. Halpi

为本公司 伍佰美元 股份的所有者。 本公司的股票

只能在本公司的股东范围内转让，或者经过批准可以备书放弃本股份。

Dated August 17, 1976

SPECIMEN

SPECIMEN

图 5.2 典型的股权证书

5.6　法定组织的比较

企业选择特定的法定组织时要考虑7个方面的主要问题，表5.1给出了每一种结构组织的优点和缺点。这些需要考虑的因素虽已经进行了总体的介绍，但业主对企业组织的选择还要对以下方面深思熟虑：

1. 税赋；
2. 组建企业的成本；
3. 风险和责任；
4. 企业的延续性；
5. 企业管理柔性和法定组织对决策的影响；
6. 对经营的法规约束；
7. 吸引投资。

选择法定组织时考虑的条件　　**表5.1**

	业主制	合伙制	公司制
税赋	个人收入所得税；税基为企业利润，不管它是否被撤回	根据个人工资和企业收入缴税	一些情况下可以减少纳税；分红不能免税；双重税制；即根据实际所得的收入缴税
成立时的成本和程序	没有特别的法律程序；申请营业执照；在美国国家税务局（IRS）注册	无限：简单—口头协议 有限：较难—须严格遵守州法律	比较复杂和高成本；必须召开会议
风险大小	个人责任	个人责任：个人财产范围 有限：每个合伙人受到保护；有限合伙人的损失不超过投资	限制在企业资产的范围
延续性	所有人死亡企业终止	解散：合伙人之一死亡时，终止；若协议中规定，其股份可由其他合伙人购买	延续（至章程期满）
管理适应性	组织简单；直接控制	决策和规定通过口头协议实施	董事——可以参与；决策制定要通过议事程序
适用法律的影响	法律被很好定义；在美国各州的业务不受限制	法律被很好定义；需要执照	外来企业地位：继续经营需要法律讨论
外部资金的吸引	资金扩张的潜力受限；借款；信誉；个人财产投资	较好：更多资金；有限合伙人概念	发行保证：企业资产作为抵押品；发行股票

对于每一个企业法定组织，其纳税额度都是有多有少的。每一个企业都要对预期的资产负债表和现金流量进行研究，以寻求最好的解决办法。公司制的缺点是必须要缴两次税款，一次是在企业获利时，第二次是当股东获得分红时也必须要纳税，在下一章的*S*型的企业中将围绕这个问题进行较深入的讨论，责任人被假定为合伙制企业的成员缴纳税赋。一般情况下，业主制企业和合伙制企业的缺点是不论收入是否从企业撤出都必须交纳税款，因此在福德的例子中，即使是双重纳税，公司制企业也可以缴纳较少税款。

组建业主制企业所需的成本最小，程序也最简单；对于简单的合伙制企业成本有稍许提高；而对于有限合伙制企业和股份制企业，该项费用要作为一个主要的财务问题加以考虑。正常情况下，在业主制企业或简单的合伙制企业成立时，美国地方、州和联邦税的税制，以及购买营业执照有关的成本和程序是要加以考虑的主要问题；而在有限合伙制企业和公司制企业成立时，上述成本以及重要的法律咨询成本（2000～3000美元）都必须加以考虑。但是考虑到这两类公司的有限责任特点，以及股份企业在医疗、健康和保险计划实施中享受到的利益，这些成本的付出是应该的。

公司制企业和有限责任合伙制企业在失败或破产时将损失限制在投资的水平上，即股东的损失不会超过他们所拥有的股票份额。有限合伙人的损失不会超过他的投资，如果他最初的投资是2万美元，他只损失这个数目的财产，其他财产不会与企业的破产相联系。在下一章介绍的 *S* 企业，股东的财产可以得到类似的保护。在业主制企业或简单的合伙制企业中，个人的财产要被用来支付债务，这可以导致个人的破产。

业主制企业的缺点是当所有人亡故时企业也要终止。这会引起一些问题，特别是当企业的资产由几个继承人继承时，这时可以将企业善意地交给一个继承人（愿意经营企业的继承人），并由这个继承人对其他继承人给予补偿。如果一个合伙人死亡，合伙企业也要解散，但可以在合伙协议中规定其他合伙人购买亡故合伙人股份的方法。公司制企业是永远延续的，股票证书可以直接作为财产传给后代。

在业主制企业和合伙制企业中，决策制定是非常简单的，由所有人负责制定所有的决策。在公司制企业中，某些决策的制定必须经股东们同意，这会影响企业适应形式发展的能力。但在封闭型股份公司中，这不成问题，因为可以通过召开特别会议对问题迅速地加以解决。而拥有大量股东的股份公司则无法像这样灵活，办公室主管或经理处理日常事务，董事会负责一般性的战略计划和决策的制定，但主要的决策，例如扩股、购买其他的工厂或主要的财产，必须以正式投票的方式，经股东大会的同意。

在美国，地方法律通过对外来企业施加限制性的约束和附加成本，来鼓励本地小企业的创建。当不在本企业注册的州投标建筑工程时，有必要对这种歧视性法规进行调查。有时对外来的企业，还要求缴纳特定执照费和手续费。而业主制企业和合伙制企业受到宪法的保护，享受平等的法律权利，因此不会受到这种差别待遇。

在增加资本方面，业主制企业和简单的合伙制企业必须依靠个人借款来增加资本。公司制企业的独特特征可以允许其通过扩股来吸引新的投资，企业的财产以及未来商机为吸引新股东提供了基础。但是这个机制并非总是可行的，随着时间的推移，公司制企业将不能够为了增加资本来大量发行股票，而不得不到商业银行去贷款。在经济发展不确定的时期，以发行股票来吸引投资的方法也将受到限制。

有关各种法定组织的优缺点的信息可以从小企业利益保护局的管理指南获取，该指南由政府印刷所发行。

习　题

5.1　指出建筑业企业所有制的三种主要形式的名称，并介绍每类形式的责任限制。

5.2　哪类法定组织的企业最难创建？为什么？

5.3　指出伙伴制企业的三种类型的名称。

5.4　简要描述与伙伴制企业相比较，公司制企业具有的两个优缺点。

5.5　杰克·福勒比（Jack Flubber）拥有一家名为福氏（Sons of Flubber）的建筑公司，其所有制为合伙制。去年该公司的毛利润为＄80000。其个人和家庭支出消费为＄52000，且享有＄17000的免税额。如果他自我支付的年薪为＄55000，税率为了20%。请问他将企业重组为封闭型控股企业是否有利？请解释。

5.6 国外公司制企业的含义是什么？

5.7 组建S型企业的好处是什么？

5.8 使用黄页作为指导，描述当地承包商的法定组织类型是否可能？

5.9 成立一家合伙制企业应采取什么步骤？如何解散合伙制企业？

5.10 接问题5.5，如果杰克的企业重组为封闭型控股企业，除了年薪外，每年还要分红＄10000，请问他应该缴纳多少的税金？

5.11 请问股份公司的股票的面值和账面价值的区别？如果一家股份制建筑公司获得一个成本加固定费用的大项目，对该公司的股票市值将会有什么影响？

5.12 福德大叔决定将Cougar建筑有限公司的所有权出售给艾尔默表兄（Cousin Elmer）。法律咨询事务所应该如何处理该交易，并确定每份股权的合理价格？

第6章　工期计划控制

6.1　项目工期控制

项目经理在施工现场对工程的各项内容进行管理控制。其中，最重要的三项内容是：工期控制、成本控制，及质量控制。本章将主要讨论项目计划和控制阶段的工期控制。

对项目进行计划主要是指对工程项目的各项内容进行划分，使之易于控制工期。从20世纪初开始，工程界一直使用横道图表示项目的工期计划。这种方法最初是作为一种时间计划手段开始使用的，被称为甘特图（Gantt chart）。

横道图的基本概念是用一个横道来代表项目的一道工序，横道的长度代表工序的计划工期。图6.1（*a*）表示一项活动需要4个时间单元来完成（例如，以周为单位）。此横道图可以表示工程项目的开始、实施以及完工。

横道图模型同时可用于表示工程项目的完工比例［参见图6.1（*b*）］。在这种情况下，横道图既是一个工期计划模型，又是一个进度控制工具。因此，横道的长度代表两种不同的含义：

1. 横道的长度代表完成一项活动的预计时间；
2. 在横道上按比例标示这项活动的实际进度。

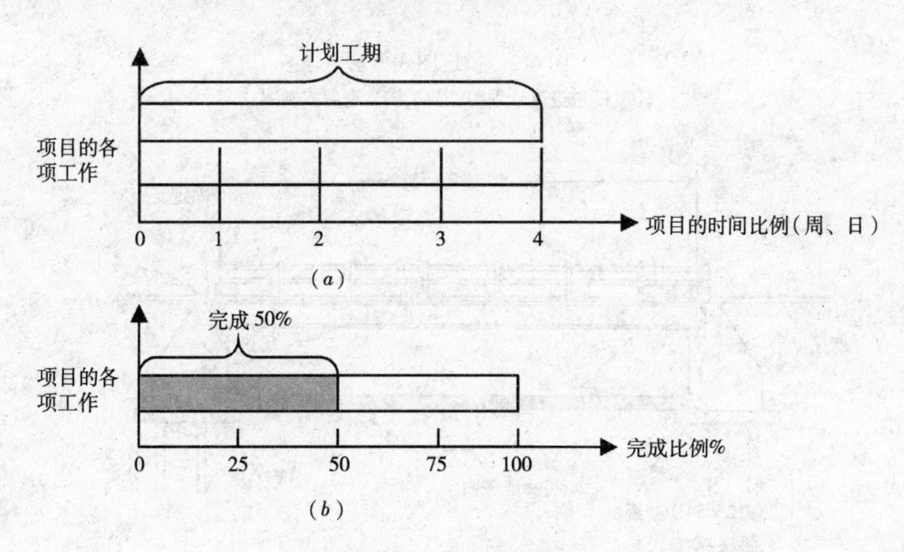

图6.1　工期横道图

（*a*）计划图；（*b*）工作完成比例图

图6.1（*b*）的横道图表示该项工作的一半已经完工。在这种情况下，如果工作进度是一定的且现场状况允许的话，一半完工的时间将与计划工期的一半相吻合。然而，由于

项目的进行状况受材料供给及现场状况的影响，一般来讲，其完工时间将早于或晚于计划工期的一半。此横道图模型表示实际的工程进度与实际的时间刻度是相对独立的。

图6.2（*a*）表示一个包括三项工作内容的工程项目。工作 *A* 在最初的4个月内实施，工作 *B* 在后4个月内实施，工作 *C* 在第3个月实施，实际的各项工作在时间上的完成比例如图6.2（*b*）所示。

工程项目横道图主要是反映一个项目划分出的各个工序的进行状况。通常而言，由一个项目划分出的工序数很少超出50个。如果一个项目的工期已经确定，各项工作的相对关系则反映了项目的计划及各项工作的顺序。

图6.3、图6.4表示一个小型桥梁工程项目。此项目的工期横道图如图6.5所示。

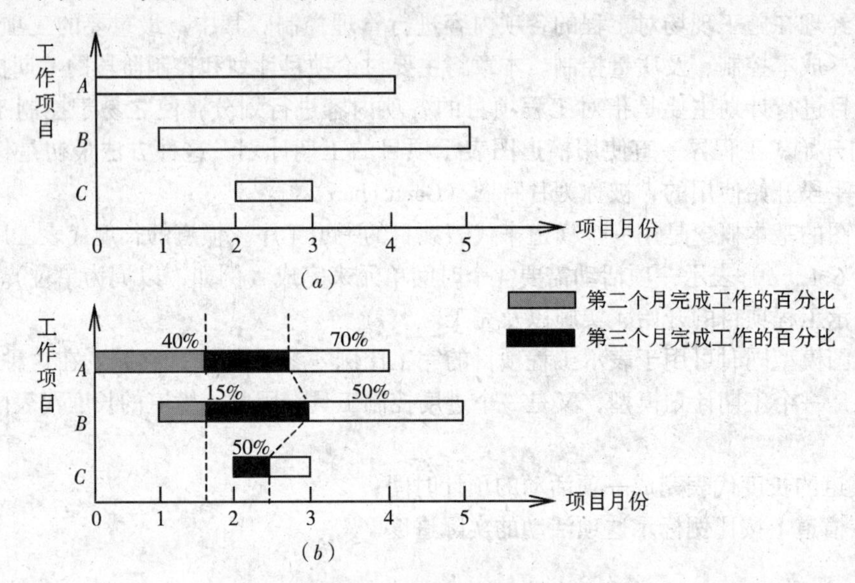

图6.2 横道图表方法

（*a*）横道进度计划图；（*b*）横道进度控制图

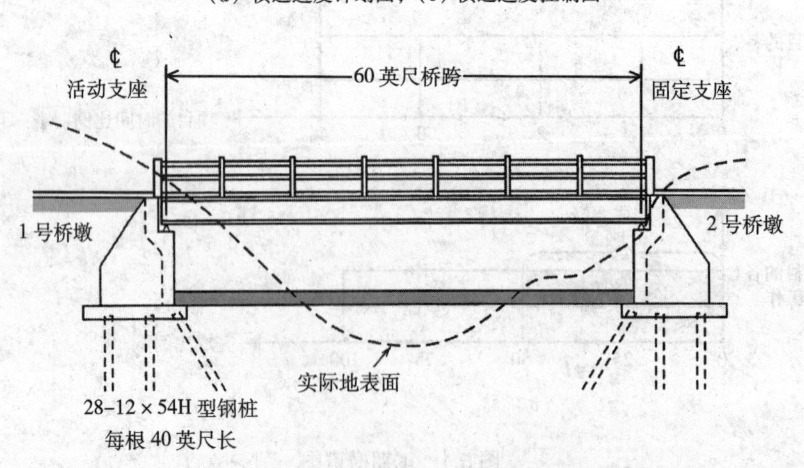

图6.3 工程项目实例，桥梁纵断面图

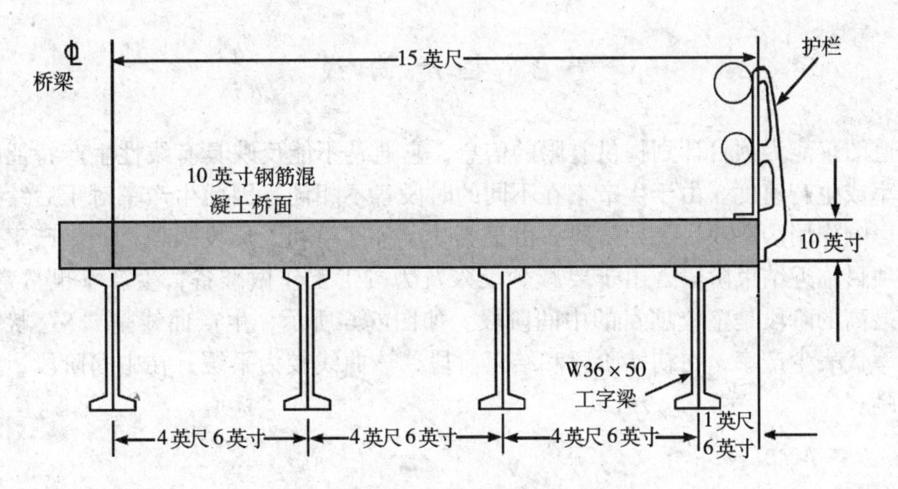

图 6.4 工程项目实例，桥梁横断面图

		6 月	7 月	8 月	9 月
1 号桥墩基坑开挖	8	17—21			
桥墩模板制作	7	17—21			
2 号桥墩基坑开挖	10	22—23			
1 号桥墩打桩	9		5—8		
1 号墩底脚模板和钢筋绑扎	12		9—12		
2 号桥墩打桩	13		9—13		
1 号桥墩底脚灌筑	14		—13		
1 号桥墩底脚拆模	15		—14		
2 号墩底脚模板和钢筋绑扎	17		15—16		
2 号桥墩底脚灌筑	19		19—		
1 号桥墩模板安装和钢筋绑	16		20—	23	
2 号桥墩底脚拆模	21		20—		
1 号桥墩灌筑	18		26—	27	
1 号桥墩拆模和养护	20		28—30		
1 号桥墩混凝土防水处理	30			2—4	
2 号桥墩模板安装与钢筋绑	23			2—5	
2 号桥墩灌筑	24			6—9	
2 号桥墩拆模和养护	25			10—12	
2 号桥墩混凝土防水处理	32			13—17	
梁安置	28			13—16	
桥面模板安装和钢筋绑扎	29			17—20	
桥面混凝土灌筑与养护	31			23—25	
桥面拆模	33			26—	30
伸缩结合安装	34			26—	
油漆	35			31—	7
护栏	36			31—	2
清理	37				8—10
检查	38				13—

图 6.5 桥梁工程项目的横道计划图（资料来源于 clough and Sears, Construction Project Management）

6.2 生产曲线

横道图仅能为项目计划提供有限的信息，它通常不能反映具有线性生产特征的项目的生产率或生产速度。由于生产率在不同的时段各不相同，因此生产率对于后续工程起重要的影响作用。在项目初始阶段，由于要动员各部门和人员投入项目，生产率通常较低。在项目临近结束阶段，由于要减少投入及为竣工工作做准备，生产率也常常较低，生产率最高的阶段是整个项目的中间阶段。如图6.6所示，生产曲线呈“S”状，此曲线的斜率代表生产率，在初始阶段和结束阶段，该曲线较为平缓；在中间阶段，该曲线较为陡峭。

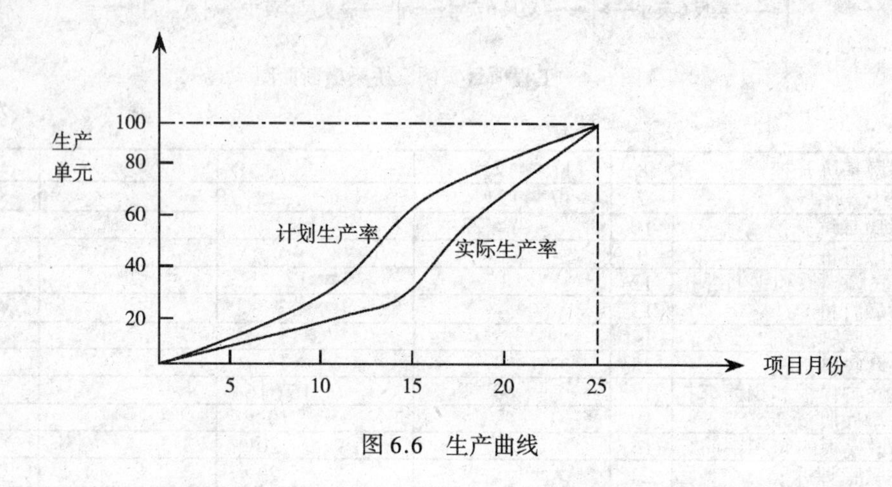

图6.6 生产曲线

生产曲线也被称为“时间—距离曲线”、“时间—数量曲线”或“速度曲线”。其 x 轴（水平、横坐标）代表时间，y 轴（垂直、纵坐标）代表生产单元（如距离或数量）。这些曲线的斜率反映了随着 x 轴上时间的增加 y 轴上生产单元的增加量。换言之，此曲线斜率表示在一定时间增加段内生产单元的增加数量，即生产率。

图6.7为某道路工程项目的生产曲线图。该曲线表示了各个施工过程的开始时间和结束时间，每条曲线的斜率则代表了各个施工过程的生产率。各施工过程开始时间之间的距离代表了各施工过程的滞后时间，路基施工过程于第6周开始，比基础过程的开始时间滞后2周。其曲线表明在路基施工过程开始之前，细致的平整基础过程已开始了2周。

先行工序的完成为后续工序的开始提供了工作空间和可能性，这样后续工序可以在先行工序的基础上进行。这种前后衔接的工序像“水库”一样为后续工序提供源泉，图6.8形象地说明这种关系，先行工序就像位于上流的“水库”，如此形成各层“水库”，“水”必须流经上游各“水库”才能到达下游的“水库”。也就是说，先行工序的完成（或一部分完成）为后续工序奠定基础，后续工序只有在先行工序完成（或一部分完成）的条件下开始。

以一个多层楼房为例，每一层的工作包括下述工序：

A 支模板；

B 绑钢筋；

C 浇注混凝土；

D 拆模板；

E 安装外玻璃幕墙；

F 安装玻璃。

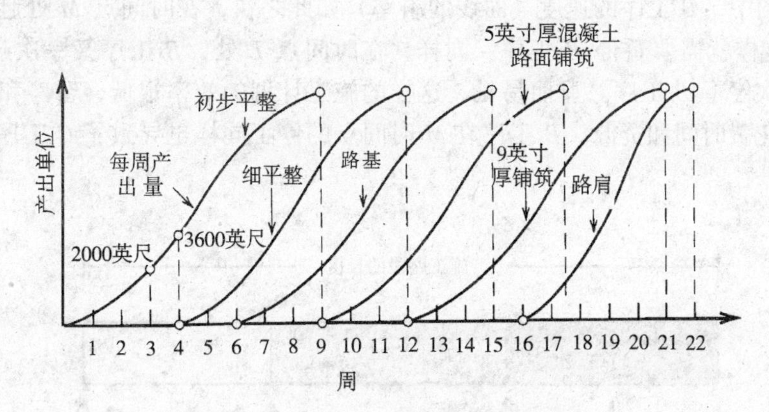

图 6.7 某道路工程项目的生产曲线图

注：产出单位（如初步及细致平整基础工程量用英尺表示，基础材料用吨表示，铺路量用立方米、平方英尺表示等）

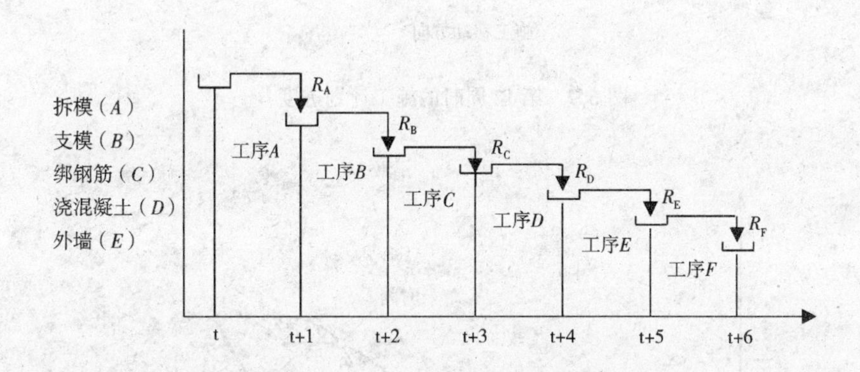

图 6.8 各道工序之间的先后关系及其进度的相互影响

当一道工序完成时，下一道工序才能开始，假设只有足够 4 层楼面用的模板，并且所有模板都已支好，如果不拆模的话，支模板就不能继续进行。但是支模板完成之后就可以开始绑钢筋。同样地，钢筋绑完之后，就可以开始浇混凝土。

除了可以表示生产率和生产之外，生产曲线还可以用来显示项目的进度状况。在图 6.7 中，在横轴第 12 周处画一条竖直线就可以表示出在第 12 周的进度情况，这条竖线与路基施工和 5 英寸混凝土铺筑相交，同时，9 英寸混凝土铺筑从第 12 周开始。也就是说，以下进度状况都是一目了然：

1. 初步路基整平和细致路基整平均已完工；

2. 路基施工已大约完成 80%；

3．5英寸混凝土铺筑大约完成30%；

4．9英寸混凝土铺筑刚要开始。

图6.9说明各项施工工序在第12周时的计划进度。

非常有必要平衡各施工工序的生产率（施工速度），否则，如图6.10所示的情况有可能发生。在图中，B工序的速度（曲线的斜率）如此之快，在时间点M处赶上了它的先行工序A，这样就需要暂停B工序。同样，在时间点L处，B工序又一次超过A工序，因而需要再次停下B工序。显而易见，这样的施工计划的效率很低，暂停和重新开始B工序都需要花费时间和资源。B工序在M时间点的停工同样也导致了C工序在时间点N的停止。

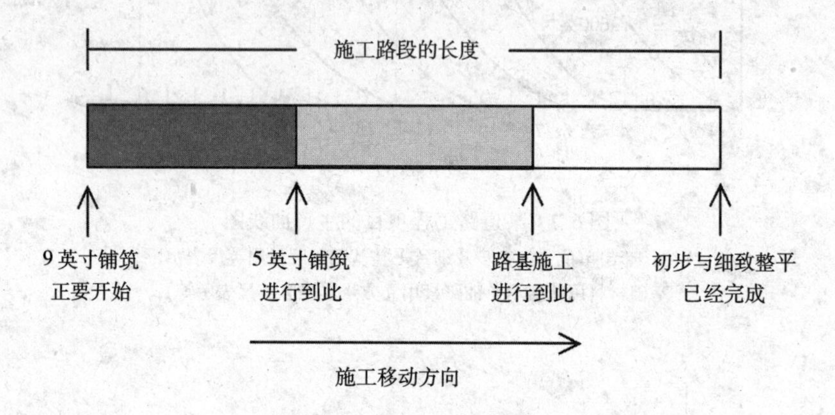

图6.9 第12周时的施工计划进度

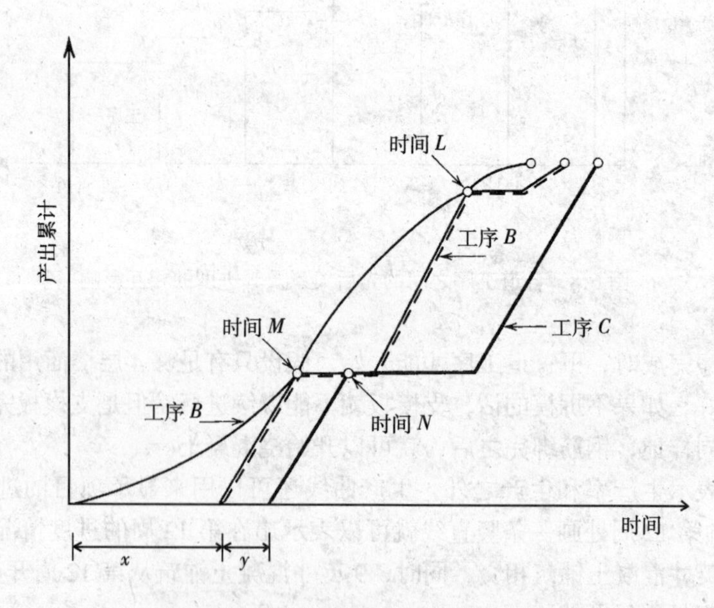

图6.10 各工序生产率不平衡的示例

上述显然的停工带来了不好的效果，因此，应该做好计划协调各工序的进度，从而避免冲突，具体来讲，就是要控制各工序从而使它们有相同的生产率。也就是说要协调各工序的资源，使有可能产生冲突的各工序以大致相同的速度进展，在图 6.7 中的 6 道工序的曲线斜率大致相同，我们可以推断各个工序的生产率已经进行了有效调整，避免了后续工作超前。

生产曲线可以清楚地显示出未经精心协调的进度计划，图 6.11 是一个隧道开挖的三道工序：钻孔和爆破；岩石螺栓的安装；和射注混凝土。

在图中，在原点出发的有两条曲线，一条是采用新方法开挖系统的生产曲线，另一条是采用现行方法的生产曲线。采用新方法需要购买新设备，成本高；另外两道工序的生产率比新方法开挖的生产率小很多，这样就会造成开挖工序在一定时点不得不停下来等待另两道工序。所以新设备的投资并没带来相应效益。这样情形可以比喻为小组跑步比赛，每小组有 3 名选手。以小组最后一名选手的时间为小组最终比赛成绩。如果一个小组中有 1 名选手速度很快，另两名不够快，整个小组未必能获胜，各名选手速度接近才能更有效。

通过以上讨论，我们可以对协调控制与计划各工序生产率的重要性有充分认识。

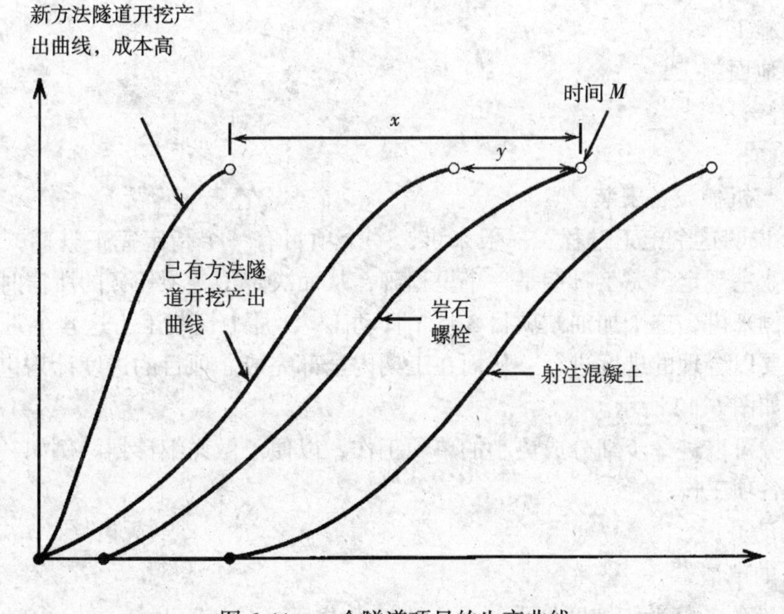

图 6.11 一个隧道项目的生产曲线

6.3 项目计划

做施工项目进度计划之前，要把整个项目分为各项工作包或者工序，以下几点可以用来考虑如何划分各项工序：

1. 完成该任务的方法；

2. 完成该任务需要的技能；

3. 任务需要的工种；

4. 关键性资源（如吊车、人员等）；

5. 与事务或管理有关的事项（如许可申请、检查等）；

6. 许可或物品的传送（如图纸的审批、传送等）；

7. 与施工过程或材料的物理属性相关的特殊工序（如混凝土养护等）。

以附录Ⅰ中的小型加油站为例，我们来说明如何把一个项目划分解为工序，这是一个典型的小型房屋建造项目。

首先来考察整个项目的全过程，第一步是现场动员；然后是现场准备和开挖；接下来是基础混凝土浇注，当基础达到一定强度之后，房屋结构就可开始施工；结构封顶之前是不能浇注地面混凝土的，结构封顶也是房顶完工之后室内的各项任务就可以不受气候影响，各房间的地面的混凝土就可以浇注了；与此同时，外装修（如外墙贴砖）也可以进行；当内部的地面完工时，内装修（如内墙、电气与机械设备等）也可以进行。综上所述，主要的任务包括以下8个：

1. 现场准备与开挖；

2. 基础施工；

3. 结构施工；

4. 房顶施工；

5. 室内地面施工；

6. 内装修；

7. 外装修；

8. 电气与机械设备安装。

图6.12说明这个施工过程。一般来讲，一个项目有一个指定完工日期，或在合同中指明，或由业主规定。完工日期是一个里程碑，从而决定了各项任务的所需时间及其所需的资源。举例来讲，这个加油站项目3月1日动工，7月1日竣工。这4个月的工期要求各项任务都要以合理的进度进行，从而在工期内全部完成。项目的进度计划包括如何安排各项任务，如图6.12所示。

各项任务可以进一步细分成更小的单项工作，以便于做详细计划。例如，场地准备可以分成以下各项工作：

1. 现场动员；

2. 许可的申请；

3. 场地准备（整平、坡度处理等）；

4. 接通外部电源、水源等；

5. 雨水井开挖；

6. 桩脚开挖；

7. 基础墩开挖。

整个项目可以细分为22项单项工作，如图6.13所示，各项工作的所需时间的确定，将在下面的讨论中说明。

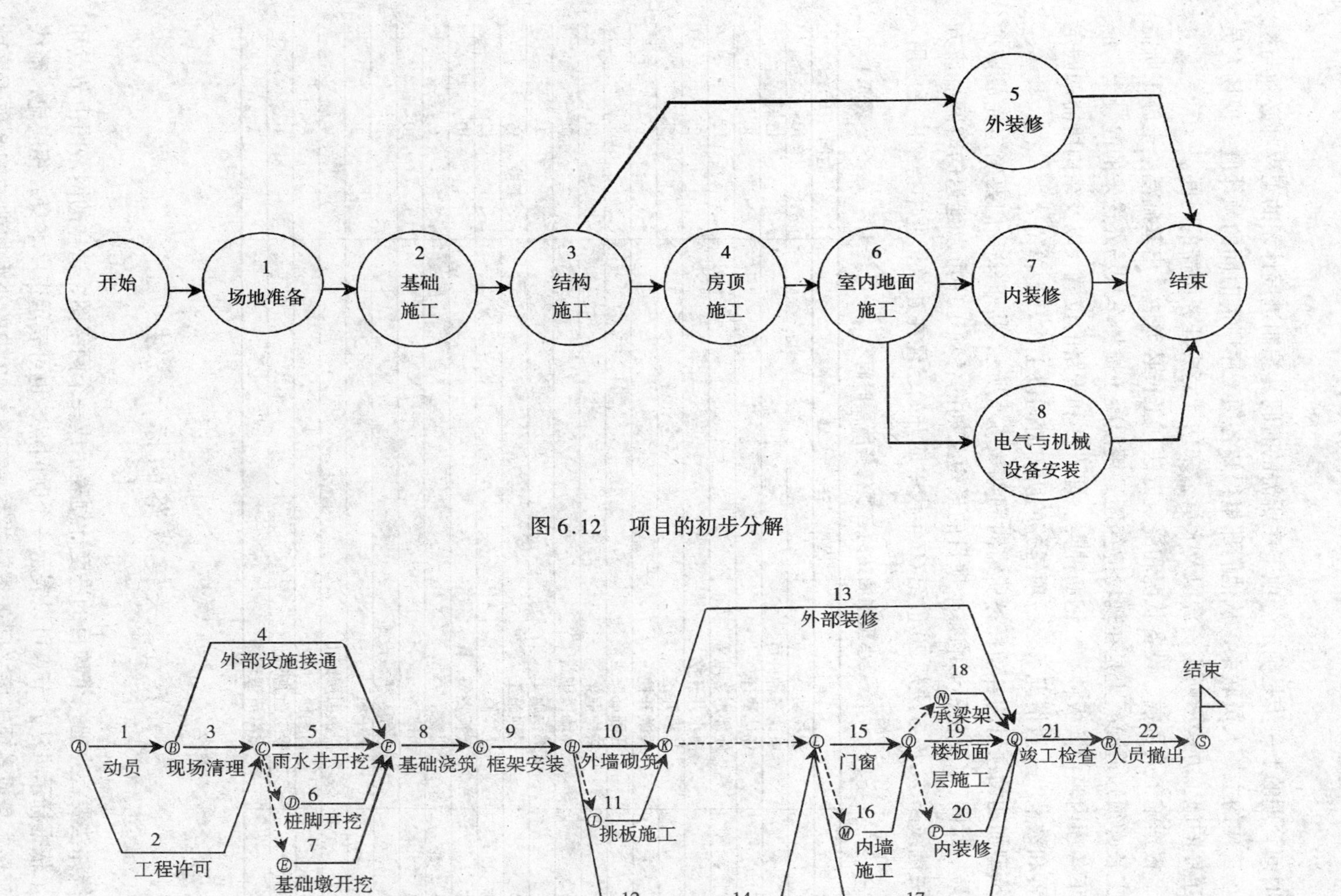

图 6.12 项目的初步分解

图 6.13 项目的详细分解模型

6.4 工序时间

项目时间管理的下一步是确定各项工序所需的时间。编制进度计划的工程师必须与担当实际现场工作的主要人员联系，从他们那里得知各项工序所需时间的预计值，现场人员根据各项工序的施工方法、所需资源以及人员，来估计完成任务所需的时间。

比如，根据施工人员数、设备状况和浇筑方法，工长必须估算出基础混凝土施工所需的时间，工长必须知道混凝土是在现场搅拌还是用混凝土搅拌车从场外送来的混凝土，应该掌握以下各项内容：模板种类、钢筋种类、埋入件和管路的位置，以及结构所需的固定螺栓的位置和数量。一般情况下，一项任务的所需时间以工作日为单位。

假定小型加油站项目的各项任务所需时间如表6.1所示，接下来我们要确定完成该项目所需的最短时间，以及在不影响整个项目的最短工期的各项工序可以延迟的时间。该方法被称为关键线路法，该方法从20世纪60年代中期开始已经在建筑行业中得到广泛应用。

小型加油站的各项任务所需时间 **表6.1**

任务编号	内容	时间（天）
1	现场动员	10
2	申请各种许可	15
3	场地清理	8
4	外部水、电等	12
5	雨水井开挖	2
6	基脚开挖	5
7	基墩开挖	6
8	基础混凝土浇筑	8
9	结构框架	10
10	外墙体砌筑	14
11	挑板施工	4
12	屋顶施工	15
13	外装修	12
14	楼板浇筑	10
15	门窗	6
16	内墙	10
17	电气、机械设施	25
18	承梁架	3
19	楼板面层施工	6
20	内装修	8
21	竣工检查	1
22	撤离清理现场	3

6.5 关键线路的标示方法

关键线路法要首先把一个项目的进度计划表示成一个网络图，这样的网络图由节点和箭线组成。依据标示方法，节点可以表示一个时间点，也可表示工序本身，相应地，箭线可以表示工序本身或各项工序之间的逻辑关系，在图6.12中的小型加油站的8项工序就是由节点来表示，各项工序之间的先后顺序关系由箭线表示。这样标示方法称节点或者顺序网络图（对应单代号网络图）。

而图 6.13 的网络图中各条箭线表示为各项任务，各个节点把各条连线接起来。这种标示方法称为箭线网络，节点网络图与箭线网络图都是由节点和箭线组成的网络图来表示项目的全过程（对应双代号网络图）。所以说，施工网络计划图是一个项目的进度管理的抽象模型。

在箭线型网络的计算中，节点和连线的含义有统一的定义，如图 6.14 所示。

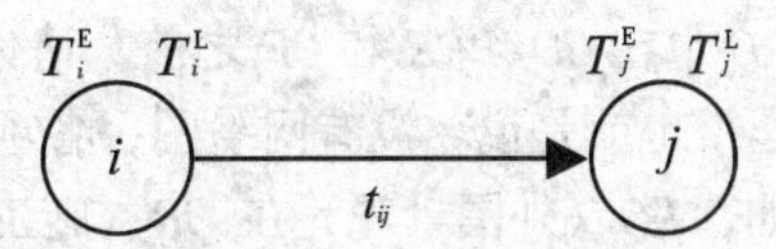

图 6.14 箭线网络图的符号

左边的节点，也就是节点 i，与该项任务的开始时间有关；右边的节点，也就是节点 j，与任务的结束时间有关；每个节点都有一个最早开始时间，即 i 节点的 T_i^E 和 j 节点的 T_j^E。这样就有 4 个时间点用来计算关键线路。同时每个节点都有一个最晚开始时间，即 i 节点的 T_i^L 和 j 节点的 T_j^L。这样就有 4 个时间点用来计算关键线路任务的持续时间，用 t_{ij} 表示。由于箭线网络图的开始节点用 i 表示，结束节点用 j 表示，通常也称为 $i-j$ 标示法，表 6.2 给出了图 6.13 中各工序的持续时间。

两种网络图各有优缺点。箭线网络图应用广泛，因为它和横道图一样可以用箭线的长短成比例地表示各工序的持续时间，如果箭线网络图的连线按时间比例绘制，它看起来就会像横道图。图 6.15 是图 6.13 的横道图。

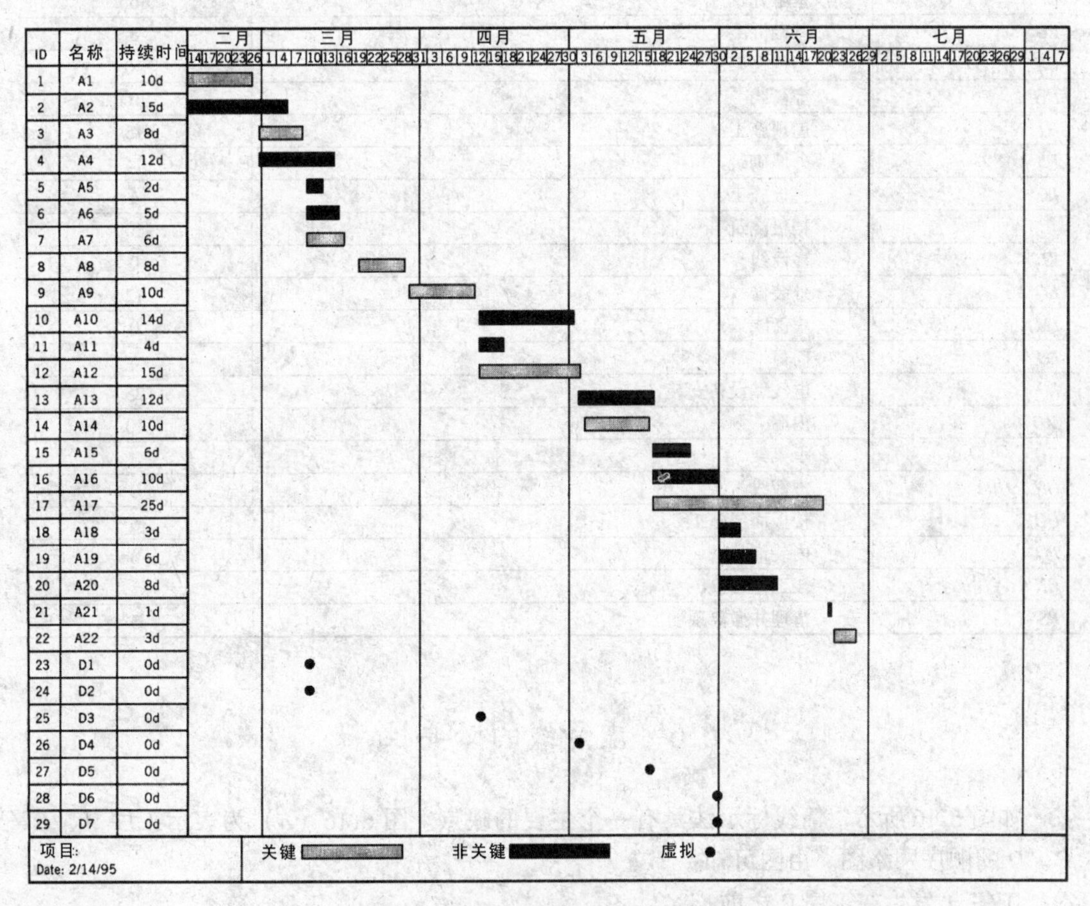

图 6.15 按时间比例绘制的箭线网络图

箭线网络图的另外一个特点是，各项任务之间的先后逻辑关系可以列成一个表。也就是说，各项任务的开始与结束结点的代号可以说明这些先后关系，举例如下。如果只用表6.1中各项任务的编号，很难推测出它们之间的先后关系，但是，如果只用表6.2的信息，就可以推测出各项任务的先后关系，比如，*AB* 在 *BC* 之前，*CD*、*CE* 和 *CF* 在 *BC* 之后；*AC* 也在 *CD*、*CE* 和 *CF* 之前。请你试着如此画出网络图。

也就是说，没有网络图，各项工序代码的列表即可告诉我们各项任务的先后顺序，比如，*KQ*（外围景观）在 *QR*（施工检查）之前。

小型加油站的 $i-j$ 节点列表　　**表 6.2**

$i-j$	内　容	持续时间（天）
AB	现场动员	10
AC	申请各项许可	15
BC	场地整理	8
BF	外部水电等	12
CD	虚箭线	0
CE	虚箭线	0
CF	雨水井开挖	2
DF	基脚开挖	5
EF	基墩开挖	6
FG	基础混凝土浇筑	8
GH	结构框架施工	10
HI	虚箭线	0
HJ	屋顶施工	15
HK	外墙砌筑	14
IK	挑板施工	4
JL	楼板浇筑	10
KL	虚箭线	0
KQ	外装修	12
LM	虚箭线	0
LO	门窗	6
LQ	电气、设备安装	25
MO	内墙	10
NQ	承梁架	3
ON、*OP*	虚箭线	0
OQ	楼板面层施工	6
PQ	内装饰	8
QR	竣工检查	1
RS	清理并撤离现场	3

6.6　虚箭线的必要性

如图6.16所示，箭线标示法具有一个主要的缺点。图6.16（*a*）为表示工序 *A*、*B*、*C*、*D* 的顺序网络图。由图可知：

工序 *A* 发生在工序 *B* 之前；

工序 *C* 发生在工序 *B* 之前；

工序 C 发生在工序 D 之前；

工序 A 与工序 D 之间无先后顺序关系。

如果我们直觉地将上述关系用箭线符号网络图表示，则将形成一个类似于图 6.16（b）的图形。在此图中，工序 A 发生在工序 D 之前，这是与事实不符的。此错误的发生是由于仅用一个结点连接在上述 4 个工序中，这是不足以反映各个工序之间的相互关系的，为了解决该问题，有必要引入一个新节点和一个新箭线来表示工序 C 与工序 D 之间的关系，这样一来，同时抹消了工序 A 与工序 D 之间原本不存在的先后关系。该箭线以点线表示，如图 6.16（c）所示，代表的时间长度为零。

这样，在两个节点之间出现的新箭线，被称为“虚箭线”。它表示工序 C 的结束时间与工序 B 的开始时间互相连接，而工序 A 与工序 D 之间不存在任何连接关系。

在箭线网络图中，值得注意的是要避免引入多余的连接。虚箭线的惟一功能即是协助避免引入这种不存在的多余连接。如表 6.2 所示，在结点 K 与结点 L 之间引入的虚箭线是为了避免连接“楼板混凝土浇筑”工序（JL）与外装修工序（KQ），如果用一个实箭线连接结点 K 与结点 L，则将产生一种错误的逻辑关系。

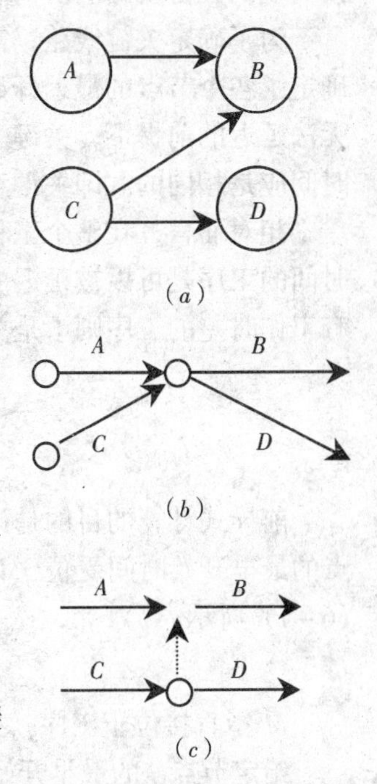

图 6.16 虚箭线的使用方法

相对而言，先后顺序图不存在这种问题，但它无法定义多个工序之间存在的逻辑关系。同时，先后顺序符号图作为生产进度表不足之处在于，这种图形无法令人感知各个工序的持续时间。

6.7 关键线路的计算

分析研究一个工程项目网络图的目的在于：

1. 寻找关键线路，从而使工程项目的工期最短；
2. 计算各个工序的最早开始时间；
3. 计算各个工序的最迟开始时间；
4. 计算各个工序的各种时差或容许延迟时间。

何为“关键线路”？“关键”的含义是什么？在施工进度计划中，如果一个工序的延迟将拖延整个工程项目的工期的话，我们将该工序称为“关键工序”。换言之，如果将某个关键工序延迟 3 天，整个工程项目的工期也将延长 3 天。由此可知，关键工序是不能被延迟的，除非允许拖延工程项目的工期。也就是说，关键工序的工作时差为零，关键工序之间的连接路径则是网络图中的最长路径。

事实上，有许多方法可以用来确定网络图中的最长线路，本章将针对两种算法的一种方法来确定网络图中的最长和关键线路。第一个算法是一个公式，用分段方式解决问题。为了确定关键线路，将利用“前导式算法”计算各个节点的最早开始时间。利用该方法可以计算整个工程项目的最短工期。但是，该方法并不足以确定由工程项目中的关键工序连接而成的关键线路。

为了确定关键线路，需要利用“后进式算法”来计算各个节点的最迟开始时间。一旦确定了各个节点的最迟开始时间，则可以确定关键工序及关键线路。由于在工程项目工期无法延迟的前提下，关键工序是不能被延迟的，因此关键工序的最早开始时间与最迟开始时间应是相同的。即关键工序的工作时差为零。

相对而言，在整个工程项目工期不变的前提下，具有不同的最早开始时间与最迟开始时间的工序是可以被延迟的。这些可以被延迟的时间（如天数）被称为工作时差。这些具有工作时差的工序则不是关键工序。

6.8 前导式算法

前导式计算的目的是计算给定工序的最早开始时间，示意图如图6.17所示。给定节点的最早开始时间受位于该节点之前若干个节点的最早开始时间的控制。其计算如公式（6-1）所示。

$$T_j^E = \max_{i \in M}^{alli}\{T_i^E + t_{ij}\} \tag{6-1}$$

M 指直接位于工序 j 之前的所有工序 i 的集合。

给定节点 j 的最早开始时间受位于节点 j 之前的所有节点 i 的最早开始时间的控制，因此必须计算出每个节点 i 的最早开始时间与连接 ij 工序之间的持续时间 t_{ij} 的和。其总和中的最大值即为给定节点 j 的最早开始时间。

为了举例说明上述算法，请参见图6.17。位于节点30之前的节点有三个：节点22、节点25、节点26。此三个节点与节点30之间的持续时间为：

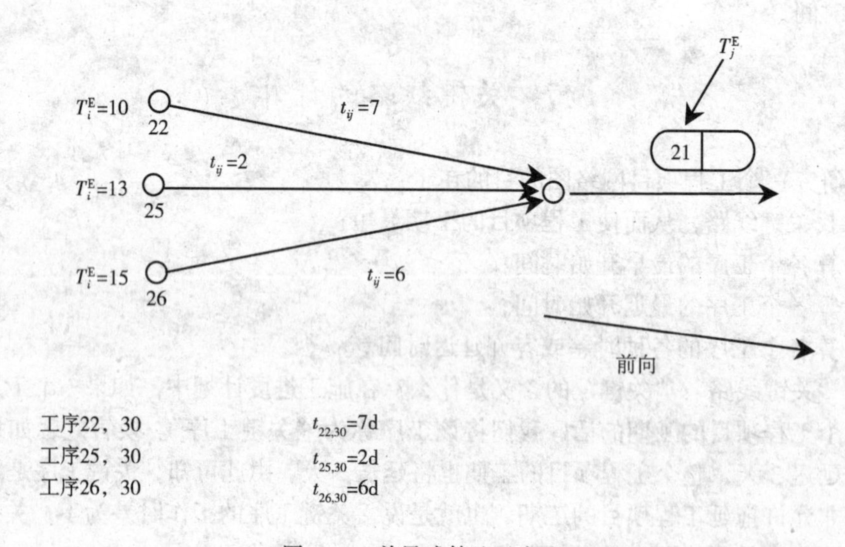

图6.17 前导式算法示意图

此三个节点的最早开始时间为：$T_{22}^E = 10$ $T_{25}^E = 13$ $T_{26}^E = 15$

因此，节点30的最早开始时间为：$T_{30}^E = \max(T_{22}^E + t_{22,30},\ T_{25}^E + t_{25,30},\ T_{26}^E + t_{26,30})$，或 $T_{30}^E = \max(10+7,\ 13+2,\ 15+6) = 21$。

6.9 计算各个节点的最早开始时间

为了进一步理解前导式算法，现以一个小型加油站的网络模型举例说明，请参见图6.13。为了记录各节点的最早开始时间，在各个节点上方绘制了一个椭圆。椭圆内的左侧用来记录各节点的最早开始时间，椭圆形内的右侧用来记录各节点的最迟开始时间。

运用前导式算法，从节点 A 开始由左至右计算各节点的最早开始时间。由于初始节点 A 的最早开始时间为0，而位于节点 B 之前的仅有节点A，因此节点 B 的最早开始时间 $T_B^E = \max（T_A^E + t_{AB}） = \max（0+10） = 10$。按此方法计算得出的各节点的最早开始时间如表6.3所示，对应的网络图记录结果如图6.18所示。

各节点的最早开始时间的计算方法 **表6.3**

节点	公　式	数　值	T_i^E
A	N/A	N/A	0
B	$T_B^E = \max（T_A^E + t_{AB}）$	max（0+10）	10
C	$T_C^E = \max（T_B^E + t_{BC}，T_A^E + t_{AC}）$	max（10+8，0+15）	18
D	$T_D^E = \max（T_C^E + t_{CD}）$	max（18+0）	18
E	$T_E^E = \max（T_C^E + t_{CE}）$	max（18+0）	18
F	$T_F^E = \max（T_B^F + t_{BF}，T_C^E + t_{CF}，T_D^E + t_{DF}，T_E^E + t_{EF}）$	max（10+12，18+2，18+5，18+6）	24
G	$T_G^E = \max（T_F^E + t_{FG}）$	max（24+8）	32
H	$T_H^E = \max（T_G^E + t_{GH}）$	max（32+10）	42
I	$T_I^E = \max（T_H^E + t_{HI}）$	max（42+0）	42
J	$T_J^E = \max（T_H^E + t_{HJ}）$	max（42+15）	57
K	$T_K^E = \max（T_H^E + t_{HK}，T_I^E + t_{IK}）$	max（42+14，42+4）	56
L	$T_L^E = \max（T_J^E + t_{JL}，T_K^E + t_{KL}）$	max（57+10，56+0）	67
M	$T_M^E = \max（T_L^E + t_{LM}）$	max（67+0）	67
N	$T_N^E = \max（T_O^E + t_{ON}）$	max（77+0）	77
O	$T_O^E = \max（T_L^E + t_{LO}，T_M^E + t_{MO}）$	max（67+6，67+10）	77
P	$T_P^E = \max（T_O^E + t_{OP}）$	max（77+0）	77
Q	$T_Q^E = \max（T_K^E + t_{KQ}，T_N^E + t_{NQ}，T_O^E + t_{OQ}，T_P^E + t_{PQ}，T_L^E + t_{LQ}）$	max（56+12，77+3，77+6，77+8，67+25）	92
R	$T_R^E = \max（T_Q^E + t_{QR}）$	max（92+1）	93
S	$T_S^E = \max（T_R^E + t_{RS}）$	max（93+3）	96

由计算结果可知，与各节点相对应的各个工序的最早开始时间为 T_i^E。由于最终节点 S 的最早开始时间为96，因此该工程项目的最短工期为96天。

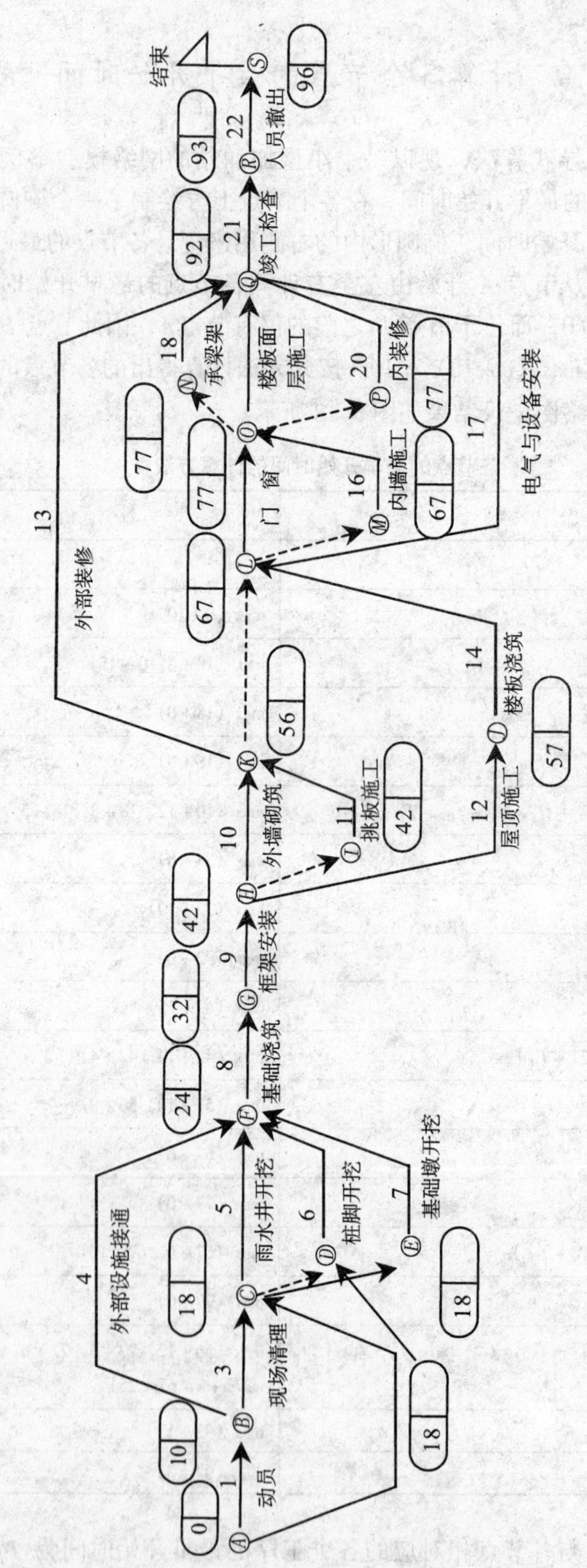

图6.18 标有最早开始时间的项目网络模型

6.10　后进式算法

尽管已经明确工程项目的最短工期,但我们仍然不能确定关键线路。为了确定这个最短工期为96天的工程项目的关键线路,必须同时运用后进式算法。该方法是用于计算给定工序的最迟开始时间,其示意图如图6.19所示。

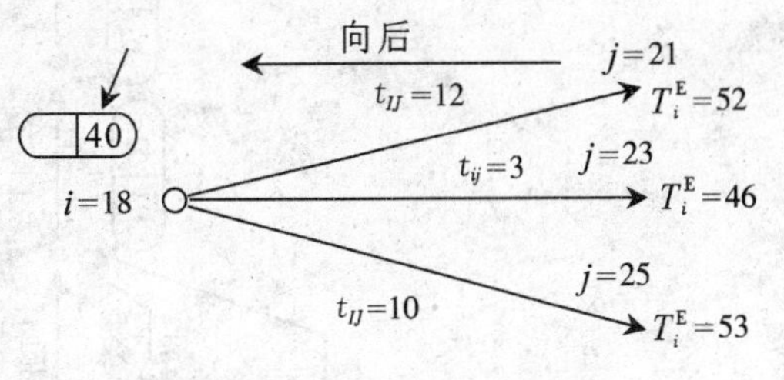

图6.19　后进式算法示意图

位于节点 $i=18$ 之后的节点有三个，节点21、节点23和节点25。此三个节点与节点18之间的持续时间为：

工序　18，21　　　$t_{18,21}=12\text{d}$

工序　18，23　　　$t_{18,23}=3\text{d}$

工序　18，25　　　$t_{18,25}=10\text{d}$

此三个节点的最迟开始时间为：

$$T_{21}^{L}=52;\ T_{23}^{L}=46;\ T_{25}^{L}=53$$

因此节点18的最迟开始时间为：

$$T_{18}^{L}=\min(52-12,\ 46-3,\ 53-10)=40$$

6.11　计算各个节点的最迟开始时间

以同一个小型加油站的网络模型为例说明，请重新参见图6.18。从网络的最终节点 S 节点（最右侧节点）由右至左计算各节点的最迟开始时间。这里，我们需要知道 S 的节点的最迟开始时间。由于我们希望在最短的工期内完成该工程项目，因此应将 S 节点的最迟开始时间设定为等同于其最早开始时间，即96天。理由在于，如果 S 节点的最迟开始时间大于96天，则该工程项目将势必延期；而 S 节点的最迟开始时间又不可能小于96天，因为该工程项目的最短工期为96天。综上所述，最终节点 S 的最迟开始时间应与最早开始时间相同，即为96天。

从该网络图的最终节点 S 节点由右至左开始计算,首先计算节点 R。位于节点 R 之后的仅有节点 S,运用后进式算法,得出节点 R 的最迟时间 T_{R}^{L} 为:$T_{\mathrm{R}}^{L}=\min(96-3)=93$。

以同样的计算方法，可以得出节点 Q 的最迟开始时间 $T_{\mathrm{Q}}^{L}=92$。同样地，节点 N 和节点 P 的最迟开始时间为：

$$T_{\mathrm{N}}^{L}=\min(92-3)=89$$

$$T_{\mathrm{P}}^{L}=\min(92-8)=84$$

位于节点 O 之后的有节点 N，节点 P 和节点 Q，因此节点 O 的最迟开始时间为：

$$T_{\mathrm{O}}^{L}=\min(89-0,\ 84-0,\ 92-6)=84$$

按上述方法计算得出的各节点的最迟开始时间,均记录于图6.20中各节点上方椭圆形的右侧。计算结果表明:原始节点 A 的最迟开始时间为0。这里应该注意到,任何网络图中开始节点的最早开始时间均应与其最迟开始时间相同(如0)。如果二者不同,则说明计算有误。

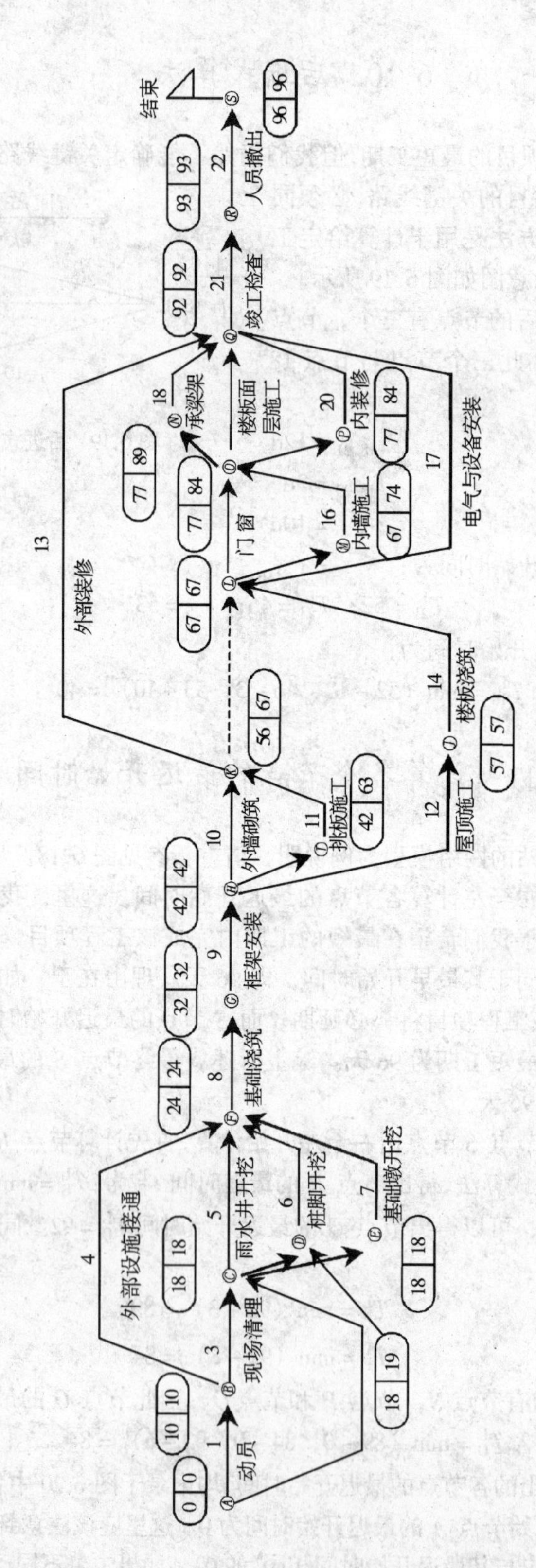

图6.20 标有最早和最迟开始时间的项目网络模型

6.12 确定关键线路

如前所述，在一个工程项目的工期已确定的前提条件下，由若干个关键工序组成的关键线路是不能被延迟的。因此，可以确定关键工序的最早开始时间与最迟开始时间相同。相对而言，具有不同的最早时间与最迟开始时间的工序，即使在工程项目工期已确定的前提条件下也是可以被延迟的。参见图 6.20，可以确定该网络的关键工序为：*AB*、*BC*、*CE*、*EF*、*FG*、*GH*、*HJ*、*JL*、*LQ*、*QR*、*RS*。

由上述关键工序组成的线路即为该网络的关键线路。关键线路的工期必定与该工程项目的最短工期（96d）相同，而其他线路的工期均小于该工程项目的最短工期（96d）。

6.13 工作时差

在一个工程项目的工期已经确定的前提条件下，位于关键线路以外的工序是可以被延迟的，我们称这种可以延迟的时间为工作时差。由定义可知，由于位于关键线路上的关键工序是不能被延迟的，因此关键工序的工作时差为零。

非关键工序的工作时差可分为四种，如表 6.4 所示，表中同时表示了各种工作时差的计算方法。在此四种工作时差中，施工项目中常用的有三种。

四种工作时差 **表 6.4**

工作时差 = 在不影响工程项目工期的前提条件下，某工序可以被延迟的时间

总时差 $TF = T_j^L - [T_i^E + t_{ij}]$	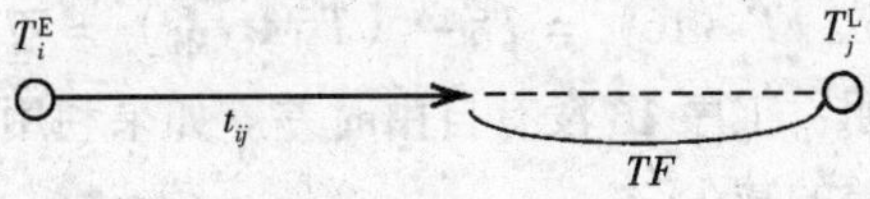 T_i^E ○——t_{ij}——→ - - - - ○ T_j^L；TF
自由时差 $FF = T_j^E - [T_i^E + t_{ij}]$	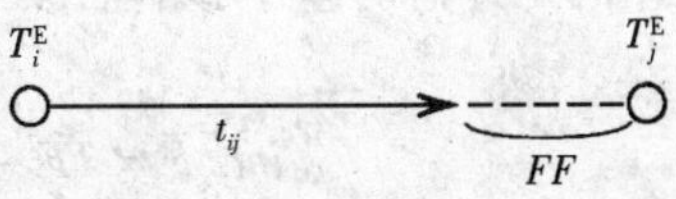 T_i^E ○——t_{ij}——→ - - - ○ T_j^E；FF
干扰时差 $int.\ F = TF - FF$	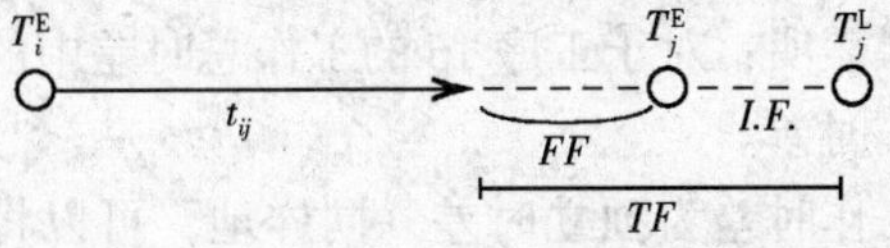 T_i^E ○——t_{ij}——→ - - - ○ T_j^E - - ○ T_j^L；FF；I.F.；TF
独立时差 $ind.\ F = T_j^E - [T_i^L + t_{ij}]$	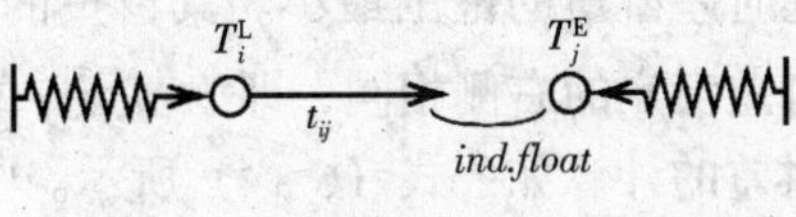 ○ T_i^L ——t_{ij}——→ ○ T_j^E；ind.float

现以一个小型加油站的网络模型为例说明，请参见图 6.20。对于工序 9（即 *GH*）而言，节点 *G* 的最早开始时间 $T_G^E = 32$，节点 *H* 的最迟开始时间 $T_H^L = 42$。该工序的工期 $t_{GH} = 10$。因此，工序 9 的工作总时差为：

$$TF(9) = T_H^L - (T_G^E + t_{GH}) = 42 - (32 + 10) = 0$$

由于工序9为关键工序，因此该计算结果是正确的。

再以外部景观施工13（即 KQ）为例说明。节点 K 的最早开始时间 $T_K^E=56$，节点 Q 的最迟开始时间 $T_Q^L=92$，该工序的工期 $t_{KQ}=12$。因此，工序13的工作总时差为：

$$TF(13)=T_Q^L-(T_K^E+t_{KQ})=92-(56+12)=24$$

占用某工序的工作总时差，可能导致后续工序的工作时差的减少。例如：工序16（内墙）的工作总时差为 $TF(16)=84-(67+10)=7\text{d}$。

如果负责工序16的内墙分包商把原定10d完成的任务拖延1d，后续的三个工序（工序18、工序19和工序20）将失去一天的工作时差。因此，一个工序的工作总时差总会直接或间接影响后续工序的工作时差。

第二种重要的工作时差是自由时差。自由时差是指在不影响后继工序的前提条件下，某工序可以被延迟的时间。同样地，我们可以将某工序可能有的时间想像成一个“窗户”。窗户的左侧与工作总时差窗户的左侧相同，即为节点 i 的最早开始时间 T_i^E，而窗户的右侧与工作总时差窗户的右侧不同，应为节点 j 的最早开始时间 T_j^E。因此，自由时差窗户的范围小于工作总时差窗户的范围，箭头的方向不变，依旧表示节点 j 位于节点 i 之后。节点 i 与节点 j 之间的自由时差的计算如公式（6－2）所示。

$$\text{自由时差}\ FF=T_j^E-(T_i^E+t_{ij}) \tag{6-2}$$

以园艺设计工序13（即 KQ）为例说明，该工序的自由时差为：

$$FF(13)=T_Q^E-(T_K^E+t_{KQ})=92-(56+12)=24$$

计算结果表明，工序13的自由时差与工作总时差相同。再以工序16为例说明，该工序的自由时差为：

$$FF(16)=T_O^E-(T_M^E+t_{MO})=77-(67+10)=0$$

计算结果表明：工序16没有自由时差。如果利用工序16的工作总时差，将会导致后续工序的工作时差的减少。

干扰时差是指工序的工作总时差中影响后续工序的那一部分。其计算如公式（6－3）所示。

$$\text{干扰时差}\quad int.F=TF-FF \tag{6-3}$$

因此，工序13的工作干扰时差为：$int.F(16)=TF(16)-FF(16)=7-0=7\text{d}$。

其计算结果表明：对于工序16的工作总时差中的任意一天的利用都将减少工序16的后继工序的工作时差。

最后一种工作时差为独立时差。同样地，可以将某工序可能发生的时间想像为一个“窗户”，工作独立时差窗户的范围最小。其窗户的左侧为节点 i 的最迟开始时间 T_i^L，窗户的右侧与自由时差窗户的右侧相同，即为节点 j 的最早开始时间 T_j^E。节点 i 与节点 j 之间的工作独立的时差的计算如公式（6－4）所示。

$$\text{独立时差}\quad ind.F=T_j^E-(T_i^L+t_{ij}) \tag{6-4}$$

当节点 j 的最早开始时间 T_j^E 小于节点 i 的最迟开始时间 T_i^L 时，工作独立的时差为负值。如果工作独立时差为正值，则说明“窗户”的大小不足以容纳该工序。如果工作独立时差为正值，说明在所有先行工序用尽时差的前提条件下，该工序仍不影响后续工序的时差。

以外部景观施工 13（即 KQ）为例说明，该工序的工作独立时差为：

$$ind.F\ (13) = T_{Q}^{E} - (T_{K}^{L} + t_{KQ}) = 92 - (67 + 12) = 13$$

该计算结果表明：在不影响其他工序的前提条件下，即使节点 K 最迟开始工作，节点 Q 最早开始工作，工序 13 仍然可被延迟 13 天。

在此上四种工作时差中，最常见的为总时差和自由时差。工作时差不仅用于表明非关键工序可以被延迟的时间，而且用于解决由于承包商拖延工期而引起的合同纠纷。在这种情况下，必须断定有多少工作时差，谁用去了这些工作时差，以及拥有这些工作时差。工作时差的拥有者有权利用这些工作时差。有关这些内容的定义和规定一般在合同中说明或按照有关法规执行。

6.14 节点网络图的计算

如前所述，箭线符号在反映网络图的逻辑关系方面存在困难。举例而言，虚箭线的引入增加了工序数量并导致了一定的混乱。这个总是可以通过改变箭线与节点的意义来表达各工序间的逻辑关系，即用节点表示工序，用箭线代表逻辑关系。图 6.16 即如此正确反映了工序 A、B、C、D 之间的相互关系。同样地，图 6.12 描述了小型加油站网络的最初布局。在该网络图中，没有附加的虚箭线，各独立工序之间的相互关系均很明确。如果用节点来表示工序，在前导式网络图和后进式网络图计算方法中需要重新定义工序的最早时间及最迟时间。现以图 6.21 为例说明，计算这个简单网络图的关键线路及各种工作时差。每个工序有以下 4 个变量：

$EST\ (I)$ = 工序 I 的最早开始时间

$EFT\ (I)$ = 工序 I 的最早结束时间

$LST\ (I)$ = 工序 I 的最迟开始时间

$LFT\ (I)$ = 工序 I 的最迟结束时间

利用上述变量，可以进行前导式网络图计算和后进式网络图计算。在前导式网络图计算中，将利用以下两个方程式（6-5）和（6-6）：

$$EFT\ (I) = EST\ (I) + DUR\ (I) \tag{6-5}$$

$DUR\ (I)$ 指工序 I 的工期

$$EST\ (J) = \max_{I \in M}^{\text{all}I} [EFT\ (I)] \tag{6-6}$$

M 指位于工序 J 之前的所有工序的集合，I 指 M 中的一个工序

现举例说明，请参见图 6.21。各工序的工期记录于各工序节点圆形图的下半圆内，各工序的代码则记录于各工序节点圆形图的上半圆内。由箭头符号可知，该网络图的最初工序为 A（即网络图的初始节点），该工序的最早开始时间 $EST\ (I) = 0$。因此 $EF\ (I) = EST\ (I) + DUR\ (I) = 0 + 2 = 2$。$EST\ (2)$ 则是位于工序 2 之前所有工序的最迟开始时间之中的最大值。在该网络图中，位于工序 2 之前的仅有工序 1，因此 $EST\ (2) = EFT\ (1) = 2$。同样地，可以得出 $EST\ (4) = EFT\ (1) = 2$。

$EFT\ (2) = EST\ (2) + DUR\ (2) = 2 + 4 = 6$

$EFT\ (4) = EST\ (4) + DUR\ (4) = 2 + 5 = 7$

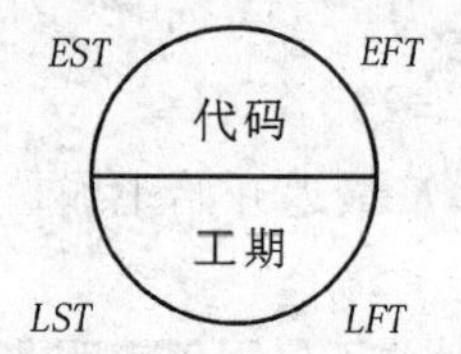

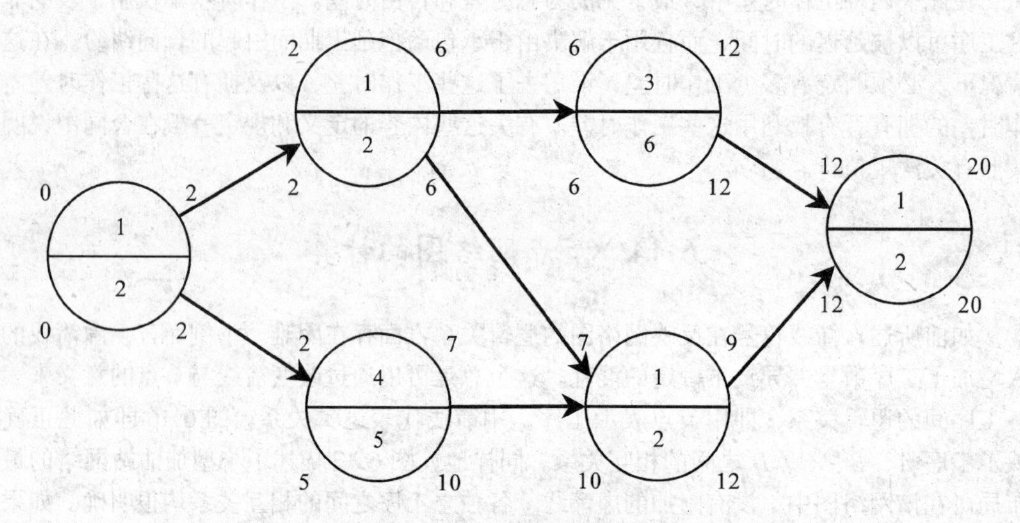

图6.21 典型的网络计划图的先后顺序符号图

位于工序5之前的工序有两个，工序2和工序4，因此

$EST(5) = \max[EFF(2), EFT(4)] = \max(6, 7) = 7$

$EFT(5) = EST(5) + DUR(5) = 7 + 2 = 9$

同样地，$EST(3) = EFT(2) = 6$

$EFT(3) = EST(3) + DUR(3) = 6 + 6 = 12$

最后，计算最终节点6，

$EST(6) = \max[EFT(3), EFT(5)] = \max(12, 9) = 12$

$EFT(6) = EST(6) + DUR(6) = 12 + 8 = 20$

该计算结果表明：该工程项目的最短工期为20。

然后，进行后进式网络图计算，将利用以下两个方程式（6-7）和（6-8）：

$$LST(J) = LFT(J) - DUR(J) \quad (6-7)$$

$$LFT(I) = \min_{J \in M}^{\text{all} J}[LST(J)] \quad (6-8)$$

M 指紧接着工序 I 之后的所有工序的集合，J 指 M 中的一个工序。

在开始进行后进式网络图计算之前，应首先假定最终工序6的最迟结束时间与其最早结束时间相等，即：$LEF(6) = EFT(6) = 20$

因此，$LST(6) = LFT(6) - DUR(6) = 20 - 8 = 12$

同样地，

$LFT(5) = \min[LST(6)] = 12$

$LFT(3) = \min[LST(6)] = 12$

$LST(5) = LFT(5) - DUR(5) = 12 - 2 = 10$

$LST(3) = LFT(3) - DUR(3) = 12 - 6 = 6$

$LFT(4) = \min[LST(5)] = 10$

$LST(4) = LFT(4) - DUR(4) = 10 - 5 = 5$

$LFT(2) = \min[LST(3), LST(5)] = \min(6, 10) = 6$

$LST(2) = LFT(2) - DUR(2) = 6 - 4 = 2$

$LFT(1) = \min[LST(2), LST(4)] = \min(2, 5) = 2$

$LST(1) = LFT(1) - DUR(1) = 2 - 2 = 0$

如果计算正确，则最初工序 1 的最早开始时间 $EST(1)$ 与其最迟开始时间 $LST(1)$ 应均为 0。位于关键线路上的关键工序则应满足以下条件：

$LST(I) = EST(I)$　　　　$LFT(I) = EFT(I)$

因此，可以断定：具有相同的最早开始时间 EST 及最迟开始时间 LST 的工序均为关键工序。在该网络图中，关键工序为工序 1、2、3、6。这四个关键工序的工作时差为零。

6.15 节点网络图的工作时差计算

总时差和自由时差的计算必须采用 EST，EFT，LST 和 LFT。总时差的公式如（6-9）所示。

$$TF(I) = LFT(I) - [EST(I) + DUR(I)] = LFT(I) - EFT(I) \tag{6-9}$$

同样地，$TF(I) = LST(I) - EST(I)$

自由时差的公式如（6-10）所示。

$$EF(I) = \min_{J \in M}^{\text{all}J} [EST(J)] - EFT(I) \tag{6-10}$$

这里 J 是紧接的 I 之后的各项任务的集合中的一项任务。干扰时差的公式不变，仍是 $Int.F = TF - FF$。读者可以试着自己证明这个公式。

图 6.21 中的总时差和自由时差如表 6.5 所示。

总时差与自由时差　　**表 6.5**

任务编号	总时差	自由时差
1	$TF = 2 - 2 = 0$	$FF = 2 - 2 = 0$
2	$TF = 6 - 6 = 0$	$FF = 6 - 6 = 0$
3	$TF = 12 - 12 = 0$	$FF = 12 - 12 = 0$
4	$TF = 10 - 7 = 3$	$FF = 7 - 7 = 0$
5	$TF = 12 - 9 = 3$	$FF = 12 - 9 = 3$
6	$TF = 20 - 20 = 0$	$FF = 0$

由于 FF 必须小于或等于 TF，$FF(6)$ 必须为 0，读者可以自己计算一下干扰时差。

6.16 小　结

本章介绍了施工项目进度计划与时间管理的几种方法，这些方法各有优缺点，对于简单的项目，用横道图进行进度控制就足够了。实际上，有些项目可以用生产曲线来管理进度。对于线性项目，如道路，速度图比网络图更为合适。对于工序繁多并且许多工序需同时进行的复杂项目，网络图和关键线路法就显得必要。如果任务数量超过200～300个的话，进度控制将十分繁琐，这种情况下，可以把项目划分成几个小项目分别进行管理。

在制定和管理进度计划时，我们需要考虑并决定各项工序的先后顺序。除了根据施工的需要之外，还需考虑资源的有限性。因此，网络图的计算会变得很复杂。计算机的出现为这一难题的解决提供了一条相对简单的途径。本章的论述是假定各项任务不受资源（如吊车、劳动力，卡车等）的限制，也就是说有取之不尽的资源，当然，这是不现实的，如果几项任务预定在同一天进行并且都要用到卡车，假设共需12台卡车，但是实际上只有9台，这样就出现了冲突。如果不能找到更多的卡车，一项或多项任务就不得不被拖延。近来，各种时间管理与进度控制的方法对这方面问题的解决在做出努力，实际上，施工项目受资源制约非常严重，因此人们常说建筑业是受资源支配的行业。时间和资源同样重要。随着新算法的涌现和计算机的进步，以资源为主要制约因素的时间管理和进度控制方法将变得越来越重要。

习　题

6.1 绘制下面项目的箭线网络图和节点网络图，并计算各项任务的总时差、自由时差和干扰时差。

工　序	持续时间	直接后续工序编号
a	22	*dj*
b	10	*cf*
c	13	*dj*
d	8	–
e	15	*cfg*
f	17	*hik*
g	15	*hik*
h	6	*dj*
i	11	*j*
j	12	–
k	20	–

6.2 在下面的箭线网络图中，哪两个逻辑关系不正确？哪条箭线不是必须的？

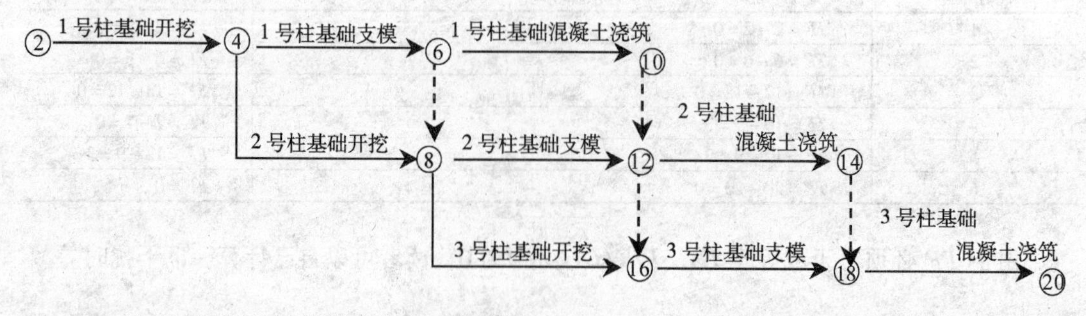

6.3 给下面的项目绘制清楚详细的网络图

a. 节点网络图；

b. 箭线网络图；

在节点网络图中表示出 *EST*，*EFT*，*LST*，*LFT*，*TF* 和 *FF*。节点的记号如下所示。

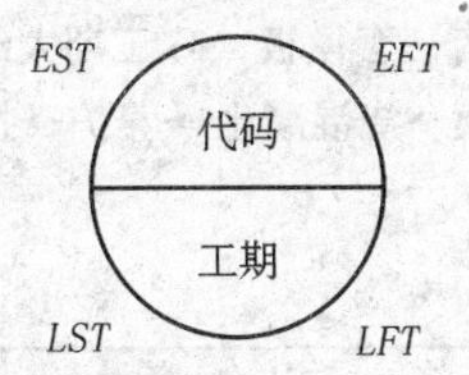

假定项目从 0 天开始，用彩笔标出关键线路。

编　号	持续时间	先行工序
A	2	—
B	4	*A*
C	7	*A*
D	3	*A*
E	5	*A*
F	7	*B*
G	6	*B*
H	7	*F*
I	5	*G*
J	3	*G*
K	8	*C*，*G*
L	9	*H*，*I*
M	4	*F*，*J*，*K*
N	7	*D*，*K*
O	8	*E*，*K*
P	6	*M*，*N*
Q	10	*N*，*O*
R	5	*L*，*O*，*P*
S	7	*Q*，*R*

6.4　利用下表中的信息绘制箭线网络图，找出关键线路，确定开始与结束时间 *EST*，*EFT*，*LST*，*LFT*，*TF* 和 *FF*。

任务编号	内　容	持续时间
1 ~ 2	1 号基础开挖	4
1 ~ 8	订购、运送钢筋到现场	7
2 ~ 3	1 号基础支模	4
2 ~ 4	2 号基础开挖	5
3 ~ 4	虚拟工序	0
3 ~ 5	1 号基础浇混凝土	8
4 ~ 6	2 号基础支模	2
5 ~ 6	虚拟工序	0
5 ~ 9	1 号基础回填	3
6 ~ 7	2 号基础浇混凝土	8
7 ~ 8	虚拟工序	0
7 ~ 9	虚拟工序	0
8 ~ 10	绑扎 1 钢筋	10
9 ~ 10	2 号基础回填	5

6.5　使用本章中图 6.3、图 6.4 和图 6.5 中的信息绘制桥梁项目的节点网络图，并标出关键线路。各项任务之间的先后关系，可以从图 6.5 的横道图中找出。从图 6.5 中找出各工序的持续时间，计算项目工期。

提示：1. 只有一组开挖人员；2. 只有一套模板；3. 工期大约为65天；4. 工序的顺序：a. 开挖→打桩→桥墩→桥面板支座→桥面板；b. 支模→浇混凝土→养护→拆模；5. 假定6月17日是星期四，工作日是周一至周五。

现场准备和资料调配的各项任务：

工 序	持续时间	内 容	后续工序编号
1	10	桥面支座和桥面钢结构图纸	11
2	5	桥墩钢筋图纸	6
3	3	搬入现场	7.8
4	15	搬运桩	9
5	10	支撑桥面板的钢梁的图纸	26
11	15	搬运桥面及桥面支座钢筋	16
6	17	搬运桥墩钢筋	12
26	25	搬运钢梁	28

6.6 下图所示的是一条长为11,600英尺的混凝土道路的纵向剖面图。条件如下：

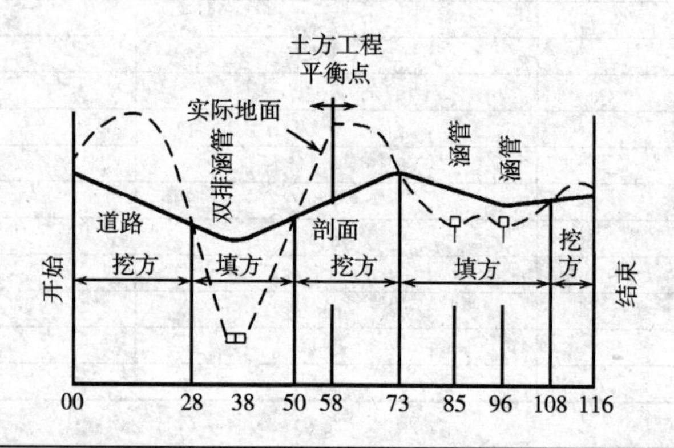

工 序	持续时间
搬运钢筋—双排水管用	10
搬入设备	3
搬运钢筋—单排水管用	10
混凝土搅拌站建设	8
定购并搬入路面钢筋网	10
双排水管施工及养护	40
现场清理 00~58	10
现场清理 58~116	8
单排水管施工85	14
清除杂质 00~58	27
清除杂质 58~116（部分）	16
单排水管养护96	14
单排水管养护85	10
单排水管养护96	10
清除杂质 58~116（剩余部分）	5
浇筑路基 00~58	4
浇筑路基 58~116	4
定购、存放铺路材料	7
铺路 58~116	5
路面养护 58~116	10

工　序	持续时间
铺路　00~58	5
路面养护　00~58	10
侧面基石　00~58	2
侧面基石　58~116	2
弯道保护栏杆	3
绿化	4
撤离现场，道路开通	3

a. 从0.0到58（00）的土方工程和从58（00）到116（00）的土方工程由两组人员同时进行；

b. 双排水管道由一个小组进行，另一个小组负责另两处小型单排管道。需用到的混凝土可以从场外运来，也可现场搅拌，以进度为考虑因素来选择；

c. 一台小型滑模铺路机用来铺整段道路，路两侧的基石的施工由另一个小组紧随铺路机进行；

d. 路两侧的绿化必须尽量往后推迟。

绘制网络图，确定项目最短工期。

如使用现场搅拌来提供排水管的混凝土，最晚必须什么时候建成混凝土配料车间，从而保证铺路机能够不间断地工作？

6.7　访问几家建筑公司，询问他们使用的进度计划控制方法，他们是受合同要求才使用这些方法，还是因为这些方法有益于公司？

6.8　仔细学习研究几个项目的网络图。看看这些网络图的详细程度，有多少工序，标示方法等等。另外，这些网络图是否用于现场施工并应经常根据实际情况进行修改？

第7章　项目资金流动

7.1　资金流动预测

承包商应用进度制定方法对项目实施期间的收入和支出进行预测。工程的复杂程度决定了选择的方法。在一些承包活动中（如公共承包），业主要求承包商提供预测进度和成本的S形曲线。承包商通过绘制项目的横道图，并将不同时点的横道上分配成本累加之和的用平滑的曲线连接起来，这样就形成了表示整个项目的S形曲线。

如图7.1，是一个简化的S形曲线形成图。描述了在横轴所示4个月的时间内发生的四项工序，横道表示活动开始、结束及持续的时间，与每项活动有关的直接成本标识在横道的上方，假定每月的间接费用（包括不直接属于某一项工序的现场办公费、电话费、燃气费、电费和监理费等）为5000美元。为了简便，假设直接成本平均分配在整个活动中，每个月的直接成本很易算出，标识于时间轴的下方。例如：第二个月份的直接费用，是由 A、B、C 三项工序引起的，A、B、C 三项工序都有一部分发生在第二个月份内，根据各工序在二月份发生的比率，计算第二个月的直接费用：

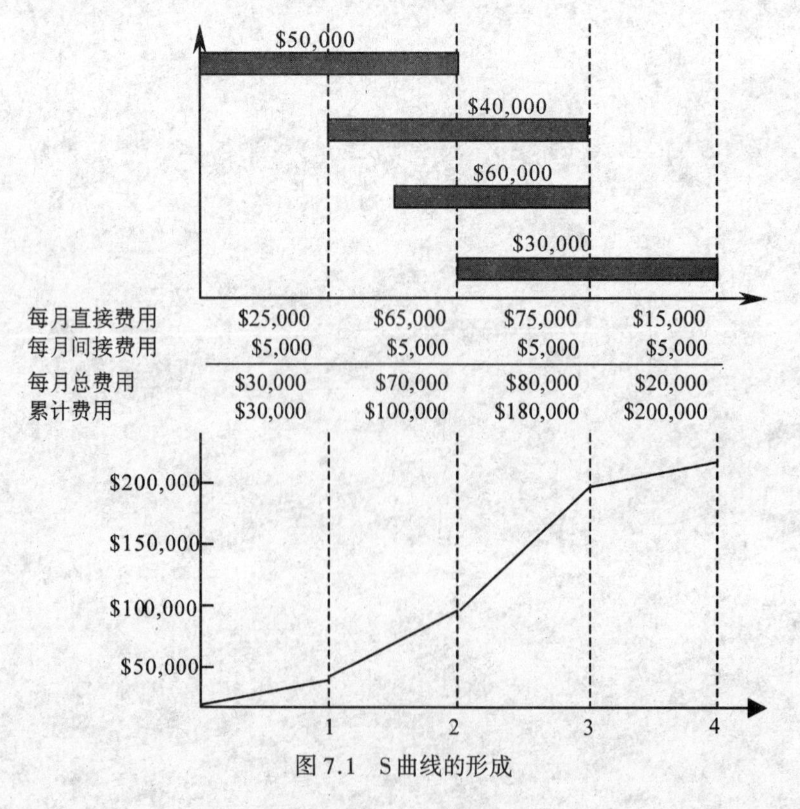

图7.1　S曲线的形成

工序 A：$1/2\times50,000=25,000$ 美元

工序 B：$1/2\times40,000=20,000$ 美元

工序 C：$1/3\times60,000=20,000$ 美元

三者相加，二月份的总费用为65,000美元。

图形表示了工程周期中各月份的总支出，而S形曲线则表示在不同时间点上的总支出。在各月总支出上绘点，并用曲线连接起来，随时间项目费用逐渐增加；在曲线的中部急骤上升；项目将近结束时，活动减缓，费用也趋缓。假设所有费用相对平均地分布在整个项目中，用平滑曲线将各点连接，这条曲线就是包括直接费用、间接费用的资金流程图。见图7.1　S形曲线的形成。

7.2　资金向承包商的流动

资金从业主到承包方的流动是通过进度款支付完成的。如前所述，承包商通常按阶段（一般为月）计算完成工作量，并且要通过业主代表验收。这个过程用上述四项工序的例子可以很好地说明。假定承包商最初在其标书中投标的利润是50,000美元（25%），也就是总标价为250,000美元。在完成总承包额的一半（即125,000美元）之前，为了激励承包商完成整项工程，业主扣留所有有效支付的10%作为保留金。这部分保留金将从最初支付总额的一半，即125,000美元中扣除，直到最终对整项工程都满意为止。在每个月底，进度款被列成账单，30天后，业主将扣除保留金的工程款转到承包商的账户上。

进度款的数额可按以下公式（7－1）计算：

进度额＝1.25（间接费用＋直接费用）－0.10×1.25（间接费用＋直接费用）　(7－1)

应该注意的是，当合同已经履行完50%后，减项应该被去掉。承包商的费用和收入情况如图7.2所示。

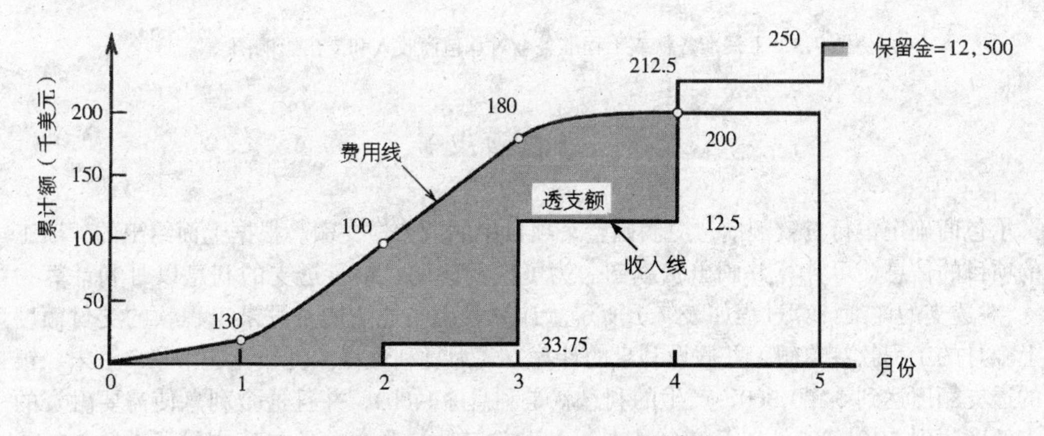

图7.2　承包商收入和费用轮廓线

根据前述方程，进度款支付呈不连续性，所以收入曲线呈台阶型。图7.2中收入与费用曲线间的阴影部分的面积表示承包商在业主支付进度款之前对工程融资的需求。收入与费用的差距使得承包商的暂时融资很必要。银行通常设定承包商购买材料及其他费用的支付的信用贷款限额。这与大型信用公司允许信用卡持卡者一定额度的透支行为的规定相

似。银行或信用公司根据预支或透支的数量收取利息，当然合理的政策使透支和利息的数额最小化。透支受多种因素的影响：承包商的投标利润、业主的扣留的尾款额度、业主工程款支付的滞后等。

这种融资方式的利息额与初始利率有关，初始利率由客户的信誉等级和其项目违约的风险确定。利息额是以高于初始利率的点数（百分比）来表示的。风险大的客户支付更多的点数。建筑承包商通常被认为是高风险的客户，如果违约，贷款只能通过一些库存建筑材料和部分尚完成的建筑物来偿还，而且建筑承包商破产的概率一直很高，所以他们贷款经常要支付较高的利息。

有些承包商通过要求业主提前支付工程款或者工程准备金转移了贷款需求。这使承包方的收入曲线的位置发生了偏移，如图7.3。因为业主的风险通常比承包商的小，他可以以较低的利率取得短期周转的资金。一旦业主同意这种做法，他实际上承担了正常应由承包商完成的临时融资任务。只有当业主充分信任承包商能够完成项目时，他才会与承包商签订这样的成本返还合同。这对业主来说意味着总成本的节约，因为如果由承包商贷款，将要支付其贷款所应付的高额融资利息。

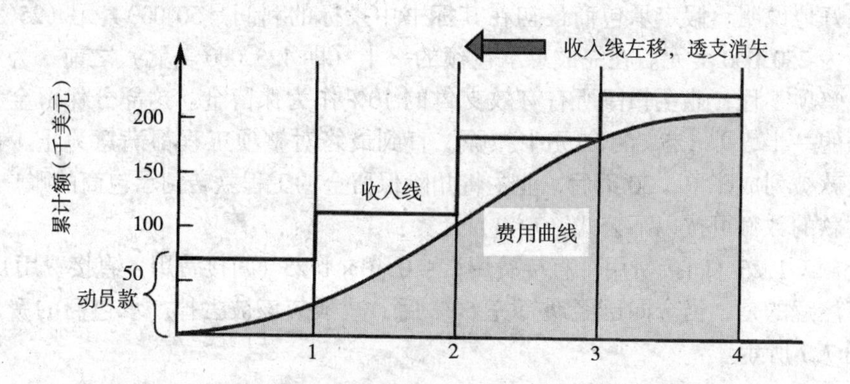

图7.3　工程准备款或工程准备金对承包商收入和支出影响图

7.3　贷款需求量

承包商确定银行贷款额前，应明确整个项目中的最大透支额。根据上面给出的4项工序的项目的信息，可计算并画出贷款图。为了说明问题，银行透支的利息以月利计算为1%。对透支的详细计算过程如表7.1所示。计算表说明业主的本月末工程款的支付额度是上个月的工程款签单额。并假设利息的计算方式为复利计算。例如，在第二个月末，银行的透支额度达到$100,300，产生的利息就是利息$1,003，并且这个利息使需要融资的透支额度达到$101,303。在第三个月末，由于在三月初业主向承包商支付了$33,750的一月份的工程进度款，使透支额减少到$67,533。这样加上当月的费用支出，三月末的透支额共$147,553。表格计算结果如图7.4所示。图中，透支额轮廓线在基线下呈锯齿形。从轮廓线中我们可以看出最大的透支额为$149,029，说明承包商必须至少在银行融资$150,000，加上一定的安全储备，承包商共需要融资$175,000。

事实上，承包商在计算透支额时候，应该考虑所有在当时同时开工的项目的透支额，要考虑的透支额是所有透支额的叠加。所有可能中标的工程的透支额计划都应该加以考虑。图 7.5 为系列工程透支额叠加的情况。另外，对于不同工程，由于不确定因素是很多的，因此对于具体项目的透支额计划要具体分析计算。

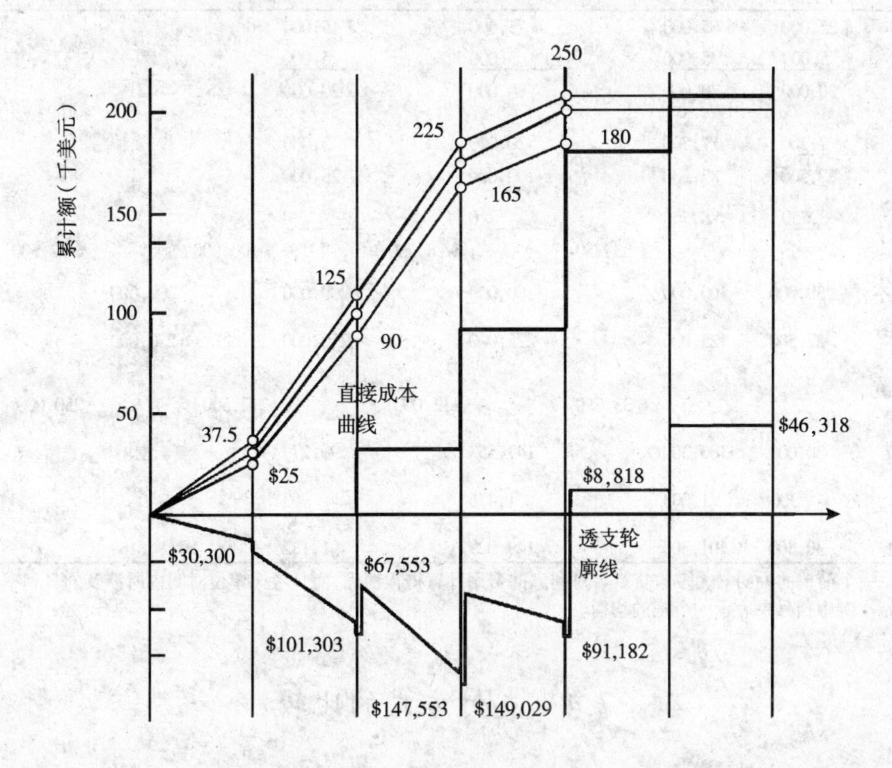

图 7.4　最大透支额

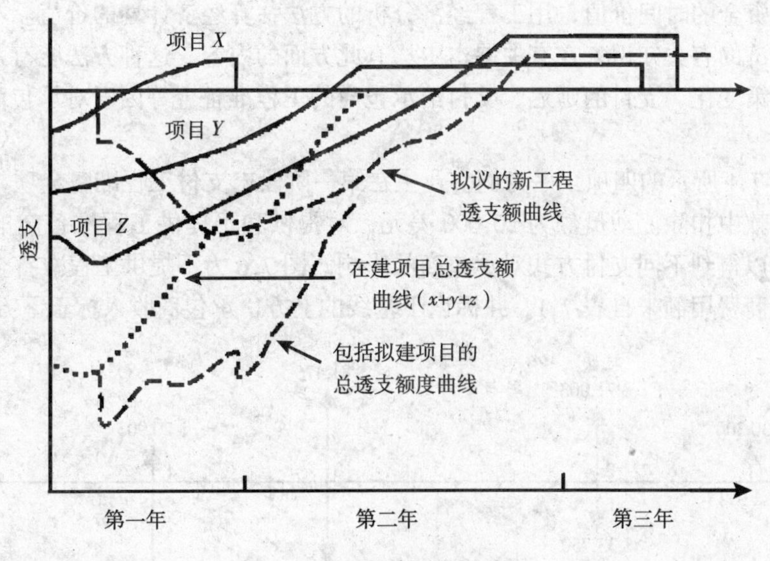

图 7.5　系列工程叠加透支额

资金流量的管理不仅包括本章所谈内容，还包括许多不可测因素，如无法预测其他竞争对手的资金情况，所以资金流量管理具有不确定性。一个相对简单的资金流量管理模型至少要包括50个变量，而且要有可利用的资金管理决策信息和适时的计算机运算程序。

透支款的计算 **表7.1**

	1月	2月		3月		4月				
直接成本	$25,000	$65,000		$75,000		$15,000				
间接成本	5,000	5,000		5,000		5,000				
小计	30,000	70,000		80,000		20,000				
利润	7,500	17,500		20,000		5,000				
签单额	37,500	87,500		100,000		25,000				
保留金	3,750	8,750		0		0				
获得进度款			$33,750		$78,750		$100,000		$37,500	
到期总成本	30,000	100,000		180,000		200,000		200,000		
到期签单额总计	37,500	125,000		225,000		250,000		250,000		
到期进度款支付总额			$33,750		112,000		212,500		250,000	
月末透支	30,000	100,300		147,553		90,279		(8,818)[b]		(46,318)[b]
透支的利息[a]	300	1,003		1,476		903		0		0
融资总额	30,300	101,303		149,029		91,182		(8,818)		

注：a. 一个简单的说明。大多数贷款者对利息的费用计算得很精确，而且考虑单位时间内所涉及的日利率因素。
b. 本例中括号中表示一个正的均衡。

7.4 支付方式的比较

投资收益率（ROR）法可以比较分析承包商采取何种支付方式，其经济价值最大。这种技术基于资金的时间价值，用工程经济分析的方法估算经济计划的价值。本章假定读者熟知工程经济的有关知识，在有关课本中均有此方面的内容。这种方法能有效地分析业主保留金因政策变化、支付的延迟、支付给承包商的工程准备金等因素对承包商所产生的影响。

仍以图7.1所示的四项工序为例。业主在第一阶段末支付工程准备金项，这笔金额将从最终进度款中扣除。动员额为20,000美元，对提供和不提供工程准备金的投资收益率的比较，可以得到不同支付方式对承包商的影响。图7.6为不提供工程准备金或动员款资金流。承包商费用额来自表7.1，并标识于基线的上方，承包商收入标于下方。

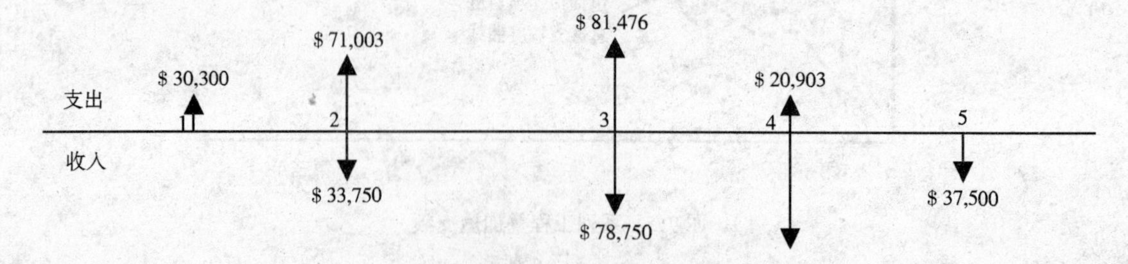

图7.6 不提供工程准备金或动员款资金流

收入和费用的返还率，应该满足下面关系：

$$\sum^{allI} PW[REV(I)] - \sum^{allI} PW[EXP(I)] = 0$$

式中 REV（I）——时段 I 的收入；

EXP（I）——时段 I 的支出；

PW——资金的现值。

在一定时间内承包商收入与支出的差额为 REV（I）－EXP（I）＝NET（I），此方程使 PWΣ［NET（I）］＝0，也就是整个阶段的资金净现值必须等于零。最有效的投资收益率（ROR）应该是满足此方程的利率，事实上在这样的利率下，承包商所有收入的资金现值（在每个月的月底结算）等于所有支出的资金现值（也在每个月底结算）。

此式不能直接算出正确的利率 i，而要通过迭代计算才能得出。首先假定一个 i 值，计算收入和支出的各阶段现值，使得净现值之和趋近于零。如果两个不同的 i 值，使得现值之和改变了符号（如从正到负），那么满足方程的 i 一定在这两个值之间。表 7.2 计算的是表 7.1 确定的首付方式下的返还利率。第一栏是五个阶段的净现值 NET（I），首先选择了 20% 的返还率，计算净现值总和为＋517，将 i 值调至 22%，为－1786，所以满足方程 PWΣ［NET（I）］＝0 的 I 值在 20%～22% 之间，采用内插法得到的准确的 ROR（投资收益率）是 20.25%。

图 7.7 表示的是另一种支付方式：提供工程准备金 20,000 美元的资金流动图。在第一阶段末承包商接到业主的工程准备金 20,000 美元。业主最终给承包商的付款 37,500 美元中应扣除这笔数额，即为 17,500 美元。这种支付方式的现金流计算如表 7.3 所示。可以看出，应用工程准备金使收入与支出两曲线离得更近，两者之间的面积减少，也就是最高需求融资额与透支之间缩小了。

小型项目的 ROR 计算 表 7.2

N	NET[a]	PWF[b]@20%	总计@20%	PWP@25%	总计@25%	PWF@22%	总 计
1	－30300	0.8333	－25249	0.8000	－24240	0.8196	－24834
2	－37253	0.6944	－25868	0.6400	－23842	0.6719	－25030
3	－2726	0.5787	－1577	0.5120	－1396	0.5507	－1501
4	79097	0.4822	38140	0.4096	32398	0.4514	35704
5	37500	0.4019	15071	0.3277	12289	0.3700	13875
			Σ＝＋517		Σ＝－4971		Σ＝－1786

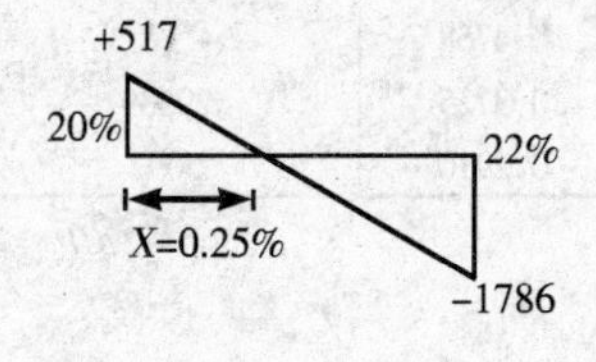

$X/2\% = 517/(1786+517) = 0.25$

$ROR = 20\% + 0.25\% = 20.25\%$

注：a.“Negative net value”意为负的净值，是指在一段时期内费用超过收入的值；

b. PWF 是（Present Worth Factor 的缩写）现值因子。

这种支付方式的 ROR 的计算见表 7.4。最佳利率在 28%～30% 之间，为 29.6%。这表明由于在第一阶段末的工程准备金支付使得承包商的投资收益率大约提高 9%。这是因为承包商所承担的融资金额减少。如果工作开始时的变动支付为 30,000 美元，又会有怎样的影响呢？留给读者计算和分析返还率的变化。

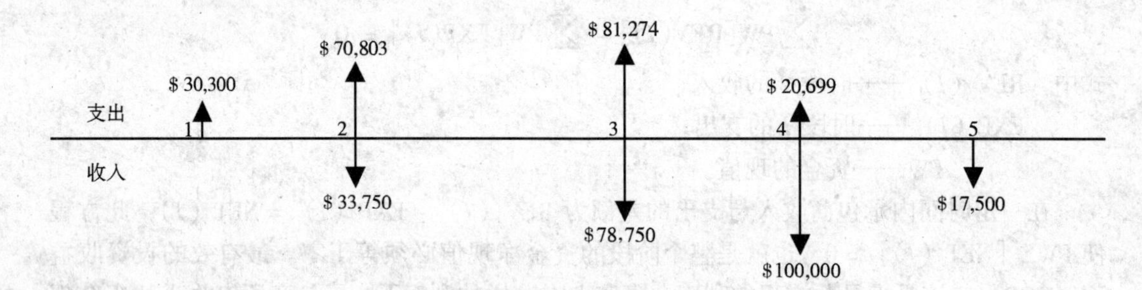

图 7.7 提供工程准备金的资金流

提供工程准备金的透支额计算 **表 7.3**

	1月		2月		3月		4月		
直接成本	$ 25,000		$ 65,000		$ 75,000		$ 15,000		
间接成本	5,000		5,000		5,000		5,000		
小计	30,000		70,000		80,000		20,000		
利润	7,500		17,500		20,000		5,000		
签单额	37,500		87,500		100,000		25,000		
保留金	3,750		8,750		0		0		
获得进度款		$ 20,000		$ 33,750		$ 78,750		$ 100,000	$ 17,500
到期总成本	30,000		100,000		180,000		200,000	200,000	
到期签单额总计	37,500		125,000		225,000		250,000	250,000	
到期进度款支付总额				$ 53,750		$ 132,500		$ 232,500	$ 250,000
月末透支	30,000		80,300		127,353		69,877	(29,424)[a]	(46,924)[a]
透支的利息[a]		300	803		1,274		699	0	0
融资总额	$ 30,300		$ 81,303		$ 128,627		$ 70,576	(29,424)	

注：a. 括号表示正的均衡

存在工程准备金的 ROR 计算 **表 7.4**

N	NET[a]	PWF[b] @25%	总计@20%	PWP@30%	总计@30%	PWF@28%	总 计
1	- 10300	0.8000	- 8240	0.7692	- 7923	0.7812	- 8046
2	- 37053	0.6400	- 23714	0.4552	- 16866	0.6103	- 22613
3	- 2524	0.5120	- 1292	0.3501	- 884	0.4768	- 1203
4	79301	0.4096	32482	0.2693	21355	0.3725	29539
5	17500	0.3217	5735	0.2072	3626	0.2910	5092
			$\sum = +4969$		$\sum = -692$		$\sum = +2767$

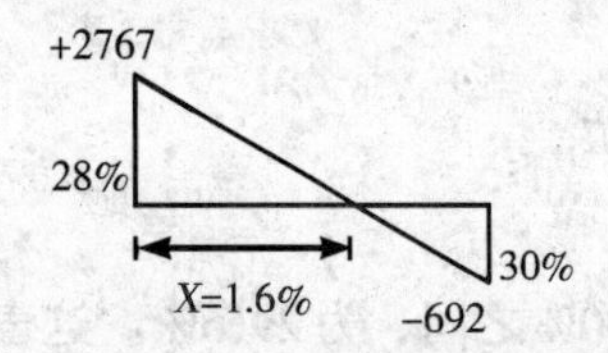

$X/2\% = 2767/(2767+692)$　　ROR = 28% + 1.6% = 29.6%

注：a. "Negative net value" 意为负的净值，是指在一段时期内费用超过收入的值；

b. PWF 是（Present Worth Factor 的缩写）现值因子。

习　题

7.1　给出下面小仓库工程的成本（包括直接费用和间接费用），计算最高融资需求、平均透支情况、投资收益率。假定毛利率为12%，整个工程尾款率为10%，融资费率为1.5%。月末支付，一个月后收到。

画出透支图：

月	1	2	3	4
直接+间接费用（$）	$69,000	$21,800	$17,800	$40,900

7.2　下面的图和表为一承包商一项建筑工程的融资需求。完成表中的成本、利润、总值、保留金和所获进度款。

保留金率为10%，毛利润率为10%，月利息为1%。在月末进度款签单，而支付在下一个月的月末收到，也就是在接下来的一个月里滞留在银行里。

透支	-50000	-120500	-82205	-13727	10336
利息	-500	-1205	-822	-137	–
累积	-50500	-121705	-83027	-13864	+10336

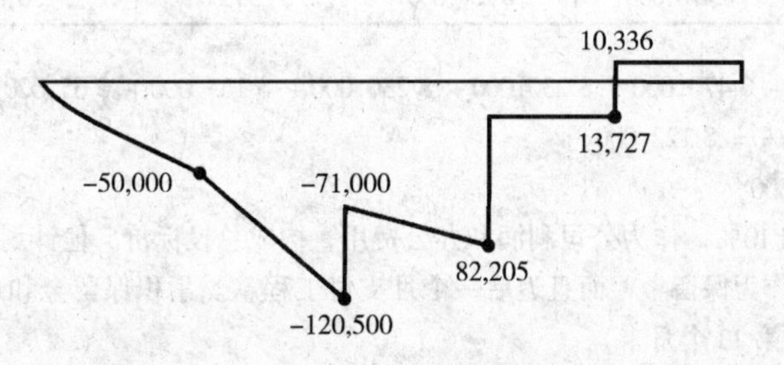

	1	2	3	4	5
直接成本					
间接成本	10,000	10,000	5,000		
总成本					
毛　利					
总　价					
保留金					
工程进度款					

7.3　利用图7.1的直接成本绘制资金流图，计算承包商的返还率。假定利润率是15%；保留金进度前50%是5%，而后为0%；每月末提出支付需求，一个月后收到付款；财务费用是每月月底透支总额的1%。

时间和分配	$25,000	$65,000	$75,000	$15,000	
				总直接成本	$180,000
间接成本$5,000/月	5,000	5,000	5,000	5,000	
				总间接成本	$20,000
	$30,000	$7,000	$80,000	$20,000	$200,000

7.4　承包商为一个工程的投标做准备，他制定了成本估算和工作进度安排。费用和时间如下表所示。为了分析简便，假定所有的费用都发生在当月月末。

月份	准备金 遣散费	分包商	材料	工资	设备	现场管理费用
0	$40,000	$0	$0	$0	$0	$0
1	0	10,000	10,000	10,000	20,000	1,000
2	0	30,000	20,000	15,000	10,000	5,000
3	0	30,000	30,000	20,000	20,000	6,000
4	0	40,000	30,000	20,000	30,000	6,000
5	0	50,000	40,000	40,000	15,000	6,000
6	0	50,000	40,000	40,000	10,000	6,000
7	0	40,000	30,000	40,000	10,000	6,000
8	0	40,000	10,000	20,000	10,000	6,000
9	0	70,000	10,000	10,000	10,000	6,000
10	0	30,000	5,000	5,000	10,000	6,000
11	0	30,000	5,000	5,000	5,000	6,000
12	20,000	50,000	0	5,000	5,000	5,000
总计	$60,000	$470,000	$230,000	$230,000	$230,000	$65,000

总成本 = $60,000 + $470,000 + $230,000 + $230,000 + $165,000 + $65,000 = $1,220,000

利润 + 管理费 @10% = $122,000

投标价 = $1,342,000

a. 承包商计划增加10%，作为公司利润和办公费用，构成总投标价。他计划在每个月的月末申请工程款支付。业主将5%作为保留金，而且迟后一个月支付工程款。累积保留金和最后进度款都将一并支付给承包商（也就是在第13个月末）。

(a) 画出资金流动图；

(b) 最高融资需求量是多少？发生在什么时候？

b. 将@中的假设改为业主将10%进度款作为保留金，而不是5%。画出资金流动图，并计算最高融资需求量。

第8章 项 目 融 资

8.1 资金：基本资源

建筑工程中要考虑的四项基本建筑资源要素分别是：资金、机械设备、人力、材料，这四个要素的排列顺序也是以后各章节的排列顺序。建设过程的首要因素就是资金(即现金或金融和财务交易等价物)，它是在项目的各个层次上都要遇到的必不可少的资源。业主或开发商必须有资金才能启动工程，而承包商也须有资金储备才能在等候业主支付进度款的过程中进行运营和操作。项目实施过程中资金流动所涉及的主要各方见示意图8.1。

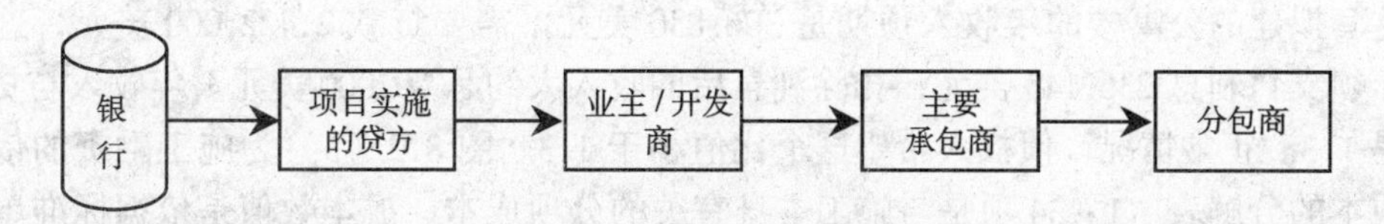

图8.1 项目资金流动过程

由于建设成本的增加，建筑业资金流动的监督和控制的压力加大。所以在建筑管理中对资金流和资金控制的重视提到前所未有的高度。在项目规划阶段，需要进行详细调查和精确的成本估算。承包商为提高自身的竞争力，对成本的监控非常严密。本章将介绍业主或企业家的融资方法。关于资金从业主向承包商的流动及其对承包商融资的影响已在第7章中进行了讨论。

8.2 建设融资过程

业主的融资，根据需求类型可分为：短期（建设）融资和长期（抵押）融资。短期融资的方式通常为工程贷款，而长期融资常采用抵押贷款的方式，一般从10~30年。

短期融资通常应用于完成以下项目：设施建造、购买土地、土地开发。这些短期融资贯穿于项目实施的全过程。对于大型和复杂的工程而言，可能要达到6~8年，比如说电厂建设。短期融资是基于确保能够按时偿还贷款和利息，由借款机构提供的贷款。抵押贷款属于长期融资方式，任何一家企业的首要目标就是找一家委托代理机构，来为其向抵押权人取得长期贷款服务。委托代理机构保证建设贷款和其他形式的贷款容易获得。

企业家除非有足够的实力和很好的信誉，可直接通过发行股票进行融资。否则都要寻求代理机构为其进行融资和担保，如美国房地产投资信托公司（REITS)，投资银行、商业银行、存贷款组织、保险公司和政府机构（联邦住房贷款银行委员会FHA)，特殊情况下还可从国际发展银行贷款。公益机构常通过发放债券进行工程融资。贷款方投放贷款方向的选择取决于项目的类型和规模。抵押形式的选择受许多因素影响，如比较成本、允许融资的时间、融资的灵活或受限的程度等，有些较大工程的融资还可能由金融财团或者国际银行联盟（如欧洲隧道）操作。

信贷机构工作需要谨慎，尽量避免贷款失败而导致工程无法完成。所以在决定贷款之前，要进行大量的调查研究和评估工作。信贷机构希望欲贷款者至少提供以下有关的材料：

1. 公司的财务报表；
2. 公司主要领导的个人财务报表；
3. 工程用地许可证明，并且该地在适合位置；
4. 初始平面图及项目高度；
5. 初始成本的估算；
6. 对预期收益的市场研究；
7. 抵押贷款期的工程收入及费用的详细预算表。

图8.2（*a*）是一个75套单元公寓楼的建造及出租的预计资金分析表。这份资料显示，这套拟建的公寓楼的年收入预期是306,830美元。需要贷款2,422,000美元，这笔款项每年须支付利息236,145美元，扣除利息后的收入大约是70,000美元。年收入与贷款的比约是1:3。正常情况，债权人希望这个比值小于1.3。图8.2（*b*）为施工融资的依据－建造成本的分解表。1～34项是与施工本身有关的分项成本，成本数值是依据标准单位下（如平方英尺）的工程量测量，并参考标准文献（如美国工程造价咨询公司罗斯密公司R.S.Means, Co.）建筑施工成本（每年发布）得到的。贷款机构根据公布的项目单价来验证这些数据。图8.2（*b*）中35～46项是间接成本。值得注意的是，项目贷款的利息结转入长期融资，记入成本。

主要物业（未装修）两个卧室的*A*、*B*、*C*单元房（55套）的市场租金：1,167平方英尺×41美分/平方英尺＝478.47美元，共计480美元×55＝26,400美元；三室的*A*、*B*单元房（20套）：1,555平方英尺×37.3美分/平方英尺＝580美元，共计580美元×20＝11,600美元

每月房租收入总计：	$38,000
其他收入：自动洗衣机，自动贩卖机	$150
每年的总收入＝（$38000＋$150）×12＝	$457,800
空置率损失5%（根据历史经验数据）＝	$22,890
调整后的年毛收入＝$457,800－$22,890＝	$434,910
估计费用占29.45%＝	$128,080
还贷之前的净收入＝$434,910－$128,080＝	$306,830
资本化价值@9.5%＝$306,830/9.5%＝	$3,229,789
需要贷款＝	$2,422,000
贷款/资本化价值＝75%（高）政府法律规定	
长期贷款服务利息@9.75%＝	$236,145
贷款服务的保付率＝	1.3
每单元住宅贷款＝	$16,364
每平方英尺贷款＝	$12.92

图8.2（*a*） 75单元公寓楼的预计资金表

1. 土方开挖给场地平整	$67,500
2. 雨水管	48,000
3. 卫生设备的管道	84,030
4. 上水管	28,000
5. 电线	14,000
6. 基础	31,000
7. 楼板	96,000
8. 木材和覆盖物	185,000
9. 粗木工	185,000
10. 细木工	81,362
11. 屋顶施工及劳动力	20,035
12. 干作业墙体和抹灰	70,000
13. 绝缘	28,888
14. 木制品	140,556
15. 硬件	8,813
16. 管道工程	165,000
17. 供暖和空调工程	95,025
18. 电气工程	90,350
19. 油毡和瓷砖	17,752
20. 毛毯	101,881
21. 橱柜	62,075
22. 刷漆和装饰	107,000
23. 砌块砌筑	20,680
24. 砖砌筑	100,200
25. 场地护栏和防护罩	29,638
26. 垃圾处置场	3,319
27. 排气扇	1,022
28. 冰箱	35,040
29. 铺路	20,915
30. 人行道和路肩	20,792
31. 外部景观	30,000
32. 栅栏和围墙	36,792
33. 壁炉	51,100
34. 清理	29,200
35. 贷方的费用	32,000
36. 估价师费用	1,000
37. 建筑师的费用	12,500
38. 土地成本	80,000
39. 律师费用	7,500
40. 所有权保险金	5,762
41. 其他结算成本	150
42. 伤害保险金	4,780
43. 建筑贷款利息	120,000
44. 估价费	750
45. 建筑许可	1,500
46. 税	50,000
总计	2422,000

图 8.2（*b*） 75 单元住宅的建筑成本分解

开发商的贷款利息是成本的一项重要组成，尽量减少贷款额是节约费用的惟一办法，开发商既要保证项目顺利进行，又要使自己（或企业）的资产保值增值。如果投入越大，那么一旦失败所造成的损失也越大。基于这种考虑，开发商寻求自身投资最小化的方法，通过融资，以现有的资产吸引更多的资金，可称之为“杠杆”，即以小额资金启动较大的资金为其所用。

抵押贷款的数额是最大与最小可能之间的最佳数值，如果太小，则无法满足工程需要，如果太大，抵押还款将超过开发商的支付能力，难以履行其责任。

出借方根据项目的经济价值和资产化率两个因素决定出借数额，项目的经济价值就是项目的赢利能力。预测经济价值的方法之一为收入法，如图 8.2（*a*）所示。简而言之，它是对项目运行收入结果的估计。与所有预算收入一样，在各种类型收入的基础上，计算收入总额，并减去相应的预算成本。尽管预算净收入是许多变量的函数，但结果要符合一定的精度要求。预算净收入除以资产化率就得到工程的经济价值。图 8.2（*a*）中的资产率是 9.5%，净收入 306,830 美元除以资产化率 0.095，得到工程经济价值为 3,229,789 美元。

资产化率是如何得到的呢？首先，出借方一般提供项目估算经济价值 75%的抵押贷款，这是因为大约有 25%的资产由开发商投资，以激励其完成工程，也就是出借方提供 75%，开发商提供 25%；然后出借方估计贷款利率和开发商的投资收益率；两种利率乘以他们各自承担的部分并相加，就得出资产化率。

例如，假定出借方确定贷款利率为 8.5%，开发商投资收益率为 12%。那么资产化率 = 8.5% × 75% + 12% × 25% = 9.375%。可以看出，出借方对贷款利率及开发商投资收益率的不同，确定所得资产化率也不同。这些数值是随着现行经济条件和经济情况的变化而有所浮动的，因此，并非如前所述出借方能够对这些数值有很大的影响。同时，出借方的借款是一种商业行为，他又要保持自己的竞争力，所以出借方的贷款利率要既保守又具有吸引力。预期收入除以资产化率得到工程的经济价值，抵押贷款的数额是经济价值的 75%。并非所有的出借方都按照这样的方法来贷款，如可能有相关的政策规定只能贷出其总资产的某一固定比例，这就不用基于经济价值而是以财产的市场价值为基础。

另一个影响项目经济价值的因素是租出面积的比例，它对净收入影响较大。如果工程符合市场需求，且质量优良，那么在项目结束后所有面积都可以租出。当然，不同的时间和地点，如果广告做得不充分，市场疲软，或者是市场供地有剩余，那么只能有部分面积可以租出。租用土地的平衡点是：如果租用再多的土地，会有净收益；如果租用更少的土地，会有净损失。如果获得的土地数量恰好在平衡点上，那么出借方愿意以这些土地 100%被利用来做抵押贷款。使收入与支出平衡的土地数量称作“租金账本的平衡”。达到或超过平衡点的贷款数额称为最高抵押额。如果没有达到平衡点，出借方会认为工程的经济价值不大，而只会贷给最高额的一部分，被称作最低抵押额。通常，最低贷款额为最高额的 75%，开发商如果没有获得平衡租金，会允许有一段额外的时间（如 3～6 个月）来获得租金，如果在这段时间内达到了租用土地的平衡点，就可以获得最高抵押额。

对整个项目来说，抵押贷款是重要的基础条件之一，可能要经过很复杂的长期谈判。所以，开发公司会聘用专业的经纪人，为其寻找贷款人和代理抵押贷款的交易。经纪人的声誉来自以最佳利率，对客户来说是最公平的利率，得到适宜规模的贷款。经纪人向客户提供咨询，并且要将整个融资过程的细节安排提前向客户汇报，抵押经纪人的服务费是随贷款额的多少而可变的，一般为抵押额的 2%。

8.3 抵押贷款的约定

出借方讨论贷款风险，经贷款委员会的同意，达成初步的约定。在见到并核实最后的施工计划和说明之后，绝大多数机构批准最终的约定同意书。

在借方确保按照已批准的计划来实施项目，这个约定书就会体现在后来借贷双方签订的正式合同上。贷方要根据合同的约定，按照已声明的利率和时间贷款给借方。如前所述，实际贷款的数额会小于整个工程所需数额，这个差额叫做“所有者的权益”。这个差额必须由开发商自已或经其他渠道筹集。正式的约定要注明长期贷款的最高和最低数额。

在工程的建设过程中，没有资金从长期贷款的贷方流到借方，也就是说，工程建设过程所用的资金必须由开发商自己或短期建设贷款方提供。但在工程结束时，长期融资的贷方要全额支付短期贷款，从而冲抵了短期贷款，借方只需要偿还长期抵押贷款。

8.4 建设贷款

一经达成长期融资的约定，就可以进行建设贷款的谈判。商业银行经常会做建设融资业务，因为他们相信这会从长期融资中得到偿还。即便如此，对短期的贷方来说也存在一定的风险。这些风险主要来自于工程建设过程中承包商可能陷入的财政困难。这将导致无法顺利完成工程，在这种情况下，建设贷方要接管并设法完成工作。为平衡这种风险，在贷款支付之前，要从贷款额中扣除1%~2%。举例来说，如果建设贷款是1,000,000美元，借方在签约时要声明偿还1,020,000美元，实际上就是借方要马上支付20,000美元的利息，这对建设贷款来说可以看作是个折扣，或是额外的利息。当前，最小化这种风险的措施是：要求借方指定承包商和设计师。有些商业银行通过考核业主、承包商、主要分包商和设计师，进行是否贷款的前期考察。达到对他们经济地位、技术水平和目前的工作量的评估。

为了降低风险，银行通常只贷到最低贷款额的75%~80%。所以开发商还需要额外的资金来弥补资金缺口。解决这些资金缺口办法之一就是开发商再寻找一个专门的信托机构并获得应急承诺，可以对长期贷款方提供的贷款额和与最高需求额之间的差额进行担保。如果开发商获得最高贷款额的承诺担保，确保能够还付最高贷款额，建设贷款者会提供最高贷款额的75%或80%，而不是最低贷款额。例如，最低贷款额为2,700,000美元，最高贷款额为3,000,000美元，这样就产生了建筑资金缺口240,000美元（也就是300,000美元的80%），弥补这个缺口，需要贷款者支付5%担保资金费用，上面这个例子就是15,000美元（300,000美元的5%）。如果开发者能够获得最高贷款额，那么这笔担保资金费用免了。总而言之，240,000美元对项目的完成起着关键的作用，因此，用15,000美元可以确保建设贷款满足这个资金缺口。

建设贷款一经批准，贷方要向承包商或者施工单位提供资金发放时间表。这张表以施工场所的进度为基准，明确了资金发放形式。小型项目，例如独立住宅等，根据建筑工程所完成进度阶段（如基础、窗体、封顶和内部装修）支付部分资金，如图8.3所示。对于较大的工程，则根据月工程进度款绘制资金发放图，承包商按本月将所从事工作的费用通知负责工程量计量的业主代表或者建筑师，一经建筑师或者业主代表批准，银行将按签署的单据提供资金，并扣除业主的尾留款。(见第3章)

除了上面所谈的资金问题，开发商还应该注意项目通常需要前期资金，如建筑规划、法律咨询、估价费用和典型的工程结算费用等。哈比林（D.A.Halperin）在他的《建筑融资》(1974) 一书里对建设资金的话题进行的全面详细的讨论，请参考。

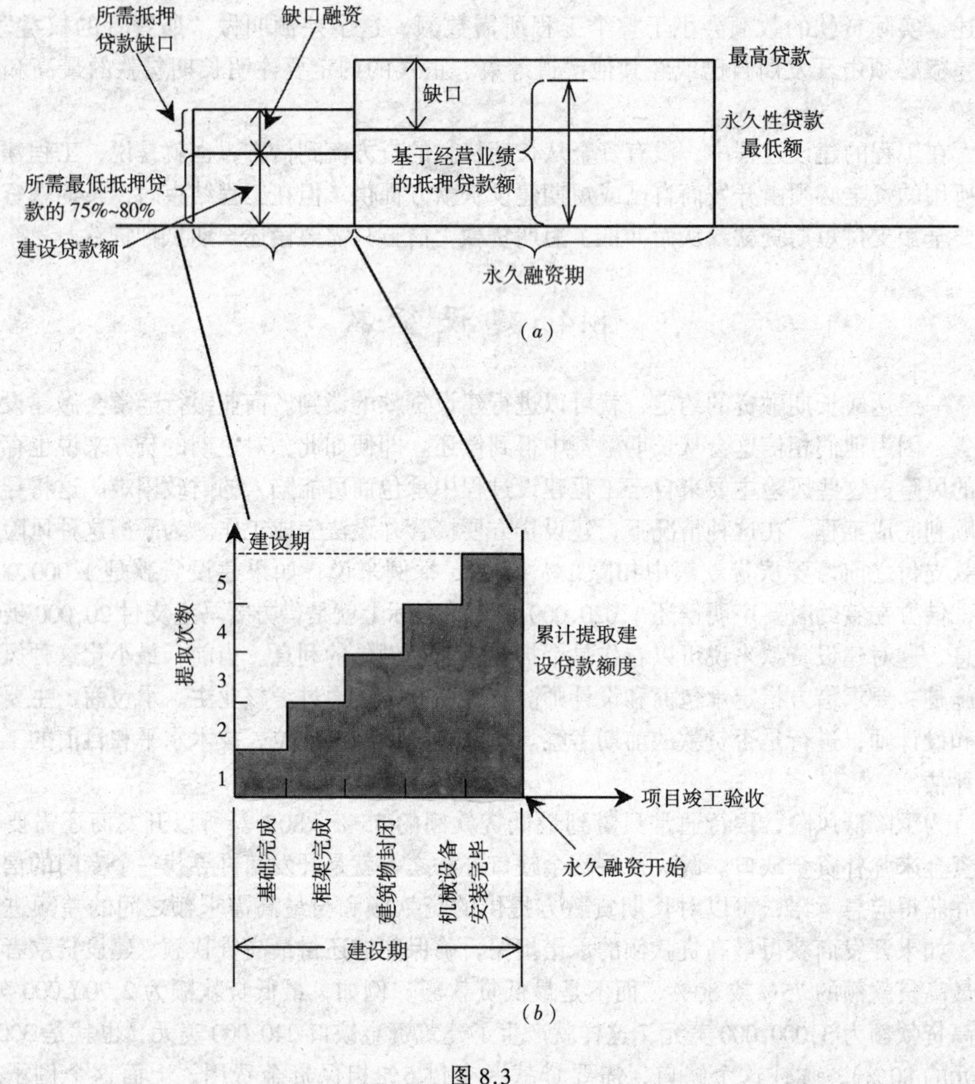

图 8.3

(a) 企业融资项目的剖面；(b) 贷款提取时间表

8.5 业主发行债券融资

大公司或公益机构经常通过发放债券实现项目融资。债券是由贷方发行的一种正式的借据（IOU），持有者在未来某个时点可以得到一定返款。发行债券的限制条款规定了债券发行要进行财产抵押担保。发行系列债券是公司、城市或一些机构融资采取的一般形式，但并不包括个人。简而言之，业主融资意味着业主所拥有的公司或机构负责融资安排。下面的资料里“琼”代指所有借方，在使用借款的整个阶段，借方保证按阶段返还利息。例如，琼借款1,000美元，保证在第10年末返还1,000美元，每年年底支付8%的利息。事实也就是每年要付本金1,000美元的租金80.00美元，在期末返还本金。图8.4描述了这个支付过程。

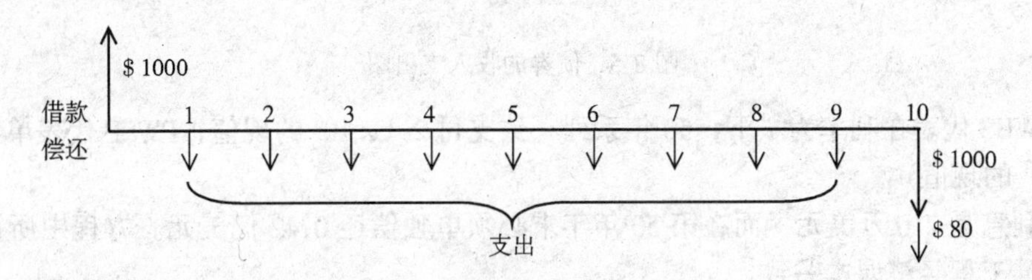

图8.4 债券支付时间系列

发行债券按季度计息，而不是以年计。债券，作为一种长期承诺的借据，可以根据需要选择不同的形式：抵押债券要有实物作抵押，如土地或建筑物，信用债券不需实物抵押。除此之外，利息和本金的偿还也是一个令人关心的问题。

财务报表或一些特殊的审计报告是发行债券所必须的。另外，债券发行人应该组织草拟募债说明书，该说明书应该解决以下问题，如支付问题、利率、发行承诺和条件、优先支付、最高借款额、对监管债券利息理事的任命等。这些细节问题一般在专家（审定会计师事务所或抵押经纪人）的协助下完成。

发行债券的公共实体需要得到地方管理机构的批准，而发行债券的公司应提出募债申请，并获得有关批准。募债章程或者规定文件授予公共实体或公司按照规定程序发行债券的权力。而该权力受政府相关的理事会或者委员会的监督控制。公共证券的出售很有吸引力，银行投标争取代理发行债券，它提供的债券总额会略少于需要清偿的支付额，如前所述称为贷款折扣。事实是借款者所还的多于贷款者所贷的，所以改变了实际利率。这通过银行间发行证券数量、投标竞争建立起来。提供有效利率最低的银行通常被选中，这也表示使用资金需要基本成本。

设想下面的情形：一所城市取得了棒球比赛的经营权，准备建立一座多功能的体育场，设计已经完成，且建筑师估计造价为4050万美元，项目建设单位获得批准发放4200万美元的债券来满足体育馆和附属实施的建设资金的需求。这些债券将于第50年的年底收回，且每年支付本金5%的利息。期限和利率都要符合当前市场条件，当时任何债券的期限都较短，但是利率较高。假设所得的银行代理发行的最高投标额为4100万美元。

为确定有效利率，需进行投资收益率的分析，收入与支出情况如图8.5所示，合理的利率是使支出的现值（PW）等于收益（上图所示为4.1×10^7美元）的现值（PW），也就是：

PW（收益）= PW（支出）

根据上面提供的公式，债券发行的表达式为：

4.1×10^7 美元 $=2.1\times10^6$ 美元（PWUS，i，50）[a] $+4.2\times10^7$ 美元（PWSP，i，50）[b]

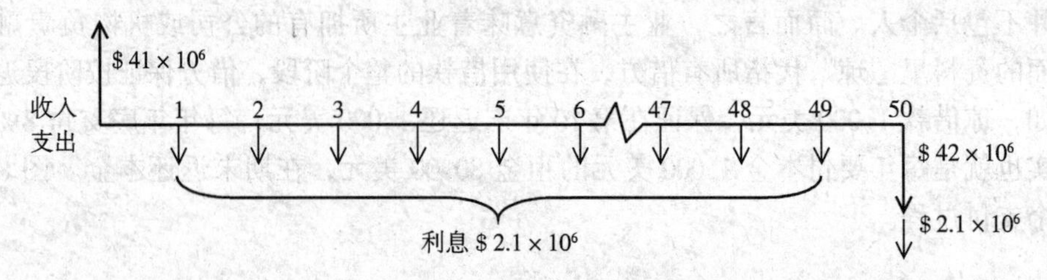

图 8.5 债券的收入支出图

（PWUS 代表在利率为 i 下，50 年系列一致支付 2.1×10^6 的现值，PWSP 代表单独支付 4.2×10^7 的现值）

年利息是 210 万美元，而在第 50 年年末必须单独偿还 0.42 亿美元。方程中所用的符号与标准工程经济课本一致。

用类似于本书 7.4 所介绍的尝试 – 检验的方法解此方程。也就是，先假定 i 值，再解方程，看是否满足关系式 PW（收益） – PW（支出） = 0。在解此方程中，我们先假设 $i=0.05$和 $i=0.06$，则方程等式的右边为：

当 $i=0.05$ 时，$PW=2.1\times10^6\ (18.256)\ +42\times10^6\ (0.0872)$
$=42\times10^6$　　　　相差 $=+1.0\times10^6$

当 $i=0.06$ 时，$PW=2.1\times10^6\ (15.762)\ +42\times10^6\ (0.0543)$
$=35.38\times10^6$　　　　相差 $=-5.62\times10^6$

由于使方程的差值由正变为负，所以满足条件的 I 值在 5%与 6%之间。用线性插入法，得到利率：

$I=0.05+\ (0.06-0.05)\ \times\ (1.0\times10^6)\ /\ (1.0+5.62)\ \times10^6=0.0515$

所以，利率大约为 5.15%。

在实际应用和操作中，这种方法可以用计算器来计算，而且已有专门的计算机程序来处理此问题，还有一些相应的运算集或模块，用户也可根据需要自己编制灵活的程序。

习 题

8.1 目前银行的基础利息率是多少？这个利率与当地新建工程透支费用和融资的关系如何？当地的利率比最低利率高多少？透支融资利率随涉及资金数量的多少而变化吗？

8.2 参考图 8.2（a）的例子，假定市场上对两个卧室户型单元的月租金是 $ 550，三个户型单元的月租金是 $ 650。如果资本化率是 10%，请重新计算图 8.2 的预计资金表，并确定贷款利率，平衡空置因子是多少？

8.3 在项目施工的过程中，是什么决定贷款次数？在当地关于贷款次数和数量有何法律规定？

8.4 假设通过发行 40 年的债券来建设一个多功能的体育馆，年利息是债券本金的 9%。建筑师的估计成本是 $ 410 万，请确定有效的利率。

8.5 接 8.4 的问题，如果这个债券的发行是由一个银行来承担的，折扣价格为 $ 400 万，请问新的有效利率是多少？

注：a（PWUS，i，50）PWUS 是利率 i 中均衡系列因子的当前价值的简称，期限一般超过 50 年。
b（PWSP，i，50）是单一支付因子当前价值的简称。

第9章　机械设备成本

9.1　总体介绍

机械设备资源在建筑活动中占据重要地位。机械设备类型和组合方式对效益有较大影响，组织者要选择合适的机械设备安装组合方式，以最合理的价格获得最有利生产的机械设备。显然，首先管理人员要对每种机械设备的价格非常熟悉，而且要测算出单件生产率或组合生产率，已知成本和生产率就可以知道单位生产成本。例：假定搬运工和装卸工每小时费用为250美元，劳动率为750立方码/小时，易得出单价为0.33美元/立方码（250/750）。

建筑机械设备可分成两大类：生产性机械设备，指单独或组合能够生产出最终产品。支持性机械设备指与建筑生产中的布置有关的机械设备，例如人员和材料的运输设备和以及影响现场规划布置的活动所需的工器具等。典型的辅助设备包括：提升设备、照明设备、振捣机、脚手架和加热器。多数情况下，建筑机械设备的工作涉及在项目实施过程中处理建筑材料（如起重机吊运锅炉，铺路机铺摊水泥或沥青等），或者控制项目生产的环境（如锅炉影响周围的温度，预制模板控制了混凝土在框架中的位置）。

重型建造要处理大量的流体或半流体材料，如泥土、混凝土、沥青等的运输和装入机器。在这种情况下，联合机械设备决定了工作效率，而劳动力仅仅在控制机器的技术熟练程度方面对生产率有所影响。所以重型建造业是设备密集型的行业，重型建筑的承包商通常要购置大量的机械设备资产。

而房屋和工业建筑施工行业的现场作业更需要人工劳动的劳动力，因此一般不属于机械设备密集型。尽管材料或人力要经机械设备运到安装地点，支持整个安装和施工过程；尽管重型机械设备比较重要，但施工单位更强调手工工作，所以机械设备投入资金较少，主要依赖于租用机械设备。重型建造的承包商，因为要重复使用机械设备，所以认为拥有这些昂贵的机械设备更具有成本有效性。

9.2　机械设备占有和运营成本

与建筑机械设备有关的成本可以分成两类：固定成本（如折旧、保险和利息等）是指无论生产是否进行都要支付的成本，这个成本是固定的，而且与拥有机械设备的时间长短有关，所以被称为固定成本或机械设备所有权成本，“固定”这个词是指成本是由时间决定，且可根据确定的公式或常数计算出来；另一种成本是指由于机器运营而引致的成本，其中有一些是对材料的消耗引起的，如轮胎、燃气和油，广义上的运营成本还包括操作者的工资，还有一些成本是由日常维护或不定期维修而引起的，因此运营成本是可变成本。

对一些机械设备如拖拉机、单斗挖掘机、铲土机、推土机、装卸机和反铲挖土机等的拥有成本和运营成本总和以每小时来表示。两种成本的来源不同，拥有成本是总服务寿命（以小时计）与总成本之比，若机械设备闲置时，相应的成本看作日常开支，如机械设备在使用中，以小时运营成本计入项目。

运营成本总额不是恒定的，这是因为它是总运营时间的函数，但是每小时的成本是相对稳定的。

机械设备每小时的费用由四个要素组成：所有权成本、操作成本、管理成本、净收入或利润。图9.1为机械设备每小时费用的示意。

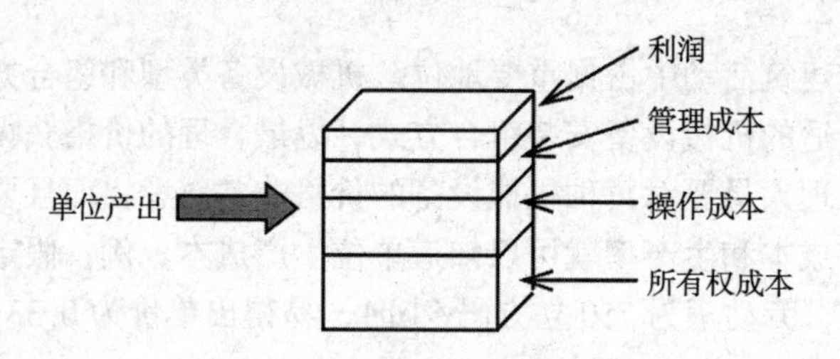

图9.1 单位产出的成本构成

所有权成本由两种要素构成，一是使用机械设备的折旧，每件机械设备都有其使用寿命和折旧，初始成本除以总寿命就得到折旧率；二是利息、保险和税费等构成的财务费用。

操作成本包括的范围很广，主要有：燃气、油和润滑剂、液压机液体、油脂、过滤器等供应品；日常维护、大修、一般修理；零部件更换（开刃、刀片更换、铲斗更换）；还包括直接的劳动力成本——操作者的工资，包括休假补助、病假补助和保险等。

对应于上述列举的直接操作成本，机械设备费用中还包括管理支出的附加补津贴和监督人员的成本。这些就构成了机械设备的运行与所有权成本总和。最后再增加一定的百分点作为利润。

以上成本有一些是与机器的运行同时发生的。但是对于津贴或维修、保养等的成本将在未来一段时间支付。

管理成本，包括诸如电话、文具、邮资、供热、电力、闲置机械设备的成本也要列入总成本的一部分。

9.3 机械设备折旧

在美国，用于折旧计算的方法必须符合美国国家税务局（IRS）的标准，1981年和1986年的税法修改法案重点修改了折旧率的计算方法。此法颁布了计算各种机械设备折旧的固定比例表，此表代替了1981年以前实行的被称为折旧余额递减法或者年度总和法的加速折旧方法。但是1981年前的立法确定使用的办法对理解现行的折旧表依然很有帮助，对于一些还没有采纳联邦折旧表的州，原来方法还适用，下面简要介绍这些方法。

1981年前四种最常用的机械设备折旧计算方法：

1. 直线法；

2. 折旧余额法；

3. 年度总和法；

4. 生产法。

折旧余额法和年度总和法又被统称为加速法[a]，因为它们都认为资产寿命的前些年里折旧的比率较大。为了尽量冲抵或者减少应缴的税款，承包商通常选取最大限度的申报利润的办法来计算折旧。实际上，如果公司以最高的公司税（34%）来付税，那么每1美元的折旧就减少了34美分的税。

对大多数的重型机械承包商来说，假定每台机器都是他们的"利润中心"，并尝试采用各种折旧方法来尽量冲抵每台机器的利润。计算资产折旧时应考虑的主要因素如图9.2所示，这三个折旧的主要因素构成一个矩形的三边，它们是：

1. 以美元计算的初始成本；

2. 以年或小时计算的服务周期；

3. 以美元计算的残值。

折旧额就是资产的初始净值与残值的差额。为减少缴税，就要通过一定的折旧办法得到服务期内最大的折旧额。

资产的初始成本的标定必须符合美国国家税务局（IRS）对折旧成本的规定。例如假设一台铲土机为7.5万美元，铲土机的轮胎成本为1.5万美元，这些轮胎是当前的消费，是不可以计算折旧的，所以就不被计入计算折旧的资产额。所以计算铲土机折旧的初始资产值就是6万美元。

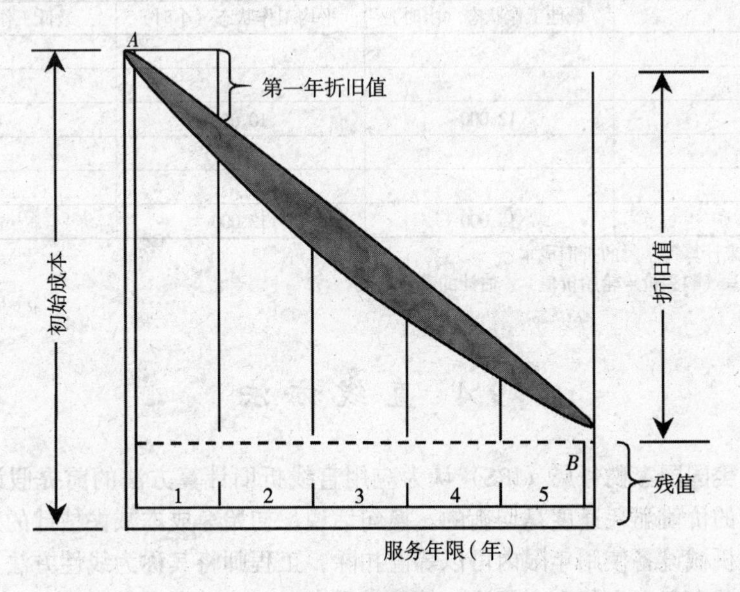

图9.2 折旧因子

初始折旧成本或基础成本通常是指最初的净成本。从购买价中减去诸如轮胎等消费项目，而如运输成本和税等项目要包括在最初的净成本中，作为计算折旧额的一部分。如果我们买了一个橡胶轮胎的拖拉机，计算初始的净成本为：

注：a 本章只描述折旧余额法。

购买价	$84,000（在工厂中 FOB[a]）
减轮胎价	$4,000
	$80,000
加5%的税	$4,000
加运费	$2,800
初始净成本	$86,800

计算折旧的基础，也就是初始的净成本为：8.68万美元。

残值是指机械设备的寿命终了时的余值。如果这个值不超过机械设备初始成本的10%，在计算折旧时将其忽略。如上例所示，如果残值少于8,680美元，所有的初始成本被认为是可折旧的，那么每件机械设备在寿命期内将减少赋税29512美元（$86800×0.34）。

美国国家税务局（IRS）出版的服务寿命值表（有参考作用）将大多数的建筑机械设备分成服务期为3年、5年或7年。而过去制造商公布的如表9.1所示，给出了基于运行条件的一个可变服务寿命。基于1986年美国的税法改革，美国国家税务局（IRS）表明确了服务周期的定义，要确定某一类机械设备的服务寿命，只要查阅设备类型分类目录即可。

在给定表提供的比率，很容易明确折旧是按比例线性的还是加速的。为了更好的理解，下面两部分讨论了两种基本折旧计算方法的计算过程。

服务寿命表（履带拖拉机制造公司） **表9.1**

机械设备类型	最佳工作状态（小时）	平均工作状态（小时）	最低工作状态（小时）
履带式拖拉机			
履带式挖掘机			
轮式装载机	12,000	10,000	8,000
轮式拖拉机			
铲土机			
电动平地机	15,000	12,000	10,000

应用上面的信息来计算每小时的折旧成本：
每小时折旧成本＝（购买价－轮胎价值）/估计的寿命时数

9.4 直线方法

会计师和美国国家税务局（IRS）认为应用直线折旧计算方法的前提假设是：在整个寿命期内财产的价值消耗速度是均衡的。换句话说，初始净成本减去估计的残余值所得的折旧价值，在机械设备使用年限内可以等值扣除，工程师将其称为线性方法，可以理解为折旧额线性地分布于寿命期中。假设一件机械设备的成本或基价为1.6万美元，残值为1千美元，服务周期为5年，那么可折旧的价值是1.5万美元。将此1.5万美元线性地分布于5年内，我们采用的就是折旧的直线法，每年的折旧费就是3千美元。图9.3对此做了形象的解释。

注：a 第15章15.2讨论了FOB. 在这里它指工厂中设备在装船之前的设备成本。

机械设备的剩余折旧值可以通过阶梯形的曲线得出。如在服务的第三年，机械设备的剩余价值为 1 万美元，如果在每年末将这些账面价值的点连接起来，就得到一条直线。

基价或账面价值的概念隐含有赋税的含义。例如，第三年将此机械设备以 1.3 万美元的价钱出售，我们从买者那里得到了高于账面价 1 万美元的 3 千美元。这 3 千美元代表资本收益。由于我们已经声明折旧达到 6 千美元，并且已将其作为经营成本的一部分。现在市场允许我们以高于前面声明的折旧后价值 3000 美元的价格出售，说明事实上的折旧少于声明的折旧值。所以，我们从中获得受益，获得了须纳税的收入。1986 年以前的税法，不是以全税率而是以半税率来收缴资本收益的。目前，资本收益税是与其他所得税（34%）一样收取的。现在，经营实体们呼吁恢复原来的可变的资本收益税率。

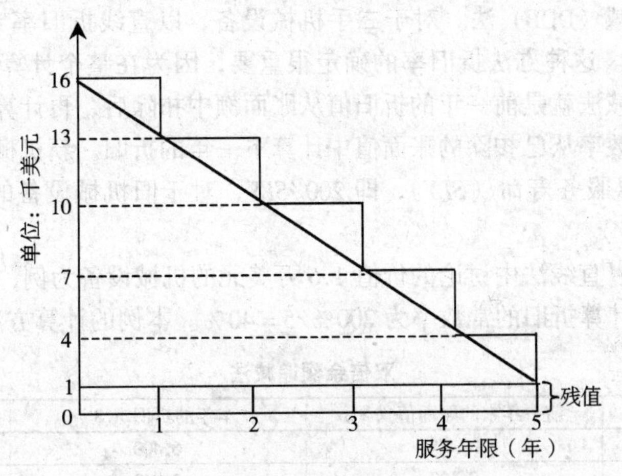

图 9.3 直线折旧法

如果我们对机械设备的部件进行了较大的改装，那么折旧值要受到影响。例如在上面的例子中，如果对机器的发动机做了一次重大改装，花费了 3,000 美元。因为这是维修投入，也应该作为折旧的基础，使得折旧的本金增加了 3,000 美元，如图 9.4 所示。改装还可使机械设备服务寿命延长。

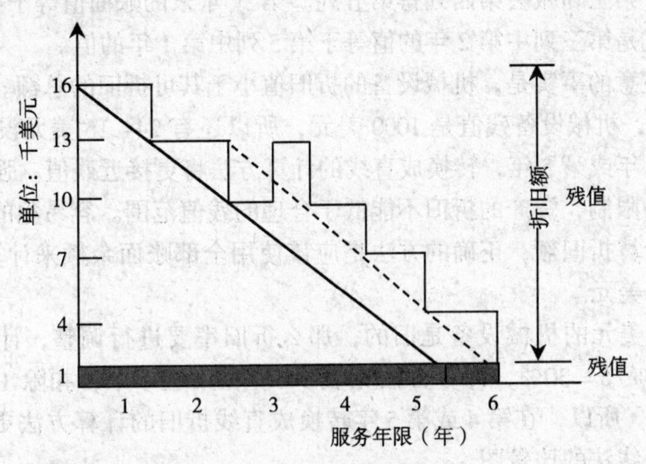

图 9.4 设备改装的影响

如果可以对不动产进行折旧，那是否也可以应用于我们居住的房屋呢？折旧代表了从事业务的成本投入。由于在绝大多数情况下，我们并不在我们自己家中从事业务工作，因此我们居家房屋并不算作可以折旧的资产。但是你也可以考虑寻找一些在家中从事的业务，使房屋的使用寿命将延长，而折旧的本金也增加。

9.5 余额递减法

1981年以前使用的加速方法之一为余额递减法。它用于机械设备的服务寿命最短为3年时。余额递减率可能是直线率的两倍。所以，美国国家税务局（IRS）建议对新机械设备使用双倍余额递减（DDB）法。对于二手机械设备，以直线折旧率[a]的1.5倍作为递减率（假定直线为1）。这种方法折旧率的确定很重要，因为在整个计算过程中它是一个常数。所以，余额递减法就是前一年的折旧值从账面额中扣除后，再计算下一年折旧。即如前所述，用一个常数率从已扣除的账面值中计算下一年的折旧。新机械设备折旧率的计算方法是用200%除以服务寿命（*SLY*），即200/*SLY*，对于旧机械设备的折旧率就是150%除以服务寿命（*SLY*）。

举例解释，仍以直线法中讨论的价值1.6万美元的机械设备为例，设机械为新的，服务期是5年，那么计算折旧的常数率为200%/5=40%。本例的计算方法如表9.2所示。

双倍余额递减法 **表9.2**

服务期	折旧率（%）	前一年末的账面值（$）	本年的折旧（$）	本年末账面值（$）
1	40	16,000	6,400	9,600
2	40	9,600	3,840	5,760
3	40	5,760	2,304	3,456
4	40	3,456	1,382.40	2,073.60
5	40	2,073.60	829.44	1,244.16

总计14,755.84美元

简要叙述表9.2的计算方法。第二列的递减率40%乘以第三列前一年末的账面值，得到第四列的折旧，第三列减去第四列得第五列。第N年末的账面值等于第$N+1$年前一年末的账面值，也就是第三列中第2年的值等于第5列中第1年的值。

另一个值得注意的事实是，机械设备的折旧值小于其可折旧的总额。第5年末的账面值是1244.16美元，机械设备残值是1000美元，所以还有244.16美元没有消耗。更具代表性的是，在第4年或第5年，转换成直线的计算方法将更接近残值。强调了递减平衡法对折旧额的更高的限制，资产的折旧不能低于合理的残值范围。容易犯的错误是，第一年就用可折旧额来计算折旧额，正确的方法是应该使用全部账面余额来计算折旧。本例中，第一年就是1.6万美元。

若此台1.6万美元的机械设备是旧的，那么折旧率要进行调整，计算方法同上。这时，折旧率为150%/5=30%，计算方法见表9.3。在第五年末，扣除1000美元的残值，剩余1689.12美元。所以，在第4或第5年转换成直线折旧的计算方法更好。图9.5是双倍余额递减法与直线法的比较图。

注：a 这里假定直线率是100%。

1.5 倍递减平衡法 **表 9.3**

服务期	平衡率（%）	前一年末的账面值（$）	本年的折旧（$）	本年末账面值（$）
1	30	16,000.00	4,800.00	11,200.00
2	30	11,200.00	3,360.00	7,840.00
3	30	7,840.00	2,352.00	5,488.00
4	30	5,488.00	1,646.40	3,841.60
5	30	3,841.60	1,152.48	2,689.12

总计 13,310.88 美元

由图 9.5 可见，双倍余额递减法在第 1 年的折旧（6,400 美元）多于直线法在前 2 年里的折旧（6,000 美元）。

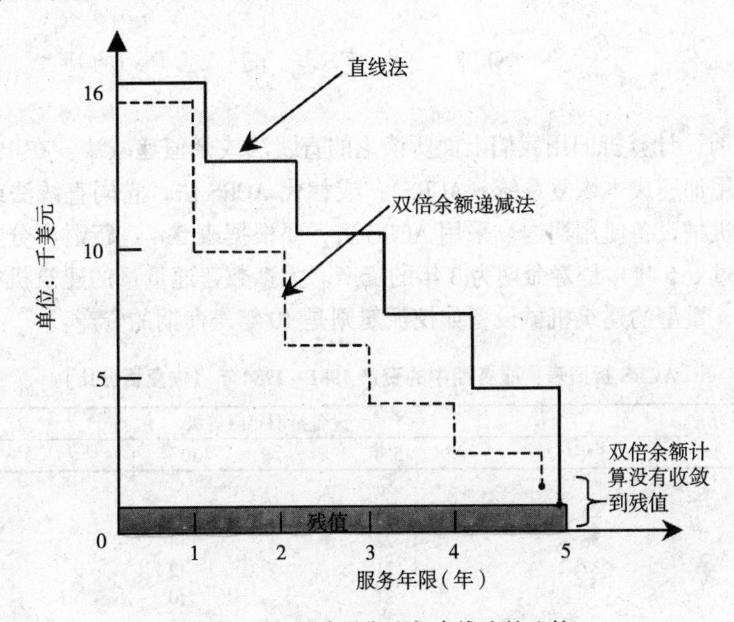

图 9.5　双递减平衡法与直线法的比较

9.6 生 产 法

如前所述，承包商一方面要争取得到更大的折旧额，另一方面还要利用设备赚取利润，以减少缴纳的税款。生产法认为折旧是机器在生产过程中产生的，机械设备成本由单位产出弥补。如果 1.6 万美元的机械设备可工作 1 万小时，那么它的 1.5 万美元的折旧资产就分配于 1 万小时中。中小型承包商一般采用此方法，一是因为好计算，二是确保利润能够支付折旧额。参照机械设备的计数表乘以工作日，就可推出机器的合理的总运行时间。

如果不采用这种办法，有时候机器还没产生收入的时候就发生了折旧，折旧所产生的收益也就无从体现。承包商的目的很明确，在机械设备使用效率较高的年份，通过折旧来最有效地减少所缴的税款。由于延迟折旧而获得更大的收益是不可行的，因此合理的策略是让折旧发生在利润最大年份的战略。生产法就保障了折旧是发生在机械设备运行生产时，在理论上可以产生利润和收入的时期。

在建造美国阿拉斯加州石油输送管道的时候，合同中声明承包商负责输油管道施工前的进场道路的施工，为此承包商购买了大量的机械设备。但是，由于环境的原因使开工延迟了几年，这些机械设备被迫只有库存起来。由于在延迟的这段时间里，机器没有使用，没有生产，也没产生利润，所以承包商声称也没有折旧。可见采用生产折旧法，可使折旧发生在生产阶段。

有时生产法也并不很理想。如果我们拥有一台挖沟机（服务期1万小时），但是每天只工作500小时，利用生产法可工作20年，如果5年后把机器卖了，应该说只计提了1/4的折旧，但也有一个好处，可以冲抵生产法的明显不足，就是我们或许存在小小的调整空间获得较高的资金收益。总之，很明显，会有比生产法更合理、更加均衡的解决方法。

9.7 法定折旧

1981年以前，计算折旧用我们上面所谈论的直线法或余值递减法。在1981到1986年间，承包商采用加速成本恢复系统（ACRS），或替代ACRS法，它同直线法或生产法一样将成本分摊在机械设备使用期内。采用ACRS法，要根据表9.4进行财产分类。例如，轻型卡车（不超过6.5吨）是寿命期为3年的资产。大多数普通重量的建筑机械设备是5年寿命期的资产，重型的建筑机械设备如挖泥艇则是10年寿命期的资产。

ACRS折旧表：服务期中的资产1981～1984年（恢复百分比）　　表9.4

	设备折旧年限等级			
	3年	5年	10年	15年
折旧年份				
1	25	15	8	5
2	38	22	14	10
3	37	21	12	9
4		21	10	8
5		21	10	7
6			10	7
7			9	6
8			9	6
9			9	6
10			9	6
11				6
12				6
13				6
14				6
15				6

1986年的法律中用一系列表格明确了机械设备的加速折旧的额度，与ACRS法相比，这些新表参照ACRS法，并做了一些修改，称为改进ACRS法，或者MACRS法。对ACRS系统所做的修改有：

1. 加入了寿命周期为7年和20年的机械设备；

2. 为了加快折旧速度，对于折旧年限为3年、5年、7年和10年的机械设备开始的几年采用双倍余额递减方法折旧。但第一年采用“半年惯例”。另外对于最后的几年则采用直线折旧法；

3. 对一些机械设备的折旧年限重新归类。特别地，轿车和轻型通用卡车被归入5年期的折旧设备目录，绝大多数的中型建筑设备的折旧年限重新考虑为7年，而重型建筑机械设备仍是10年。

MACRS保留了直线法，如以前一样计算。表9.5显示了MACRS的值。

为更好地理解表中的基数值，举例如下，一件价值＄100,000的器械用加速MACRS法计算折旧，设其使用寿命为5年。MACRS表是用双倍余额递减（DB）法，则折旧率为40%（200%/5）。但是由于半年惯例，第一年的折旧率应该减半，所以有效折旧率为20%，即只有＄20,000在第一年里发生折旧，余值为＄80,000；第二年的折旧是＄80,000的40%，即＄32,000，这是初始＄100,000的32%。现在新的余额为：＄80,000－＄32,000＝＄48,000；第三年的折旧依旧为40%，即＄48,000×40%＝＄19,600。如此，该机械设备的折旧表如下所示：

使用年度	折　旧	账面值
1	＄20000	＄80000
2	＄32000	＄48000
3	＄19200	＄28000
4	＄11520	＄17280
5	＄11520	＄5760
6	＄5760	＄0

值得注意的是这个被定为5年的资产，折旧期为6年。而且第3年之后，改为直线法能使残值更接近于零。从表中可以看出，每年的折旧值与表9.5所示的值相等。如果想确定该方法与表9.5中的百分比一致，读者可以尝试计算10年服务期限的＄100,000资产的每年折旧值。

加速折旧的MACRS表 **表9.5**

	设备折旧年限等级					
	3年	5年	7年	10年	15年	20年
折旧年份						
1	33.00	20.00	14.28	10.00	5.00	3.75
2	45.00	32.00	24.49	18.00	9.50	7.22
3	15.00	19.20	17.49	14.40	8.55	6.68
4	7.00	11.52	12.49	11.52	7.69	6.18
5		11.52	8.93	9.22	6.93	5.71
6		5.76	8.93	7.37	6.23	5.28
7			8.93	6.55	5.90	4.89
8			4.46	6.55	5.90	4.52
9				6.55	5.90	4.46
10				6.55	5.90	4.46
11				3.29	5.90	4.46
12					5.90	4.46
13					5.90	4.46
14					5.90	4.46
15					5.90	4.46
16					3.00	4.46
17						4.46
18						4.46
19						4.46
20						4.46
21						2.25

9.8 折旧和分期偿还

折旧是机械设备价值的损失，是经营中法定成本，所以折旧要从收入中扣除，可以减少税赋（如前所述，1美元折旧可节约34美分的税赋）。承包商从中节约的税赋可以更换机械设备。但是节约额度只有机械设备最初值的34%。因此承包商为了在未来某时可以支付更换的机械设备，可以向客户分期收取一定资金，这种分期向客户索取资金以支付机械设备购买的行为就是分期偿还机械设备。这种做法是业内的一种通行做法，使得承包商可以达到资金积累的目的，以便一段时间后更新机械设备。

例如，承包商通过向客户每年收取2万美元，来支付价值10万美元服务期为5年的机械设备。第5年末，累计10万美元可以购买机械设备的替代品。当然，有时因为物价和货币的上涨，更新的机械设备成本可能12万美元，这就提醒承包商在契约中应向客户每年收取2.4万美元，待条件成熟时购买新设备。由于部分金额可从节约的税费（3.4万美元）中收回，承包商应将此部分返还给客户。

由于分期偿还使得承包商的收入大幅度增加，承包商到头来还要为客户分期支付的部分纳税。由于折旧和分期支付间有一个非常复杂的相互作用关系，因此必须对每件机械设备的内容和每个公司的税种结构进行详细研究。

9.9 利率、保险和税收（统称为IIT）成本

除了分期支付折旧部分，在机械设备服务寿命期内，机械设备拥有者还必须支付一些其他成本：保险、先行的赋税、购买机械设备票据等的利息，或者现金购买机械设备时发生的利息损失。这些成本统称为IIT成本，从会计账本上可以看出每年必须为其支付的正常水平。将这些成本按比例分配到平均年值中，以确定单位时间所分摊的成本。

平均年值定义为：

$$AAV = C（n+1）/2n$$

式中 AAV——平均年值；

C——资产初始值；

n——机械设备服务的年数。

此表达式假定机械设备残值为零，将减少值分配于服务年期中，于是可以得到每年的常数平均值，如图9.6所示。

用此公式计算一个初始价值1.6万美元，残值为1千美元的机械设备的平均年值：

$$AAV = \$16,000 \times（6）/10 = \$9,600$$

图9.6下面的矩形面积代表平均年值，它等于斜线下面的面积，即直线法计算值。据此，我们可将公式进一步推导考虑有残值时的情形。台阶线下面的面积由于图9.6（b）中的阴影部分的面积而增加了，即AAV值有所增加，残值的AAV值表达式为：

$$AAV = C（n+1）+S（n-1）/2n$$

计算此机械设备，得到：

$$AAV = \$16,000（6）+\$1,000（4）/10 = \$10,000$$

读者可练习证明此表达式。

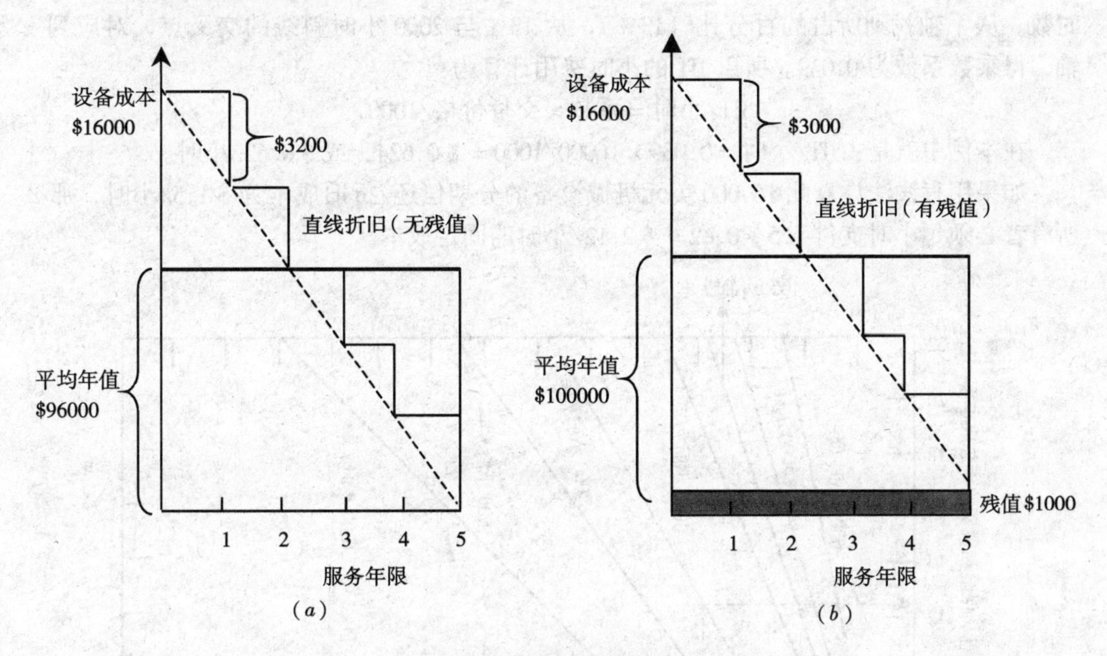

图 9.6 年平均价值的解释

（a）不包括残值的年平均值；（b）包括残值的年平均值

假设每年的 IIT 成本的正常比例如下：

利息是 AAV 的 8%，保险是 AAV 的 3%，税是 2%，那么总和为 AAV 的 13%。

这些数额必须基于单位时间由所有者进行支付，所以要估计机械设备每年运行的总时数，那么 IIT 的小时成本为：

$$IIT = 0.13（AAV）/2000 = 0.13（9600）/2000 = \$0.624$$

或者说，每小时 0.62 美元。

制造商提供图表简化了此计算过程。

利息的组成可能是名义利率或实际利率，或者对某些公司来说是资金成本的价值。有时还考虑机械设备空闲的存储费，这些使得 IIT 的费用提高了 1%～5%，（在本例中，费用每增加 1%，代表每小时的费用增加 5 美分）。

AAV 的百分比	为 IIT 提供的总成本	$/小时（基于 2000 小时）
13	1248	0.62
14	1344	0.67
15	1440	0.72
16	1536	0.77
17	1632	0.82
18	1728	0.87

由此可见，最终需要支付这么多，所以，竞争是很激烈的，这也是为什么我们一开始就提到税赋限制战略的重要性。

图9.7描述了如何计算IIT的小时成本，用此图，需知道AAV的总比例和每年的运行时数。从y轴找到所占的百分比（13%），从13%与2000小时斜线的交叉点，对应到x轴，得乘数系数为0.039。所以IIT的小时费用计算为：

IIT/小时 = 系数 × 交货价格/1000，

在本例中就是：IIT/小时 = 0.039 × 16000/1000 = ＄0.624，或＄0.62/小时。

如果用直线法计算此16,000美元机械设备的分期偿还/折旧成本为＄1.5/小时，那么所有者必须每小时支付1.5 + 0.62 = ＄2.12/小时的固定成本。

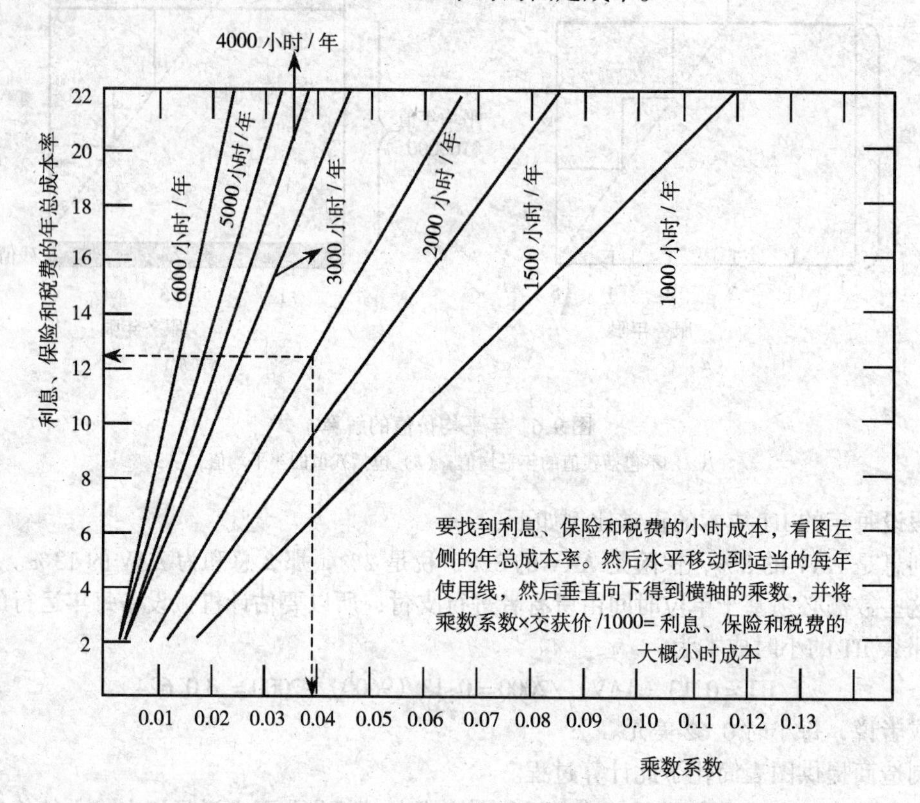

图9.7 利息、保险和税费单位小时成本的估算指南（履带拖拉机公司）

9.10 运行成本

运行或可变成本的主要组成部分为：燃料、油、油脂（此三项简称为FOG）、轮胎和正常维修费用。一般来讲，历史购货单可帮助确立这些费用率，维修记录也能体现维修的频率。描述维修的函数一定是初始维修费用低，费用逐渐升高，而且因为维修是间断的，所以呈阶梯状，见图9.8。

下述的维修费用指南节选自履带拖拉机公司的材料。

小时维修费用估测指南（见履带手册）：

从下面表中选择正确的乘数因子，然后用下面的公式计算小时维修成本：

维修系数 ×（购买价 − 轮胎）/1000 = 估测小时维修成本

橡胶胎成本平均分配于整个工作期内，例如，一套价值1.5万美元的轮胎，服务寿命为5,000小时，轮胎的小时成本为：

轮胎小时成本 = $15,000/5,000 = $3。

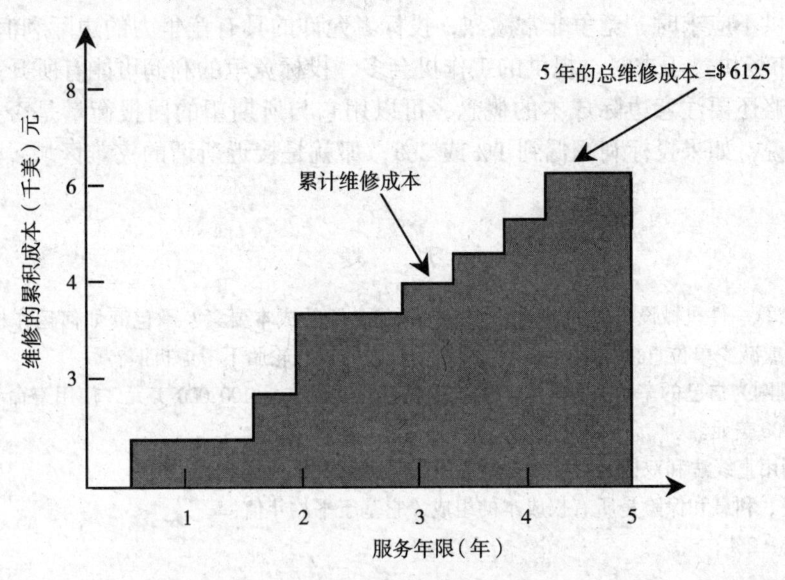

图9.8 维修成本图

	运行条件		
	很 好	平 均	差
履带式拖拉机	0.07	0.09	0.13
轮式铲运机	0.07	0.09	0.13
非高速卡车	0.06	0.08	0.11
轮式拖拉机	0.04	0.06	0.09
履带式装卸机	0.07	0.09	0.13
轮式装卸机	0.04	0.06	0.09
自动平地机	0.03	0.05	0.07

9.11 管理费用和利润

所有者除了考虑一般成本、运营成本，一般还要考虑管理费用。管理费用是指在运行、维修中的间接成本，一般包括：机械师和管理人员的工资；秘书、记录等支持费用；维修设施的租金或分期偿还费用（即维修厂房、提升设备以及说明书等）。根据业内惯例，企业通常根据机械设备组中的某一个设备的工作时间所占所有设备的比例，把机械设备的总费用分配于每一个机械设备的费用中。例如，一组机械设备的工作记录总的工作时数为20,000小时，其中某一特殊的设备的工作时数为500小时，其所占比例为500/20000×100%=2.5%。如果总的管理费用为10万美元，此机械设备的管理费为2,500美元。管理费用的比率每年都要根据运行记录做调整，如果管理费用超出了计划，就会降低利润。

单位生产总成本的最后一个要素就是单位时间内利润占成本的比例，用与投标相关的度量单位表示：每立方尺、每平方英尺或每英尺的利润，这是投标者中标赢得竞争的关键。在市场供不应求时，竞争非常激烈，投标者允许的具有竞争力的边际利润可能是1%或2%。在市场供过于求时，提供的工作机会多，投标竞争的利润可能有所升高。

投标战略还要注意边际成本的概念，可以用它与所期望的回报衡量是否接受此项工程。总体来说，如果投标利润低到1%或2%，那就是接近所谓的灾难区域：运行亏损的边界。

习　　题

9.1 当计算一件机械设备的时候，必须考虑哪些主要的成本要素？承包商如何运作机械设备的分期付款来增加或减少单位直接成本？为什么交通工具中的橡胶轮胎不考虑折旧？

9.2 你刚刚为自己的车队买了一个新的推土机，它的成本是100,000美元，使用寿命为4年，它的残余值是12,000美元。

a. 分别用直线法和双倍余额递减法计算第一年和第二年的折旧；

b. 税费、利息和保险是所有权成本的组成，它基于平均年值：

税费：2%；

保险：2%；

利息：7%；

每小时收取多少运作成本才够利息、税费和保险的支付？

9.3 你刚买了一个履带式拖拉机。拖拉机的成本是110,000美元，它的使用寿命大概为10,000小时，而且在其整个寿命周期中的操作都是很正常的。拖拉机的残值是12,000美元，在1997年7月1日买下了此牵引。

a. 在1997~2000年的每一年中，折旧额是多少？

b. 第1年的折旧占总折旧额百分之几？

c. 所有权成本中利息、税费和保险是基于年平均值：

税费：3%；

保险：2%；

利息：8%；

每小时收取多少运作成本才够利息、税费和保险的支付？

d. 如果拖拉机的平均操作成本是23.5美元每小时，管理费用是4,000美元。那么这个拖拉机的总的小时运行成本是多少（在它寿命周期的第1年)？

第 10 章　机械设备生产率

10.1　生产率的概念

由于每种生产设备生产效率的基本指标已经建立，即每小时、每天或者需要加以考虑的其他时间段实现的生产量。这里，我们的探讨主要限制在如运载机、平地机以及推土机等重型机械设备。但是通过这些讨论的展开而形成的引申概念，同样适用于主要以重复或周期循环操作为特点的所有其他类型的机械设备。单件机械设备的循环操作是指通过重复操作实现单位产出的一系列任务的组合。

有两个特征可以标识机器的产出效率。第一个是机器或者设备的循环装载量，以确定每个循环可完成的产出单元的数量；第二个是设备的循环速度。例如，一辆负载额量为16立方码的卡车，可以认为其每次拖运的装载量为16立方码。装载量是有关机器尺寸、欲处理材料形态以及测量单位的函数。对应于铲运机铲斗的最大装载量，铲运机有一个额定装载量——平仓装载量。铲运机铲斗平仓装土时对应一种装载量，而超过铲斗顶平面装土则对应最大装载量。在这两种情况下，运载状态下的土由于松散造成体积膨胀，造成与现场未挖掘的原状土单位体积重量不同。而这些堆积密度不同的土摊铺到施工地点，经过压实达到最终的密度。这样，就形成了三种密度测算指标：原状立方码密度［cu yd (bank)］；松散立方码密度［cu yd (loose)］；压实立方码密度。由于工程合同中工程款的支付都是以施工现场的土方作为计量基础，因此最终的压实立方码密度就成为支付的依据。这三种体积密度的关系如图 10.1 所示。

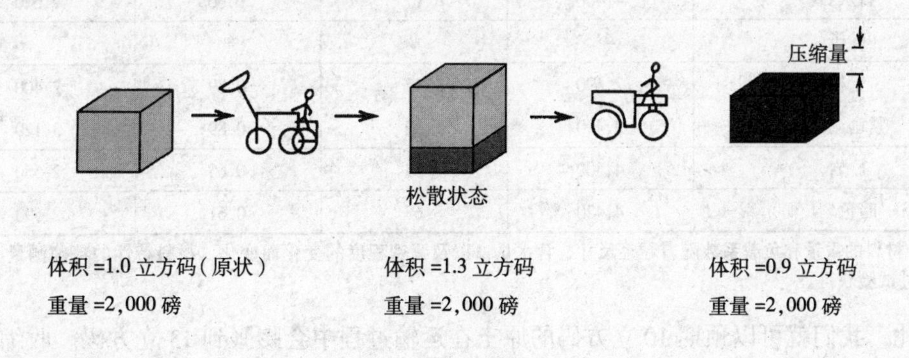

图 10.1　体积换算关系

松散体积与原状体积的关系通过膨胀百分比来定义。在图 10.1 中，膨胀百分比为30%。膨胀百分比如公式（10-1）所示：

$$膨胀胀百分比 = \left[\left(\frac{1}{负载系数}\right) - 1\right] \times 100\% \qquad (10-1)$$

其中：

$$负载系数=\frac{每立方码磅数（松散）}{每立方码磅数（原状）}$$

表10.1给出不同材料的负载系数，说明各自的松散程度。每种材料都有各自的特征负载系数。上例中，材料的负载系数为0.77，因此其膨胀百分比为：

$$膨胀百分比=\left[\left(\frac{1}{0.77}\right)-1\right]\times 100\%=30\%$$

各种材料大致特性[a] **表10.1**

材料名称	每立方码磅重（原状）	膨胀百分比	负载系数	每立方码磅（lB）重（松散）
天然层粘土	2,960	40	0.72	2,130
粘土和砂砾				
干	2,960	40	0.72	2,130
湿	2,620	40	0.72	2,220
天然层粘土含				
硬煤	2,700	35	0.74	2,000
沥青质	2,160	35	0.74	1,600
砂质粘土				
干	2,620	25	0.80	2,100
湿	3,380	25	0.80	2,700
1/4~2英寸粒径砾石				
干	3,180	12	0.89	2,840
湿	3,790	12	0.89	3,380
生石膏	4,720	74	0.57	2,700
铁矿石矿				
磁铁矿	5,520	33	0.75	4,680
黄铁矿	5,120	33	0.75	4,340
赤铁矿	4,900	33	0.75	4,150
石灰石	4,400	67	0.60	2,620
砂子				
干松	2,690	12	0.89	2,400
紧密湿润	3,490	12	0.89	3,120
砂岩	4,300	54	0.65	2,550
暗色岩	4,420	65	0.61	2,590

注：a材料的重量和负载系数随着粒径尺寸、含水量，以及紧密程度的变化而变化。材料特性的精确测量必须通过试验获得。

据此，我们就可以预期10立方码的原土在运输过程中会膨胀到13立方码。收缩系数为压实土体积与原状土体积比值。在本例中，由于在压实状态下，原状土的体积缩减10%。因此收缩系数为10%。

为了理解装载量的重要性，考虑以下情况。一辆每小时可以铲装200立方码普通原状土的前端装载机与四辆卡车（装载量为19立方码松散土）配合工作，卡车运土用于填方施工，压实后收缩系数为10%。每辆卡车整个循环工作周期为15分钟，并且假设卡车不必排队等候。土的膨胀百分比为20%，填方工作需要18,000立方码的压实土。那么需要多少小时进行土方挖掘和运输土方？在这个问题中，由于涉及到两种生产机器：四辆卡车和前端装载机，因此我们应计算谁的生产率更高。下面的计算都以松散立方码为基准。则装载机的生产率（给定20%膨胀百分比）为：

200立方码（原状土）/小时=1.2（200）或240立方码（松散土）/小时

卡车的生产能力为：

$$4\times\frac{60\text{min}}{15\text{min/循环}}\times 18\text{ 立方码（松散）}=72\times 4=288\text{ 立方码（松散）}$$

因为装载机的生产能力较低，就将系统的最大产出限制在240立方码（松散）/小时。下面将18,000立方码（压实）土换算为松散状态下的体积。

18,000立方码（压实）=18,000/0.9=20,000立方码（原状土）

20,000立方码（原状土）=24,000立方码（松散土）

因此，所需要的小时：

小时数=24,000立方码（松散）/240立方码（松散）=100小时

这个例子说明了体积之间的相互的关系以及互相配合机械之间制约和被制约的情况。

10.2 循环周期及所需动力

影响单个机械设备或者设备组产出效率的第二个因素是完成一个周期所需要的时间，它决定了循环的速度。它是设备运转速度的函数，并且对于重型设备，它由以下三方面决定：所需动力；匹配负载动力；用来推动设备的匹配负载动力的有效部分。

所需动力与机械设备内部摩擦及车轮与行走路面形成的外部摩擦力共同构成的滚动阻力有关。所需的动力也是行驶路线坡度形成的下滑力的函数。对于履带式车辆其滚动阻力可以被看作为零，这是因为履带就像车辆的路基一样，当车辆向前行驶时，履带也随之就地铺设。而履带与支撑轴承之间的摩擦力由于太小可以不予考虑。对于橡胶轮胎的车辆其滚动阻力，为路况和施加在车轮上所有重量的函数。如表10.2所示，该表可以在设备的使用手册中查到，并给出了单位为磅/每吨的滚动阻力。图10.2从直观上给出了滚动阻力及由此所需的机械设备功率的影响因素。

典型的滚动阻力因子（履带拖拉机公司） 表10.2

坚硬、光滑、稳定路面，负载状况下无沉陷（混凝土或者沥青路面）	40磅/吨
坚固、光滑路面，负载状况下稍许沉陷（碎石或者砾石路面）	65磅/吨
覆盖雪被密实的路面	50磅/吨
覆盖雪未被密实的路面	90磅/吨
布满车辙，脏乱的路面，负载状况下有相当大的沉陷；小粒径碎石路面，无积水（硬粘土路面，大于等于1英寸的轮胎沉降）	100磅/吨
布满车辙，脏乱的路面，不稳定，有些软的路面（4~6英寸的轮胎沉降）	150磅/吨
柔软，泥泞路面或者砂质路面	200~400磅/吨

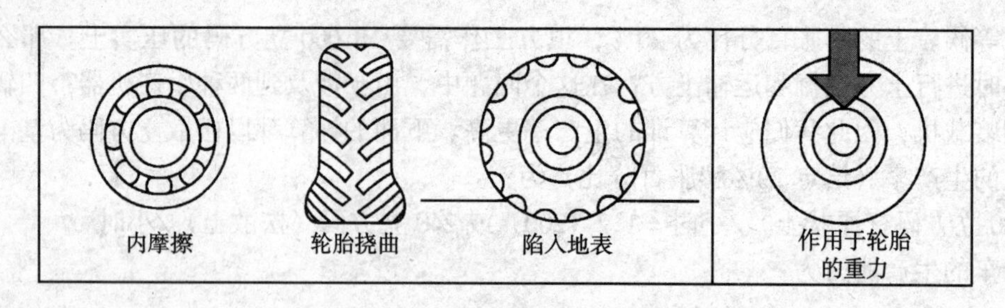

图 10.2 滚动阻力的影响因素

如果不具备上述的表格，可以根据经验方法来大致确定滚动阻力。经验表明，对于轮胎式运输，滚动阻力（*RR*）大约为固定值 40 磅/吨加 30 磅/吨与车轮胎陷入路面英寸数乘积之和，再与施加在车轮上的重量相乘所得的乘积值。如果一辆装载机陷入地面值估计为 2 英寸，施加在车轮处的重量为 70 吨，我们可以计算出车辆的大约滚动阻力为：

$$RR = [40+2(30)]\ \text{磅/吨} \times 70\ \text{吨} = 7{,}000\ \text{磅}$$

第二个与确定所需动力的有关因素是下滑力。在某些情况下，如果运载车辆必须行驶在水平的路面上，因此路面的斜坡造成的下滑力不用考虑。但是在绝大多数的情况下，不论是上坡还是下坡都是经常遇到的，并由于重力推动或者阻碍作用导致所需动力的增减。见图 10.3。

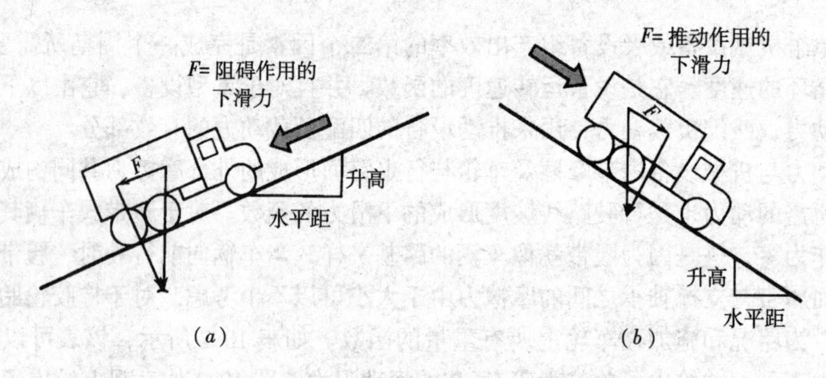

图 10.3 下滑力

(*a*) 阻碍作用的下滑力；(*b*) 推动作用的下滑力

如图 10.3 所示，坡度百分比为上升高度和水平距离的比值。例如对于一个 100 英尺水平距离上升 6 英尺的斜坡，那么其坡度百分比为 6%。同样，一个 25 英尺水平距离上升 1.5 英尺的斜坡，其坡度也是 6%。坡度百分比可用来计算下滑力（*GR*），如下式。

$$GR = \text{坡度百分比} \times 20\ \text{磅/吨} \times \text{车轮上施加的重力}$$

若前文例子中 70 吨重的装载机正在沿 6% 的坡度向上爬坡，则下滑力是：

$$GR = 6\% \times 20 \times 70 = 8{,}400\ \text{磅}$$

并假设该装载机是靠轮胎行驶的，则爬坡所需要的总牵引力为：

$$\text{所需牵引力} = RR + GR = 7{,}000 + 8{,}400 = 15{,}400\ \text{磅}$$

如果下坡，则形成了下滑力。则所需要的牵引力就变成：

$$\text{所需牵引力} = RR - GR = 7{,}000 - 8{,}400 = -1{,}400\ \text{磅}$$

下滑力前面的符号变成负号，是因为下滑力帮助克服滚动阻力。由于滚动阻力为负数没有意义，因此在 6%的斜坡向下行驶的车辆所需的牵引力为 0。事实上，计算所得的 1,400 磅说明下滑力能够加速车辆运动，并需要车辆进行制动。

运输道路通常由上坡、下坡以及水平段组成。因此所需的牵引力是不同的，需要对每个路段进行计算。知道每个运输路段所需要的牵引力，就可以选择合适的档位来提供所需要的牵引力。由于每个档位对应一个速度，因此确定档位速度后，就可以确定每个运输段上所需要的运输时间，进而算出一个周期所需要的时间。

图 10.4 为运输道路的侧面轮廓图，图中给出了每段的滚动阻力和坡度百分比的数值。表 10.3 为总重为 70 吨的运输车辆在每段所需牵引力的计算表。在给出所需要的牵引力后，下节将介绍如何选择档位。如前文所提到的，这将决定各段的行驶速度以及所需的时间。

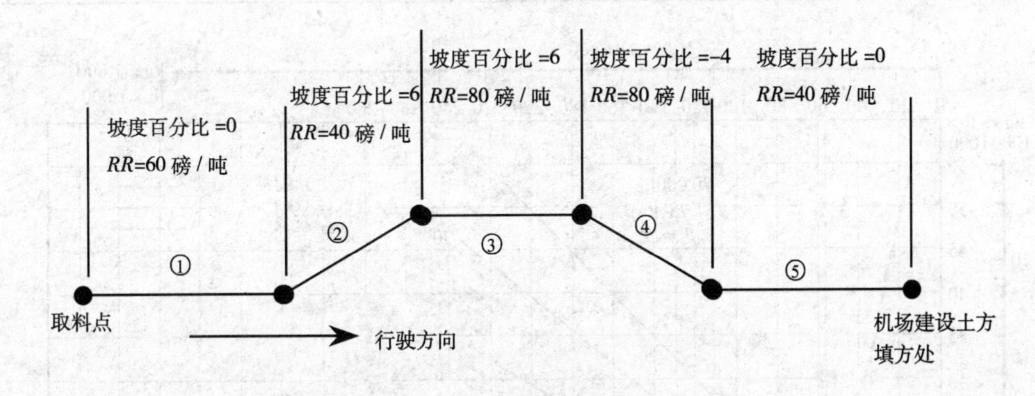

图 10.4 典型运输道路侧面轮廓

运输路段计算 **表 10.3**

路段	坡度百分比（%）	滚动阻力（磅）	滚动阻力（磅）	所需牵引力（磅）
1	0	0	4,200	4,200
2	6	8,400	2,800	11,200
3	0	0	5,600	5,600
4	−4	−5,600	5,600	0
5	0	0	2,800	2,800

10.3 匹配负载动力

匹配负载动力由设备的发动机尺寸以及将动力传输至驱动轮或者动力分接点的传动装置控制。传送的动力大小是选择档位的函数。绝大多数的车辆驾驶员通过选择低档克服爬坡和通过粗糙路面的困难。较低的档位通过牺牲速度来提供更大的牵引力，而较高的档位虽然传送较小的牵引力，却换来较高的速度。针对每种运输设备，生产厂家在使用手册都提供了匹配负载动力的数据，并且每年进行更新。这些信息可以以表 10.4 的形式列表显示，或者是以图 10.5 的形式图示。

速度与牵引力（270马力）（履带式拖拉机） **表10.4**

档位	前进		后退		向前牵引力			
					额定转速		最大拖拉牵引力	
	英里/小时	千米/小时	英里/小时	千米/小时	磅	千克	磅	千克
1	1.6	2.6	1.6	2.6	52,410	23,790	63,860	28,990
2	2.1	3.4	2.1	3.4	39,130	17,760	47,930	21,760
3	2.9	4.7	2.9	2.9	26,870	12,200	33,210	15,080
4	3.7	6.0	3.7	3.7	19,490	8,850	24,360	11,060
5	4.9	7.9	4.9	4.9	13,840	6,280	17,580	7,980
6	6.7	10.8	6.7	6.7	8,660	3,930	11,360	5,160

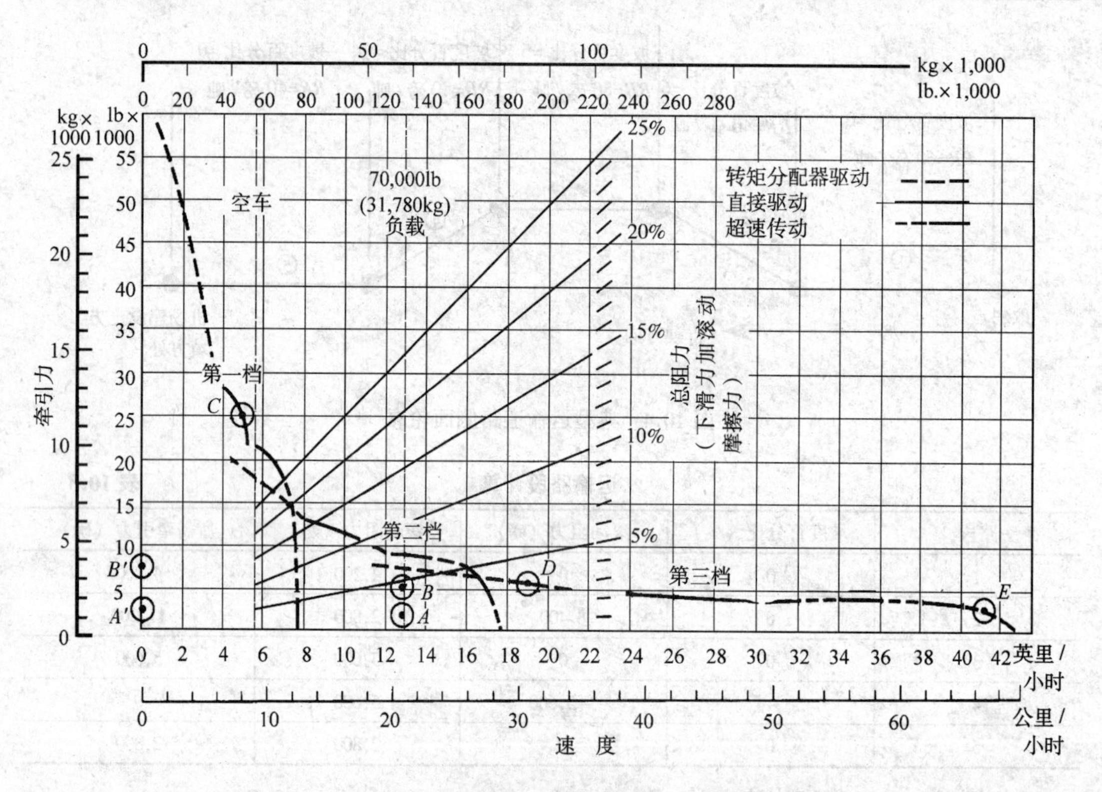

图10.5 35吨非高速卡车匹配负载动力图（履带拖拉机公司）

对于给定的拖拉机类型，在给定的档位下，对于履带式车辆，匹配负载动力以牵引杆拉力表示；对于轮式车辆，匹配负载牵引力应用轮缘牵引力表示，该力在车轮与路面接触点产生。生产厂家也提供额定牵引力和最大牵引力的信息。额定牵引力为在正常荷载和较长的工作时间段内，由给定的档位产生的牵引力水平。它是车辆可以连续工作的基础和参考动力。而最大牵引力，顾名思义就是车辆短时间内为了满足非寻常的动力需求而由某一档位提供的峰值牵引力。例如，当一辆推土机将一辆陷入沟中的卡车拉出时，就需要很大的瞬时动力。而这种瞬时的峰值牵引力可以由某一档位下可用最大动力产生。

绝大多数的计算可以使用额定牵引力进行。例如，根据10.2节的计算过程，计算出某一特殊路段所需要的牵引力为25,000磅，那么对于型号为270-hp的拖拉机其适合的档位为三档。这可以通过查阅表10.4，比较所需牵引力和额定牵引力的数值得到。考虑下面的例子：

一辆轮胎式铲运拖拉机完成一项特定的工作时，必须要克服估计为10,000磅的滚动阻力和下滑力。如果"牵引力~速度"组合表如表10.5所示，那么该车最大的合理速度是多少？

牵引力~速度组合 **表10.5**

档位	时速	轮缘牵引力（磅）	
		额定	最大
1	2.6	38670	49,100
2	5.0	20000	25,390
3	8.1	12190	15,465
4	13.8	7185	9,115
5	22.6	4375	5,550

由于三档的额定轮缘牵引力为12,190磅，所以应该选择三档（如果所需牵引力超过12,190磅，我们应该选择第二档，因为额定牵引力是在选择的档位下持续拥有的动力。而储存的最大额定值牵引力则随时可用（例如通过减少速度将车拉出小坑或者糟糕的场地）。

列线图被设计用来迅速确定所需的档位范围以及每个档位下的可获得的最高速度。图10.5为载重量35吨越野式卡车的列线图。为了说明该图的用法，首先考虑以下问题：给定一个公路施工项目，施工人员在取料点和公路施工区有两条路线可以选择。一条是4.6英里长的坚实、光滑路线（单行线），其 $RR = 50$ 磅/吨；另一条为2.8英里泥泞的路线，其 $RR = 90$ 磅/吨。两种路面侧面轮廓都是水平的，因此下滑力可以不予考虑。利用列线图10.5，我们可以确定一辆载重35吨越野式卡车克服滚动阻力的牵引力。同样该列线图也可以用来确定最大行驶速度。

为了使用此图，首先考察一下图中反映的总重信息。以磅为单位的重量范围从0到280,000磅（140吨）。与总重量轴（图上部）相交于56,000磅和126,000磅的短划线表示空车的重量和载重为70,000磅（35吨）车辆总重量。由于卡车是由取料点到卸料点负载运行的，因此负载短划线是与本问题相关。

下面再考虑图中从左下方向右上方延伸的斜线。这些线表示由0到25%坡度增加的总阻力（即 $RR + GR$）情况。本问题中，没有下滑力。在处理滚动阻力时，通常是将其转化为等价的坡度百分比。然后，通过将等价坡度与斜坡下滑力加，就可以确定总阻力。用下式将滚动阻力转换为等价坡度百分比：

$$\text{等价坡度百分比} = \frac{RR}{20\text{磅/吨}}\%$$

对本文题中的滚动阻力，利用该式可以得到相应的等价坡度百分比，如表10.6所示。

等价坡度百分比 **表10.6**

路 线	距 离	RR	等价坡度百分比（%）
1	4.6英里	50磅/吨	2.5
2	2.8英里	90磅/吨	4.5

为了确定所需要的牵引力，可以通过表示坡度百分比的斜线与负载垂直线的交点确定。对于线路1，其交点为图10.5所示的点 A；对于线路2，其相应的点为 B。

这样，所需要的牵引力可以通过这两个交点在 y 轴的坐标确定，列线图的 y 轴为以磅为单位的轮缘牵引力数值。对于线路1，所需的牵引力大约为2,500磅；线路 B 这个数字为5,500磅。交点 A 和 B 也可以用来确定每条路线的最高行驶速度。

考察由左上方向右下方下降的曲线。如图所示，这些曲线表示在第一、第二及第三挡位可用的牵引力，以及对应这些挡位的速度。例如对于 y 轴的25,000磅的牵引力，水平向右读取数据，发现只有第一挡位的曲线能够提供这么大的牵引力（见点 C）。从 C 点垂直向下在 x 轴读取数据，在此牵引力下对应的速度大约为5英里/小时。

按照同样的方法，可以在第二和第三挡位的曲线找到线路2对应的所必须的牵引力（即5,500磅）。从 B 点水平向右读取数据，可以在第三曲线的 D 点找到路线2的最高速度。D 点在 x 轴中的大约对应数——19英里/小时就是路线2的最高时速。路线1需要小的多的牵引力，这次从 A 点向右读取数据，可以发现在第三挡位曲线中给出了最高时速，大约为42英里/小时（见图中 E 点）。

现在已经确定每条路线的最大速度和长度，确定行驶时间应该是简单的。但是只有速度信息确定行驶时间是不够的，这是因为加速和减速降低了车辆在取料点和填方处有效行驶速度。知道卡车的质量和发动机马力，然后根据经典公式：力 = 质量 × 加速度（$F = ma$），就能够确定加速至最高速度和从最高速度减速所需要的时间。但是，这样做是没有必要的，设备手册提供了通过等价坡度和行驶距离可以直接读出给定路线和车辆的行驶时间图。图10.6为载重量35吨卡车空车和负载情况下的时间图。考察负载情况的时间图，图中的 x 轴为以英尺为单位的行驶距离，从左下方向右上方的倾斜线还是等价坡度线。将行驶里程转化为英尺，得到路线1和线路2的距离分别为24,344英尺和14,784英尺。对于等价坡度为4.5的路线2，通过该图，可以读出其行驶时间为9.5分钟（在 y 轴上）。

由于图中最长的距离为16,000英尺，如何由图确定路线1的行驶时间成了一个问题。解决这个问题的一个方法就是将24,344英尺的距离分成两部分：图中所示最大的16,000英尺；剩余的8,344英尺。假设剩余这8,344英尺的速度为前面确定的41英里/小时。在此速度下，该段的行驶时间为：

$$t_2 = \frac{8344 \times 60}{41 \times 5280} = 2.31 \text{ 分钟}$$

而其余的16000英尺的行驶时间可以从图中读出为7.2分钟。假定加速和减速的影响包括在这段时间。因此总的所需要时间也是9.5分钟（$t_1 + t_2 = 7.2 + 2.31$）。因此选择哪条路线应根据机器的磨损情况、驾驶员的技术以及其他的需要考虑的事项进行确定。这个例子介绍了行驶时间的确定方法，以及影响所需要牵引力和匹配牵引力的因素等。应用同样的办法，也可以确定空车从填方地点返回取料点的行驶时间，进而求出总的周期循环时间。

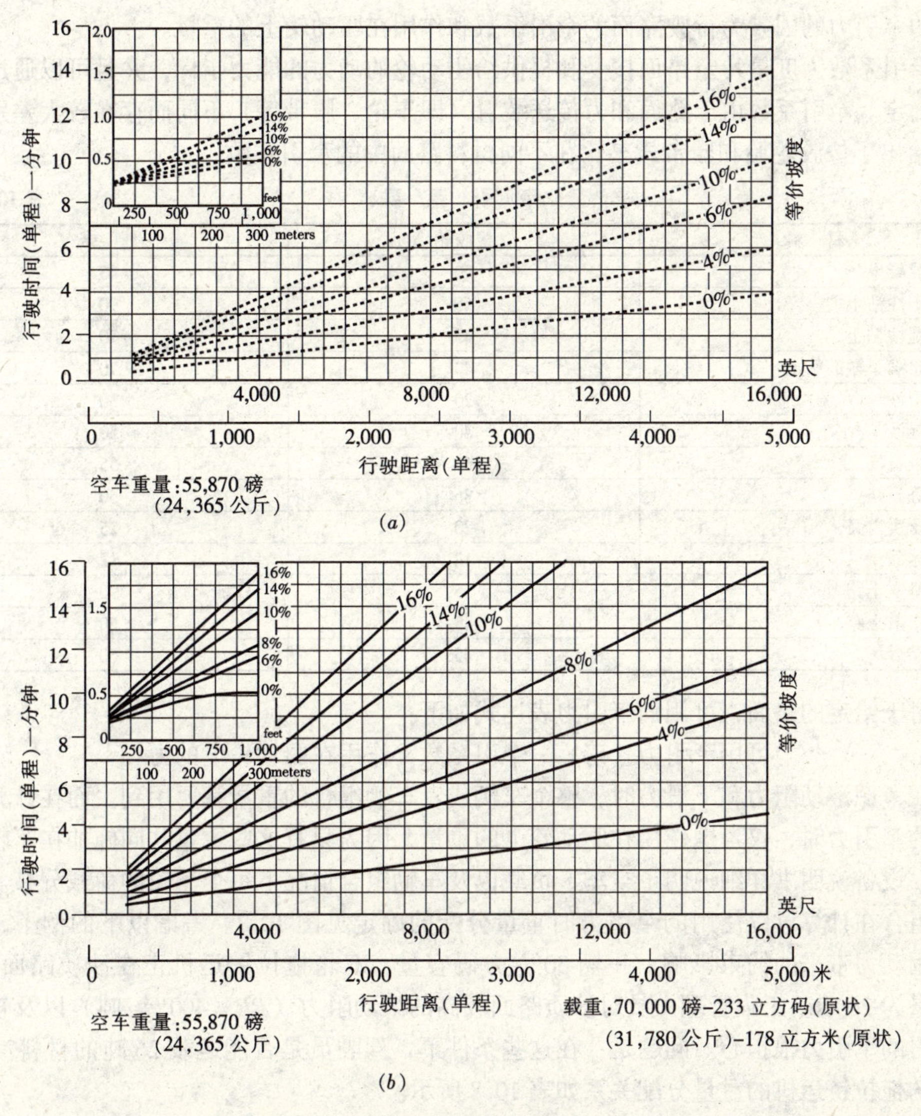

图 10.6 行驶时间

(*a*) 空车；(*b*) 负载（履带拖拉机公司）

10.4 可用的牵引力

对于可用的牵引力，前文已经假设所有的匹配牵引力是可用的并且是可以全部实现。但在实际作业条件下，环境在决定匹配牵引力能否被完全利用起着主要的作用。匹配牵引力的发挥有两个主要的制约情况：一是影响牵引力的路面特性（对于轮胎式车辆）；二是作业的海拔高度。许多人已经看过马力强劲的轿车的车轮在泥泞湿滑的路面空转的情况。尽管发动机和传动装置正在传输确定的马力，但是可获得的牵引力却不足以将其施加在地面上成为驱动力。内燃机在高海拔地区工作，由于发动机气缸内的氧气数量减少也导致可使用的牵引力减少。

首先考虑第一个牵引力的问题。轮胎式车辆可以使用的牵引力由轮胎产生，影响可以使用的牵引力的因素为行驶路面的牵引系数和作用在驱动轮上的重量。

牵引系数为度量特定路面接受和提供给驱动轮的动力的能力指标，并且可以通过试验测算确定。牵引系数由于路面和力传送装置（即车轮、履带等）不同而存在较大差别。表10.7给出了橡胶轮胎和履带式车轮在不同材料路面中的牵引系数。

牵　引　系　数　　**表10.7**

材　料	橡胶轮	履　带
混凝土	90	45
干性粘土	55	90
湿性粘土	45	70
布满车辙的粘土	40	70
干沙	20	30
湿沙	40	50
采石场	65	55
砾石路	36	50
压实雪路	20	25
冰面	12	12
坚实土路	55	90
松散土路	45	60
储煤场	45	60

对于给定的路面，可用的牵引力表达式如下：

可用牵引力（磅）＝牵引系数×作用在驱动轮上的力

在考虑滚动阻力和下滑力时，整个车辆或者车辆组合的重量都要用到。而在计算可以使用的牵引力时，仅考虑作用在驱动轮上的重量，因为只有这些重量共同施加在车轮和路面上。设备说明书详细说明了空车、负载以及车辆组合情况下每个车轮的荷载分布。几种车辆组合在计算可以使用的牵引力时重量分配的确定见图10.7。考虑以下的例子，来说明可用动力带来的约束影响。一辆30立方码容量、双轮拖拉铲运机正在沙质路面作业，装载量为26吨。工程管理人员对沙质路面较高的滚动阻力（$RR=400$ 磅/吨）以及较低的可获得的牵引力很担心。问题是：在这些条件下，驾驶员是否能运载26吨的材料？30立方码的拖拉铲运机的重量分配关系如表10.8所示。

30立方码拖拉铲运机重量分配关系　　**表10.8**

	空载重量（磅）	百分比（%）	负载重量（磅）	百分比（%）
驱动轮	50,800	67	76,900	52
铲运机轮	25,000	33	70,900	48
总　重	75,800	100	147,800	100

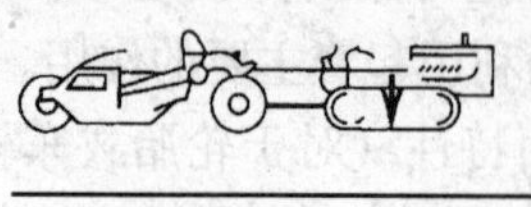

履带式拖拉机，使用全部重量。

四轮拖拉机，使用说明书所示的加载到驱动轮的重量，或者大约40%的重量。

四轮拖拉机，使用说明书所示的加载到驱动轮的重量，或者大约60%的重量。

图10.7　驱动轮所受的重力

负载总重量和空车重量的差为72,000磅，或者是36吨。载重量为26吨，则负载总重量为127,800磅。假设重量分布与上面负载情况相同，则作用在车轮上的荷载如表10.9所示。

车 轮 荷 载 **表10.9**

	百分比（%）	重量（磅）
驱动轮	67	66,456
铲运机轮	33	61,344
总 重	100	127,800

阻力（假设运输路面水平）为：

$$所需要的牵引力 = 400 磅/吨 \times 63.9 吨 = 25,560 磅$$

可以使用的牵引力为：

$$可用牵引力 = 0.20 \times 66,456 磅 = 13,291 磅$$

十分明显，由于所需要的牵引力几乎为可以使用牵引力的2倍，因此运载26吨材料存在困难，所以需要改善不利条件。可以采用搭设临时路面（如木材和钢板）改善牵引系数。一个简单的办法就是湿润沙质路面。这样就可以增加可以使用的牵引力：

$$可用牵引力 = 0.40 \times 66,456 磅 = 26,582 磅 > 25,560 磅$$

可用牵引力的限制条件影响可用图形表示（见图10.8）。现在，假设如果设备的总阻力为10,000磅，则设备的作业范围如图10.8（*b*）所示。

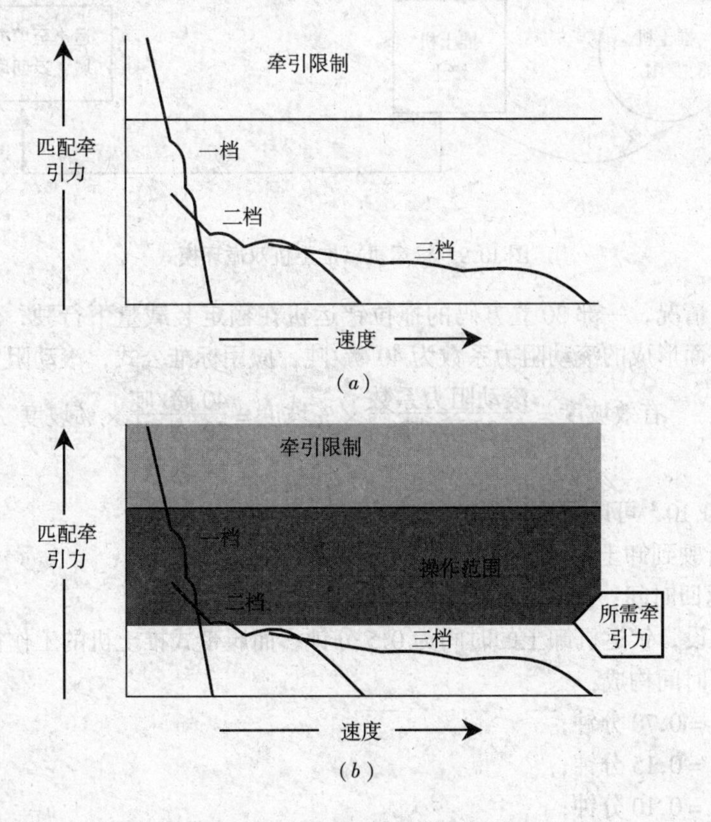

图10.8 可用动力限制的影响

设备作业的海拔高度也对可以使用的牵引力有影响。如前面所述，随着海拔增高，氧气含量就会降低。因此一辆拖拉机在美国哥伦比亚的波哥大（海拔8,600英尺）实现的牵引力小于在乔治亚的亚特兰大。校正这种情况的经验办法如下：每升高1,000英尺减少3%的牵引力（3,000英尺以上）。因此，如果一辆卡车在海拔5,000英尺工作，可用的牵引力将减少6%。

10.5　施工机械平衡

在两类机械一起工作完成某一项任务的情况下，机械设备生产率之间的匹配平衡就显得十分重要。每一个工作单元都不需要连续等待其他工作单元追赶进度，这是一种理想的状态。以推土机－拖拉铲运机土方铲运施工生产率平衡为例。如图10.9为该施工过程的简单模式图。其中圆圈代表延迟或者是等待状态，方块代表可以估测时间内完成的生产活动。运输单元是一部容量30立方码的铲运机，它由一部385马力的推土机辅助在取土区域装土。这个系统包括两个相互作用的循环。

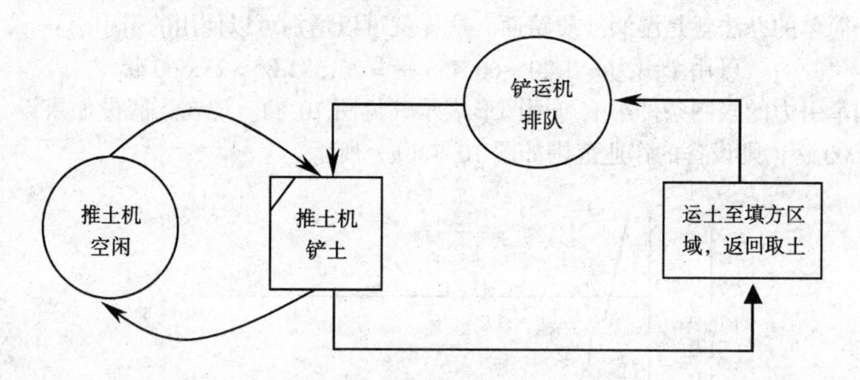

图10.9　铲运机－推土机双循环模式

假定某种情况，一部30立方码的拖拉铲运机在额定装载量下行驶，运距3000英尺，路面水平，路面形成的滚动阻力系数为40磅/吨。应用标准公式，滚动阻力系数转化为：

$$有效坡度=\frac{滚动阻力系数}{20磅/吨}\times\%坡度=\frac{40磅/吨}{20磅/吨}\times\%坡度$$
$$=2\%坡度$$

参见图10.10，可以得到以下的行驶时间：

1. 负载行驶到卸土区域的时间：1.4分钟

2. 空车返回时间：1.2分钟

进一步假设，铲运机卸土的时间为0.5分钟；而履带式推土机的工作循环时间为1.23分钟，由以下时间构成：

装载时间＝0.70分钟；

加速时间＝0.15分钟；

转移时间＝0.10分钟；

返回时间＝0.28分钟；

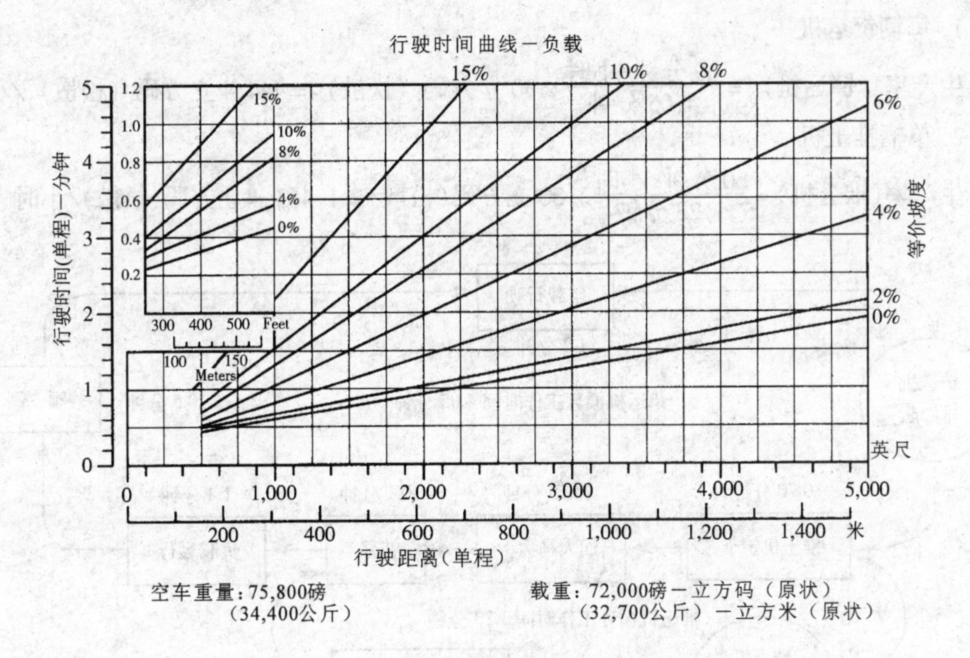

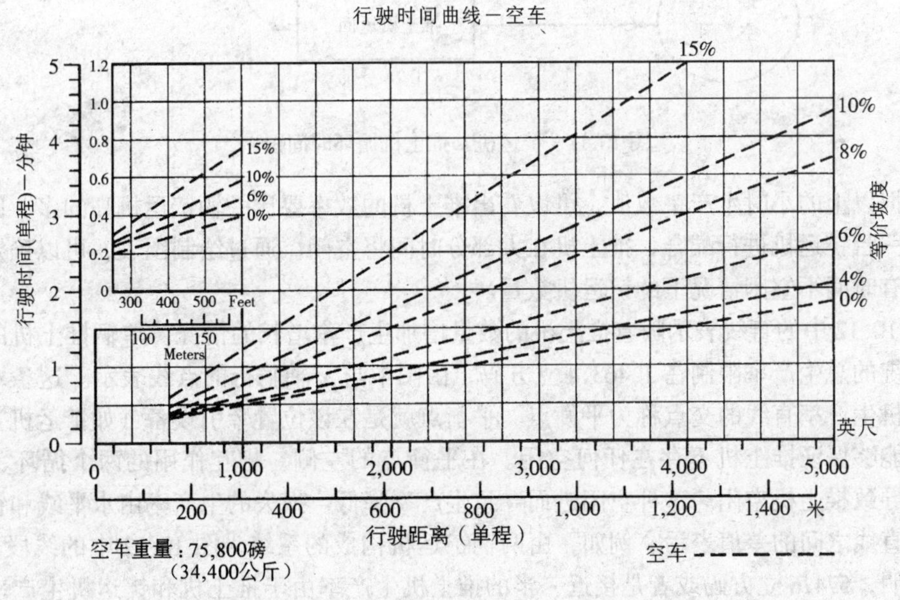

图 10.10 行驶时间列线图(履带拖拉机公司)

总时间 = 1.23 分钟。

根据系统中的这两种设备的确定性工作时间,就可以确定铲运机和推土机的循环工作时间。如图 10.11 所示。

推土机循环时间 = 1.23 分钟

铲运机循环时间 = 0.95 + 1.2 + 1.4 + 0.5 = 4.05 分钟

这些数字可以被用来计算推土机和每辆铲运机的小时最大产量,如下所示:

系统最大生产率(假设每小时工作时间为 60 分钟)。

1. 每辆铲运机

$$\text{生产率（铲运机）}=\frac{60\text{分钟/小时}}{4.05\text{分钟}}\times 30\text{立方码（松散）}=444.4\text{立方码（松散）/小时}$$

2. 单辆推土机

$$\text{生产率(推土机)}=\frac{60\text{分钟/小时}}{1.23\text{分钟}}\times 30\text{立方码(松散)}=1,463.4\text{立方码(松散)/小时}$$

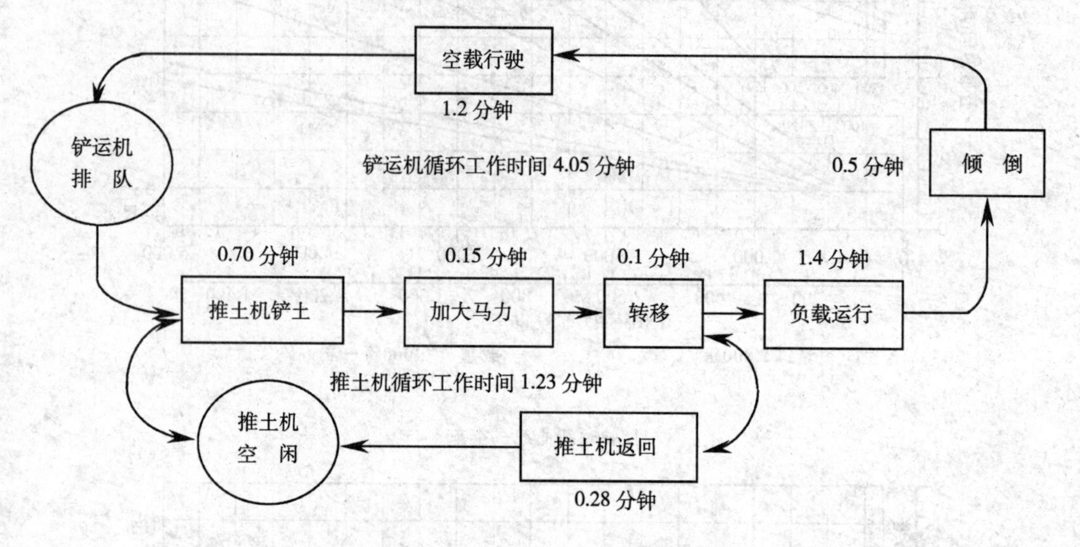

图 10.11　铲运机－推土机循环时间图

根据以上的小时生产率数值，可以看出推土机的效率要比一辆铲运机高的多，因此如果只用一台铲运机进行配合，推土机在大部分时间将空闲。通过绘制图表，可以确定推土机在所有时间不空闲情况下的铲运机数量。

图 10.12 中的直线表示随着推土机的数量增加生产率增长的情况。单辆推土机的生产率将系统的总生产率限制在 1,463.4 立方码，由图中与 x 轴平行的点线表示。这条水平线与铲运机生产率直线的交点称为平衡点。平衡点就是在该位置牵引设备（如铲运机）的数量正好能够保证推土机不存在任何空闲。在平衡点的左侧，相互作用的两个循环不能平衡，这导致推土机空闲。这种空闲进而导致生产率降低。损失的生产率由水平线和铲运机生产率直线之间的差值表示。例如，由两辆铲运机构成的系统，图 10.12 中的线段 AB 的纵距说明，574.6 立方码或者是接近一半的推土机生产率由于推土机和铲运机生产率的不匹配而损失。随着铲运机数量的增加，这种不匹配程度也随之降低，当增加到四辆铲运机，推土机的生产效率得到了充分利用。而由于铲运机的闲置造成的不匹配又导致系统生产效率的稍许下降。在某些情况下，这种情况的原因是由于铲运机不得不等待推土机装载完前一辆铲运机。如果系统中有 5 辆铲运机，线段 CD 的纵距表示由于推土机装载延迟造成的铲运机生产能力的损失。

生产能力损失 $= 5\times 444.4-1,463.4=758.6$ 立方码

产生这个结果的原因是由于铲运机数量过多造成如图 10.9 和图 10.11 所示的较长的铲运机排队等待时间。由设备单元工作的确定性时间所导致的双循环系统运转不平衡和不匹配被称为“冲突”。这种冲突仅仅是由于相互影响的系统组成之间不平衡所产生的。而

由于系统作业持续时间内，随机扰动造成的冗余或者生产率损失不予考虑。由于系统生产率的确定性分析已经足够精确，因此在绝大多数的情况下，对于分析人员而言，仅仅采用确定性分析就足够了。

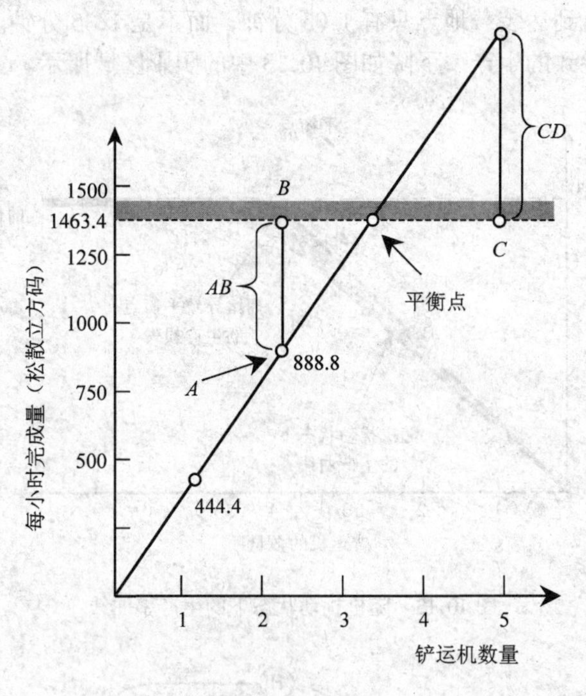

图 10.12 生产率

10.6 随机工作时间

上节讨论了由工作任务的确定性时间对系统生产率不平衡的影响。如果对系统的随机扰动时间加以考虑，则系统的生产率下降将更多。随机持续期间对于资源流动的影响，导致不同的工作单元拥堵在一起，进而产生了延迟。而由此产生的延迟增加了工作单元由待处理的空闲状态转为工作状态的时间，从而影响了各个循环的效率。

考虑上节的铲运机－拖拉机的问题，并且假设工作周期内的随机扰动影响也包括在分析内容之中。

在一些例如图 10.9 所示的双循环的简单例子中，可以采用基于排队论的数学方法解决铲运机随机到达推土机位置的问题。为了使系统适宜于数学解决方法，必须对不是典型的现场施工系统的特征做出一定的假设。

图 10.13 显示了随机持续时间对铲运机的影响。图 10.13 中位于确定性工作任务时间直线之下的曲线，说明了由循环活动随机扰动增加而导致的生产水平下降的情况。这种随机扰动导致了铲运机在运输路径上的拥堵。

根据确定性计算，三辆运输设备之间的间隔距离被精确地假设为 1.35 分钟车程。因此由三个运输设备组成的系统循环时间为 4.05 分钟。而如果考虑系统时间的随机扰动的影响，在运输循环过程中，运输车辆之间的拥堵最终会出现。即运输车辆之间无法保持等间距，而是持续在变化。运输单元之间间距不等的情况在如图 10.14 所示的某一时刻会出现。这种拥堵情况导致了空闲增加，进而影响生产率。从直观上看，如图 10.14（b）所示的三个运输设备，由于拥堵造成比较长时间的延迟是显而易见的，这是因为第一辆铲运机领先第二辆铲运机到达装载地点只有 1.05 分钟，而不是 1.35 分钟。拥堵导致车辆之间互相干扰。由拥堵导致的生产率下降如图 10.13 中的阴影区域所示。

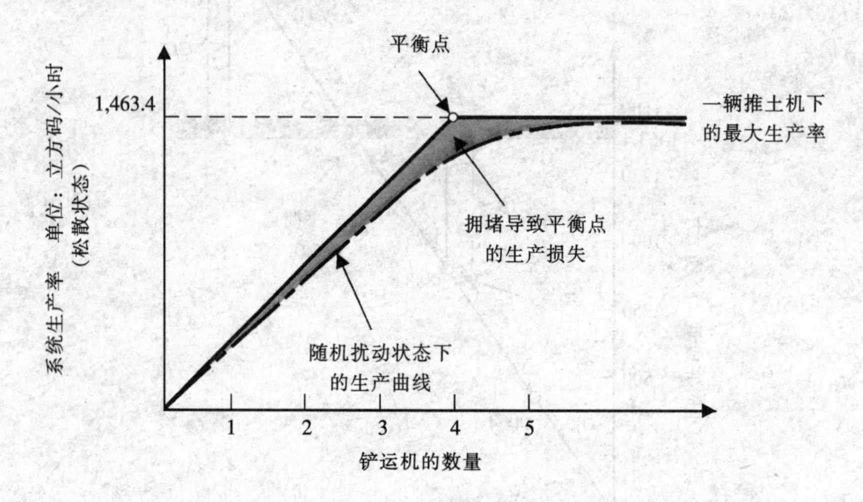

图 10.13 随机扰动状态下的生产率曲线

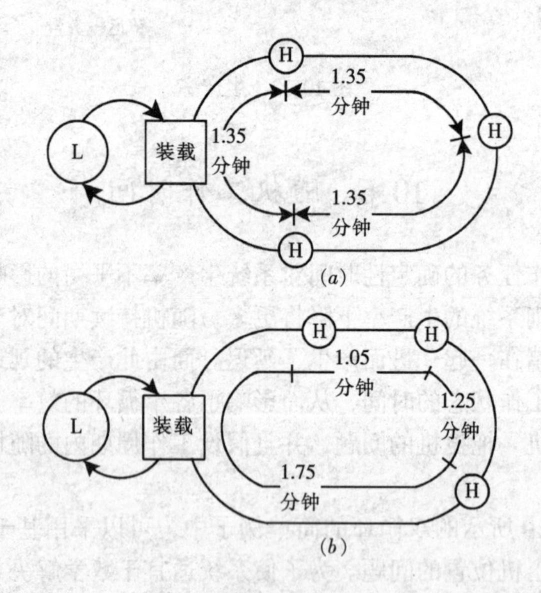

图 10.14 装载运输系统循环比较（分钟）

上述的拥堵对例如在铲运机－推土机平衡点运行的双循环系统的生产的影响最不利。目前，研究人员已经开展几项相关研究，以确定在平衡点的生产率下降的幅度。履带拖拉机公司的模拟研究表明：随机时变差异的影响为运输设备循环周期分布的标准差与平均循环周期的比值。图 10.5 图示了该关系。

如图 10.5 所示，由拥堵导致在平衡点损失的生产率大约为 10%，根据对数正态的概率分布知识分析，这将导致系统的周期变异系数为0.10。运用其他的分布规律，也有可能产生略微不同的结果。因为不论是铲运机单独工作还是成组工作都具有资金密集性的特点，因此设备如果用于重型施工，其现场的生产率损失（如土方工程）都能被很完善的记载并加以分析。在某些情况下，当拥堵影响比较严重时候，现场管理人员通过偶尔改变铲运机的排队规律，使它们自己装载来抵消这种影响。由此导致的装载和加速时间的增加虽然只能在很小程度提高系统的生产率，但是它的确可以消除铲运机拥堵的问题。

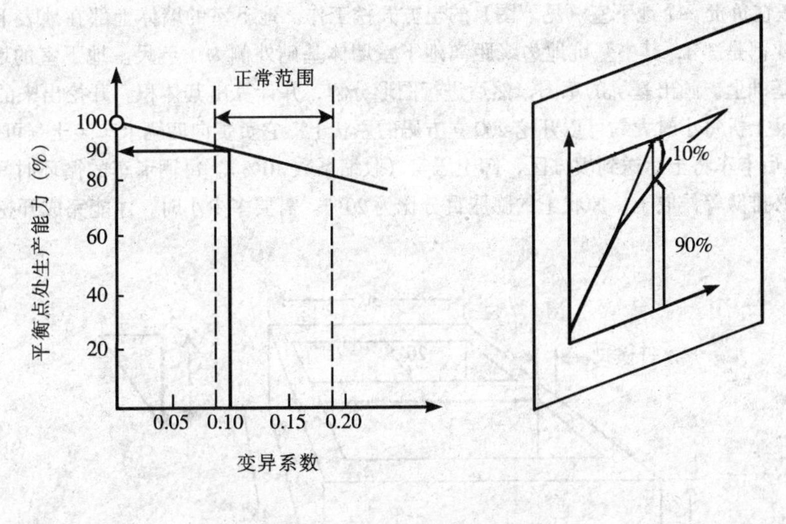

图 10.15　循环时间变异系数

习　题

10.1　一名操作师正在向其铲运机装载石膏岩（松散状态），估计体积为33立方码。该铲运机的最大装载量是84,000磅，请问如果石膏岩体积估计是正确的，那么铲运机超载百分比是多少？

10.2　DUSTY煤炭公司应用270马力的履带式拖拉铲运机对美国伊利诺斯州某产煤区的地表冲击土进行清理。冲击土由十分柔软的黏土构成，松散状态下，密度为2,800磅/立方码。运输道路的滚动阻力因子约为300磅/吨，如果空车重35,000磅的拖拉机装载25立方码的松散土，请问该车所受的滚动阻力是多少？参考图10.4，请问在水平道路上，该车的档位和速度大约是多少？

10.3　ABC公司准备承担向一家商品混凝土搅拌站运送砂子的工作。设备管理人员估计公司拥有的30立方码容量的轮胎式拖拉铲运机可以装载26吨重的砂子。他十分担心砂地很高的滚动阻力（*RR*系数达到300磅/吨），以及车辆在这种条件下较低的牵引能力，导致无法工作。那么拖拉机是否会出现问题？如果有问题，你怎么解决？

10.4　估计一辆装载30立方码材料的轮胎式拖拉铲运机，在长度为4,500英尺的水平路线上的循环时间和产出量。路面在负载情况下有沉陷，维护情况不好，路面不平。材料的原状密度为3,000磅/立方码。铲运机由一台385马力的前拉式履带式拖拉机负责装土。请问这台拖拉机可以服务多少辆的铲运机？

10.5　一辆橡胶轮胎翻斗车装载5,400立方码的材料到回填区，请问需要多少个来回？该车的最大装载量为30立方码，重量为40吨。材料的状态为压缩状态，压缩率为25%（相对于原状土）。材料的膨胀百分比为20%（相对于原状土）。材料的原状密度为3,000磅/立方码。假设该车以最大装载量工作。

10.6　假设您拥有多辆30立方码容量的拖拉铲运机，并应用它们在取土点和公路施工区之间运送土。运输道路由亚粘土构成，当铲运机负载运行时候路面有稍许变形。由取土点至填方区之间的道路坡度为3%，返回路线为水平路线。到卸土地点的距离为0.5英里，返回路线的距离为0.67英里。共使用四台铲运机。

a. 当铲运机满载向填方区行驶时，需要多大的牵引力？

b. 从取土点到达填方区需要多少行驶时间？返回需要多少时间？（参见图10.10）

c. 在取土点，由推土机负责向铲运机装土，装载时间是0.6分钟。请问推土机的循环时间是多少？

d. 系统是否在工作平衡点？为什么？

e. 系统的产出量是多少？

10.7 您正在负责一个地下室（见下图）的土方开挖工作。地下室的墙体上部在地表下1英尺。所有的开挖坡度比都是3/4，其中基坑地边缘距离地下室墙体基础外侧为1英尺。地下室的墙体坐落在1英尺厚的筏板基础上。画出基坑的草图，然后进行图形分解，并计算出其体积。开挖出来的土用于填方并压实。前端推土机每小时大约可以开挖200立方码的原状土。它负责向四辆卡车装土（可装载18立方码松散土），然后卡车将土运送到填方区，卸土压实（收缩系数10%）。每辆卡车的循环时间为15分钟，并假定它们不必排队等候取土。原状土的膨胀百分比为20%。需要多少小时，才能完成开挖和填方施工的任务？

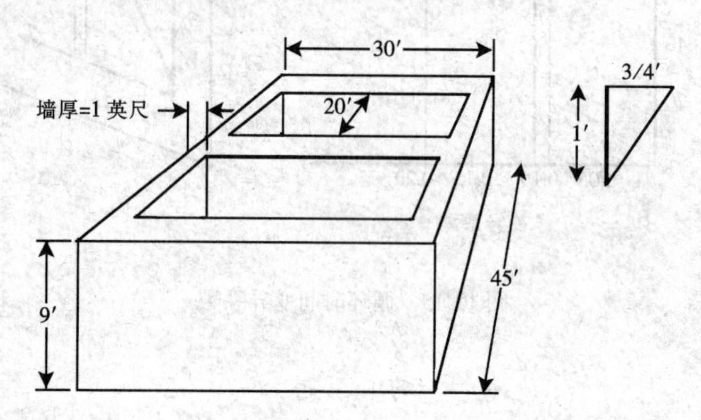

10.8 您拥有4辆载重35吨重、非高速的卡车，正在承担从取土点向机场工地运送的施工任务。有巡路平地机对运输道路进行维护，其滚动阻力因子为80磅/吨。路面相当平坦，单程距离2.1英里。当负载时，卡车的总重为70吨。

a. 在到填方区的路上，卡车需要的牵引力是多少？

b. 在到填方区的路上，最高速度能达到多少？

c. 从取土区到填方区一个来回，在路上需要多少时间？

填方区的推土机的铲斗容量为5立方码（假设需要7次才能装满卡车），每次时间为0.5分钟。

d. 卡车循环一次的所需要的总时间是多少？

e. 该系统每小时的产出量是多少？

f. 该系统是否在平衡点工作？

g. 如果运载循环一次的延误概率是7%，延误时间的均值为5分钟，新系统的产出是多少？

h. 新系统是否在平衡点工作？

10.9 关于干拌混凝土铺路施工的信息如下：只有一台搅拌机，每小时可以搅拌30车的混凝土。干拌混凝土运输卡车每小时可以向铺路机（只有一台）运送7.5次混凝土，每次每辆车可以装载6立方码的混凝土。铺路施工一共需要13,500立方码的混凝土。每辆卡车的租金是15美元/小时，铺路机为60美元/每小时。如果施工工期超过80小时，每小时将罚款140美元。在消耗成本最小的基础上，确定需要多少辆卡车？绘制成本与所需要的卡车数量之间的关系图。

第11章　施　工　运　筹

11.1　施工运筹建模

施工运筹可以看作是工作任务的特定集合，在这里，工作任务是工作的基本或元素性的组成部分。所谓工作任务（图11.1）是指可识别的施工进程中的组成部分，对它的描述可以使一个工程队成员明白此工作任务和什么相关及需要什么。不同的工作任务根据施工进程和工作计划中所采用的技术而有着逻辑上的联系，工作计划规定了建筑施工完成不同工作任务所涉及资源的顺序。工作任务的特征及工作任务之间的联系，包括施工中所使用的设备和材料的类型，确定了施工技术。

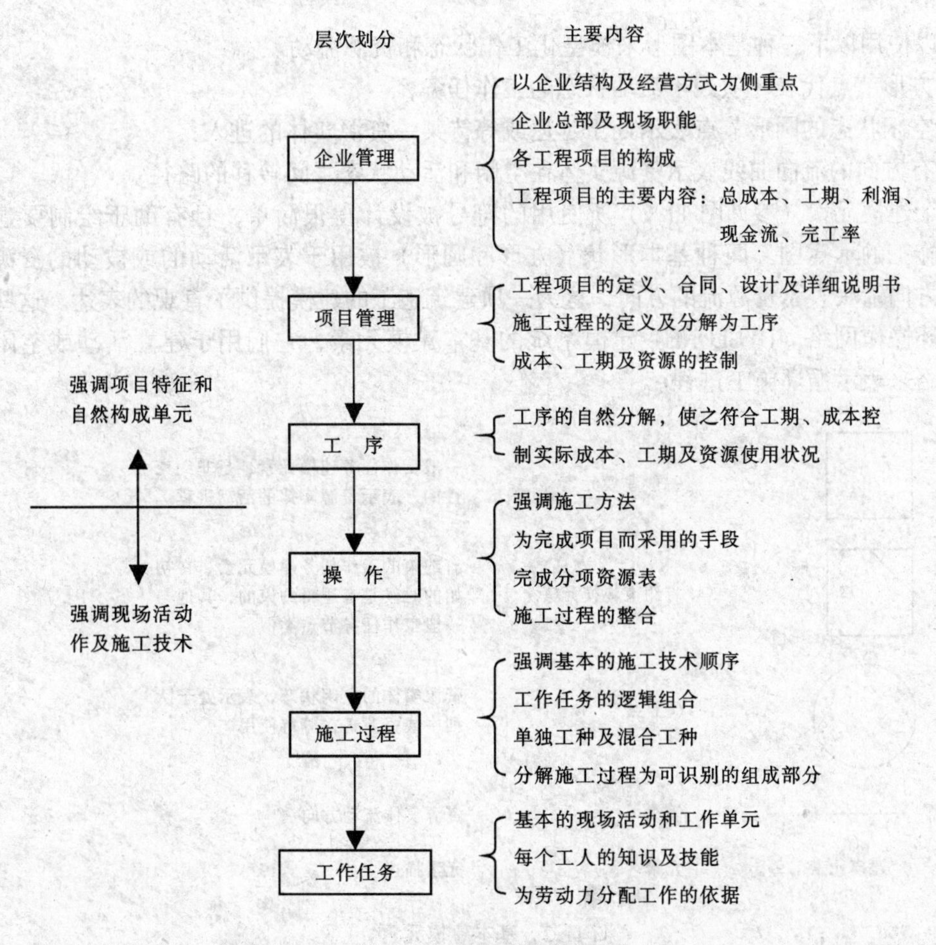

图11.1　建筑管理的层次

描述施工运筹，需要定义基本的工作任务以及可用资源实体在实施工作任务时的使用方式。从这个意义上说，每项资源可以被认为穿过或流过工作任务。由不同的资源流确定的不同工作任务之间的顺序的、关联的、逻辑的联系构成了建筑施工技术的计划，或称静态结构。施工的实际进行可以通过不断地定位和监测不同的资源实体在施工静态结构中的动态流动来描述。

建立一个施工操作模型的第一步要求列举出施工中涉及到的资源实体。一旦确定了一个资源实体，对于有着建筑施工相关知识的人来说，很容易确定施工中某项特定的工作任务涉及到哪种资源实体从而确定工作任务的先后顺序。

在任何时候，资源单元都可以被看作是处于活动状态（如正在工作、流动中）或者空闲状态（如空闲中，等待机会在后续的工作任务中激活）。通过这种方式，资源单元可以被认为在转移成为可能的时候，从一种状态转变为另一种状态。之所以要区分活动的和被动的状态，是因为在施工过程中，对空闲资源建模和监控时需要一种衡量生产力的手段来判断生产力是否不足。

11.2 基本建模元素

可以使用以下三种基本图形来模型化工作状态和资源流动。

1. 方形节点代表一项处于活动状态的工作任务；

2. 空闲状态的圆形节点表示处于延迟或等待某一资源实体的进入；

3. 有方向的流向曲线表示资源实体在空闲和活动状态之间转移的路径。

每个建模元素（参见图 11.2）所使用的符号被设计得很简单，且有助于绘制要建模的建筑施工的示意图。两种基本形状（方形和圆形）被用于表示活动的或被动的资源状态，而方向箭头表示资源流的方向，这为一项建筑施工的建模提供了直观的表达。这些符号是循环操作网络（CYCLONE）建模系统的基本建模元素，它们用于建立活动或空闲状态的网络来表示循环施工进程。

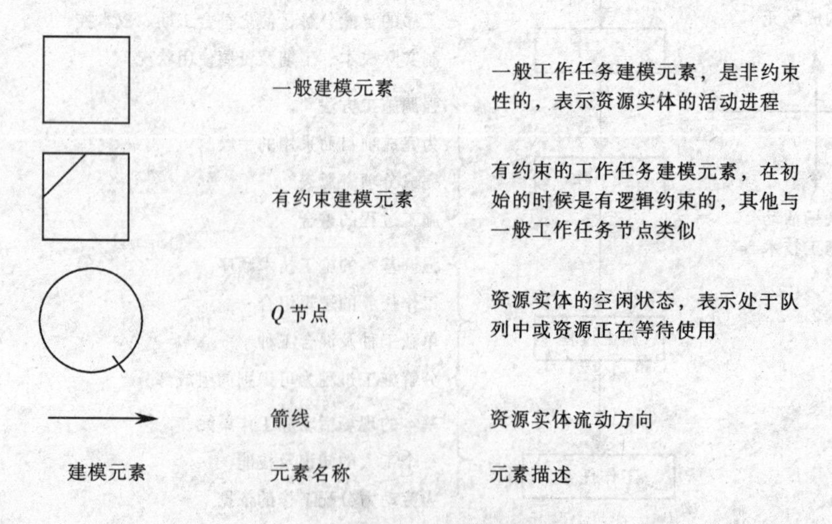

图 11.2 基本建模元素

可以很方便地区分出无约束的工作任务（如一般任务）和有约束的工作任务（如需要满足初始条件）。所有的工作任务都以方形节点示意，而有约束的工作任务用在左上角加一斜线的方形节点表示。于是在建立建筑施工的结构和资源流的模型时就一共需要这四种符号。

活动的工作状态用一般建模（NORMAL）元素和有约束建模（COMBI）元素来表示，两者都是方形节点。由于工作任务是施工的基本组成部分，在确定工作任务时，它的名字和描述必须使施工作业人员或管理人员明白要这一工作任务的特征、技术、工作内容以及完成此任务所需的资源。

工作任务的简单例子包括：打开砖夹、柱模板搭设、用前端装载机装卡车等。定义一个工作任务需要进行口语化的描述、指出所涉及的资源实体以及了解资源的时间约束。

11.3 构建过程模型

建筑施工中的工作任务和过程之间的相对顺序和逻辑性组成了施工的技术结构，可以通过不同的方式使用建模元素来构建建筑施工结构。

举例说明，考虑建立一个土方搬运施工的模型，要把土装到卡车上并运到废土场，其示意图如图 11.3 所示，涉及到一台前端装载机、多台卡车和土。

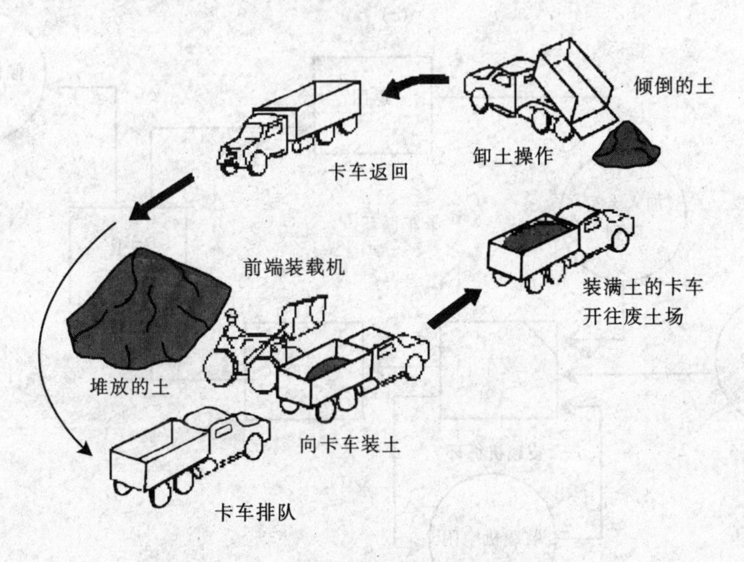

图 11.3 土方装运施工示意图

为建立土方装运施工的框架图，首先要确定涉及的主要资源（如卡车、装载机和土），然后确定资源在工作进程和循环中的不同状态（如活动工作状态和空闲被动状态），最后把资源路径和循环集成起来就构成了施工的基本结构。

比如，对一台卡车，其在排队等待装土的时候是空闲的，而在装土、倾倒、装土运送到倾倒处、空车返回时就处于工作状态。此工作循环的简单模型如图 11.4（a）所示，采用了一个需要土和装载机来启动的“装车”有约束节点，三个一般工作任务元素“满车运送”、“卡车倾倒”和“空车返回”，一个简单的排队元素“加入卡车队列”，以及 5 条曲线来表示卡车不同状态之间的逻辑关系。

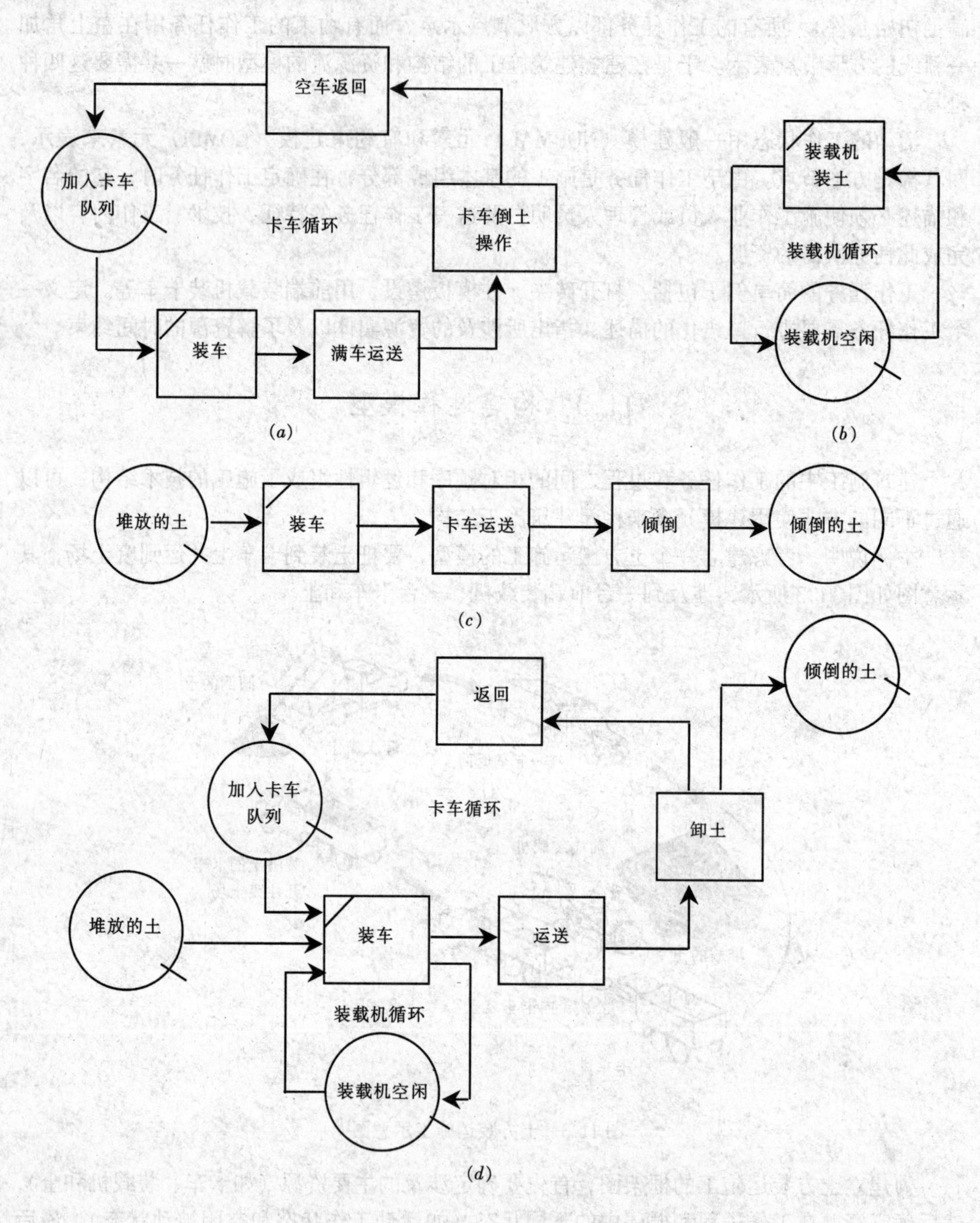

图 11.4 工序结构

(a) 卡车循环，(b) 装载机循环，(c) 运土操作，(d) 总体工序结构

11.4 施工优化结构

装载机的活动可以初始化为一个简单的循环，包括一个处于活动状态的有约束建模元素“装载机装土”，一个空闲的队列元素“装载机空闲”，以及两条表示逻辑方向的箭线(参见图 11.4（b）)。

图 11.4（c）是土方运送路径的模型，模型将来源地的堆放土和接收地的土堆视为两个队列节点，而一个联合工作任务“装车”和两个一般工作任务“卡车运送”和“倾倒”被视为活动工作状态，最后，需要四条箭线来形成路径结构。

卡车循环、装载机循环和由土堆来源地到废土场的路径集成起来形成的模型如图 11.4（d）所示。此模型可以作为基础以延伸包括废土场监督员和队列、推土机的堆土操作、卡车维护等活动，也可以作为进一步精确描述装载机装土循环的基础。

土方装运施工的框架结构延伸至包括推土机堆土和平整操作，以及废土场监督员的结构如图 11.5 所示，图中增加的计数器节点（用小旗子表示），在该节点，对网络中生产量进行测度。模型的进一步深化取决于所采用的施工计划，这留给读者来完成。

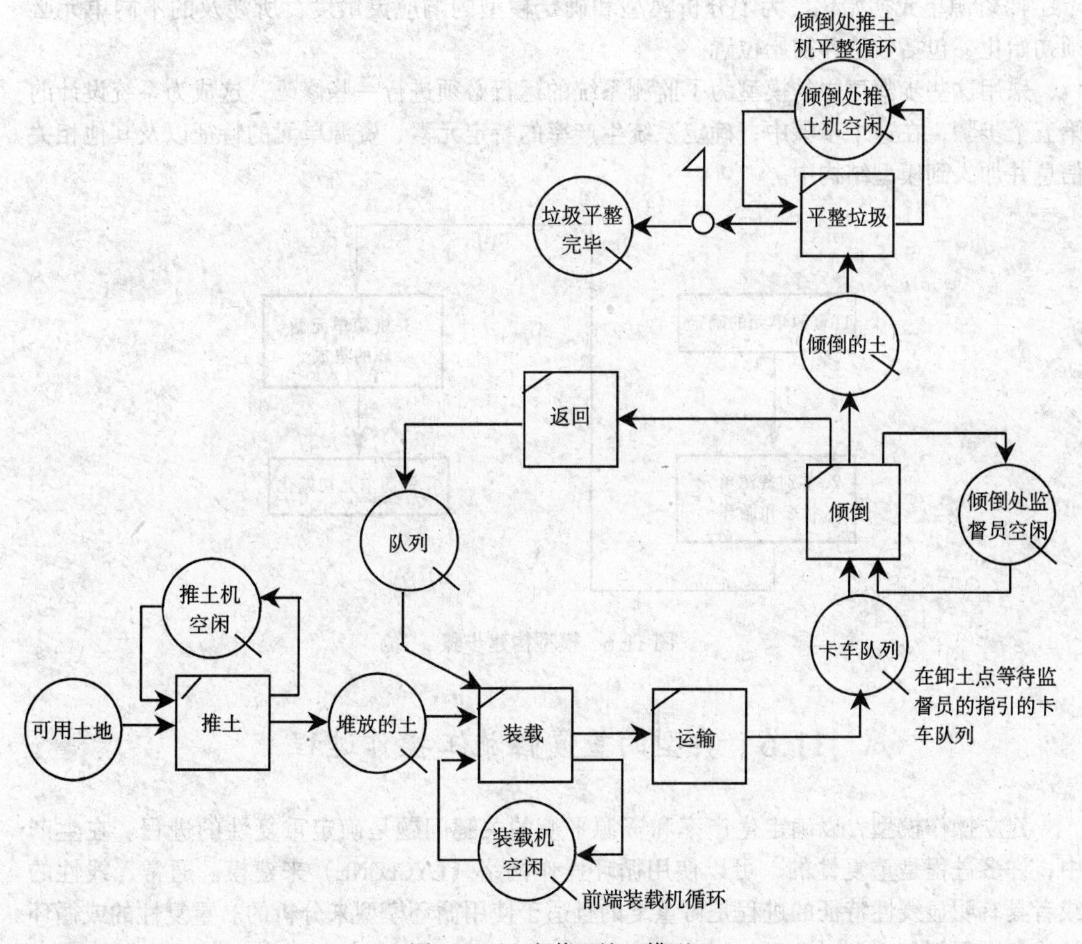

图 11.5　土方装运施工模型

前述内容表明建筑施工的静态（或拓扑）结构可以通过恰当地使用和标记基本建模元素来描述。如果适当地选择了工作任务建模元素，据此，现场队伍对建筑施工所涉及的内容就有直观明了的认识，说明这一静态结构模型就能够描绘出建筑施工中的施工技术和施工工艺。

11.5 建模过程

对于给定的施工进程的建模过程包括四个基本步骤。如图11.6所示，包括以下方面：

1. 资源单元的确定。作为第一个步骤，建模者必须确定与系统表现相关的资源单元，使用此资源单元所用的时间信息可以从现场获得。资源实体的选择是很重要的，因为这决定了集成到操作模型中的信息的详细程度。

2. 建立资源单元循环。确定与进程相关的资源单元之后，下一步是确定每个资源单元的所有可能的状态，并建立每个资源单元的循环过程。

3. 资源单元循环的集成。资源单元的循环为模型提供了组成元素，模型的结构和范围通过资源单元循环的集成和综合来获得。

4. 资源单元初始化。为了分析模型和确定模型的响应灵敏度，所涉及的不同单元必须初始化，包括数值和初始位置。

采用这些步骤建立的模型为了监测系统的运行必须进行一些修改，这成为系统设计的第五个步骤，在这个步骤中，确定系统生产率的特定元素、资源单元的特征以及其他相关信息并加入到模型结构中。

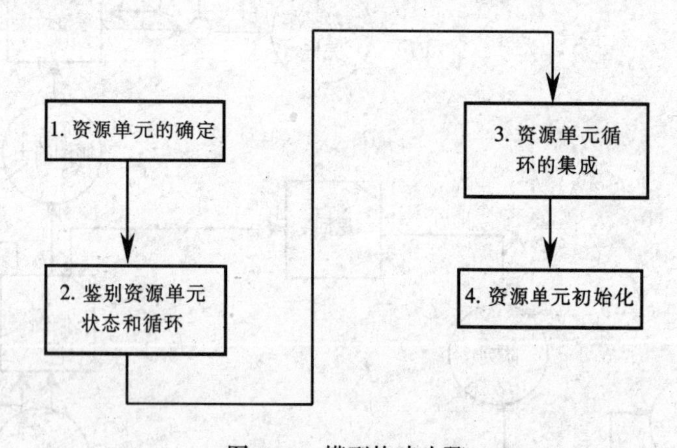

图11.6 模型构建步骤

11.6 典型的重复性施工操作过程

建立操作模型，以确定生产率和资源平衡的关键问题是确定重复性的进程。在生产中，许多进程是重复性的，可以使用循环操作网络（CYCLONE）来建模。通常，线性的或者具有明显线性特征的进程是可重复的且适于使用循环模型来分析的。重复性的或循环的施工进程例如：

1. 混凝土浇筑；
2. 钢结构装配；
3. 墙抹灰施工；
4. 钢管铺设；
5. 沉箱基础浇筑；
6. 管道敷设；
7. 砖瓦砌筑施工；
8. 土方加固施工；
9. 外挂板安装；
10. 窗及玻璃幕墙安装；
11. 隧道掘进施工；
12. 预制混凝土构件安装。

11.7 使用起重机和卸料斗浇筑混凝土

混凝土是施工中最常用的材料。它具有多样性和容易使用的特点，因此无论出现多么复杂的材料，混凝土都在工程材料中占有一席之地。在一个项目中，可能以不同的方式使用混凝土，包括整体基础浇筑和建筑外墙用的预制板。混凝土可以在现场浇筑或者在现场外预制之后运送到现场进行安装。现场浇筑方式也随一些因素的不同而有所不同，包括：浇筑地点；要求的浇筑速度和可用的设备类型。在这一节，讨论使用起重机和铲斗进行现场混凝土浇筑的简单模型。

假设模板和钢筋都在现场制备，而且系统是不受配料场的约束（即可用的混凝土数量不是约束条件）。模型需要的资源包括运送混凝土的卡车、带卸料斗的起重机、振捣和抹平工具以及现场的一组工人。

为了说明模型的前后关系，假定混凝土用于铺筑，混凝土配料工作在距铺筑现场两英里的场地进行。与运送湿混合物到现场不同，使用了适当间隔的卡车，每次运送五组干配料到浇筑现场附近的搅拌机。干配料被分别按顺序倒入搅拌机的料斗，随后进行搅拌，从第一组开始，到第五组结束，搅拌好的湿料被倒入起重机卸料斗，由起重机提升至浇筑地点，然后由混凝土作业工人进行倾倒、摊铺、振捣、以及抹平，此过程的示意图如图11.7（*a*）所示。尽管干配料施工并不常见，但是这种方式为使用多种模型特征提供了很好的借鉴。使用起重机和铲斗的浇筑施工如图11.7（*b*）所示。

进程的循环操作网络（CYCLONE）模型见图11.8，模型由六个反映不同资源单元的循环组成。我们感兴趣的单元和循环包括：

1. 配料场；
2. 卡车；
3. 搅拌机；
4. 起重机；
5. 卸料斗；
6. 摊开、振捣和抹平的施工组。

(*a*)

(*b*)

图 11.7

(*a*) 干料运送和浇筑，(*b*) 起重机铲斗混凝土浇筑

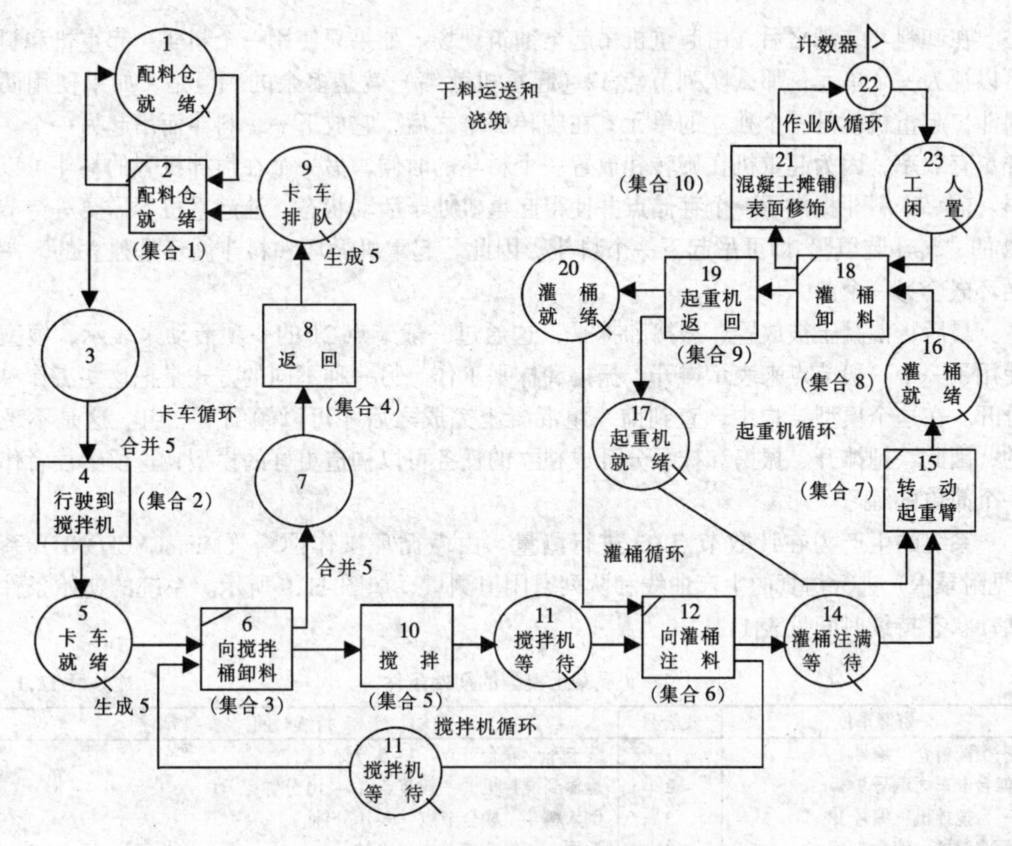

图 11.8 干拌混凝土配送和浇筑模型

这一进程从卡车由配料塔装料（联合节点 2）开始，卡车斗有五个间隔仓构成，由分割板隔开并拴住，在卡车底板升起的时候，可以分别打开（每次一个）。干配料装入五个间隔仓中，这需要在联合节点 12 进行五次独立的装填，五次装填的要求，通过队列节点 9 的“生成”功能来生成。五组干料装好之后，函数节点 3 的“合并”功能把五次装填集中到一台卡车上，并运送至搅拌机。在到达搅拌机的时候，卡车通过队列节点 5 的“生成”功能来对五组干料进行重新设置，每一组干料按顺序倒入搅拌机的料斗中。

搅拌机按顺序处理干料，将其转化为湿料以运送到浇筑现场。搅拌机的空闲容量由队列节点 13 的资源单元来表示，如果队列节点 13 初始化为一个单元，表示搅拌机是单筒的，每次只能处理一组干料；如果队列节点 13 定义了两个单元，表示搅拌机是双筒的，可以同时处理两组干料（一前一后）。

当干料被倒入搅拌机的料斗中时，流入搅拌筒中，加水并搅拌（一般节点 10）。搅拌结束之后，它占据着搅拌筒的空间（队列节点 11），直到被倒入混凝土卸料斗。因此，搅拌桶空间直到卸料斗被装填（联合节点 12）时才能够空闲，这通过到队列节点 13（空间队列）的反馈回路来表示。卸料斗装填之后，混凝土搅拌机才余出空间，为下一组干料倒入搅拌机（联合节点 6）创造了空间条件。

在卡车里的五组干料都装入搅拌机之后，卡车即可返回配料场。卡车为空的状态（五组干料都倒入搅拌机）通过函数节点 7 的“合并”功能来表示，由隔仓被集成在一起的一台空卡车返回配料塔。

在卸料斗装满之后，由起重机吊起至铺筑现场。如果只使用一个料斗，起重机和料斗可以视为一个单元，那么队列节点17（起重机就绪）就是多余的。但是，如果使用两个料斗，起重机就是一个独立的单元，在旋转回来之后，它放下一个料斗而吊起另一个。这样更有效率，因为起重机在旋转和放置一个料斗的时候，另一个在搅拌机旁的料斗可以装料。前一个料斗提供了一个存储点并使得起重机处于活动状态，让起重机不需要等待节点12的“料斗装填”，即可吊起下一个料斗。因此，起重机循环和料斗循环是独立的，一个循环嵌套另一个。

最后，混凝土被放置、振捣和抹平，这通过一般节点21的一项活动来表示，模型只使用了一个一般节点来表示摊开、振捣和抹平工作。另一种不同的方式是把这些工作单独分开。在这个模型结构中，直到前一组混凝土完成之后才可以倾倒下一组。这是不现实的，因此，把摊开、振捣和抹平分开成独立的任务可以构造更好的模型，这留给读者作为一个简单的练习。

系统的生产力在计数节点22进行测量。由微循环操作网络（MicroCYCLONE）系统（见附录K）进行仿真的生产曲线和队列空闲值测量，如图11.9所示。系统的初始条件和活动状态持续时间见表11.1。

混凝土模型的初始条件 **表 11.1**

资源单位	集合号	持续时间
一个配料仓　编号1	1	装卡车　联合节点　2~5分钟
四台卡车　编号9	2	运输到搅拌机　一般节点　4~10分钟
一台搅拌机　编号13	3	倒入料斗　联合节点　6~1分钟
两个灌桶　编号20	4	返回　一般节点　8~8分钟
一台起重机　编号17	5	搅拌　一般节点　10~3分钟
一个作业队　编号23	6	装灌桶　联合节点　12~0.5分钟
	7	旋转起重机　联合节点　15~0.25分钟
	8	倒空灌桶　联合节点　18~0.5分钟
	9	起重机返回　一般节点　19~0.2分钟
	10	摊铺与抹平　联合节点　21~5分钟

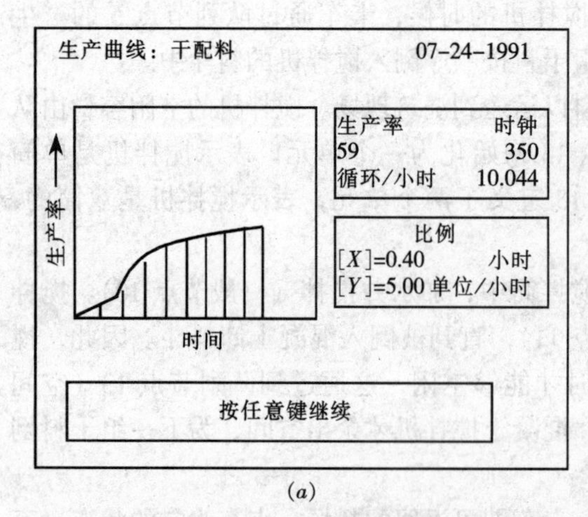

(a)

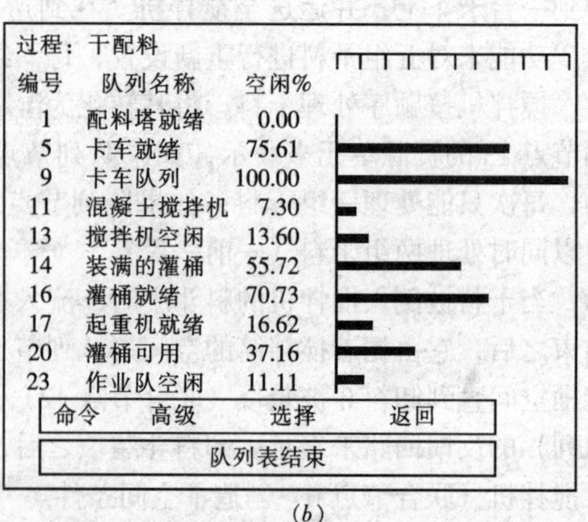

(b)

图11.9　混凝土浇筑模型

(a) 生产曲线　(b) 空闲状态

11.8 沥青铺筑模型

与公路和铁路建设相关的施工更适合建模，因为它们是高度线性和重复性的。通常，施工被分成沿着工程线路的站，诸如粗略平整、细致平整、集料基础和铺筑的工程都是按重复性的方式沿着道路的截面进行。

在沥青铺筑施工中,由一台摊铺机、一台压实压路机、一台碾平压路机组成的铺筑机组沿铺筑区域线性移动。卡车从车间把热沥青运送到现场,然后把材料倒进摊铺机料斗,摊铺机把沥青分布到路面上,料斗即可用于装下一批沥青。这一过程的示意图如图 11.10(*a*)所示。

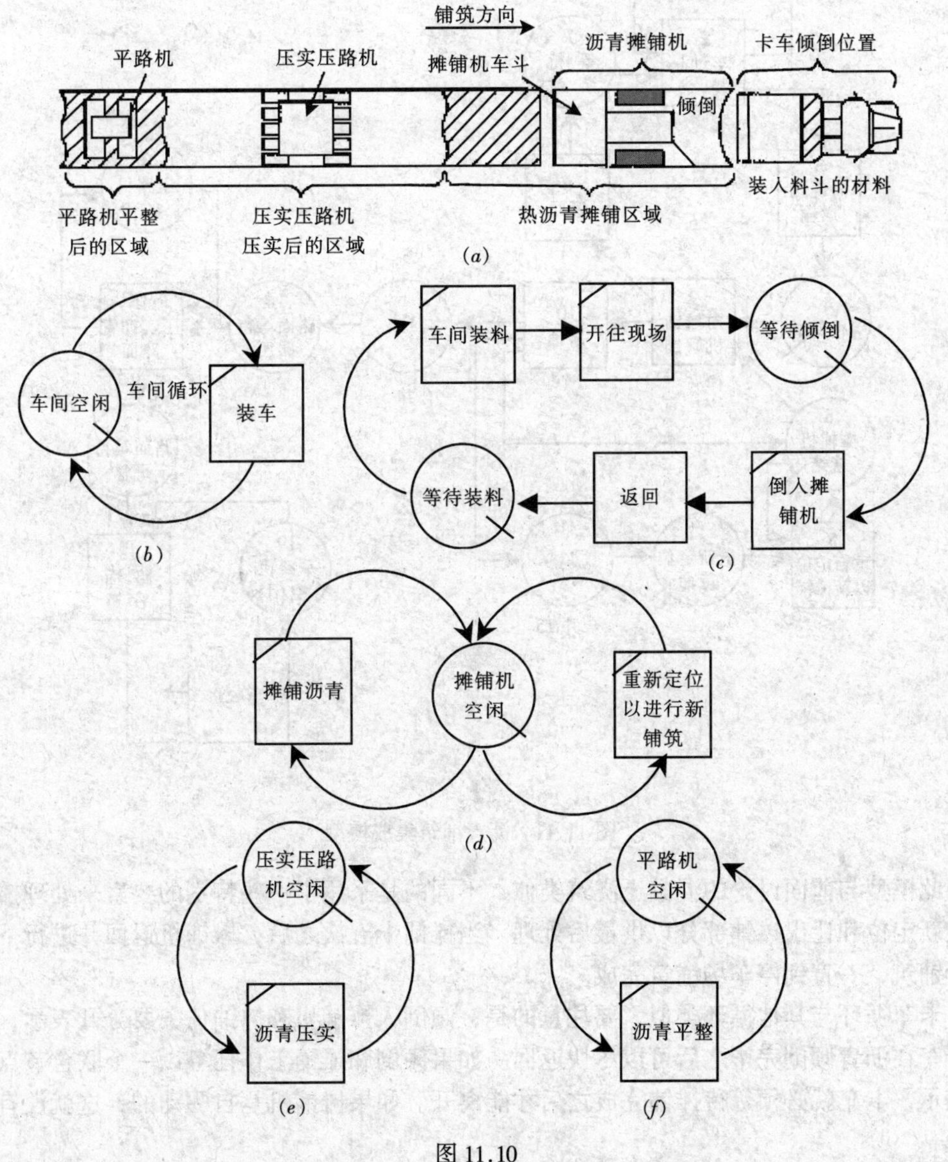

图 11.10

(*a*) 沥青铺筑车组；(*b*) 车间循环；(*c*) 卡车循环

(*d*) 摊铺机循环；(*e*) 压实压路机循环；(*f*) 平路机循环

在这个模型中，假设要铺筑一个停车场，经过十五次摊铺循环之后，摊铺机必须重新定位来进行与刚刚完成的铺筑平行的铺筑工作。另外，假设经过五次摊铺循环之后，必须将摊铺的部分让给压实压路机以压实热沥青。

在对沥青铺筑施工建模的时候必须研究以下资源和循环：(1) 摊铺机；(2) 卡车；(3) 压实压路机；(4) 碾平压路机；(5) 沥青车间。

每种资源的单独循环见图 11.10 (*b*) ~图 11.10 (*f*)，集成的模型见图 11.11。

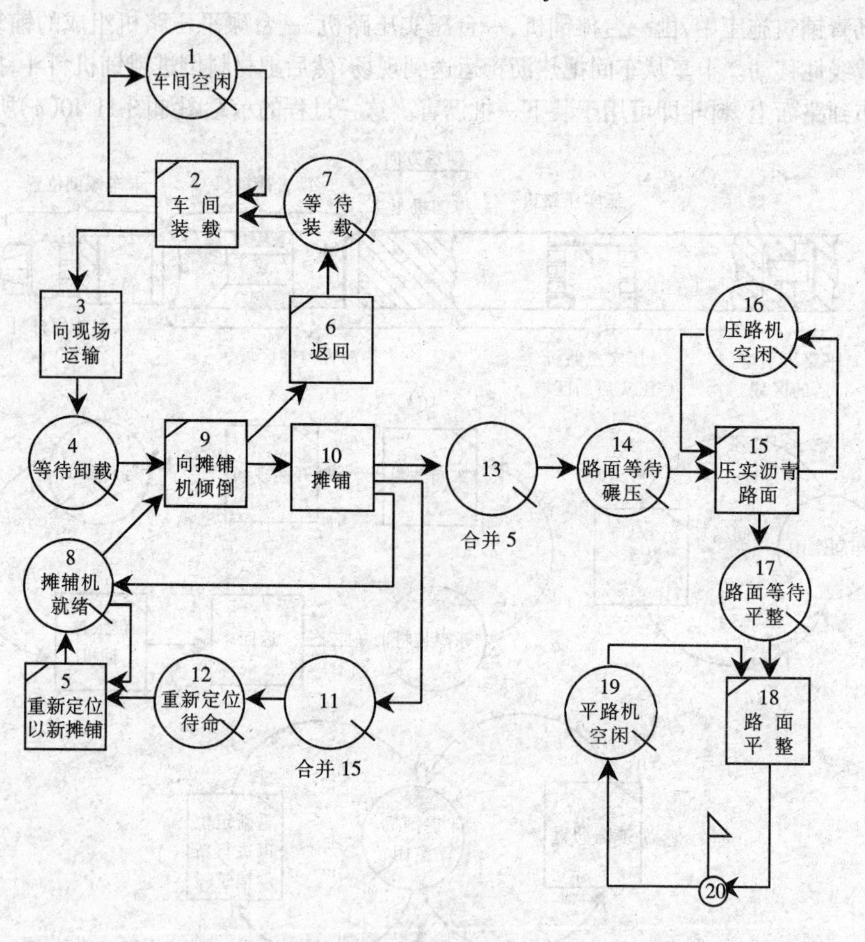

图 11.11 沥青铺筑集成模型

此模型与前面讨论的混凝土浇筑类似，不同的是采用了一些特别的要素来处理摊铺机的重新定位和让出摊铺部分以供最后处理。当摊铺十五次之后，摊铺机返回并进行下一次并行铺筑，一直到停车场铺筑完成。

卡车循环与其他循环类似，要注意的是，倾倒入摊铺机和摊铺任务要分开表示，这使得卡车在沥青倾倒完毕之后可以尽快返回。如果倾倒和摊铺工作任务以一个联合节点元素来表示，卡车就必须等待摊铺完成之后才能离开。如果摊铺机是自驱动的，这就没有必要了。

为了把摊铺机转向联合节点 5 的“重新定位以进行新铺筑”，在一般节点 10“摊铺”之后增加了一个合并单元 11。在进行 15 次摊铺之后，会产生一个独立单元由函数节点 11

流向队列节点 12。由于“重新定位”任务（联合节点 5）比“倒入摊铺机”任务（联合节点 9）的编号更小（小编号优先），摊铺机即转向节点 5 并停在那里表示重新定位活动的持续时间。摊铺机在节点 5 停留重新定位所需要的时间间隔之后，返回队列节点 8 可用于摊铺。在这一过渡期，任何到达队列节点 4 的卡车都必须等待重新定位的完成。

在五次摊铺之后让出给压实压路机的要求通过使用另一个在函数节点 13 的合并功能来表示。每完成五次摊铺，会产生一个独立单元到队列节点 14，表示有一个等待压实的部分就绪。如果压路机可用，就可以开始压实工作；如果它仍在忙于处理前一个部分，摊铺部分将等到压路机可用。这部分被压实之后，转向队列节点 17 准备进行碾平。到达计数节点 20 的单元是五卡车的热沥青，或者停车场的铺筑已完成 33.3%。模型的生产曲线和队列节点的空闲信息见图 11.12 和图 11.13，模型的初始条件在表 11.2 中给出。

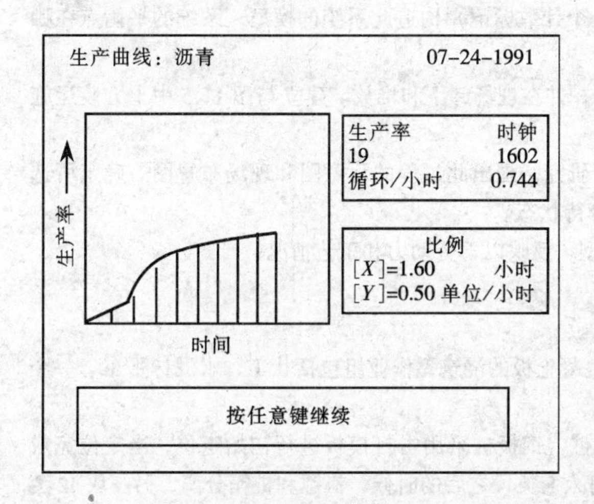

图 11.12　沥青铺筑生产曲线

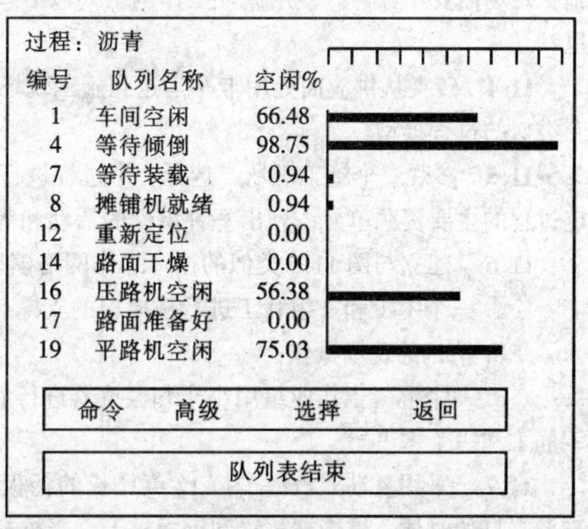

图 11.13　沥青铺筑队列节点的空闲状态

沥青铺筑模型的初始条件　　**表 11.2**

资源单位	节　点	持续时间
一个车间　编号 1	联合节点 2	5 分钟
四台卡车　编号 7	一般节点 3	10 分钟
一台摊铺机　编号 8	联合节点 5	22 分钟
一台压路机　编号 16	联合节点 6	8 分钟
一台平路机　编号 19	联合节点 9	2 分钟
一个作业队　编号 23	一般节点 10	12 分钟
	一般节点 15	35 分钟
	联合节点 18	20 分钟

习　题

11.1　八个瓦工由壮工支持。一个瓦工用大约一分钟的时间从砖堆取 15 块砖的砖夹运脚手架，并用大约 11 分钟砌筑。当前面的砖被泥瓦工取走的时候，壮工开始向砖堆供砖，泥瓦工的操作区域周围有 4 个砖堆，提供 1 个砖夹的平均时间是 2 分钟，每平方英尺墙需要 7.2 块砖。

a. 在这个有三个连接的系统中，每个连接的小时生产率是多少？

b. 完成500平方英尺墙需要多长时间？

c. 多少堆放空间和壮工可以和8个瓦工的工作平衡？

d. 在稳定状态，瓦工和壮工的空闲时间百分比是多少？

11.2 三台卡车从装料塔向机场施工现场运送材料。在现场有一个监督员给每台卡车指示倾倒地点。卡车卸完材料之后就返回装料塔。一台前端装载机被用来向装料塔装材料，装料塔可以容纳至多3车材料。画出此系统的循环操作网络（CYCLONE）示意图。指出所有循环和系统在0时点需要初始化的单元位置。

11.3 一定数量的铲运机由一台推土机来推土装载。每装满一台铲运机，推土机就返回推土的起始点等待下一台铲运机。如果另一台铲运机准备就绪，推土机就开始恢复推土。返回起始点的时间为1分钟，装满土的铲运机开到填土区的平均时间为15分钟，空车返回的平均时间为10分钟，把材料倾倒入施工现场需要1分钟。使用循环操作网络（包括一个计数标记）构造此系统的模型，系统的平衡点在哪里？

11.4 砖夹从供应商处用卡车运送到施工现场，并在现场卸下和堆放。建立与图11.5中土方装运施工类似的过程模型。

11.5 参观一个施工现场，选择一个过程进行研究，画出此过程的示意图和现场布置图。确定所选定过程的主要资源单元，列出每种单元的活动和等待状态。

11.6 建立与图11.5类似的循环操作网络模型，反映以下劳动力和工艺情况：

a. 一个木工和一组壮工进行柱模板的支撑；

b. 钻机的现场操作；

c. 一个混凝土作业组用小车和振捣器进行混凝土板的浇筑，作业组包括壮工、水泥抹平工、一个钢筋工和一个木工。

11.7 采用复动式汽锤击打12英尺长的钢板桩，钢板桩采用击打模板进行初始定位，当定位完成准备击打的时候，桩帽被放置到钢板桩上，当桩打入8英尺之后的时候，汽锤和桩帽分离，另一块12英尺长的钢板桩被焊接到第一块上，然后继续击打，这一过程持续到4块钢板桩被焊接到最初的桩上并完成击打，然后用喷枪把最后一块桩切至同一高度。下一段墙由把初始的钢板装定位到与刚刚完成的一段互锁的击打模板中开始。假设钢板桩放在堆放地点，指出每块钢板桩从开始到过程结束必须经过的活动和等待状态，哪种资源单元可能成为钢板桩从堆放地到最终完成击打位置的约束？

11.8 混凝土运输卡车运送混凝土到一个正在进行屋面板浇筑的高层建筑施工现场。混凝土使用塔式起重机和混凝土料斗系统进行提升，使用两个料斗，提升之后，混凝土被临时存放在处于正在浇筑的楼面高度的储料器中，然后从储料器中取出并用胶轮小车运到浇筑地点。确定系统的主要循环，用示意图表示出每个循环中的活动和空闲状态，指出处理单元的资源流方向。把各循环集成起来，如果某循环和其他循环有连接，指出传递点。使用两个混凝土铲斗的作用是什么？储料器应该多大？

第12章 估 算 过 程[a]

12.1 工程成本的估算

成功的成本控制是投标决策的基础，估算是承包商赢利的基础。不现实或错误的资金计划，会导致承包商在工程中失利。而如果估算工作做得好，正确反映了工程成本，从项目中赢利的可能性就大。

估算是对未来项目成本和资源需求的预测。以往的大量研究证明,建设工程失败的一个主要原因是估算的不正确与不实际。如果由20个估算人员对同一系列的计划进行成本和资源的估算,肯定可以得出,在20个估测方案中,最多有2个估测的基准或单位是相同的。因此,一个调和一致的程序对估算来说是必需的。只有这样才能减少错误,获得收益。

12.2 估 算 分 类

根据估算者欲获结果的详细程度，可将估算方法划分为几种类型。在设计开始之前，只能获得一些概念性信息，应用一些综合单位，如反映待建设施特性的单位：用地面积的平方英尺数、未利用空间体积的立方英尺数等。而后用单位价格乘以所需数量就得到此设备成本的大概估价（正确率的误差在±10%左右）。在罗斯密公司（R.S）公司出版的《建筑施工成本数据》中，可查到单位面积或体积的工程成本，如图12.1所示。这些信息可以作为参考。这个“概念性的估算”在工程计划或预算阶段是很有用的，因为那时还没有详细设计。对于项目控制来说，这些数据的用途却有限，因为一旦获得了详细的设计数据，它的使命也就终结了。这些估算是基于图2.1的信息。

随着设计详细程度的增加，设计者要继续对成本进行估算，并及时通知开发商估算的结果。规划或设计通常分两步走，如第2章中所述。第一步叫初步设计，并允许业主在详细设计之前进行停顿，以便对下一步工作进行考虑，这个时间一般是在总体设计已经完成40%的时候，初步设计是对概念设计的延伸，在初步设计过程中，由建筑师或工程师根据更多可确定的信息进行的成本估算，被称为初步估算。

当业主同意初步设计后，就可进行最终或详细设计了。详细设计是计划或设计说明的最终阶段，是承包商投标的基础依据。除了一些详细设计文件，建筑师或工程师还提供一个最终的工程估算，即毛利润减去工程成本。这个估测正确率的误差控制在±3%左右，正确率较高是因为已经完成了整体设计。甲方的估算可用来确保设计所需资源在允许的范围内和为进行竞标建立参考。

注：a 本章基于1985年Daniel Halpin、John Wiley和Sons出版的《建筑管理中的金融和成本概念》的有关资料。

根据最终的设计和说明书，承包商对包括利润在内的工程成本进行估算。工程投标估算需要投入更高的水平和更多的时间，这被称为投标估算。一个比较好的估算一般要花费整个投标价的0.25%。从承包商的角度来说，这个成本必须能由工程所获的收益来弥补。所以，总投标中的中标收益一定要能偿付其中不成功投标所付的代价。

171｜ 平方英尺和立方英尺成本以及总成本的%

	171 000｜ 平方英尺和立方码成本			单位	单位成本			总成本的%		
					1/4	中值	3/4	1/4	中值	3/4
010	0010	低层公寓（1~3层）	R171-100	S.F.	40.20	50.65	67.35			
	0200	项目总成本		C.F.	3.61	4.74	5.95			
	0100	现场工作		S.F.	3.34	4.81	7.60	6.30%	10.50%	13.90%
	0500	砌筑工程		S.F.	0.73	1.87	3.18	1.50%	3.90%	6.50%
	1500	装修		S.F.	4.22	5.40	7.15	5.90%	10.70%	12.90%
	1800	设备安装		S.F.	1.31	1.99	2.96	2.70%	4.10%	6.30%
	2720	管道		S.F.	3.13	4.03	5.06	6.70%	5.90%	10.10%
	2770	供热、通风、空调		S.F.	1.99	2.46	3.56	4.20%	5.60%	7.60%
	2900	电气		S.F.	2.32	3.08	4.19	5.20%	6.70%	8.40%
	3100	机械和电气总成本		S.F.	6.95	8.50	10.90	15.90%	18.20%	22%
	9000	每一套公寓的总成本		Apt	31,200	46,700	68,900			
	9500	总计：机械工程和电气工程		.	5,700	8,400	12,100			
020	0010	中层公寓（4~7层）	R171-100	S.F.	52.80	63.90	77.90			
	0020	项目总成本		C.F.	4.14	5.65	7.85			
	0100	现场工作		S.F.	2.06	4.03	7.50	5.20%	6.70%	9.10%
	0500	砌筑工程		S.F.	3.23	4.52	6.70	5.20%	7.30%	10.50%
	1500	装修		S.F.	6.55	8.30	10.85	10.40%	11.90%	16.90%
	1800	设备安装		S.F.	1.66	2.38	3.12	2.80%	3.5%	4.10%
	2500	搬运设备		S.F.	1.20	1.48	1.77	2%	2.20%	2.60%
	2720	管道		S.F.	3.12	4.93	5.40	6.20%	7.40%	8.90%
	2900	电气		S.F.	3.59	4.77	5.85	6.60%	7.20%	8.90%
	3100	机械和电气总成本		S.F.	9.80	12.35	15.90	17.90%	20.10%	22.30%
	9000	每一套公寓的总成本		Apt	38,400	58,300	67,400			
	9500	总计：机械工程和电气工程		.	12,200	13,700	21,500			
030	0010	高层公寓（8~24层）	R171-100	S.F.	60.60	73	89.20			
	0020	项目总成本		C.F.	4.98	6.90	8.45			
	0100	现场工作		S.F.	1.85	3.55	4.96	2.50%	4.80%	6.10%
	0500	砌筑工程		S.F.	3.43	6.20	7.85	4.70%	9.60%	10.70%
	1500	装修		S.F.	6.55	8.40	9.60	9.30%	11.70%	13.50%
	1800	设备安装		S.F.	1.92	2.37	3.16	2.70%	3.30%	4.30%
	2500	搬运设备		S.F.	1.22	2.02	2.88	2.20%	2.70%	3.30%
	2720	管道		S.F.	4.54	5.25	6.61	6.90%	9.10%	10.60
	2900	电气		S.F.	4.15	5.20	7.10	6.40%	7.60%	8.80%
	3100	机械和电气成本		S.F.	12.25	14.85	18.35	18.20%	21.80%	23.90%
	9000	每一套公寓的总成本		Apt	55,700	66,500	73,400			
	9500	总计：机械工程和电气工程		.	13,500	15,500	16,800			
040	0010	礼堂	R171-100	S.F.	61	85.30	110			
	0020	项目总成本		C.F.	4.01	5.60	8			
	2720	管道		S.F.	3.89	5.15	6.70	5.80%	7%	8.60%
	2900	电气		S.F.	4.96	7.05	9	6.70%	8.80%	10.90%
	3100	机械和电气总成本		S.F.	10.10	13.65	23.70	14.40%	18.50%	23.60%
050	0010	汽车销售市场	R171-100	S.F.	42.45	50.90	76.60			
	0020	项目总成本		C.F.	3.12	3.56	4.63			
	2720	管道		S.F.	2.26	3.68	4.09	4.70%	6.40%	7.80%
	2770	供热、通风、空调		S.F.	3.26	4.99	5.40	6.30%	10%	10.30%
	3100	电气		S.F.	3.74	5.60	6.45	7.40%	9.90%	12.30%
		机械和电气总成本		S.F.	7.90	11.55	15.10	16.60%	19.10%	27%
060	0010	银行	R171-100	S.F.	91.05	113	143			
	0020	项目总成本		C.F.	6.60	8.85	11.65			
	0100	现场工作		S.F.	9.05	16.60	24.65	7%	13.80%	17.50%
	0500	砌筑工程		S.F.	4.60	7.65	16.85	2.90%	5.80%	11.30%
	1500	装修		S.F.	7.75	10.55	13.55	5.50%	7.60%	9.90%
	1800	设备安装		S.F.	3.63	7.55	16.85	3.20%	8.20%	12.50%
	2720	管道		S.F.	2.89	4.10	6	2.80%	3.90%	4.90%
	2770	供热、通风、空调		S.F.	5.65	7.30	9.80	4.90%	7.10%	8.50%

注：S.F.—平方英尺；C.F.—立方英尺；Apt—套。

图12.1 具有代表性的房屋成本

（摘自《施工建设成本资料》罗斯密公司（R.S.Means）有限公司

在建筑工程中，以下四种层次的估算是经常遇到的，它们分别是：

1. 概念估算；

2. 初步估算；

3. 工程估算；

4. 投标估算。

这四种估算层次清楚地反映了这样的事实：项目的进展是从概念到初步设计再到最终设计和投标阶段，估算的详细程度不断提高，精确度也不断提高。在整个施工阶段，估算都在继续进行，以检验实际成本是否与投标估算相吻合，以利于承包商计算工程的得失。

图 12.2 给出了大型、复杂工程项目估算的通常的发展过程，这些大型复杂项目是指电站、化工厂等。该图包括了一项包括大尺度估算，它类似于建筑工程中的概念性估算，也就是在初步设计和决定性设计阶段前，为规划和决策的目的而进行的成本估算。确定性估算是在最终设计结束之前进行的估算，主要应用于复杂的工业项目。当工程所涉及要素被定量地确定，而且获得预期劳动力和材料单位价格，就可以准备确定性估算了。通常是在项目范围、机械和工艺流程图纸、设备和材料说明及工程设计总体布置图完成之后开始准备。价格信息的来源是供应商报价及市场行情。图 12.2 右侧的曲线反映了各层次估算的不确定性。可以看出，估算值的变异在大尺度估算阶段的变化幅度最大，当投标所需要的文件资料就绪，该阶段的估算的变异范围则降低到 3%～5%。

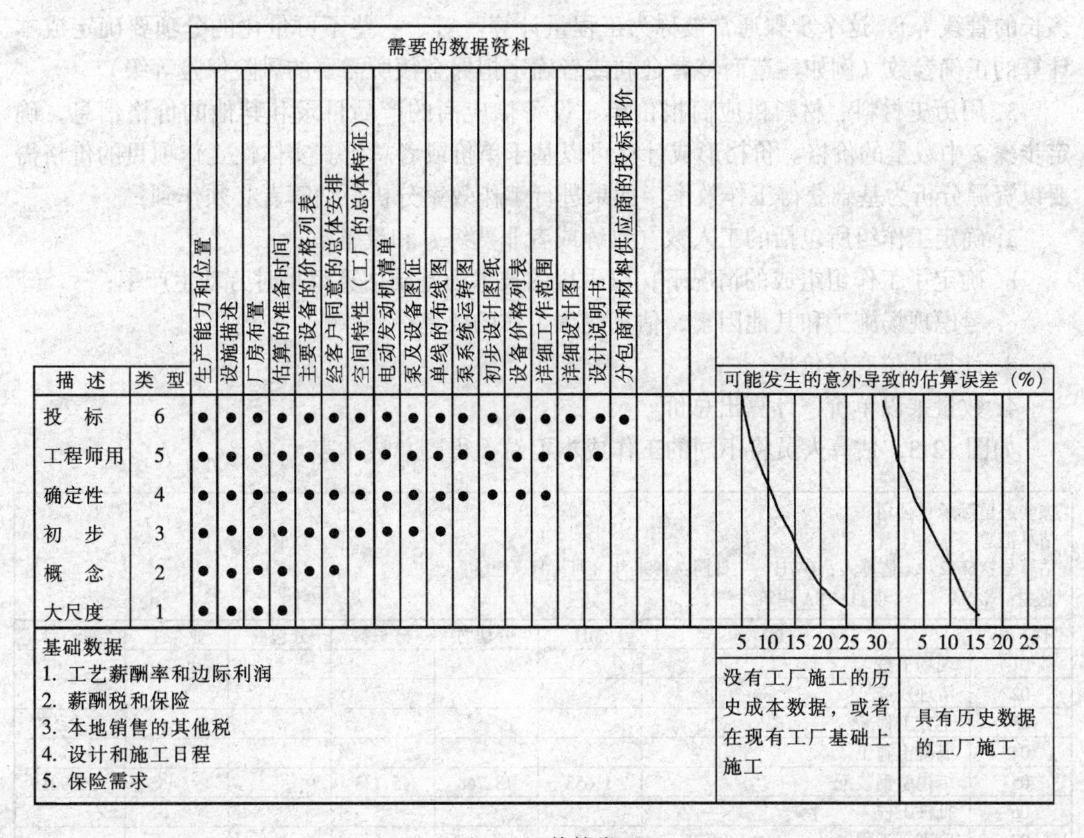

图 12.2 估算类型

（资料来源：麦瑞特等，建筑施工手册，第三版，纽约，麦克－劳希尔出版公司，1975）

12.3 详细估算的准备

进行投标详细估算的准备，需要估算人员将工程分解成不同的成本中心或成本子项目，也就是将项目分解成产生成本的子单元，估算人员根据所需要的资源特性估算成本。这里的资源是广义上的资源含义，包括人力资源、材料、设备和分包商，以及用以完成工程的所需资金。施工里的成本中心典型地包括一些物质性的项目，如地基、挖掘、钢材、内墙的安装等等。当然，一些与实体构件和设施最终组成没有直接联系的工作也带来成本的支出，必须考虑到。总成本中还要包括以下项目：保险金，担保金和签订合同的费用，用于安全、少数民族参与项目的特殊支出，以及分摊到项目上的公司管理费用等。与这些成本相关的条款一般称为通用条款或通用需求条款，有时可能未在合同文件特别指出。在竞标时，投标者对工程成本要做到心中有数，同时要具备工程建设的技术知识，从而可将工程分解为不同的工作包，这些工作包要消耗资源，形成成本，必须由客户进行补偿。成本账目是估算者检查计划时最关心的，当前的估算更强调以成本为核心。

估算既是一门科学又是一门艺术。基本包括以下步骤：

1. 将项目分解为成本中心。

2. 对成本中心中的最终实体分项所需的材料数量进行估计（如多少立方英尺的土、多长的管线等），这个步骤通常被称为工程量计算。对于一些不可量化的分项要确定成本计算的正确参数（例如建造商签署合同或者确定担保金额所需要的风险保险等级）。

3. 用历史材料、材料供应商报价单、设备供应商的产品目录和其他的价格信息，确定步骤2中数量的价格。价格形成计算可以基于单价或者总价。实体性工作项目的价格需要以资源分析为基础获得工作效率。如果进行工作效率分析，估算者必须作到：

a. 确定工作组所包括的工人数（熟练或者非熟练）和设备数；

b. 确定了工作组组成的情况下，以采用的技术为基础估算每小时劳动生产率；

c. 考虑现场施工和其他因素，估算此项工作的效率；

d. 计算单位有效价格。

4. 数量乘以单价，计算出总价。

如图12.3，估算人员将不同的工作成本汇总，得到总成本表。

杰斐逊星际承包公司
估算汇总
估算号：6692　估算人：DWH　日期：1998年8月1日
业主：NASA　项目：VA建筑

代 码	描 述	MH	劳动力	材 料	分包商	业 主	总 计
01	现场平整						
02	清理残迹						
03	土方工程						
04	混凝土施工						
05	结构型钢装配	1,653	18,768	15,133			33,901
06	打桩工程						
07	砖砌筑工程						
08	框架施工						
09	主要设备	2,248	26,059	1,794			27,853

10	管道	2,953	34,518	57,417	1,500	34,541	127,976
11	仪器				33,000		33,000
12	电气				126,542		126,542
13	油漆				14,034		14,034
14	绝缘				4,230		4,230
15	防火			530	1,110		1,640
16	化学清洗						
17	试验						
18	建筑安装						35,666
19	混杂的直接成本	1,008	10,608	2,050		2,000	14,658
20	现场其他工作						
直接成本小计		7,862	89,953	76,924	180,416	72,207	419,500
21	工具			7,361			7,361
22	现场工薪					16,580	16,580
23	启动资金						
24	保险和税					5,268	5,268
25	现场监督					2,038	9,238
26	总公司支出					2,454	2,454
27	现场消费					10,395	10,395
间接成本小计		480	7,200	7,361		36,735	51,296
调整表格							
现场总成本		8,342	97,153	84,285	180,416	108,942	470,796
28	自动调整						
29	一般管理费用和利润		8,342	5,057	9,021	10,190	32,610
30	不可预见费用						18,076
31	项目总成本						521,482

图 12.3 典型的估算汇总

12.4 成本中心的定义

为进行详细的成本估算，工程项目被分解后得到的分项的称谓一般参照以下名称：

1. 估算账目；
2. 行式项目；
3. 成本账目；
4. 工作包。

估算账目建立的目的在于当工程处于建设时，为将来使用于竣工成本核算的成本账目提供比对目标值。所以，重点在于反映成本变化的估算账目中的最终分解成本子项，要与现场实际搜集的成本信息而形成的成本账目的子项设置要平行一致。将来源于现场的成本账目的支出与估算账目的估计成本相比较，看是否超支、节约还是与估算相吻合。因此，在投标准备中应用成本账目，严格来说是不正确的，因为这些数据在工程进行和实际成本数据应用之前并不起作用。

近 20 年来工作包的概念很流行，通常是指将一个工程分解，既可用来进行成本控制，还可用来进行工期控制。当成本控制和工期控制被纳入这个管理系统的时候，可以通过控制工作包来实现成本和进度的控制。

将项目分解成不同的工作包得到了工作分解结构（WBS）的定义。

一个工作包是一个清晰定义的工作范围，通常终止于产品交付。每一个工作包可以存在规模上的差别区别，但是必须可估测和可控制。并且为了同时可用于预算和实际成本核算，在一个数值账目系统，它必须是可以区分识别的。一个工作包就是一个成本中心[a]。

通过成本账目的综合图或典型工作包列表，将项目分解成估算账目或工作包。根据成本账目图或工作包列表，可以分析当前估算的工程属于何种类型。即将当前估算的项目与已有账目相比较，来确定适用的类型。

12.5 工程量估算

对工程量赋予正确单位（如平方英尺或立方英尺）是指数量估算（quantity takeoff 简称为 QTO）或数量测量[b]。估算人员采取的步骤和计算应该最大限度地减少错误。成本估算中五个最经常发生错误的地方是：算法，加减法以及乘法中的错误；转换，在复制或转换数据、单位或数量时发生错误；疏忽，忽视了完成工程所需要的项目；参考的不科学性，没有参考图形所给的比例，而是做了缩或放；浪费或考虑因素不全。

数量估测的第一步是确定每个工作包所需材料。确定了材料的类型，将相关数据记录于电子数据表，就可计算所需数量了。通过工作包来计算数量的优点是能由多个估算人员参与，每个人对自己擅长的领域负责。因为不管估算人员对自己的领域多么熟悉，希望他对整个建筑过程都能了解是不现实的。这种方法可使估算人员互相监督和检查工作，有利于对最终结果的确定和工程款支付的进行。如果发生变化，只需重新计算那些受影响的活动。而用其他估算方法时，一旦发生变化，则需要对整个过程进行重新估算。

在数量计算之前，有时需要根据工程图或说明书绘制详细工程图。例如图 12.4 就是一个小型墙体工程图。在建设工程中，这些详细而大量的信息对估算人员进行成本估算是很有价值的。应将这些图表进一步发展到能描绘出每一个工作包所需的全部材料。当把这些列出之后，与标准表比较，检查是否有漏项。

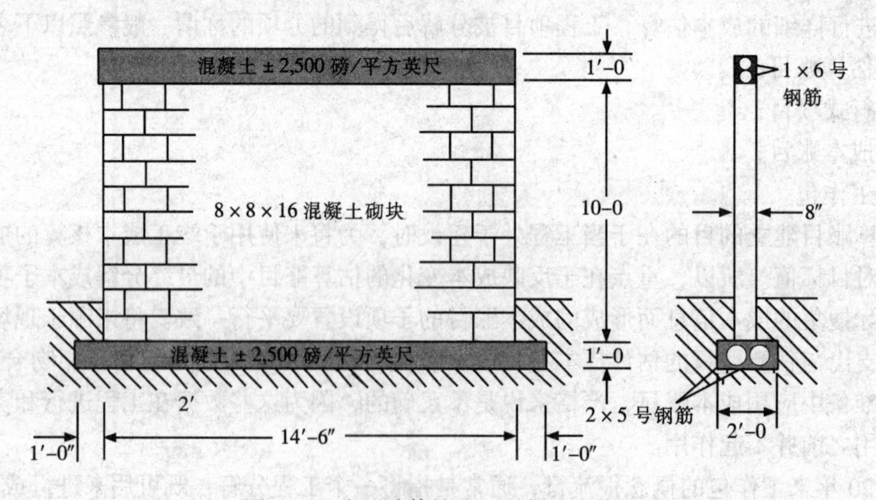

图 12.4 小型墙体施工（混凝土砌块）

注：a 杰姆士·N·尼尔（James N. Neil）项目控制的建筑成本估算，普兰提斯－豪尔出版社（Prentice－Hall），英格伍德－克里夫斯（Englewood Cliffs），新泽西，1982 年，73 页

b 这个术语通常用在英联邦国家。

所有这些计算应以标准表格的形式展现，要做到清晰易读，便于自我检查和互相检查。当计划上的有关项目计算之后，应以彩色突出进行标记，以便于检查。数学方法通过计算器或计算机的程序来实现，估算人员对结果进行检验。估算结果应附带所有估算文件，以便于检查和以后需要。数量计算一定要精确，浪费或者遗漏的因素要补上。图12.5所示的是小墙体的材料估算表。

项目名称________________________________

工序编码	工序名称	所需材料	数 量	单 位	成本编码
1	布线	标尺 2×4×24	10.3	英尺	0100
3	钢筋绑扎	5号钢筋	32.3	英尺	0320
		绑扎用铁丝	1	卷	
4	混凝土和养护	基脚			
		混凝土	1.25	立方码	0330
		养护剂	0.25	加仑	0337
5	混凝土墙砌筑				
		8×8×16 混凝土砌块－墙主体	143	块	0412
		8×8×16 混凝土砌块—墙拐角	14	块	0412
		8×8×16 混凝土砌块—墙拐角	16	块	0412
		4′×4′×6′脚手架	2	榀	0100
		灰泥	0.27		0412
7	圈梁模板施工				
		2×4（4－15′－0″）	43.5	英尺	0310
		2×2	12.7	英尺	0310
		1×2	2.0	英尺	
		3/4″厚室外用胶合板	60.3	平方英尺	0310
		8″卡销	24	个	0310
		8″直径钉	1.5	磅	0310
		6″直径钉	0.4	磅	0310
		模板润滑油	0.07	加仑	
8	圈梁钢筋绑扎				
		6号钢筋	28.67	英尺	0320
9	混凝土和养护	圈梁			
		混凝土	0.35	立方码	0330
		养护剂	0.05	加仑	0337
10	模板拆除和圈梁抹灰				
		灰浆	1	立方英尺	0339.2

图 12.5 工序材料清单

最后做一个汇总表，是一个包括整个工程所需的所有材料类型的列表。列表应包括由工序代码区分的项目材料数量和分项数量信息，还应包括适当的冗余和遗漏调整计算。图12.6就是一个汇总表的例子，这是一个非常简单的例子，只是用来说明工程量计量的特点。现实中，许多公司利用计算机程序，为整个估算服务，为最终估算做准备。为了避免估算错误导致投标过程产生错误，需要很好地理解估算的基本原理。

项目：墙体施工

描 述	工序编码	分项数量	浪费数量	总 量	单 位		成本编码
2×4木材	总计	53.8	10%	60.0	英尺		
	1	10.3					0100
	7	43.5					0310
2×4木材	7	12.7	10%	14.0	英尺		0310
1×4木材	7	2.0	10%	2.25	英尺		0310
3/4″厚室外用胶合板	7	60.3	10%	66	平方英尺		0310
养护剂	总计	.30		1	加仑		0337
	4	.25					
	9	.05					
8″卡销	7	24.	5%	25	个		0310
8″直径钉	7	1.5		3	磅		0310
6″直径钉	7	.4		1	磅		0310
模板润滑油	7	.07		.25	加仑		0310

图12.6 建筑支持材料更新表

12.6 详细成本的确定方法

账目数量确定以后，工程项目的其他相关问题就比较好解决了。成本决定的方法通常可以采用单位价格和资源列举。如果一个估算账目所列的各项任务是标准的，成本的计算可简单地采用单位记录的单价，并引入一个适当的修正因子对实际工程数量进行修正。例如，如果某工程任务需要100英尺钢材，公司的历史记录显示每英尺钢材的劳动及材料费是65美元。本项工程直接计算成本就是6,500美元。此数据就可应用于具体的施工条件。

在一些标准的估算参数资料中都可得到单位成本，标准参考资料中给出的是国家级的平均单价，不同地区应根据地区情况引入适当的乘数因子。这些参数每年都要更新，以保持实时性。能够提供这些服务的最大、最著名的公司有：

1. 罗斯密工程造价咨询公司（R.S.Means）公司，房屋施工成本数据；

2. 沃克（F.R.Walker）的房屋估价师参考手册；

3. 理查森（Richardson）的通用工程估算标准。

这些参考资料都包括各项目的成本列表。

罗斯密工程造价咨询公司提供的项目列表如图12.7所示。根据罗斯密工程造价咨询公司系统，包括直接成本、一般管理费和利润的估算过程如图12.8所示。

		031 100 结构用模板	施工队	每日产出	工作时间	单位	1996 年净成本				包括管理费和利润的总计	
							机械	劳动力	设备	总计		
138	4500	36″高斜面模板 1用	C－2	305	.157	SFCA	2	3.88	.12	6	8.55	138
	4550	2用		370	.130		1.24	3.20	.10	4.54	6.55	
	4600	3用		405	.119		1.01	2.92	.09	4.02	5.85	
	4650	4用		425	.113		.88	2.78	.09	3.75	5.50	
	5000	36″高反梁模板 1用		225	.213		3.12	5.25	.16	8.53	12.	
	5050	2用		255	.188		1.84	4.64	.14	6.62	9.96	
	5100	3用		275	.175		1.55	4.30	.13	5.98	8.70	
	5150	4用	▼	280	.171	▼	1.39	4.22	.13	5.74	8.40	
142	0010	柱模	C－1			LF.						
	0500	4用		160	.200		1.95	4.77	.17	6.89	9.95	142
	0650	直径 24″		135	.237		2.98	5.65	.20	8.83	12.55	
	0700	直径 28″		130	.246		3.20	5.85	.21	9.26	13.15	
	0800	直径 30″		125	.256		3.82	6.10	.22	10.14	14.20	
	0850	直径 36″		120	.267		4.37	6.35	.23	10.95	15.20	
	1500	8″圆形纤维管 1用		155	.206		1.75	4.92	.18	6.85	10.00	
	1550	直径 10″		155	.206		2.44	4.92	.18	7.54	10.75	
	1600	直径 12″		150	.213		3.75	5.10	.18	9.03	12.50	
	1650	直径 14″		145	.221		4.50	5.25	.19	9.94	13.55	
	1700	直径 16″		140	.229		6	5.45	.20	11.65	15.50	
	1750	直径 20″		135	.237		9	5.65	.20	14.85	19.20	
	1800	直径 24″		130	.246		11.25	5.85	.21	17.31	22	
	1850	直径 30″		125	.256		16.80	6.10	.22	23.12	28.50	
	1900	直径 36″		115	.278		21.50	6.65	.24	28.39	35	
	1950	直径 42″		100	.320		40.00	7.65	.28	47.93	56.50	
	2000	直径 48″		85	.376		61.00	9	.32	70.32	81.50	
	2200	无缝柱模					15%					
	3000	钢制柱模板 4用 一般用途		145	.221		2.59	5.25	.19	8.03	11.45	
	3050	直径 12″，16″		125	.256		2.81	6.10	.22	9.13	13.10	
	3100	直径 20″、24″ 承重较大		105	.305		3.09	7.25	.26	10.60	15.30	
	3150			85	.376		3.20	9	.32	12.52	18.25	
	3200	直径 30″		70	.457		3.43	10.90	.39	14.72	21.50	
	3250	直径 36″		60	.533		3.94	12.70	.46	17.10	25.50	
	3300	直径 48″		50	.640		5.90	15.25	.55	21.70	31.50	
	3350	直径 60″		45	.711	▼	7.05	16.95	.61	24.61	35.50	
	4000	4″柱顶模板 4用		12	2.667	Ea	17.45	63.50	2.29	83.24	124	
	4050	5″		11	2.909		18.75	69.50	2.50	90.75	134	
	4100	顶模板直径 6″		10	3.200		21.50	76.50	2.75	100.8	149	
	4150	顶模板直径 7″	▼	9	3.556	▼	23.50	85	3.06	111.5	164	
	5000	胶合板 8″×8″柱模，1用	C－1	165	.194	SFCA	2.26	4.63	.17	7.06	10.05	
	5050	2用		195	.164		1.25	3.91	.14	5.30	7.80	
	5100	3用		210	.152		.91	6.63	.13	4.67	6.95	
	5150	4用		215	.149		.79	3.55	.13	4.47	6.65	
	5500	胶合板 12″×12″柱模，1用		180	.178		2.09	4.24	.15	6.48	9.20	
	5550	2用		210	.152		1.27	3.63	.13	5.03	7.35	
	5600	3用		220	.145		1.00	3.47	.13	4.60	6.80	
	5650	胶合板 16″×16″柱模，1用		225	.142		0.85	3.39	.12	4.36	6.5	
	6000			185	.173		1.97	4.13	.15	6.25	8.90	
	6050	2用		215	.149		1.18	3.55	.13	4.86	7.10	
	6100	3用		230	.139		0.93	3.32	.12	4.37	6.45	
	6150	胶合板 24″×24″柱模，1用		235	.136		0.80	3.25	.12	4.17	6.20	
	6500			190	.168		1.98	4.02	.14	6.14	8.75	
	6550	2用		216	.148		1.19	3.53	.13	4.85	7.10	
	6600	3用	▼	230	.139	▼	0.94	3.32	.12	4.38	6.45	

注：参见《构造和城市成本索引》参考部分的支持数据；SFCA－合同区域平方英尺；LF－纵向英尺；Ea－个

图 12.7 罗斯密工程造价咨询公司所列项目

（摘自《建筑施工数据方法 1996》，罗斯密工程造价咨询公司所有）

R.S. 建筑成本分项采用统一建筑索引的数字标识，系统假定了每一个分项给定成员组成和生产率。说明单位价格是以一定的资源假定（如人员、设备数量等）和劳动率为基础的。单价的标准形式是以单位美元数来表示的，而且同时要考虑资源和能达到的劳动率水平。单位美元数的计算方法如下：

$$\frac{\text{单位时间的资源成本}}{\text{资源生产率}}=\frac{\$/\text{小时}}{\text{单位/小时}}=\$/\text{单位}$$

单位成本是资源成本与生产率的比值。施工队成员组成和人工成本的假定见图 12.8 的中间部分。

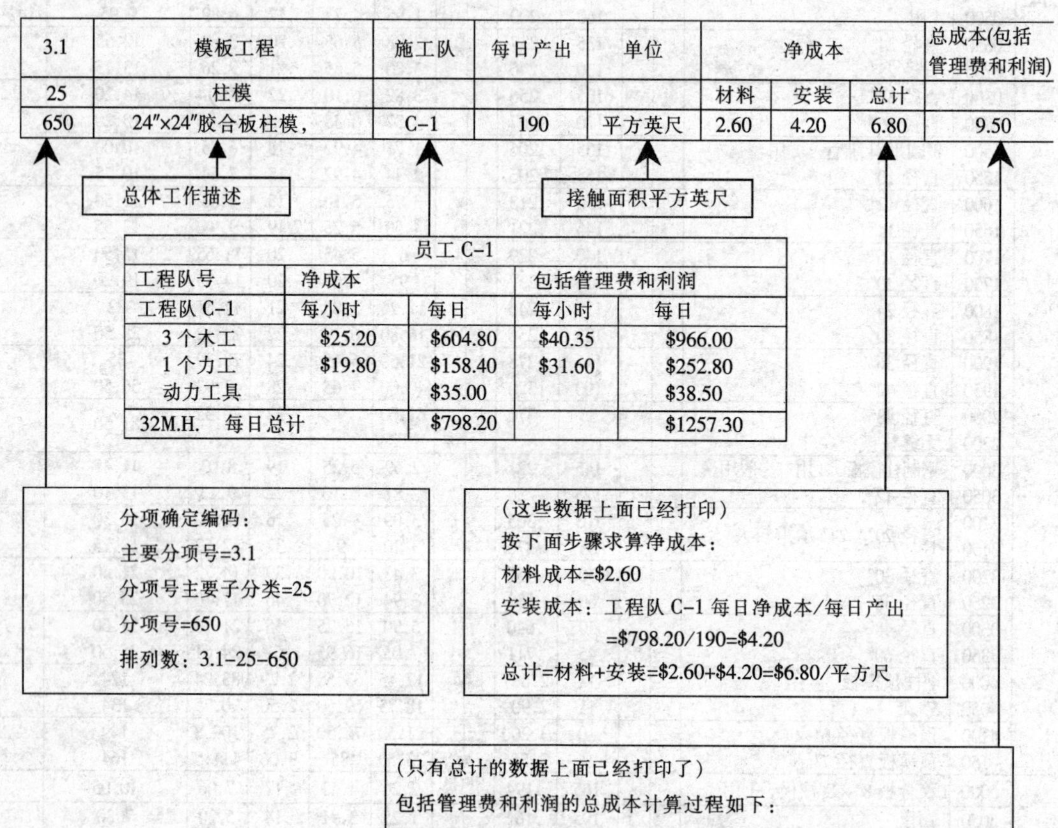

3.1	模板工程	施工队	每日产出	单位	净成本			总成本(包括管理费和利润)
25	柱模				材料	安装	总计	
650	24″×24″胶合板柱模，	C-1	190	平方英尺	2.60	4.20	6.80	9.50

员工 C-1				
工程队号	净成本		包括管理费和利润	
工程队 C-1	每小时	每日	每小时	每日
3 个木工	$25.20	$604.80	$40.35	$966.00
1 个力工	$19.80	$158.40	$31.60	$252.80
动力工具		$35.00		$38.50
32M.H.　每日总计		$798.20		$1257.30

图 12.8　用罗斯密工程造价咨询公司开发的成本项目

（版权归罗斯密工程造价咨询公司所有）

R.S. 系统对每个分项规定两类成本，一个是纯成本，是指劳动力和材料的直接成本；另一个是总成本，还包括了税费和一般管理费用及利润（缩写为 O&P）。图 12.8 中 C－1 施工队的纯成本计算出为 798.20 美元/班次。因此单位安装成本是：

$$\frac{\$798.20/\text{班次}}{190\ \text{单位/班次}}=\$4.20/\text{平方英尺}$$

将此安装成本与材料的单位成本 $2.60 相加，得到材料及安装的单位纯成本为 $6.80。

与劳动有关的管理费和利润是（R.S. 系统提供的）：

1. 额外津贴；
2. 工人伤害赔偿；
3. 平均固定管理费用；
4. 分包管理费用；
5. 分包商的利润。

图 12.9 列出的价格随专业变化而变化。为了调整安装纯成本，使其包括分包商的管理费和利润（缩写为 O&P），表格对每个专业的价格进行了正确界定，例如，木工的总调整量占小时工资的 59.7%或每小时 15.05 美元，所以包括 O&P 的木匠小时费用率为 40.25 美元。类似地，包括 O&P 的力工是每小时 31.60 美元。动力工具的费用补偿调整比例是 10%，可得到每天的费用率为 38.50 美元。所以，包括 O&P 的新安装率为：

$$\frac{\$1257.30}{190}=\frac{\$6.62}{\text{平方英尺}}$$

用 10%来修正材料成本，得 \$2.86/平方英尺。材料及安装的总成本就是 \$9.48/平方英尺，大约为 9.50 美元。

承包商的管理和利润

下面是一般安装承包商的有关数据：

A栏：劳务工人工资水平是基于美国 30 个城市的工会成员的平均工资，是包括额外津贴的基本工资率。这些数据是雇员工资和所有额外津贴的总和，包括：假日补助、健康和福利保险成本、退休金、培训费和科技发展基金等。

B栏：工人伤害补偿率，由美国联邦的每一个州为每一个工种制定。

C栏：是针对所有的工种的固定管理费用，包括美国联邦和州的失业成本保险成本 7.3%；社会安全税（FICA）7.65%；建造商风险保险成本 0.34%；公共责任费用成本 1.55%。除了社会安全税以外，其他费用的比率在不同的州，对不同的公司是不同的。

D栏和E栏：D和E栏的百分比是为账面营业额达到或者超过 500,000 美国的安装承包商设立。管理费用随营业额减少而略有增加。承包商的管理费用的比重都是有很大差别的，而且受多种因素影响，如承包商的年承包额、工程和后勤成本、员工需求等。管理费用和利润还受工程类型、项目位置和当前经济条件的影响。对于具体的工程，应该认真检查所有的影响因素。

F栏：是 B、C、D、E 栏之和。

G栏：是 A栏（小时劳动率）和 F栏的百分比（管理费用和利润的百分比）之积。

H栏：A栏（每小时劳务工资率）和 G栏（管理费用和利润总和）之和。

I栏：H栏乘以 8 小时得到。

缩写	专业工种	A		B	C	D	E	F	G	H	I
		基 率		工人补偿	平均固定管理费用	管理费用	利润	总费用和利润		费用和成本率	
		每小时	每天					%	数量	每小时	每天
Skwk	熟练工平均(35 项工种)；	\$25.95	\$207.60	20.2%	16.8%	13.0%	10.0%	60.0	\$15.5	\$41.50	\$332.00
	辅助工平均(5 项工种)；	19.25	154.00	21.4		11.0		59.2	11.40	30.65	245.20
	内部工长平均(\$0.5)；	26.45	211.60	20.2		13.0		60.0	15.85	42.30	338.40
	外部领班平均(\$0.2)；	27.95	223.60	20.2		13.0		60.0	16.75	44.70	357.60
Clab	普通力工	19.80	158.40	21.9		11.0		59.7	11.80	31.60	252.80
Asbe	石棉制品工	28.55	228.40	19.7		16.0		62.5	17.85	46.40	371.20
Boil	锅炉制造工	30.05	240.40	17.7		16.0		60.5	18.20	48.25	386.00
bric	砌砖工	25.90	207.20	19.4		11.0		57.2	14.80	40.70	325.60
Brhe	砌筑辅助工	20.00	160.00	19.4		11.0		57.2	11.45	31.45	251.60
Carp	木工	25.20	201.60	21.9		11.0		59.7	15.05	40.25	322.00

Cefi	水泥抹平工	24.35	194.80	12.8		11.0		50.6	12.30	36.65	293.20
Elec	电工	29.30	234.40	8.0		16.0		50.8	14.90	44.20	353.60
Elev	电梯安装工	30.05	240.40	9.6		16.0		52.4	15.75	45.80	366.40
Eqhv	重型设备操作工,	26.75	214.00	12.9		14.0		53.7	14.35	41.10	328.80
Eqmd	中型设备的操作工	25.70	205.60	12.9		14.0		53.7	13.80	39.50	316.00
Eqit	轻型设备操作工	24.70	197.60	12.9		14.0		53.7	13.25	37.95	303.60
Eqol	涂有机操作工	21.90	175.20	12.9		14.0		53.7	11.75	33.65	269.20
Eqmm	高级设备机械师	27.55	220.40	12.9		14.0		53.7	14.80	42.35	338.80
Glaz	玻璃安装工	24.90	199.20	16.0		11.0		53.8	13.40	38.30	306.40
Lath	板条工	24.95	199.60	13.5		11.0		51.3	12.80	37.75	302.00
Marb	大理石安装工	25.65	205.20	19.4		11.0		57.2	14.65	10.30	322.40
Mill	水磨工	26.55	212.40	13.2		11.0		51.0	13.55	40.10	320.80
Mstz	镶嵌和打磨工	25.25	202.00	11.0		11.0		48.8	12.30	37.55	300.40
Pord	一般油漆工	22.95	183.60	16.8		11.0		54.6	12.55	35.50	284.00
Psst	结构钢油漆工	23.95	191.60	62.5		11.0		100.3	24.00	47.95	383.60
Pape	裱褙工人	23.30	186.40	16.8		11.0		54.6	12.70	36.00	288.00
Pile	打桩工	25.35	202.80	33.6		16.0		76.4	19.35	44.70	357.60
Plas	石膏工	24.20	193.60	17.4		11.0		55.2	13.35	37.55	300.40
Plah	石膏辅助手	20.15	161.20	17.4		11.0		55.2	11.10	31.25	250.00
Plum	管道工	30.05	240.40	10.2		16.0		53.0	15.95	46.00	368.00
Rodm	钢筋工	27.75	222.00	36.3		14.0		77.1	21.40	49.15	393.20
Rofc	屋顶复合工	22.55	180.40	37.4		11.0		75.2	16.95	39.50	316.00
Rots	屋顶砖瓦工	22.60	180.80	37.4		11.0		75.2	17.00	39.60	316.80
Rohe	屋顶辅助工	15.95	127.60	37.4		11.0		75.2	12.00	27.95	223.60
Shee	薄片金属工	28.95	231.60	13.8		16.0		56.6	16.40	45.35	362.80
Spri	喷灌工	31.3	250.40	10.4		16.0		53.2	16.65	47.95	383.60
Stpi	蒸汽管道安装工	30.30	242.40	10.2		16.0		53.0	16.05	46.35	370.80
Ston	石砌筑工	25.90	207.20	19.4		11.0		57.2	14.80	40.70	325.60
Sswk	结构钢装配工	27.85	222.80	46.4		14.0		87.2	24.30	52.15	417.20
Tilf	瓷砖铺设工	25.05	200.40	11.0		11.0		48.8	12.20	37.25	298.00
Trlth	瓷砖铺设辅助工	20.30	162.40	11.0		11.0		48.8	9.90	30.20	241.60
Trlt	轻型卡车司机	20.35	162.80	17.0		11.0		54.8	11.15	31.50	252.00
Trhv	重型卡车司机	20.70	165.60	17.0		11.0		54.8	11.35	32.05	256.40
Sswl	结构钢焊接工	27.85	222.80	46.4		14.0		87.2	24.30	52.15	417.20
Wrck	救险工	19.80	158.40	44.8		11.0		82.6	16.35	36.15	289.20

图 12.9 承包商的管理费和利润

(摘自《建筑施工数据方法 1996》版权归罗斯密工程造价咨询公司所有)

12.7 单位成本法

承包商获得的数据是以美元/单位来表示的，在大多数情况下没有工程队的人员组成、成本和生产率的统计数据。实际上，单位成本的数据是近期工程的平均值。同时，不同工程分项的人员组成、成本和生产率是不同的，所得数据只是单位的平均状况。因此，一定要谨慎使用过去有关的信息。由于每项工程都是不同的，估算人员应有直觉确定哪些数值可以用在当前的估算中。但是，如果工程条件的差异很小，直接应用已有单位价格的方法既可行又有效率。

勿容置疑，一段时间内的单位成本率（单位时间资源成本）随劳动成本和机器的变化而发生着巨大变化。近20年来有关建筑项目开发的组成部分的成本都急剧上涨。对此，工程新闻记录（ENR）中给予了清晰的记录，如图12.10建筑成本指数所示。为了排除资源成本中通货膨胀的影响，一些承包商还坚持用人工小时、资源小时的生产率。这就使公司建立了以资源、时间为基础的成本核算体系，而不是美元/单位。所以，承包商可以重新得到各项目每小时劳动力或每小时资源的单位价值（缩写为RH）。计算方法为：

每小时的资源/每小时的单位 = RH/单位

上式乘以资源的单位时间费用，就得到了单位时间成本。如果每单位需要25资源小时，而且单位时间资源的平均成本是＄20，那么单位成本就是＄500。这种计算方法是建立在每单位所需资源数量能够长期保持稳定，而单位成本是不稳定的认识基础之上的。所以，单位资源小时的数据不会受到通货膨胀、物价波动和服务价格变化的影响。

应用单位成本估算方法要假定成本账目的历史数据是普遍适用的，这些数据以立方英尺或平方英尺等为参考单位进行收集。材料成本与安装成本数据通过汇总形成单位成本。一般地，建筑企业通过手算或者计算机对数据进行加总。80%～90%的工程可以通过计算参考单位的数量与单价相乘进行成本估算。有时需要根据具体工作的特殊性对估算价格进行调整。路易斯·达勒维（Louis Dallavia，总建筑成本的估算，1957）提出了某些工作及施工现场的特殊影响因素，为工程估算人员调整具体工程的价格提供了参考。这是一个基于生产能力索引的效率影响指标，列举了八个特征指标。计算效率影响百分比的方法，如图12.11所示。

1914～1996年房屋建筑成本指数沿革

ENR建立指数的方法：20个城市的熟练工人工作68.38个小时的平均工资，包括瓦工、木工、钢结构工等，加25CWT的标准结构型钢的出厂价格，加22.56CWT（1.128吨）的波特兰水泥的价格，加20个城市中2×4的木材1088板英尺的价格，最后汇总得。

年平均							月指数												年平均
							1	2	3	4	5	6	7	8	9	10	11	12	
1914	92	1935	166	1956	491	1977	1489	1499	1504	1506	1507	1521	1539	1554	1587	1618	1604	1607	1545
1915	95	1936	172	1957	509	1976	1609	1617	1620	1621	1652	1663	1696	1705	1720	1721	1732	1734	1674
1916	131	1937	196	1958	525	1979	1740	1740	1750	1749	1753	1809	1829	1849	1900	1900	1901	1909	1819
1917	167	1938	197	1959	548														
1918	159	1939	197	1960	559	1980	1895	1894	1915	1899	1888	1916	1950	1971	1976	1976	2000	2017	1941
1919	159	1940	203	1961	568	1981	2015	2016	2014	2064	2076	2080	2106	2131	2154	2151	2181	2178	2097
1920	207	1941	211	1962	580	1982	2184	2198	2192	2197	2199	2225	2258	2259	2263	2262	2268	2297	2234
1921	166	1942	222	1963	594	1983	2311	2348	2352	2347	2351	2388	2414	2428	2430	2416	2419	2406	2384
1922	155	1943	229	1964	612	1984	2402	2407	2412	2422	2419	2417	2418	2428	2430	2424	2421	2408	2417
1923	186	1944	235	1965	627														
1924	186	1945	239	1966	650	1985	2410	2414	2406	2405	2411	2429	2448	2442	2441	2441	2446	2439	2428
1925	183	1946	262	1967	676	1986	2440	2446	2447	2458	2479	2493	2499	2498	2504	2511	2511	2511	2483
1926	185	1947	313	1968	721	1987	2515	2510	2518	2523	2524	2525	2538	2557	2564	2569	2564	2589	2541
1927	186	1948	341	1969	790	1988	2574	2576	2586	2591	2592	2595	2598	2611	2612	2612	2616	2617	2598
1928	188	1949	352	1970	836	1989	2615	2608	2612	2615	2616	2623	2627	2637	2660	2662	2665	2669	2634
1929	191	1950	375	1971	948														
1930	185	1951	401	1972	1048	1990	2664	2668	2673	2676	2691	2715	2716	2716	2730	2728	2730	2720	2702
1931	168	1952	416	1973	1138	1991	2720	2716	2715	2709	2723	2733	2757	2792	2785	2786	2791	2784	2751
1932	131	1953	431	1974	1205	1992	2784	2775	2799	2809	2828	2838	2845	2854	2857	2867	2873	2875	2834
1933	148	1954	446	1975	1306	1993	2886	2886	2915	2976	3071	3066	3038	3014	3009	3016	3029	3046	2996
1934	167	1955	469	1976	1425	1994	3071	3106	3116	3127	3125	3115	3107	3109	3116	3116	3109	3110	3111
						1995	3112	3111	3103	3100	3096	3095	3114	3121	3109	3117	3131	3128	3111
						1996	3127	3131	3135										

以1913 = 100

1907～1996 年建筑成本指数沿革

ENR 建立指数的方法：20 个城市的熟练工人工作 200 个小时的平均工资，加 25CWT 的标准结构型钢的出厂价格，加 22.56CWT（1.128 吨）的波特兰水泥的价格，加 20 个城市中 2×4 的木材 1088 板英尺的价格，最后汇总得。

年平均						月指数													年平均
							1	2	3	4	5	6	7	8	9	10	11	12	
1907	101	1930	203	1953	600	1976	2305	2314	2322	2327	2357	2410	2414	2445	2465	2478	2486	2490	2401
1908	97	1931	181	1954	628	1977	2494	2505	2513	2514	2515	2541	2579	2611	2644	2675	2659	2660	2576
1909	91	1932	157	1955	660	1978	2672	2681	2693	2698	2733	2753	2821	2829	2851	2851	2861	2869	2776
1910	96	1933	170	1956	692	1978	2872	2877	2886	2886	2889	2984	3052	3071	3120	3122	3131	3140	3003
1911	93	1934	198	1957	724														
1912	91	1935	196	1958	759	1980	3132	3134	3159	3143	3139	3198	3260	3304	3319	3327	3355	3376	3237
1913	100	1936	206	1959	797	1981	3372	3373	3384	3450	3471	3496	3548	3616	3657	3660	3697	3695	3535
1914	89	1937	235	1960	824	1982	3704	3728	3721	3731	3734	3815	3899	3899	3902	3901	3917	3950	3835
1915	93	1938	236	1961	847	1983	3960	4001	4006	4001	4003	4073	4108	4132	4142	4127	4133	4110	4066
1916	130	1939	236	1962	872	1984	4109	4113	4118	4132	4142	4161	4166	4169	4176	4161	4158	4144	4146
1917	181	1940	242	1963	901														
1918	189	1941	258	1964	936	1985	4145	4153	4151	4150	4171	4201	4220	4230	4229	4228	4231	4228	4195
1919	198	1942	276	1965	971	1986	4218	4230	4231	4242	4275	4303	4332	4334	4335	4344	4342	4351	4295
1920	251	1943	290	1966	1019	1987	4354	4352	4359	4363	4369	4387	4404	4443	4456	4459	4453	4478	4406
1921	202	1944	299	1967	1074	1988	4470	4473	4484	4489	4493	4525	4532	4542	4535	4555	4567	4568	4519
1922	174	1945	308	1968	1155	1989	4580	4573	4574	4577	4578	4599	4608	4618	4658	4658	4668	4685	4615
1923	214	1946	346	1969	1269														
1924	215	1947	413	1970	1381	1990	4680	4685	4691	4693	4707	4732	4734	4752	4774	4771	4787	4777	4732
1925	207	1948	461	1971	1581	1991	4777	4773	4772	4766	4801	4818	4854	4892	4891	4892	4896	4889	4835
1926	208	1949	477	1972	1753	1992	4888	4884	4927	4946	4965	4973	4992	5032	5042	5052	5058	5059	4985
1927	206	1950	510	1973	1895	1993	5071	5070	5106	5167	5262	5260	5252	5230	5255	5264	5278	5310	5210
1928	207	1951	543	1974	2020	1994	5336	5371	5381	5405	5405	5408	5409	5424	5437	5437	5439	5439	5408
1929	207	1952	569	1975	2212	1995	5443	5444	5435	5432	5433	5432	5484	5506	5491	5511	5519	5524	5471
						1996	5523	5532	5537										

以 1913 = 100

图 12.10 ENR 建筑成本指数

项目	生产能力索引		
	生产效率（%）		
	25 35 45	55 65 75 85	95 100
	低	中等	高
1. 经济			
当地经济形式	繁荣	正常	困难
建筑工程总量	景气	正常	萧条
失业情况	高	正常	低
	低	正常	高
2. 工作量	有限	中等	大
设计区域	不理想	中等	理想
手工操作	有限	中等	大
机械化操作	有限	中等	大
3. 劳务	差	中等	好
培训	较差	中等	好
薪酬	低	中等	高
供给	不足	中等	剩余
4. 监督和管理层	差	中等	好
培训	较差	中等	好
薪酬	低	中等	高
供给	不足	中等	剩余

5. 工程条件 管理 现场和材料 所需工艺水平 操作空间	差 差 不理想 高 小	中等 中等 中等 中等 中等	好 好 理想 低 大
6. 天气 降水 寒冷程度 高温状况	不好 多 寒冷 酷热	适宜 适当 中等 适中	好 偶尔 偶尔 偶尔
7. 设备 适应性 状况 维修	差 差 差 慢	正常 正常 适宜 中等	好 好 好 快
8. 延期 工作灵活性 交付 工期加速	多天 差 慢 差	一些 中等 正常 正常	很少 好 迅速 好

例如，在分析和研究所要投标的项目之后，某开发商对有关生产要素进行了如下估算：

生产要素	效率（%）
1. 目前经济	75
2. 工作量	90
3. 劳务	70
4. 监督管理层	80
5. 工作条件	95
6. 天气	85
7. 方法和设备	55
8. 延期	75
合　计	625

即八个因素总计625，平均值为625/8，或为78%。

图12.11　达勒维方法

12.8　资源列举法

上述单位成本法能够有效和准确地估算一般工程项目的成本，但是由于任何项目都有不同于其他项目的自身特性，一些较特殊的工程和结构不能采用单位成本估算法，而需要把工程所涉及的特殊分项分解为细项，并将典型的资源组合分解到每个细项上。而资源组合可以形成的生产率应根据历史资料或实际经验进行估算。将成本中心分解为细项的方法，与在12.5节中为计量工程量而对墙体进行分解的方法非常相似。资源项目列举法所涉及的主要步骤如图12.12所示。

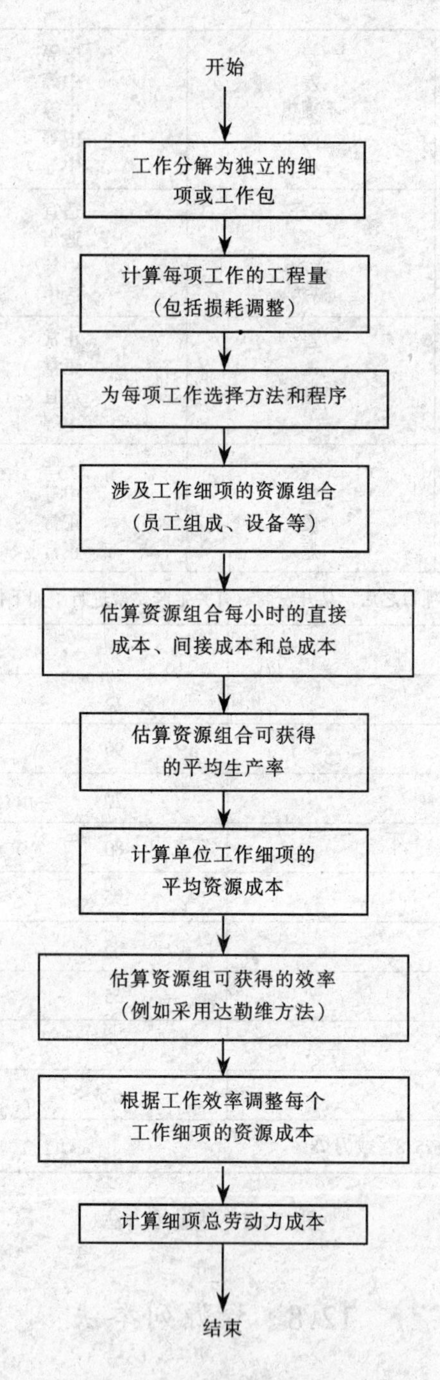

图 12.12 资源列举估算法

资源项目列举法的例子如图 12.13，在此例中，混凝土浇筑队包括 1 个木工工长、2 个泥瓦工，1 个混凝土泵送操作工，7 个负责摊铺、筛分和振捣混凝土的力工。同时还需要一台混凝土浇筑泵（即设备资源）。用上节的方法获得了每种资源的单位成本，此混凝土浇筑队的小时工资水平为 $370，理论平均生产率为 12 立方英尺/小时，由此可计算出每立方英尺混凝土的平均劳动力成本为 $30.38。计划或设计说明书中对混凝土施工的每一具体细项所需的混凝土数量进行了规定。考虑第一个细项——基础混凝土施工，要对混凝土的基本用量进行损耗调整。由于基础混凝土的浇筑效率因子为90%，因此将单位成本调整为$34.25。

混凝土浇筑队			
数　量	成　员	效　率	总费用/小时
1	木工	$40.00	$40.00
2	泥瓦工	$36.00	$72.00
1	混凝土浇筑泵操作工	$38.00	$38.00
7	力工	$28.00	$196.00
1	混凝土泵	$24.00	$24.00
		全队的小时效率	$370.00

正常环境下的生产率（效率系数为1）=12立方码/小时
平均劳动力成本/立方码＝$370/12＝$30.83

区　域	工程量	损耗百分比	效率因子	劳动力成本/立方码	工序成本
1. 基础	53.2	15	0.9	$34.25	$1822
2. 墙体，顶标高244.67英寸	52.9	12	0.8	38.54	2039
3.10英寸厚楼板	1.3	30	0.3	102.77	134
4. 梁，底标高244.67英寸	10.5	15	0.7	44.04	462
5. 梁，底标高245.17英寸	9.1	15	0.7	40.44	401
6. 楼板，底标高244.67英寸	8.7	10	0.7	40.44	383
7. 内墙，顶标高244.67英寸	5.5	15	0.4	77.07	424
8. 楼板，底标高254.17英寸	6.3	10	0.75	41.11	259
9. 墙体，顶标高在244.67～254.17英寸	57.2	10	0.8	38.54	2205
10. 墙体，顶标高在254.17～267英寸	42.0	10	0.8	38.54	1619
11. 地板，底标高267英寸	8.9	10	0.9	34.25	305
12. 检修孔墙体	27.3	10	0.85	36.27	990
13. 屋顶	14.0	15	0.7	44.04	617
14. 端墙	8.5	10	0.8	38.59	328
混凝土浇筑施工全部直接劳动力成本				$11,988	$12,000

图12.13 劳务资源列举

项目资源列举法使估算人员可以根据项目情况做出资源明细，这种方法反映了最近的报酬或服务费水平，需要考虑通货膨胀或紧缩的趋势，所以单价计算的基本公式为：

$$\frac{\text{单位时间资源成本}}{\text{生产效率}} = \frac{\$/\text{小时}}{\text{单位产品/小时}} = \frac{\$}{\text{单位产品}}$$

在单位成本法中，资源成本和生产率被综合在一起考虑，并通过系列历史资料来反映成本率。而资源列举法中，估算人员根据生产水平和所考虑的影响因子，将每一个工作组、每一个资源组的费用都考虑到，得到一个更加精确的单位成本。但是，这种方法的缺点是要花费大量的时间，所以，此方法一般仅限于：(1) 无法获知单位成本数据的工程分项；(2) 巨额分项，指在总成本占有很大份额的分项，对巨额分项的精确成本分析，可以使项目成本节约，从而使标价根据竞争优势；(3) 仅用单位成本法不足以描述清楚的特别复杂的工程分项。

12.9　工作包（或集成）估算

随着估算方法的发展，人们引入了工作包（集成）的概念，这个概念可以在建筑项目经常遇到，被人们视作估算组，并对工作包的尺度和成本相关的参数进行了恰当的规定。图12.4中的一面墙，就可以看作是一个工作包（集成）。无论什么时候遇到这个工作包，墙的高度、厚度、墙脚的高度、砌块的构成以及圈梁都有固定的规定。该段墙体的价格信息就可以从价格手册中获得。因为在这种方法中的参考信息是工作包，可以通过工作包的再分解，获得一些扩展信息。

墙脚工作包如图12.14所示，需要估算的数据是一系列具有不同量纲的数值，如图中

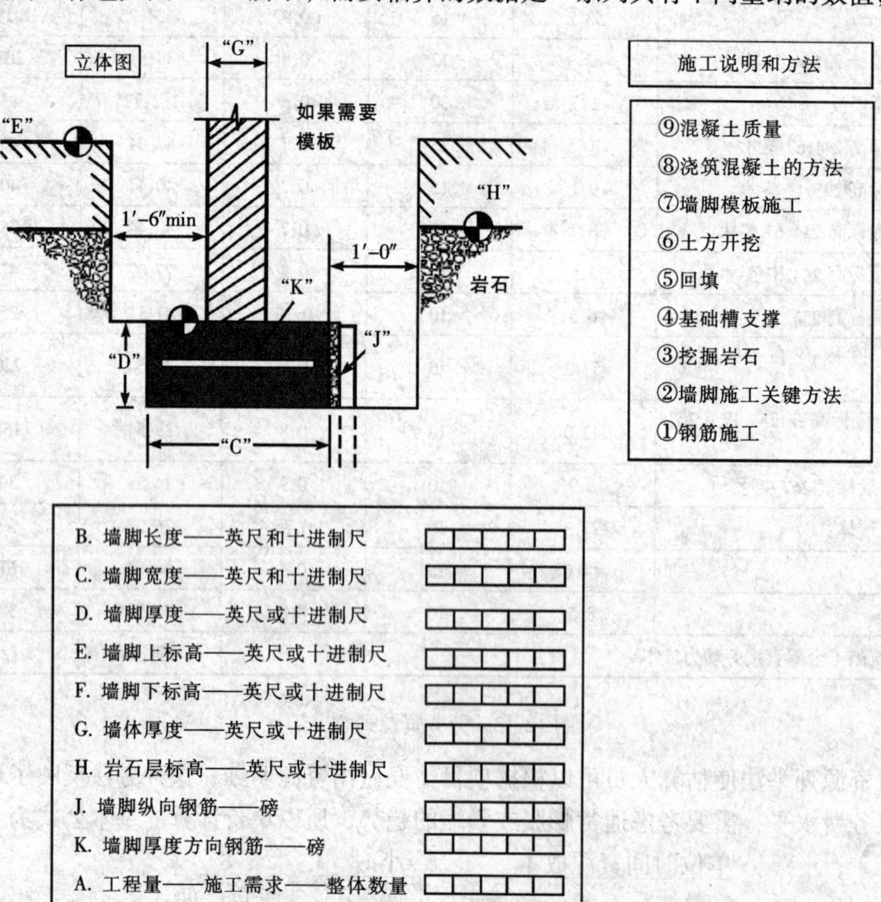

图12.14　建筑系统概念——混凝土墙脚

的 A ~ K 所示；图中① ~ ⑨是每一项施工工序的技术方案和说明。这种基于工作包的系统可以看作是资源列举法的结构性扩展，而且可以手工计算。一般来说，在为估算人员提供个体工作包的信息基础上，大多数的集成系统都已实现计算机化了。通过问答的方式，计算机向估算人员提出问题，然后估算人员提供量纲和施工工艺的信息。这个过程如图 12.15 所示。估算人员顺次检查建筑施工系统，选择相关信息，提供所需的数据。这些数据与价格表上的信息整合在一起，价格表允许对价格、资源和生产率进行调整。通过手工或用计算机将这些数据整合在一起，为投标报价做准备。

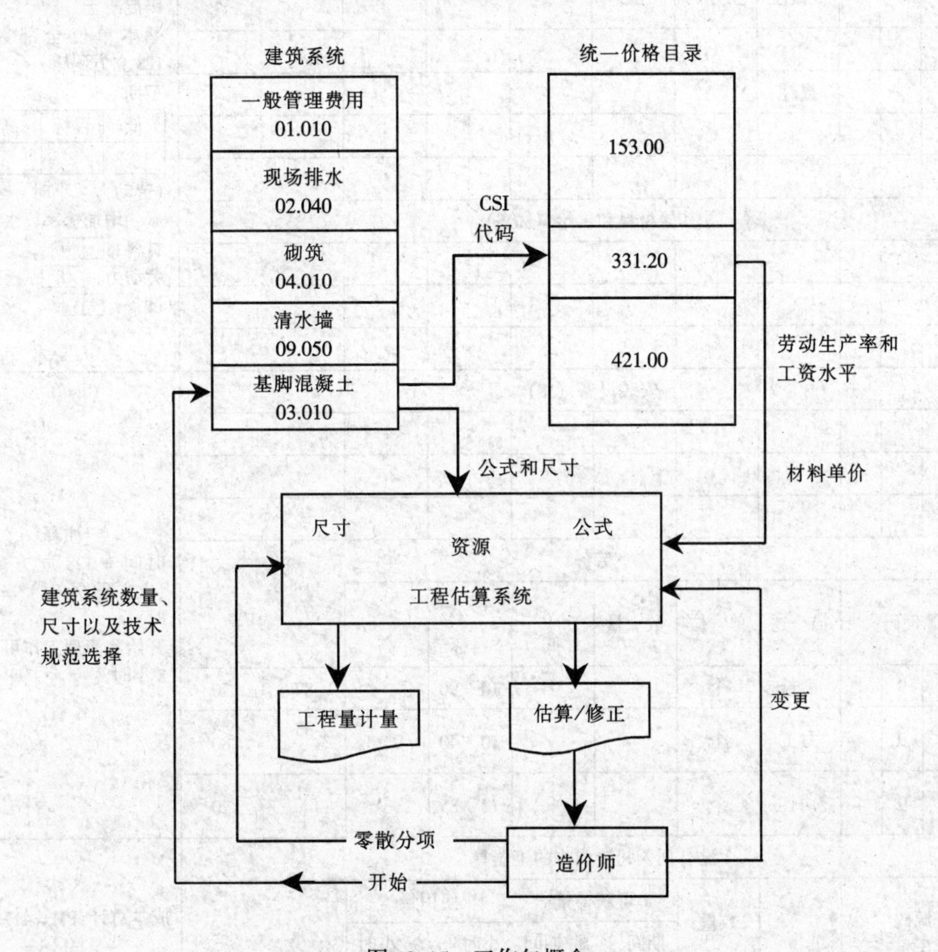

图 12.15 工作包概念

手工方法可对每一个工作包进行估算，工作包集成表对集成信息很有帮助。这样的工作包集成表可以如图 12.16 所示。这个图给出了房屋建筑工程中混凝土地面楼板的估算过程，图的左侧是工作包所需的材料、劳动力、设备资源，以及每类资源的价格。值得注意的是，设备资源都是按一定时间阶段估算支出的。图的右侧为生产率、特别的注释或者工作包的特征、工作包的总成本。这样的图表有多种用途，如用于土方工程、砌筑工程以及项目中碰到其任何工作包。与图 12.16 相似样式的土方工程的工作包集成表如图 12.17 所示。

工作包集成表

系统/结构标识符 02·133	工作包施工队标识符 03·131	描述：2号建筑物地面混凝土浇筑及其压实赶光

永久性材料（PM）

资源码				描述	单位	数量	单位成本 低	目标	高	扩展	
1	3	2	5	混凝土	立方码	135		30 90		417 1	50
				损耗							

其他材料和供给（M&S）

资源码				描述	单位	数量	低	目标	高	扩展	

安装设备（IE）

资源码				描述	单位	数量	低	目标	高	扩展	

劳务

资源代码				描述	单位	数量	成本/小时 低	目标	高	扩展	
0	2	9	1	工长	个			10 90		87	20
0	2	9	4	力工	个			10 40		33 2	80
0	2	9	4	粉刷工	个			12 85		41 1	20

没有列入间接成本的工器具

资源码				描述	数量	可获得量 期间	$/期间	使用量 小时	$/小时	扩展	
7	3	1	1	振动器	2	( ) ×	( ) +	(8) ×	(3.25)	52	00
7	3	1	9	手工工具	1	( ) ×	( ) +	(8) ×	(1.00)	8	00
7	3	1	2	粉刷工具	1	( ) ×	( ) +	(8) ×	(4.50)	36	00
						( ) ×	( ) +	( ) ×	( )		

生产率

生产率基本单位：立方码混凝土

基本单位全部数量：128立方码

工期

低	目标	高
	8	

（劳动力－小时）

增加速率（%）：

材料：□□

劳动力：□□

设备：□□

注释

时间 = 128立方码/22（立方码/小时）= 6小时

开始和清理工作可以有8小时

成本总计：PM = 4171.5

M&S =

IE =

L = 831.2

CE = 96.00

总计 = 5098.7

图12.16 工作包集成表——混凝土楼板

（来源：J.M.尼尔，建筑成本估算和成本控制．英格伍德·克里夫斯（Englewood cliffs）．新泽西（NJ）；普兰提斯－豪尔（Prentice－Hall）出版社，1982，P231）

工作包集成表

系统/结构标识符 01·300	工作包施工队标识符 02·111	描述：三号区域土方开挖和运输

永久性材料（PM）

资源码	描述	单位	数量	单位成本 低	单位成本 目标	单位成本 高	扩展

其他材料和供给（M&S）

资源码	描述	单位	数量	低	目标	高	扩展

安装设备（IE）

资源码	描述	单位	数量	低	目标	高	扩展

劳务

资源代码	描述	单位	数量	成本/小时 低	成本/小时 目标	成本/小时 高	扩展
0 8 1 1	工长	个			13 90		444 80
0 8 1 2	设备操作员	个			13 40		4288 00
0 8 1 3	观察员	个			10 40		665 60

没有列入间接成本的工器具

资源码		数量	可获得量 期间 × $/期间	使用量 小时 × $/小时	扩展
7 3 2 2	铲运机	6	(1) × (1850)	+ (32) × (24.00)	1570 00
7 2 0 7	推土机	3	(1) × (1600)	+ (32) × (11.25)	580 00
7 4 1 2	平地机	1	(1) × (1000)	+ (32) × (8.10)	125 00
			( ) × ( )	+ ( ) × ( )	

生产率

生产率基本单位：原状土立方码

全部工程量：24000 立方码

工期

低	目标	高
	32	

（劳动力 - 小时）

增加速率（%）：

材料：

劳动力：

设备：

注释

负载系数 = 0.8

循环时间 = 6.3 分钟

（假设每小时 45 分钟）

单位时间生产率 = (45/6.31) × 22 × 0.8 × 6 = 754 立方码/小时

持续工期 = 24000/754 = 32 小时

考虑可能有一天的坏天气

所以改项目将持续一周

成本总计：PM = 4171.5

M&S =

IE =

L = 5398.40

CE = 22775.20

总计 = 28173.60

图 12.17 工作包集成表——挖掘

（来源：J.M. 尼尔，建筑成本估算和成本控制．英格伍德·克里夫斯．新泽西：普兰提斯 - 豪尔出版社，1982，P221）

12.10　小　　结

估算是承包商投标的基础，因此利用估算，可以分析工程是否可以获得利润。房屋建筑工程的估算工作分为四个过程：概念性估算；初步估算；工程估算；投标估算。

前三个步骤由设计师/工程师准备，反映了工程设计的不断细化。大型复杂的工程项目除了上面所说的，还包括大尺度和确定性估算。一个详细的估算所涉及的步骤如图12.18所示。为进行成本分析，估算工程被进一步分解为估算账目或工作包。然后，需要对工作包或账目的工程量进行计量，并给出赋予这些工程量的价格，最后要计算扩展的成本，并检验。在这个阶段，需要专业的判断或工程的直觉对投标文件进行调整，同时还要考虑利润，最后确定投标文件。从第③步到第⑥步都是定量的，用到公式和数学概念。第①步和第②步需要专家把关。第⑦步和第⑧步需要丰富的经验和对工程的正确判断。

经常用的三种估算方法是：

1. 单价法；
2. 资源列举法；
3. 工作包/集成法。

工作包法是资源列举法的一个扩展。不同的方法可能应用于工作的不同部分。方法2和方法3适用于工程的主要部分或对工程成本敏感的部分；工程中规范性强和简单的部分适用单价法。方法的选择是精确性需求和获得该精确性的成本之间的平衡。成功的估算的要点：具有正确估计需要多大准确程度的能力；具有以最小的成本获得所需准确程度的能力。

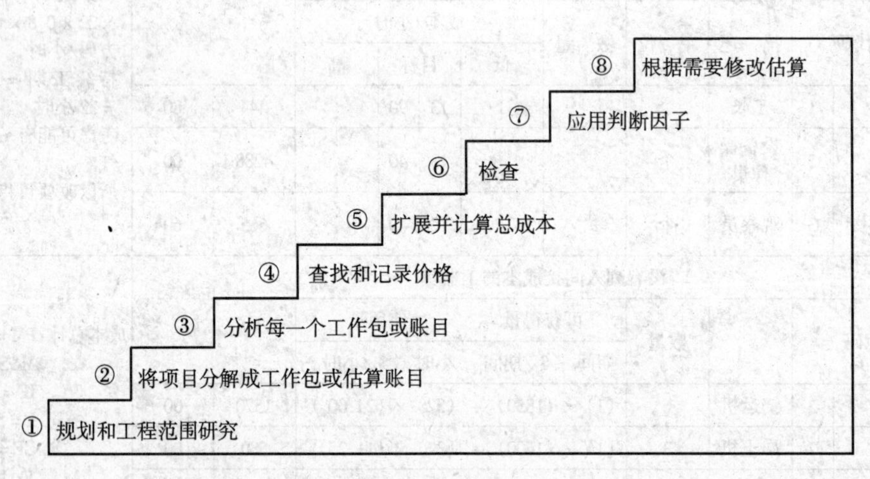

图12.18　估算步骤

习　　题

12.1　单位成本估算法和资源列举法有什么不同？何时应用单位成本法？何时应用资源列举法？

12.2　承包商的一般管理费和利润（O&P）是什么意思？给出O&P需要考虑的三个因素。

12.3　劳动成本和劳动生产率之间的区别是什么？画图来解释。

12.4　下图的隔墙由8×16×6砌块砌筑而成，请估算此墙的建造成本，包括劳动力、材料和承包商

O&P，应用罗斯密工程造价咨询公司的建筑成本数据，或可用其他适合的估测方法作参考。这项工作在美国俄亥俄州的辛辛那提。

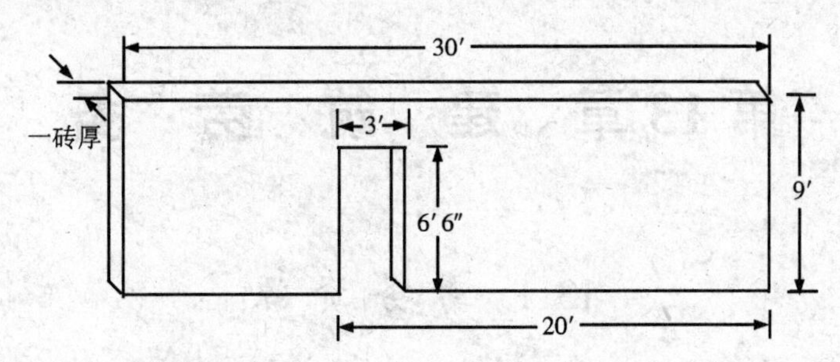

12.5　下图为一桥礅，估测需多少工时，可用罗斯密工程造价咨询公司的建筑成本数据和其他数据作参考。

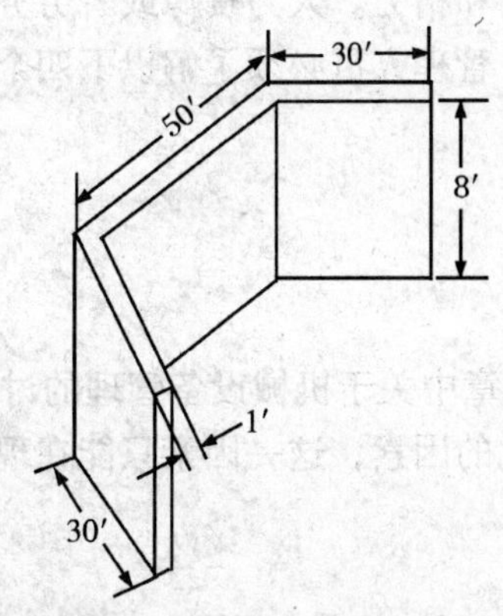

12.6　给一小型的一层商业建筑进行工作分解，建造在一个现有的小型结构上。规划范围为30英尺×60英尺（见图），外墙和内墙均为混凝土砌块砌筑而成，屋顶由轻钢骨架，刚性隔热层装配构成。顶棚上镶嵌隔声砖，地面为沥青作为饰面的混凝土板，内墙完工后全部粉刷。

a. 分析整个项目的第一层次结构（工作分解从上到下）；

b. 选择第一层次的一个工作包（或建筑系统），开发此工作包的第二层结构。

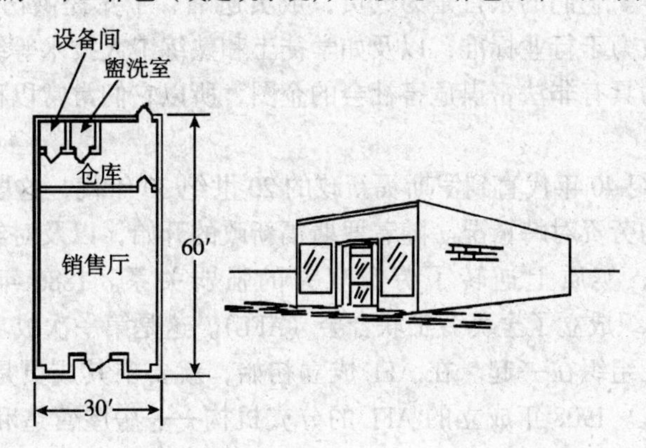

第13章 建 筑 劳 务

13.1 劳务资源

人力资源管理是项目建设中四大类管理中最不稳定和最难以预测的，因此人力资源管理需要管理部门投入最多的时间和精力。人力资源或者劳务管理的重点有四个方面。为了正确理解劳务资源管理的涵义，管理人员必须了解以下四个方面的内容及其相互影响。

1. 劳务组织；
2. 与劳务相关的法律；
3. 劳务成本；
4. 劳动生产率。

在第9章、第10章和第11章中关于机械设备管理的讨论中，成本和生产率是核心问题。而劳务管理却增加了人性化的因素，这一因素只能在现行法律框架，以及体现建筑业特点的组织模式下才能被理解。

13.2 为时不长的劳务组织历史

劳务组织出现在19世纪早期，它们的发展与现代社会不断发展的工业化进程相一致。起初是由一些拥有技术的工匠或者技师组织在一起，形成名称不同的团体，如同业工会、兄弟会、力学协会等。它们的宗旨是为成员，成员遗孀、子女提供伤病补助和死亡抚恤。另外，这些组织还致力于行业标准，以及如学徒工和熟练工人技术等级标准的制定。因为这些组织当时被认为具有非法密谋危害社会的企图，所以它们常常以秘密的兄弟会形式存在。

在美国从19世纪40年代直到罗斯福新政的20世纪30年代，这段历史劳务组织记录了资方为强势一方的劳资对峙情况。随着罗斯福新政的开始，以及对经济大萧条恢复的需要，劳方通过罢工，实质上逆转了劳资双方的强弱关系。1886年，萨穆尔·高珀斯(Samuel Gompers)组织成立了全美劳工联合会（AFL)。这是第一次成功的将木工、制革工以及铁匠等熟练技工组织在一起。在AFL成立初始，就要求其成员是与产业化流水线工人相对立的手工艺人。1908年成立的AFL的分支机构——房屋营造和建筑行会则成为代表所有建筑业技术工人的组织。

高珀斯开始成立AFL的时候，并没有把在使人大汗淋漓的车间工作的半技术和非技术工人组织起来。当时虽然也成立了许多工人组织，但是在组织产业工人方面的尝试却都以失败告终。这些有着非常悦耳响亮名称的组织，如世界产业工人和劳务保护联盟有着强烈的政治诉求，并且为所有的工人的福利寻求大范围的社会改革。这对于那些来自于充满压抑和僵化社会氛围的欧洲移民工人具有特殊的吸引力。这些组织也吸引了政治上的离经叛道者和无政府主义者，他们鼓吹社会变革甚至是不惜任何代价的动乱。因此与警察之间面对面的冲突情况变得司空见惯，暴力骚乱经常导致人员的伤亡。其中最著名的骚乱发生在1886年的芝加哥干草市。

高珀斯对保护技术工人的权益非常感兴趣，而对非技术工人组织的政治和社会活动却没有多大的兴趣。因此直到20世纪30年代，代表技术工人和产业化半技术工人运动仍各自独立发展，没有融合在一起。这导致了美国各州和地区的工人组织在结构和协商程序方面存在显著的不同，甚至直至今日还继续保留着这些特征，并对劳务问题产生了深远的影响。

到了20世纪30年代，在大萧条后期形成的法律援助下，产业工人们开始有效地组织在一起。AFL意识到这些组织可能要威胁到其统治地位，就通过将它们并入AFL，尤其是通过委派为AFL的地方组织的手段瓦解它们。尽管产业工人在AFL中只是有名无实的成员，他们还是被那些成立较早的技术工人工会当作二等公民对待，这导致了彼此的冲突和敌对，在美国产业工会委员会成立时，就达到了顶峰。该组织是在没有得到AFL管理机构认可的情况下，由各个地区产业工会单方面成立。对此，AFL董事会指责产业工会委员会不忠实，并且下令将其解散或者是开除。1936年，AFL中止了各个产业工会的工作。作为反击，这些产业工会组织起来，并成立了美国产业工会联合会（CIO），当时的矿业工会的成员约翰·列维斯（John L. Lewis）成为第一任主席。随着产业工人和手工艺人工会的矛盾不断持续，二者合作的需求也日益高涨。然而，由于在原则和人员问题上的分歧，直到1955年两个组织才合并为一个组织AFL - CIO。今天这个组织仍是美国主要的劳务组织。

13.3 早期的劳资关系立法

美国联邦法院和立法机构交替地阻碍或者推动劳务组织的发展。表13.1为劳资关系方面的主要立法和重要事件历史沿革表。在开始阶段，这些法律的司法解释往往是针对劳务组织的审查，所以在双方的博弈中，资方占有主动，控制了局面。谢尔曼反垄断法禁止工人结社的规定就是其中最典型的例子。谢尔曼反垄断法在1890年颁布，其目的是防止垄断市场、操纵价格以及限制自由贸易的大型托拉斯和卡特尔形成。为了操纵市场，在19世纪石油和钢铁利益集团成立了各自的卡特尔。更近的例子就是微软公司因涉嫌垄断计算机软件市场受到美国司法部的审查。为了消除控制市场的隐患，反垄断法赋予政府以禁止公司串谋控制价格和限制市场自由竞争的权力。1908年，美国最高法院裁定反垄断法也可以使用在防止劳务结社方面。其大概的理由如下：如果允许劳务结社，他们就能团结起来控制工资水平和限制对工资的自由谈判，这就限制了劳动力市场的自由交易。根据这样的法律解释，各地的法庭被授权发布停止劳务结社的禁令。如果一个工厂的老板发现他的工人谋划结社，他就可以向法院起诉，并要求发布停止行动的禁令。

1914年美国国会通过克莱顿法，用以消除谢尔曼反垄断法的影响。这个法令允许雇员可以组织起来与特定的雇主进行谈判。但是，在绝大多数的情况下，雇主能够举证结社活动是在他的车间外由政党指导的，这就隐含了结社不是工厂内部的行为，因此要受到谢尔曼反垄断法的审查。由此可见禁令对阻挡劳务联合仍是一个有力的管理工具。

13.4 诺里斯—拉古棣法

诺里斯—拉古棣法案的通过使得权利的钟摆首次由资方向劳方摆动。这部法律又被称作反禁令法（Anti - Injunction Act），实现了克莱顿法不能达到的目标。这部法律特别规定了法庭不能为了阻止建立工会组织而代表资方进行调节。这部法律撤销了高等法院关于谢尔曼反垄断法适用于劳务结社的司法解释。并且消减了法庭发布禁令的权利，保护了工人罢工和非暴力纠察的权利。该法律还宣布倾向资方的所谓的“黄狗合同”（Yellow - dog）为非法，“黄狗合同”就是当时资方普遍实施的，要求雇员受雇时必须签署的同意不参与任何工会组织的协议。在美国罗斯福新政期间，这部由高等法院解释的法律，使受谢尔曼反垄断法压制的劳工运动得到解放。

劳务立法和组织发展沿革表　　**表 13.1**

年	劳资关系方面的法律	年	劳工运动
1890	谢尔曼反垄断法	1886	萨穆尔·高珀斯成立 AFL 世界产业工人和劳务保护联盟组织工厂工人
1908	高等法院支持将谢尔曼反垄断法用于工会活动	1905	世界产业工人组织成立
1914	克莱顿法 没有效果	1907	AFL 的分支机构 - 房屋营造和建筑行会成立
1931	戴维斯 - 贝肯法 对于联邦工程雇佣的劳工，其薪金和津贴必须按照现行劳务价格支付	20 世纪 30 年代	吸收产业工人进入 AFL 的各地组织
1932	诺里斯 - 拉古棣法（反禁令法）	1935	产业组织委员会成立 AFL 下令解散该组织
1935	瓦格纳法案（国家劳资关系法案）	1936	CIO 被开除
1938	公平劳动标准法案 规定了最低工资、最长工作时间	1938	产业工会联合会成立
1943	史密斯 - 康纳利法案（战时劳资纠纷法案） 是对战时劳务问题的反映，效果不理想	20 世纪 40 年代	战时的罢工被指责为不支持战争 涉嫌违法行为
1946	霍布斯法案（反敲诈勒索法案） 保护雇主不受工会组织勒索	1955	AFL 与 CIO 消除分歧，重新合并为 AFL - CIO
1947	塔夫脱 - 哈特利法案（劳资关系管理法案）		
1959	兰德郎姆 - 格里芬法案（劳务管理报告与公开法案）		
1964	公民权利法案的第四部分		

13.5 戴维斯—贝肯法

戴维斯—贝肯法是1931年通过的一部意义深远的法律，直至今天对美国联邦政府出资项目的成本都具有重要的影响。戴维斯—贝肯法规定，对于所有的联邦和联邦投资项目的工人，其薪金和津贴都要按照当地现行劳动力价格进行支付。现行劳动力价格标准由负责劳务的官员制定，为了使所有承包商能够清楚知道该标准，劳动力价格列表随同合同文本一起颁布。为了保证价格标准的贯彻，政府要求所有的承包商每月都要向提供建设资金的联邦机构呈送核对后的工资单。通过对劳务价格的核查，确定是否发生违反戴维斯—贝肯法的情况。由于美国各州和地区的大量公共工程都是通过政府贷款获得部分资金的，所以这项法案实施后有着广泛的影响。大量的市政工程，如交通和污水处理厂项目的部分资金都是通过联邦政府获得，所以劳务的工资必须按照现行工资价格支付。由于劳工部通常都将与协会组织协商的劳动力价格作为现行劳务价格，这就保证了参加协会组织的承包商们，不必惧怕支付工人较低薪金的非协会组织承包商低价竞标。

13.6 国家劳资关系法

又被称作瓦格纳法的国家劳资关系法案，建立了完整的规范劳资关系的框架，这是一部里程碑式的法律文件。该法案目的就是保护工会组织的活动和促进劳资双方就工资等问题的谈判。该法要求雇主必须拿出诚意与合法选出的雇员代表进行谈判。另外，该法律还规定了劳务结社和代表选举的程序。根据这部法案，歧视参加劳务组织的成员被视为违法。

国家劳资关系法案详细列出了雇主不公正对待劳务工人的行为判例，这些行为判例明确规定了资方针对劳方的哪些行为是不合法的。这些行为总结如表 13.2 所示。而与此对应的劳方不公正对待资方行为的却没有规定。这是因为该法案假定劳务一方处于弱势地位，能够公正地处理与资方的关系。后来的塔夫脱—哈特利法案明确规定了这样的信任原则。

雇主不公正对待雇员的行为判例 **表 13.2**

根据国家劳资金关系法及其修正案，如果某雇主有如下行为，他将受到不公正对待雇员的指控。

1. 干涉、限制或者控制雇员行使受法律保护的各种权利，例如为了劳资谈判或互助而组织工会的权利｛8（a）（1）部分｝。
2. 控制或者干涉任何工会的成立及管理，对控制和干涉行为提供财政或者其他形式的支援｛8（a）（2）部分｝。禁止成立由雇主控制的御用工会，任何雇主不可以非法资助工会。
3. 为了鼓励或者阻碍雇员取得工会成员资格而歧视某一名雇员｛8（a）（3）部分｝。仅仅因为某一名雇员是或者不是工会成员，雇主就将其解雇，或者降职，或者加以区别对待被视为违法。但是在这点上，如雇主和工会达成国家劳资关系法允许的强制性工会会员资格协议，则不被视为违法。其行为由美国各州禁止强制性工会主义的适用性法律裁定。
4. 根据该法案，某一个雇员起诉或者提供证据，则被开除或者歧视｛8（a）（4）部分｝。该条款使雇员根据行使国家劳务关系法赋予的权利寻求援助时免于报复。
5. 拒绝与其雇员合法代表就工资、工作时间和工作条件进行有诚意的协商谈判｛8（a）（5）部分｝。
6. 与工会达成脏品（hot - cargo）协议｛8（e）｝。根据脏品协议，雇主允诺不与其他人或者雇主进行商务往来，或者经销、使用、转口，或者采用其他方式处理其产品。只有在服装业和建筑业（在有限程度），这样的协议目前合法。只有在某一个雇主和劳务组织共同实施时对待劳务的不公平行为时才被视为违法。

资料来源：克拉夫和希尔思，建筑工程合同，第六版。John Willey & 出版社。纽约，1994

该法案还成立了监督机构，保证条款正确的执行，该机构就是美国国家劳资关系委员会（NLRB）。该机构的职责主要是处理所有劳资双方冲突引发的抱怨和不平。它是高等法院之下处理劳资纠纷和裁定影响劳资关系的绝大多数事件的最高仲裁机构。

这部法案还提出了“只雇用某一工会会员的工厂”的概念。很多年以来，劳务组织一直在争取强迫所有行业（如商店）的工人成为工会成员的权力。如果大多数人同意参加工会，那么为了能在商店工作，新的雇员也不得不参加工会。这与“自由雇佣”的理念相对立，在自由雇用商店里，雇员没有被组织在某一个工会内。瓦格纳法案认可了“只雇用某一工会会员的工厂”的概念，并将其法定下来。这个概念被后来的塔夫脱—哈特利法案废止，代替以“工人限期加入工会的工厂”的规定。“只雇用某一工会会员的工厂”的规定由于侵犯了人们工作以及自由选择工会组织的权利，而被视为违法。关于“工人限期加入工会的工厂”的概念在随后的塔夫脱—哈特利法案的内容中进行探讨。

13.7 公平劳动标准法

公平劳动标准法通常被称为最低工资法。它在1938年通过，规定了所有工人的最低工资和最多周工作时间，最低工资水平随变化的劳务价格进行周期性调整。这部法律规定了40小时的周工作时间和超过部分为加班时间。它是针对19世纪童工泛滥的产物。它还建立了同工同酬的概念，并禁止性别歧视。近来的反对提高最低工资的争论主要基于以下的观点：相当多的能够提供非技术工人就业岗位的家政工作报酬已经变得太昂贵了，按照公平劳动标准法执行就显得不合理了。在过去，清理垃圾和除路边草都是低工资的体力劳动。但是不断增长的最低工资水平使得这些工作的成本增加很多。

13.8 工会组织成长

随着20世纪30年代对工会组织有利的立法不断制定，各种工会组织开始蓬勃发展。像许多在起初阶段就存在顽固阻碍的过渡期的大多数事务一样，对劳务组织有利的空间也逐渐扩大和发展。随着资方的强硬路线被打破，工人开始踊跃参加各种工会组织，并开拓了新的局面。随着工人从这些事情中得到的利益不断增加，无组织和无限制的情况开始泛滥，并愈演愈烈。在1938年，美国工会组织不加控制的活动开始引发舆论的批评反对。一些工会组织通过制定限制劳务使用条例和战时罢工的规定，来炫耀其新得到的权力，甚至关闭制造紧急军用物资的工厂。工会组织的违法行为愈演愈烈，并在事实上没有得到审查。在1943年，针对公众对工会的看法的转变，美国国会通过了战时劳务纠纷法案（史密斯·康纳利法）。这部法律反映了公众对工会组织过激的行为，以及不爱国立场的反感。制定这部法律的目的就是限制战时罢工以及加速纠纷的解决。虽然在很大程度上，这部法律的实施效果并不好，但是反映了公众对限制工会特权立法的日益增长的支持态度。到了1947年，有37个州已经颁布并实施了不同形式的劳务控制条例。

1946年制定的霍布斯法案（反敲诈勒索法案）认识到了工会的违法行为造成的损害。这部法律实施的目的是为了保护雇主免于工会的领导以交纳服务费的名义，对雇主进行威胁、强迫，甚至是暴力侵害。所谓的服务费，指强加在雇主头上巨大的花费，包括名目繁多的帮助和协助雇主佣金、控制劳务纠纷的酬谢礼物以及各种装备。这些法律文件以及后来工会组织滥用权力不断导致的麻烦为1947年塔夫脱—哈特利法案颁布实施做好了准备。

13.9 劳资关系管理法

劳资关系管理法（塔夫脱—哈特利法案）与瓦格纳法案一起构成了美国劳资关系立法的基石。该法案修正了瓦格纳法案，并且又一次逆转了权力的钟摆。虽然这部法律仍旧保持了劳方强势的地位，但在一定程度上推动了权利的钟摆向中心摆动。这是大萧条后第一部有效限制工人活动的法律。它调整了塔夫脱—哈特利法案的构成和实施办法，试图给予资方更大的发言权，以实现劳资双方话语权的平衡。法案的第七部分规定了工人参与或者不参与工会活动的权利。第八部分提供了与瓦格纳法案中的雇主不公平对待工人的行为判例相对应的条款，详细规定了对劳方而言，什么行为是违法的（见表13.3）。这部法律还建议成立美国联邦仲裁和调节服务中心，该服务中心的目的是作为第三方加速劳资双方纠纷的解决。实践证明，服务中心在调节劳资矛盾，达成双边协议的所起的作用是显著的。

工会的不公正行为 **表13.3**

根据国家劳资关系法案及其修正案，对于劳务组织或者劳务代理机构，下述行为属不公正行为：

1. a. 限制或胁迫雇员行使塔夫脱—哈特利法案第7部分赋予的权利｛8（b）（1）（B）｝部分｝。第7部分规定了雇员参加工会，或者协助工会发展的权利，或者不参加这些活动的权利。该部分条款认为，此规定并不损害工会规定会员资格的权利。
   b. 限制或者胁迫雇主为劳资谈判选择代表｛8（b）（1）（B）｝部分｝。
2. 为了达到激励或者打击劳务组织成员的目的，强迫雇主在工资水平、工时和其他雇佣条件等方面歧视某一雇员｛8（b）（2）部分｝。这部分条款还禁止业主歧视因欠缴会费或入会费的原因而被终止会员资格的雇员。与雇主签订的合同或者非正式的协议，如要求雇主给予工会成员优惠待遇，则违反了本部分规定。如果雇主与工会达成的协议中虽然要求雇主只能从工会雇佣大厅招聘雇员，但只要不存在歧视非工会成员的行为，按照本部分规定，不被视为违法。本部分也认可工会保险协议要求雇员被雇佣后应加入工会的规定。
3. 作为雇员代表的工会拒绝拿出诚意与雇主在工资、工时和其他雇佣条件等方面进行谈判｛8（b）（3）部分｝。这部分要求谈判时，劳务组织应该与雇主具有同样的诚意。
4. 致力于、诱导或者鼓励其他人参与罢工或者抵制活动，或威胁任何人的如下情况：
   a. 强迫或者要求雇主或者无雇员的雇主，加入任何劳务或者雇主组织，或者达成违反8（e）部分规定的脏品合同｛8（b）（4）（A）部分｝。
   b. 强迫或者要求任何人，停止使用或者销售其他任何生产者的产品，或者停止与任何其他人进行贸易往来｛8（b）（4）（B）部分｝。这是一种被禁止的次级抵制的行为，关于次级抵制的内容见本书的13.18节。
   c. 强迫或者要求任何雇主，承认某特殊劳务组织作为其雇员的代表，而事实上，该组织的代表资格并没有得到确认。
   d. 强迫或者要求任何雇主，将工作指派给某特殊劳务组织的成员，而不分派给其他劳务组织的成员，除非雇主没有遵照美国国家劳资关系委员会的相关命令｛8（b）（4）（D）部分｝。该条款用于指导解决工作权限的纠纷，关于工作权限的内容详见本书的13.12节。
5. 要求雇员缴纳超出国家劳资关系管理委员会规定的或有歧视倾向的会费｛8（b）（4）（D）部分｝。
6. 导致或者试图让雇主为不需要的服务支付费用｛8（b）（6）部分｝。要去雇主雇佣超过工作需要的人员是该禁止规定中最通常的情形。
7. 设置或者威胁设置罢工纠察线，以强迫雇主承认某工会组织或与其谈判。
   a. 当雇主的雇员已经被其他工会所代表｛8（b）（7）（A）部分｝。
   b. 在过去的12个月内，已经举行了合法的选举｛8（b）（7）（B）部分｝。
   c. 从设置罢工纠察线开始起，在不超过30天的合理时间内，没有要求美国国家劳资关系委员会进行选举的请求｛8（b）（7）（C）部分｝。

资料来源：克拉夫和希尔思，建筑工程合同，第六版。John Willey & 出版社。纽约，1994

根据塔夫脱—哈特利法案，在劳资双方为达成协议而就合同或其他争议进行谈判的80天内，总统有权命令工人继续工作，不得罢工。罢工延期的规定，适用于罢工行为可以影响国民经济健康发展的产业。在此法律条款下，自1947年开始，美国历届总统已经对35件罢工事件行使了该权力。14（b）部分之所以有重要意义，是因为其内容中明确规定了“封闭式工厂”的合法性，并且定义了“工会工厂”的概念。完全的“封闭式工厂”指，雇佣的工人必须是某一个工会的成员。塔夫脱—哈特利法案中的“工会工厂”则是合法的。“工会工厂”指可以雇佣非工会成员的工厂。工人被给予一定的宽限期（对于制造业工厂通常为30天，建筑业则短一些），在此宽限期内工人必须成为工会成员。如果他没有加入工会，工会可以要求解雇他。而根据“封闭工厂”的概念，工会则在更早的时间阻止工人获得雇佣。这有可能引发歧视那些潜在的被雇佣的工人。“工会工厂”赋予了工人参加工会的机会。如果工人的入会请求在30天后被拒绝，资方可以要求工会出示其不被接受的原因。

该方案还认可了“工会代理制企业”的概念。在此工厂内，工人可以拒绝参加工会，因此他也不享有投票权。但是他必须缴纳会费，因为从理论上没有参加工会的工人也从工会运动中得到了利益，因此工会起到了代理机构的作用。例如，如果工会通过谈判在很大程度上提高了工人工资水平，那么所有的雇员都受益，因此所有雇员应该资助工人代表(如工会的谈判代表)。

根据瓦格纳法案，允许“封闭工厂”存在使得许多工人感到宪法所赋予的工作的权利被剥夺了。即如果他们不是工会成员，他们就不能在某些工厂自由寻找工作。他们没有选择，只能是被迫参加工会或者是另谋它途。而塔夫脱—哈特利法案则允许美国各州颁布实施实质上禁止建立完全“封闭式工厂”的“保护工作权利”法规。在工会势力相对较弱的美国南部和西南部在州级层次已经实施了这些法规。克拉夫和希尔思对此有如下的阐述。

塔夫脱—哈特利法案的14（b）部分，赋予了美国各州禁止将工人的工会会员资格作为就业协议条件的权利。换句话说，如果愿意，美国任何州或者辖区都可以通过将工人限期加入工会作为签署用工协议条件视为违法的法律。这样的法律规定被称作法案的“工作权利”部分，各州的法律规定则被称作“保护工作权利”法令。目前，共有21个州已经实施了如此的法案。值得注意的是，绝大多数州的“工作权利”法令已经超越了“工会工厂”内在的以强迫为特征的工会主义问题。绝多数的州甚至宣布“工会代理制企业”为违法。在工会代理制企业中，非工会工人为了延续受雇必须缴纳与工会成员相同的入会费和会费，可以不必参加工会组织。一些法律则明确禁止工会打压非工会成员就业。

要想知道“保护工作权利”法律条文是否在某一个州得到实施，可以从该州劳资协议的条款内容进行判断。在一个没有实施“保护工作权利”法律的州，其相关法律应该含有受雇佣的工人必须在特定的期限内加入工会的条款。图13.1给出了美国伊利诺伊州工人必须在特定的期限内加入工会的条款，而这样的条款在美国佐治亚州则被视为违法。

作为受雇佣的条件之一，目前所有具有工会成员资格的雇员在协议有效期内要遵循本工会的一切规定。
作为受雇佣的条件之一，在此协议生效的第7天起，目前所有不是本工会成员的雇员，应加入并遵循工会的一切规定。
作为受雇佣的条件之一，在此协议开始执行的第7天起，目前所有非工会成员的雇员，应加入并遵循本工会的一切规定。
作为受雇佣的条件之一，在被雇佣的第7天或者协议生效日起（不论二者时间前后，只要具有平等的工会成员资格），所有被雇佣的雇员，应加入并遵循本工会的一切规定。
任何雇员未能成为工会成员，或未能依照本部分条款保持其成员资格，将丧失被雇佣的权利，雇主应该在收到关于某雇员未能成为工会成员或者保持其成员资格的书面通知后的两个工作日内，解雇该雇员。为此目的，获得会员资格和保持会员资格的要求应与美国联邦和州法律相一致。如果雇主在收到书面通知后的规定期限未采取行动，应被视为不履行责任。
（节选自伊利诺斯中心承包商与全美木工同业工会第44号地方工会协议）

图13.1 典型成员协议条款

13.10 其他与劳务相关的立法

为了修正过去法律文件存在的一些缺陷，1959年，美国国会通过了劳务管理报告与公开法案（兰德郎姆—格里芬法案）。其主要的目的是：保护个体工会会员；改善工会选举的控制和监督；增加政府在审查工会记录的职能。寡廉鲜耻的工会领导挪用工会资金，以及选举过程中的明显欺诈行为是这部法律出台的主要推动力量。根据这部法律，所有的工会组织应该定期就财务，以及其他方面向劳工部提交报告。这部法案还规定雇主不能直接向工会官员付款。但是他们可以就工人的保健、福利、休假以及培训等事项，向工会经过审查的基金部缴纳会费和附加费用。政府审核员要经常审查这些基金部门的记录。

公民权利法案（1964年实施）的第四部分确定了就业机会平等的概念。在1991年，该法案得到了扩充。这部法律禁止针对种族、肤色、宗教、性别以及民族的歧视。它由美国保护就业机会平等委员会（EEOC）负责实施，并用于在受雇、解雇、就业条件、工作类别方面的歧视。该方案在应用于建筑业时引发了相当大的争论。工人可因工会涉嫌歧视，就其受到的不公平待遇起诉工会。这样，工会若被裁定非法，其发布的命令将要被中止，而且其作为被授权的雇员代表的权力将面临着削弱。

1965年，美国总统约翰逊签署的11246号总统令进一步扩大了政府在保护平等权利方面的权限。并要求所有的联邦政府机构以及联邦投资项目要据此实施。该总统令由联邦工程合同管理办公室（OFCC）负责实施。该办公室工作职责之一是确定少数民族参与政府工程的比例和范围，并且已经制订了几份吸纳少数民族参与联邦投资工程的方案。11375号总统令则在11246号总统令基础上扩充了反性别歧视的规定。负责联邦投资项目的承包商要向OFCC呈交肯定的行动报告。如果报告被认为有缺陷，OFCC可以推迟或者中止合同。

13.11 垂直与水平的劳务组织结构

传统的同业工会通常都是水平结构的组织形式。这主要的原因是地方工会具有强大的力量基础，协议协商在地方层次进行，并且所有的主要决定也在地方确定。建筑工会也是一个拥有强大的地方组织的同业工会组织，地方工会一般始终被所谓的“业务代表”把持着。单个的工程现场的代表被称作“干事”。地方工会定期选举工会干部和理事会。地方工会的主席与业务代表可以是同一个人。地方工会的规章制度规定了工会的组织结构及其特殊之处。在协议协商期间，由来自于地方工会组织的代表与承包商组织代表进行讨论。总承包商联合会一般充当承包商的谈判代理。这种水平结构导致了协议迅速增加和承包商协会的谈判日程越来越复杂。如果某承包商组织总共要与当地的十二家同业工会打交道，并且每年或者每两年与某一家工会组织进行协议谈判，显然开会和协商的过程就会变得非常繁冗。建筑工会的全国总部通常负责协调各地工会的利益，如游说国会，就最近谈判的协议进行交流，召开全国会议，出版印刷时事通讯和杂志，组织研讨会以及其他活动等。但是，在绝对多数问题上，真正的权力还是集中在各地的工会组织。因此水平型的组织结构与美国联邦很相似，权力集中在下层，而上层负责协调。

垂直型组织结构的工会则将更多的权力集中在上层。最重要的是，劳资协议谈判在国家层次进行。这意味着国家层次签署的协议可以涵盖美国联邦的所有工程，这要比典型的水平组织结构下的工会签署成百上千个协议要有效率的多。美国产业工会联合会（CIO）传统的组织结构就是垂直型的，而建筑业工会（AFL）则保持着拥有众多强大的地方组织的水平组织结构。美国产业工会联合会的建筑业成分也遵循与其母体组织的相似的结构形式。例如矿业工人联合会（UMF）中的建筑工人与矿主只签署一份合同，该合同适用于包括工程师到电气技师的所有专业。由于工会成员首先是矿井建筑工人，其次才是木工、操作工人或者是电气技师，因此很少听到垂直型的工会在工作界限和管理权限方面发生猜疑和争执。工会中的设备操作人员从拖拉机上下来，去从事一定的木工活，这种情况很普遍。而这对于水平型的同业工会，这是不可能的，因为木工立刻就会挑起工作权限的争端。

13.12 工作权限的争议

除了由于行业和地方分割导致的协议形式分散之外，水平结构的同业工会固有的主要问题之一是专业工作权限。当超过一个工会组织宣称某给定工作的专业是由其管辖的，则会引发工作权限的纠纷。在最初阶段，因为许多工会组织将某类工作视为自己的私有权利，对任何另外的工会侵犯其传统领地的行为都要进行反击。在某种意义上，享有排他性的工作权限是正确的。但是随着技术的进步和新产品的不断问世，哪类工作最适合某类专业将不可避免地产生纠纷。建筑业中典型的例子就是钢门窗的使用而导致的纠纷。传统上，门窗安装一直被认为是木工的工作范围，但是随着钢门窗的使用，引发了木工工会和金属工工会关于谁具有安装钢门窗的工作权限的争执。这些争执可以变得十分激烈，并可能导致某一个专业的工人的罢工。在这些事件中，承包商有时只是一个无辜的旁观者。如果不能很快解决这些纠纷，将会对业主和承包商产生十分严重的影响，这可从下面一段ENR中的摘录看出：

油嘴纠纷已经导致美国阿尔巴尼市的一处价值10亿美元，雇佣2000名工人的商场工程上百次的中断。该纠纷形成的原因是，燃料运输卡车司机和掌管设备的施工工程师谁有权进行注油操作。两方工会都宣称这是他们的工作权限。由于不管是哪一方从事该工作，另外一方也是有工资的，那么为什么两方都争取该项工作的权利？这是因为获得工作权限的一方工会可以进一步宣称对辅助工作享有工作权限。据报道，包括美国的西弗吉尼亚、俄克拉荷马州、密苏里州、加利福尼亚和华盛顿在内的许多州的承包商都已经深受其害。

尽管这是一个相当极端的例子，但也可以说明专业行会之间互相争斗的激烈情况。

工会组织争取工作权限的部分行为是可以理解的，这是因为如果他们的工作领域被逐渐侵蚀，那么可以导致其工作空间逐渐压缩，直至消失。因此，工会组织都是排他性地保护其专业的完整性。下面的合同条款说明了工作范围的规定能达到如何全面、细致的程度。

工作范围

该协议适用于包括所来自于全美木工团结自治会的工种分类表中的雇员。

美国木工工会的会员专业包括：铣削、造型、修边、组装、紧固，或者所有木头、塑料、金属、纤维、软木和组合材料和其他替代材料的拆除工作，以及机械设备和其他会员使用的器材的处理、清洗、装配、安装和拆除等。

因此我们的工作权限扩展至如下专业分类和子分类：木工；水磨工；打桩工；桥梁、船坞和码头木工；潜水工；支撑安装工；木结构工；造船木工；造艇木工；船体捻缝工；橱柜木工；楼梯工；木地板铺设工和装饰工；木板铺设工；木瓦板铺设工；修边工；绝缘工；隔音材料安装工；房屋移动工；伐木工和木材加工工人；家具木工，芦苇和藤条制品工；木瓦板制作工；木匣和棺材制作工；木箱制作工；铁路木工和汽车木工；不论使用何种材料，所有的木工操作或者造型、铣削的机械操作；上述专业工种使用的器具及辅助工作（如焙烧、焊接、安装）器具的加工生产；利用工器具进行上述专业工作布置安排。当使用“木工”一词时，也应代表该工种的所有子分类。

工作权限之争对于垂直型组织结构的工会不成什么问题，因为专业的完整性对决定工会的权力无关紧要。美国汽车工人联合会（UAW）是一个典型的垂直组织结构的工会，几乎所有的汽车都是该组织成员组装生产的。技术的变化并不意味着某专业工作转移到其他工会，因此 UAW 的工人可以今天安装车窗，下个月则可以被指派进行车内布线。专业的完整性不会引起排他性的争执。

欧洲的建筑工人工会的组织结构是垂直型的，工会组织定期签署规定工资水平和劳务管理程序的协议，国家层次的协议（如德国）适用于所有的工人。每一位工人拥有一个主要的专业，其报酬水平由全国性的协议确定。由于专业工作权限不成为一个主要的问题，因此您可以经常看到操作反铲挖土机的工人进行临时支撑的安装工作。由于矿业工人联合会也是垂直型的组织，因此其成员的工作内容沿着专业链条前后变动也是司空见惯的。

13.13 工会结构

美国最大的劳工组织是 AFL－CIO。营造与建筑工会组织隶属于 AFL－CIO 的营造与建筑专业管理部。图 13.2 为 AFL－CIO 从地方到联邦层次的组织结构。目前建筑业相关的工会组织都隶属于 AFL－CIO，隶属于 AFL－CIO 的建筑工会团体如表 13.4 所示。

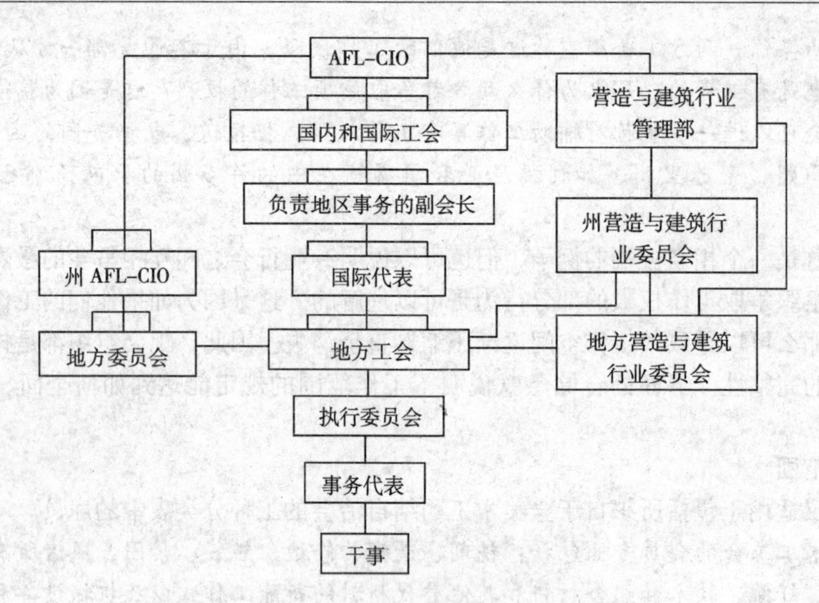

图 13-2 AFL-CIO 营造与建筑行业管理部隶属结构

隶属于 AFL-CIO 的建筑业团体 **表 13.4**

1. 国际桥梁、结构、装饰和钢筋工协会
2. 国际隔热、防霜以及石棉制品工人协会
3. 国际锅炉工、钢铁船建造者、铁匠、锻工以及辅助工同业工会
4. 国际电气工人同业工会
5. 国际油漆工、装饰工人及相关专业同业工会
6. 国际卡车驾驶司机同业工会
7. 国际瓦工及相关专业工会
8. 国际电梯安装工工会
9. 国际施工工程师工会
10. 北美劳工联合会
11. 抹灰和水泥砌筑工协会
12. 国际薄金属片工人协会
13. 美国与加拿大管道安装临时工和学徒工联合会
14. 美国木工联合工会
15. 屋顶、防水以及相关专业工人联合会

AFL-CIO 的最高权力机构是两年一次的代表大会。代表大会形成的决议和指示由每年至少开三次会的执行委员会负责贯彻实施。除了执委会，AFL-CIO 还设有每年至少开一次会议的总务部，以及会长指定的各类临时委员会。AFL-CIO 的专职雇员是会长和财务秘书。

在代表大会闭会期间，执行委员会负责联盟的事务。执委会的成员是代表大会多数票选举出来的会长、财务秘书和几位副会长（这些成员一般来自于各个全国性团体的领导）。会长在处理有关联盟章程的任何事务，或者在执委会闭会期间实施代表大会决议方面具有权威性。

AFL-CIO 在执委会层次下设立了各工种管理部，其任务是在适当的产业或者行业实现进一步的联合。他们也帮助解决其成员工作权限之间的争执。当一个团体与另外一个团体产生纠纷时，该工种管理部要向执委会申诉。工种管理部也是其成员在国会和其他政府机构的代表。建筑业工种管理部负责所有的建筑业专业工会的事务。

13.14 全国性工会

在美国，全国性工会是指具有排他性的与不同州的承包商，以及与联邦雇员组织签署协议的权力组织。因为它们在很多地区都担当着协议签署人的角色，虽然全国性工会的数量增长非常迅速，但是对于建筑业来说，地方性的工会组织仍然起着最重要的作用，权力仍在地方层次。

作为某一专业工人的代表，每一家工会具有管理该专业工作范围的权力。绝大多数的团体都将专业工作权限写入其章程内。当团体的目标发生变化或者其成员已经更新，许多团体随之也变动其工作权限。

全国性工会的日常工作由会长来负责，他对执委会的问题讨论和投票具有巨大的影响作用，同时对公众也有重要的影响。对于会长来说，比较重要的权力包括：对章程决策，颁布地方章程或者宣布其无效，雇佣或者解雇工会雇员，以及批准罢工等。会长的权力一般由执委会或者代表大会规定。

工会的组织者或者代表通过订立地方分支组织与全国总部之间的协议，使团体获得新生力量，并不断开拓新的地区。组织者在其工作区域内是地方分支组织的顾问，负责向它们解释总部的政策。同时也向总部汇报地方上的情况。

13.15 州联合会与城市中心

在美国，州级联盟组织主要负责州级立法和公共关系的游说工作。这些组织主要由AFL－CIO的各个成员团体的地方分支组织构成。州级联盟组织的代表大会每年召开一次，主要关注各个州工人所关心的问题。

城市中心更为关注经济事务，充当地方组织信息交流的纽带，并协助与业主的交涉。它们日益涉及有益于其会员的社区事务和活动。

联合会和专业委员会由地方上的相似专业或者行业的团体构成。它们的主要职责就是确保工人在与资方谈判中形成统一阵线，获得相同的工作条件。一个联合会或者专业委员会要求其成员团体必须在同一地区拥有三个以上分支组织。联合会由隶属同一全国性团体的地方组织构成，而专业委员会则由同一行业相关专业的不同全国性团体构成。

地方专业委员会的原型是营造与建筑行业委员会，该委员会在更高层次的对应机构就是AFL－CIO的营造与建筑行业管理部。它负责的事务不只包括劳资关系管理，还常常涉及处理难以解决的工作权限纠纷。营造与建筑行业委员给附属的专业团体带来了比一般的行业组织更重要的利益，与资方谈判时具有组成统一阵线的能力。

13.16 地方工会

在美国地方工会是全国性工会的最小分支，他们提供了一种全国性工会与其地方性组织联系的机制。地方团体具有如下的功能：会员联络，争取更好的劳动条件，处理不满，贯彻执行有关教育和政策宣传计划。它们可以以职业或专业为基础，也可以一家工厂或多家工厂为基础组织起来。主持地方团体工作的人员主要有：会长、副会长、财务主管以及各类秘书。他们通常是无报酬或者是报酬很少，利用闲暇时间从事团体的工作。小型的地方工会其财务秘书通常还要负责保管账本、档案的工作，但是对于大一些的地方工会，则雇佣专门的记账员负责此项工作。

最重要的地方工会官员是专职业务代理。他担负地方工会的大量的领导职责，从向全体成员提供建议，直到选举官员，都在其职责范围以内。

业务代理的职责覆盖了整个地方工会活动的范围，他协助解决工人的不满，协议谈判，指出协议违规之处，管理团体的雇佣大厅。他也是一位组织者，设法吸收使没有组织起来的工人进入工会。只有拥有很多成员的地方工会才雇佣专职代理，其中超过一半的地方雇佣的代理在施工行业工会工作，这是由施工的流动性特征所决定的。对于没有足够经费雇佣专职代理的团体，通常由城市中心或者州联合会出资雇佣。

干事不是工会的官员，他是与工会成员接触最紧密的代表，他负责观察工会对工作条件的规定在实际工作中的贯彻情况，以及处理雇员对雇主的不满，干事是一名由其同事选举出来的现场工人。

13.17 工会雇佣大厅

流动性是建筑业劳务一个显著的特点，行业内劳务经常在不同工地和公司流动。一名建筑工人一年内被五家或者六家承包商雇佣的情况并不鲜见。工会雇佣大厅提供了一种职业介绍服务，将可获得的劳务与承包商的需求联系在一起。当某项工作出现空缺时，将该工作介绍给在雇佣大厅登记注册的工人。工会雇佣大厅的管理程序构成了工会与业主之间的协议的重要组成部分。劳资合同的特定条款规定了雇佣大厅如何运行。虽然不同的专业和地区存在稍许差异，但是通过工会大厅推荐工人工作的运作程序是很相似的。

13.18 次级抵制

影响劳务纠纷抵制的合法性在劳资关系历史中一直是最重要的问题。抵制是就某些问题达到影响另一方的目的，而由一方向另一方施加经济或者社会压力的一种行为。次级抵制是指与 *B* 方存在纠纷的 *A* 方，试图通过抵制与 *B* 方存在往来关系，并能向其施加间接影响的 *C* 方，而对 *B* 方产生压力的一种行为。如图 13.3 所示。如果一家生产小型工器具的车间的电气工人为了达成某些协议而在厂区设置罢工纠察线，这就形成了第一级抵制。而如果工人们派遣一些成员在城镇销售车间生产的器具的商店设置纠察线，这就形成了次级抵制。作为第三方（*C*）的商店业主在此压力之下将会向工厂与工人协商施加影响。根据塔夫脱—哈特利法案，次级抵制被视为违法。

对于建筑业，在工会组织试图强迫不承认工会的分包商签署一项劳资合同时，具有工会和非工会成员的工作现场将发生如此的次级抵制活动。在该情况下，工会将在通向施工现场的门口设置罢工纠察线，以有效地抵制不承认工会的分包商。但是工会组织的传统则要求非工会工人不能通过那条纠察线。因此，工会罢工纠察线的实际效果是阻止所有工人进入施工现场。在解决与不承认工会的分包商的争端之前,这将导致整个工地的瘫痪。在此情况下，总承包商或主承包商就成为受工会影响而向不承认工会的分包商施加压力的第三方。1951年，美国最高法院裁定该行为属次级抵制范畴，因此按照塔夫脱—哈特利法案，该行为违法。高院是在审理丹佛营造与建筑业行业委员会罢工案时做出上述裁决的。

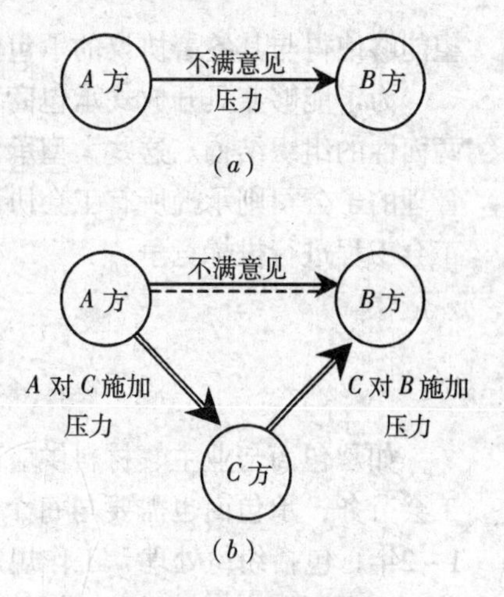

图 13.3 抵制类型

(a) 第一级抵制；(b) 次级抵制

遵循这个裁决，为了解决次级抵制的问题，“分设门”的概念逐渐发展并形成。根据“分设门”相关政策，主要承包商要为与工会存在纠纷的承包商设置一个单独的门。然后，工会在指导下将罢工纠察线设置在这个门周围，而不是项目的主要进场门。如果工会不遵守这个规定，将被禁止进行抵制活动。其他工会的成员从主门进入现场，而不必穿过纠察线。

对于次级抵制的司法解释适用建筑业时，也有豁免的情况，工会组织经常试图禁止使用非工会厂商的产品，这些产品被称为“脏品”。通过规定有关“脏品”的合同条款事实上阻止了承包商使用非工会厂商的产品。因此在某种意义上，这就是次级抵制的一种形式，承包商成为工会与制造商或供应商纠纷过程中的无辜的第三方。根据兰德·郎姆—格里芬（Landrum－Griffin）法案，禁止使用非工会厂商的“脏品”合同条款是违法的。但对于建筑业，也有取得豁免的情况，如克劳夫（Clough）和希尔（Sear）谈到的：

典型的分包协议要求总承包商将工程只发包给签订特定的工会劳资合同的分包商。

1967年，高等法院裁定，如果预配件威胁到专业的完整性，并可以替代通常由现场施工的工作，则禁止使用预配件的条款可以获得豁免。例如，木工工会可以拒绝安装预制门，因为预制门是在远离现场的工厂组装的，将会代替现场安装和缩小工会成员的工作范围。因此在这些情况下，使用如此的劳资协议条款并不被认为违法。

13.19 开放式厂商和两面性组织

近年来，工会成员要求的工资越来越高，这导致了越来越多的开放式（可自由雇佣）承包商在高合同价工程竞标中成功。限制性的工作规定和较高的工资水平使得与工会存在协议关系的承包商很难具有竞争优势。开放式企业没有与工会签署的协议约束，工人报酬按照业绩确定。最大的开放式承包商组织是营造商和承包商协会。传统上，开放式承包商对技术要求较低的住宅和小型建筑物市场具有竞争优势。而与工会存在协议关系的承包商则通过支付较高水平的报酬而具有很强的吸引熟练技术工人的能力，进而控制了技术复杂的建筑物和重型工程承包市场。

大型的开放式承包商为了避免由工作权限纠纷和限制性的工作规定而导致的时间成本增加，一直希望支付相当或者高于工会组织成员的报酬水平。在一些项目的实施期间内，一些工会组织通过放宽对某些工作的规定，而与开放式承包商达成协议。隶属于AFL－CIO的营造与建筑专业管理部主管罗伯特·A·乔治尼（Robert.A.Georgine）指出，工会都希望能够使得与其签署协议的承包商具有尽可能强的竞争力。

为了能够兼具开放式承包商和工会承包商的竞争优势，一些承包商通过调整形成具有两面性的组织结构。这些大型承包商的一些子公司承揽非工会协议的工程，另外一些单独管理的子公司则承揽所有工会协议工程。通过这种方式，母公司可以同时在工会工程和非工会工程进行投标竞争。

13.20 劳资协议

如承包商与业主、材料供应商，以及其管理下的分包商签署协议一样，如果需要使用工会劳务，承包商也需要与每个专业工会签订合同或劳资协议。这些协议一般有效期为1~2年，包括纠纷处理、工作规定、薪酬水平以及额外福利等方面的条款。协议通常规定薪酬在合同期应逐步增长，增长幅度的规定一般包含在协议附录中。

协议的开始部分通常规定了承包商与工会组织，在协议执行期间可能发生的纠纷的解决方法。为了解决纠纷，合同通常要求成立一个共同委员会以解决纠纷，并提供当纠纷无法由委员会解决时而采取的仲裁程序。典型的劳资协议还包括以下条款：

1. 会员资格的延续；
2. 额外福利；
3. 工作规定；
4. 学徒计划实施；
5. 薪酬（附录）；
6. 工时；
7. 工人控制和工会代表；
8. 工会雇佣大厅的运行；
9. 工会办公区域；
10. 分包商条款（见13.8节）；
11. 特殊条款。

额外福利主要包括休假期间工资、医疗福利等，额外福利差异主要产生于承包商向学徒工计划支付的经费和所谓的产业进步基金。这些额外福利由承包商在基本工资的基础上支付。地方工会的营造与建筑专业委员为了协助准备工薪册，通常打印合同工资和额外福利情况的统计结果，如图13.4所示。

工作规定是谈判的重要内容，对于工人生产率和在建项目的成本具有重要的影响。一个典型的工作规定可以要求所有的电气材料都要由工会电气工程师处置，也可以要求运送电气材料的卡车由工会电气工程师驾驶。这些规定可导致某些可以由价格较低的劳务担当的工作由价格较高的工匠担当。因此，工作规定成为劳资谈判中主要的话题。

13.21 劳务成本

与工人工资相联系的大量保险，使得承包商确定工人的成本成为一件复杂的事情。承包商必须知道在标价中有多少成本是用于支付所有工人的工资和相关的报酬的。假设所需要的木工、铁器工人、施工工程师和其他的技术工人已知，每个工人的工作小时数能够估计出来，则每个技术工人平均小时成本乘以需要的小时数就得到总劳务成本。工人的小时平均成本由以下几项组成：

1. 直接工资；
2. 额外津贴；
3. 社会保险（美国联邦社会保险捐款法，FICA）；
4. 失业保险；
5. 工人伤害保险；
6. 公共责任及财产损失保险；
7. 差旅补助；
8. 班次差异补助。

直接工资和附加津贴可以通过参考图 13.4 确定。

专业和业务代表	小时工资（美元）	班组长	加班工资	W－福利 P－养老金 A－学徒工 V－假期 （美元）	出差补助（美元/天）	工资自动增长幅度（美元）	福利自动增长幅度（美元）	到期日
石棉制片工人　地方编号：18 罗伯特·J·斯科特 印地安那州印地安那波力斯北海兰 946 号	21.57		双倍	W－1.95 P－1.95 A－0.38 V－3.85（扣）	45			1998/5/31
锅炉制作工　地方编号：60 乔治·威廉斯 伊利诺斯州皮奥里亚市杰斐逊 400 号	22.30	增加 $ 1.50～$ 3.00	双倍	W－5.21 P－1.95 A－0.10	40	3.00 1997/9/1		1998/8/31
木工　地方编号：44 Gene Stirewalt，BR 212 W.Hill St. Champaign，Illinois 61820	19.70	增加 12%	双倍	W－0.52 P－0.90 A－0.20		1.00 1998/10/15	0.35 1998/4/15	1999/4/15
水泥工　地方编号：143 弗郎西斯·E·杜斯伊利诺斯州香巴尼市南第一大道 212½号	16.89	增加 $ 1.50～15%	双倍	W－0.55		0.90 1998/1/24		1998/7/24
电气工　地方编号：601 杰克·海斯勒 伊利诺斯州香巴尼市南第一大道 212 号	22.25	增加 10%～20%	双倍	W－0.70 A－0.2%		1.00 1997/11/1 0.50 1998/5/1 0.50 1998/11/1		1999/4/30

图 13.4　劳务组织和工资水平（图中数据仅供示范）

所有工人必须拿出工资的一部分用于支付社会保险。对工人拿出的每一美元，雇主必须缴纳匹配数额的保险费用。在保险金额达到停止点之前，工人每一美元收入要缴纳固定百分比的保险费。当年收入超过停止点，工人（以及工人的雇主）不必继续缴纳保险费。根据FICA1995年的规定，年收入的第一个＄61,200需要缴纳6.2%的保险费。因此，当某人的年收入达到或者超过＄61,200时将要缴纳＄3794.40，同时其雇主——承包商也要缴纳相同数量的保费。

在美国，失业保险要求所有雇主支付，每一个州都确定了一个保费百分比。保险费按月或者季度缴纳，并定期上交州失业办公处。缴纳数额根据在缴纳日期由雇主呈交的经审查的工薪册确定。失业保险用于救助那些并非自己的错误而暂时失业的工人。

各个州还要求雇主为其雇佣的所有工人缴纳工人伤害保险费，该保险用于雇佣期间工人伤害补偿。业主有责任提供安全的工作环境，也有义务资助伤残工人，这已经成为共识。如果没有该保险，工人在工作期间的伤害只能依靠州财政解决。所需要支付的保险费是投保人的工作风险的函数。一家印刷厂的印刷工的保险费自然与高层建筑钢结构安装工人不同。典型的建筑业专业及其保险费水平见表13.5。ENR杂志也在每个季度公布建筑工人伤害保险的统计，引用的保额水平按照每100美元工薪的缴纳金额计算。以铁制品工人为例，每100元工薪要缴纳29.18美元（29.2%）的伤害保险。公共责任及财产损失保险费的缴纳也与专业风险水平有关，见表13.5。

建筑专业工人工资与保险费标准 **表13.5**

专业	工资	养老保险	健康保险	假期补助	学徒工训练	工人伤害保险[a]	公共责任险[b]	财产损害险[b]
石棉制品工人	20.30	1.20	1.10		0.20	12.18	2.00	1.10
锅炉制造工人	20.50	1.50	2.10		0.04	12.92	0.74	0.72
砌筑工	18.70	1.00	1.10	1.30		7.10	0.76	0.54
木工	18.90	0.90	1.00		0.04	11.34	0.80	0.52
水泥工	17.80	1.10	0.80			5.02	0.82	0.58
电气工人	20.90	1.1%	0.9%	0.8%	0.05%	4.38	0.34	0.42
施工工程师	18.70	1.50	1.00		0.14	11.22	1.86	2.00
铁制品工人	19.20	1.14	1.30	1.00	0.14	29.18	3.00	1.88
力工	12.50	0.66	0.40			7.50	0.38	0.40
油漆工	18.90	1.30	1.30		500/年	7.18	0.26	0.88
抹灰工	18.30	1.10	1.80			6.96	0.78	0.54
管道工	21.50	1.00	1.30		0.22	5.60	0.58	1.18
金属片加工工人	20.40	1.40	1.00		0.08	7.14	0.41	0.40

注：失业率5.0%
社会保险6.2%
a 按照每＄100薪金计算
b 公共责任险：按这些保险费率最高赔付金额＄5,000/人，＄10,000/每次事故
欲获得更高赔付金额＄10,000～＄20,000：1.26×基本保险费率
＄25,000～＄50,000：1.47×基本保险费率
＄50,000～＄100,000：1.59×基本保险费率
＄300,000～＄300,000：1.78×基本保险费率
财产损害责任险：按这些保险费率最高赔付金额＄5,000/人，＄25,000/每次事故
欲获得更高赔付金额＄25,000～＄50,000：1.23×基本保险费率
＄50,000～＄100,000：1.30×基本保险费率

在建设项目实施中，由于工作引发的事故导致人身伤害，或者导致现场附近财产的损失。例如一袋水泥从工程顶层落下，将正在人行道的行人砸伤，这些人通常寻求意外伤害的解决办法。由此产生的公共责任将是项目业主应承当的义务，但是业主则按照建筑合同通用条件的某些条款，将为公共责任保险的要求传递给承包商。通用条件规定承包商要投保足够的险种，以应对公共责任索赔。类似地，如果一袋水泥落下，将停靠在项目附近的一辆轿车的挡风玻璃砸碎，轿车主人必然要求财产损害补偿。这就是一种建设项目业主应该承担财产损害赔偿义务的情况。同样，也是由承包商缴纳的财产损害保险费，实现了义务的转移。保险承办人通常按照工人伤害保险费的同样标准确定公共责任及财产损失保险费。据此，承包商要为现场工作的钢构件安装工人的每＄100工资缴纳＄3.00公共责任保险费和＄1.88财产损害保险费。这些保费标准随着时间和地理位置的变化而变化，另外如果承包商有良好的安全记录，也可以降低标准。

差旅补助用于补偿必须外地工作的工人。这是由于远离家庭所在地，需要长途通讯或者在外居住，必然会引起额外支出。如果在芝加哥的一家电梯安装工人必须在印第安纳波力斯工作两周，他将享受差率补助以补偿其额外支出。

班次差异补助用于补偿由于班次差异带来的工作不方便。图13.5为薄金属加工工人工作合同中典型的班次差异补助条款。在该例中，班次差异使得工人报酬在基本工资基础上有所增加。另外，班次差异补助也可以通过支付超过工人实际工作小时的报酬来体现。美国加利福尼亚铁制品工人合同中规定了倒班薪酬标准：如果工作实行两班倒，每班工作7.5小时，按照每班8小时支付薪酬；如果工作实行三班倒，每班工作7小时，按照每班8小时支付薪酬。这意味着，一个三班倒的项目，如果铁制品工人工作时间如超过7小时，不仅可以获得加班补助，7小时额定工作时间还可以按照8小时付酬。有关轮班支付的计算见下节。

下午任何时间或者第二班工作的工人将获得每小时20美分的班次差异补助。夜晚任何时间或者第三班工作的工人将获得每小时30美分的班次差异补助。

1. 第一班　早班，或者第一班的工人包括：所有开始工作时间为上午6点和下午2点，下班时间在下午6点或者之前的雇员。没有班次差异补助。

2. 第二班　下午班，或者第二班的工人包括：所有开始工作时间为下午2点或之后，下班时间在午夜12点或者之前的雇员。班次差异补助费为20美分/工时。

3. 第三班　夜班，或者第三班的工人包括：所有开始工作时间为夜间10点或之后，下班时间在第二天早上8点或者之前的雇员。班次差异补助费为30美分/工时。

4. 交叉班　在第一班开始时间上班，在另一班下班的工人，工作期间没有班次差异补助。工作时间在上午7点到下午3点之间的工人，应该支付20美分/工时的班次差异补助费；工作时间在下午3点到夜晚11点之间的工人，应该支付30美分/工时的班次差异补助费；工作时间在夜晚11点到第二天早上7点之间的工人，应该支付30美分/工时的班次差异补助费。

图13.5　轮班工作条款

13.22　小时平均成本计算

表13.5给出了典型的专业承包合同规定的劳务成本汇总数据。图13.6为铁制品工人小时成本计算表。假定，铁制品工人工作月份6月份，每天工作时间为三班倒的第二班，

规定班次的7小时工作时间按照8小时计算（存在班次差异补偿）。

铁制品工人每周工作6天，每天一班10小时，或者60工时/每周。区分正式工作时间和附加工作时间是很重要的。保险费和额外津贴计算以正式工作时间为基础进行计算。而社会保险和失业保险则按照总收入计算。按照工作时间划分规定，周六和周日将被分解为正式工作时间和附加工作时间。由于要向工人支付班次差异补偿，因此第二班的前7小时被视为正式工作时间，余下的3小时被视为附加工作时间，并按照加班标准支付工人加班费。7小时的正式工作时间按照8小时支付工资，而加班时间要加倍计算。加倍时间的前半段可以计入正式工作时间，而后半段计入附加工作时间。根据图13.6各列汇总，铁制品工人每周工作60小时，将按照66小时正式工作时间和26附加工作时间支付薪酬。

计算承包商承担的钢结构安装施工中的铁制品工人小时平均成本。铁制品工人工作时间为三班倒的第二班，每天工作10个小时，每周6个工作日。根据轮班工作协议，工人工作7小时，按照8小时付酬。PL和PD的赔偿额上限为＄50,000/人和＄50,000/每次事故。社会保险费率6.2%，失业保险费率为5.0%。

	工时	正式工作小时（ST）	附加工作小时（PT）
周一～周五	5×7=35	5×8=40	
	5×3=15	5×3=15	1×5×3=15
周六	1×7=7	1×8=8	1×1×8=8
	1×3=3	1×3=3	1×1×3=3
	60	66	26

基本工资标准＝＄19.20
ST 66小时@ ＄19.20＝＄1267.20
PT 26小时@ ＄19.20＝＄ 499.20
工资总额 ＄1766.40

津贴：	健康保险	1.30×66＝＄85.80
	养老保险	1.14×66＝＄75.24
	假期补助	1.00×66＝＄66.00（延期支付）
	学徒培训	0.14×66＝＄9.24
		3.58×66＝＄236.28

WC＝＄29.18
WC，PL和PD＝＄36.39×1267.20/100＝＄461.13
PL 1.59×3.00＝＄4.77
PD 130×1.88＝＄2.44
合计＝＄36.39/每百元工资

社会保险＝0.062×（＄1766.40＋＄66）＝＄113.61
失业保险＝0.05×（＄1766.40＋＄66）＝＄91.62
衣食补助＝6天×＄20.00/天＝＄120.00

总成本＝基本工资＋津贴＋WC，PL，PD＋失业保险＋社会保险＋衣食补助＝＄2789.04
平均小时成本（对承包商而言）＝＄2789.04/60＝＄46.48

图13.6 工资计算示例

根据表13.5，可以确定铁制品工人的基本工资标准为＄19.20/小时。据此，可以计算得到，每周正式工作时间的工资为 ＄1267.20（66小时），附加工作时间的额外报酬为

$499.20（26天）。总的毛薪酬为$1766.40。

额外津贴根据正式工作时间来计算，其标准按照由合同规定。其中额外承包商缴纳的工会基金为了$3.58/小时。额外津贴中的假期补助被视为延期收入，按照联邦社会保险捐款法计算。同样也适用于失业保险的计算。

支付给保险公司的工人伤害保险费（WC）、公共责任险（PL）、财产损害险（PD）可见表13.5。合同要求提高PL和PD的赔付金额，PL和PD的赔付额度增加到最高$50,000/人和$100,000/每次事故。因此B在PL和PD的保险费率要在基本保险费率的基础上分别乘以1.59和1.30（见表13.5的脚注）。最终，WC、PL和PD的保险费按照每百元工资计算的总额为$36.39。根据正式工作时间的周薪$1267.20，可以得到相应的保险费为$461.13。

不论是社会保险费还是失业保险的确定，都基于工薪总额与延迟支付的假期补助的总和。衣食补助每天$20.00（本例未包含交通费）。将所有的成本相加，承包商负担的一周的总劳务成本为：

工薪总额	$1766.40
津贴	$236.28
WC，PL，PD	$461.13
社会保险	$113.61
失业保险	$91.62
衣食补助	$120.00
总金额	$2789.04

小时工资＝2789.04/60＝46.48

这与基本工资率19.20美元/小时有相当大的差异。如果一家承包商仅仅依靠基本工资率估算投标价，将会严重低估项目造价，最后可能赔得“衣服都穿不起”。

核对WC，PL与PD采用的费率无误尤其重要。特别是对于危险环境之下的工作（如隧道挖掘），其保费标准可以达到$44每$100工资。但是，如果某工人只是安装零散的金属部件，其保险费不必按照钢结构安装工人标准计算。应该注意的是，表13.5中的保费标准只适用于某一个特定地区，并属于指导费率。指导费率用于没有安全方面记录的公司。当几年内，有证据证明这些公司具有很好的质量安全记录，则可以显著下调其保险费率。这就给承包商保持安全生产产生一个很强的激励。如果WC，PL与PD保费费率降低30%，承包商在投标过程中将获得显著的价格竞争优势。

小时平均工资计算意味着复杂的工薪手册准备工作。某一位承包商不论在哪个项目，都要与5～15个的专业工会打交道，而每个专业工会都有其自己的工资标准和额外津贴结构。工会与承包商之间的劳资合同通常要求工薪手册必须按周准备。另外，承包商要向收取统筹资金和保险费的美国联邦、州以及所有的保险机构提供工薪手册，用以检查核实。因此，绝大多数不论拥有多少数量劳务的承包商都利用计算机准备工薪手册。手册中的数据由现场人员利用记时卡片收集，这些数据由办公室工作人员负责输入计算机。绝大多数企业都有用于此目的的内部计算机。一些企业也可以求助提供工薪手册准备服务的部门，其服务费用大约为所有工资额的0.5%～1%。

习 题

13.1 请解释下列术语：

a. 黄狗合同；

b. 工会代理制厂商；

c. 分包商条款。

13.2 次级抵制的含义是什么？指出两种类型的次级抵制。法律是否禁止建筑业中的次级抵制？请解释。

13.3 什么是工作权限的争议？为什么垂直型的工会组织不存在工作权限争议的问题？

13.4 同样是劳务组织，AFL与CIO的根本区别在哪里？

13.5 双面性组织的作用是什么？

13.6 判断下述是否正确，正确（T）或错误（F）。

a. 美国一些州的法律认可“只雇佣某一工会会员的工厂”。______

b. 为了强迫执行分包商条款，工会组织可以合法地进行施工现场罢工。______

c. 卡车驾驶员工会是AFL－CIO最大的成员单位。______

d. 实施“自由雇佣厂商”，建筑工会将会重新考虑对承包商的策略。______

e. 塔夫脱—哈特利法案中的工作权力条款允许每个州决定“工会工厂”是否合法。______

f. 单价合同是一种具有激励作用的协议合同。______

g. AFL的地方专业工会拥有很小的权力，主要受到AFL－CIO的全国总部的指挥。______

h. 制定谢尔曼反垄断法的初衷是为了防止能够垄断市场的大型公司或者卡特尔的形成。______

i. 事务代表是工会掌管劳资协议就业规定的代表。______

j. 投标书必须符合规划和设计说明书。______

k. 雇主应用黄狗合同去鼓励其雇员加入工会组织。______

l. 根据塔夫脱—哈特利法案，在劳资双方为达成协议而就合同或其他争议进行谈判的90天内，总统有权命令工人继续工作，不得罢工。______

m. 出台国家劳资关系法案的目的在于保护工人结社活动，以及推动劳资双边谈判。______

n. 在自由雇佣的企业中，工人的工薪水平由其隶属的工会雇佣大厅规定。______

o. 额外津贴的计算基于总的毛收入，而FICA的计算则基于正式工作小时。______

p. 承包商可以自愿缴纳工人伤害保险，美国各个州对此可以给予适当的财政支持。______

13.7 计算一位木工的平均小时成本。假设工程所在的地区维持日常最低生活的工资水平是$19.5。木工的工作时间为两班倒的第二班，规定班次的7小时工作时间按照8小时计算（存在班次差异补偿）。每周工作6天，每天实际工作时间为10小时。除了周一到周五加班时间的工资按照正常工作时间的一倍半计算，合同还规定所有在周末的工作按照双薪计算。FICA的保费率为6.2%，失业保险费率为5%。所有关于有关WC，PL，PD以及工资的数据如表13.5所示。

13.8 调查您所在地区的工会。列出事务代理的名单和雇佣大厅的地址。

13.9 列出附录I小型加油站项目可能涉及的工会组织名单。

13.10 参观一家当地承包商和雇佣大厅，分析劳务雇佣的程序。

第 14 章 成 本 控 制

14.1 作为管理工具的成本控制

能够及早发现现场施工活动的成本超支或者有可能超支，对项目管理是至关重要的。这样可以有机会进行采取补偿措施，以消除超支或者把它们的影响减至最小的程度。由于成本超支将增加项目成本以至于减少利润，因此，无论是项目管理还是更高层次的管理必须对所有项目活动的成本非常敏感。

有效的成本报表系统的一个重要的副产品是为管理提供能反映现场施工活动的总体成本状况的信息，而这些信息将被用于关注对项目管理有重要影响的问题。对项目当前状态的判断、工程进度的实际完成情况和准备进度款支付请求，都需要来自项目规划和成本控制报表系统的数据。项目的成本控制数据不仅对项目管理的决策过程很重要，对公司的估价和计划编制部门同样是很重要的，因为这些数据对新项目的有效估价和投标提供了基本的反馈信息。因此项目成本控制系统不仅为当前的项目管理服务，而且为将来的项目估价提供了数据库。

14.2 项目成本控制系统

项目成本控制系统的设计、实施和维护可以看作是一个多步骤的过程，图 14.1 中所示的五个步骤是建立和维护成本控制系统的基础。下面提出关于成本控制系统的每个步骤的相关问题。

1. 成本账目图表。用于估计项目支出的基本原则是什么？这一原则如何与公司的一般账目和会计职能相联系？在确定项目成本账目的时候应该细致到什么程度以及如何与其他财务账目相协调？

2. 项目成本计划。如何运用成本账目来比较项目的成本计划和现场发生的实际成本？在项目成本控制框架的构成中，项目的财务估算如何与施工进度计划相联系？

3. 成本数据采集。如何采集成本数据并将其集成到成本报表系统之中？

4. 项目成本报表。在项目管理的成本管理中需要什么样的项目成本报表？

5. 成本工程。项目管理应该采用什么样的成本工程以达到成本最小化的目标？

这些是项目管理在建立项目控制系统时必须面对的问题，本章将讨论成本账目的结构。

第一步：成本账目图表
第二步：项目成本计划
第三步：成本数据采集
第四步：项目成本报表
第五步：成本工程

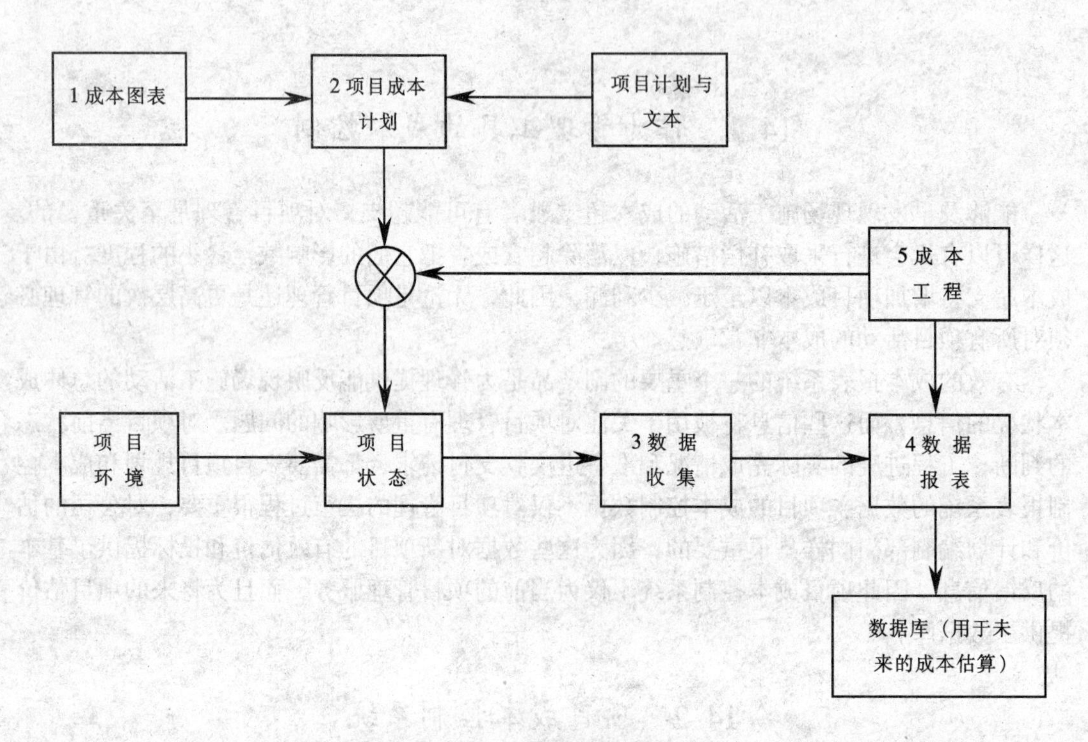

图14.1 成本控制步骤

14.3 成本账目

建立一项工程任务的成本控制系统的第一步是对项目级别的成本中心进行界定。会计账目图表中的成本账目部分的首要功能是把整个项目分解成有效的控制单元，每个单元由可以在施工现场度量的特定类型的工作组成（见图14.2）。成本账目建立以后，每项账目被分配一个识别号码作为成本代码。经过成本中心的分离之后，包含着工作单元的所有成本单元（直接劳动力、间接劳动力、材料、供应、设备成本等）都可以由成本代码来适当地记录。

显然，成本代码系统和相关的支出账目系统对公司或者项目的成本管理都有着重要影响。工程成本报表系统本质上是一个财务信息系统，因此，在管理中可以自由地设置自有的账目图表，只要这些图表有益于达到特定的财务和成本控制目标，不论这些目标与公司的整体表现、对某一项目的控制或者某一合同要求是否相关。

项目成本账目总列表 一般分类账目子账目 80.000 项目成本					
		项目工作账目 100~699			项目管理账目 700~999
100		清理、开挖	700		项目管理
101		拆毁		.01	项目经理
102		加固		.02	工程师
103		土方开挖	701		建设监理
104		岩石开凿		.01	主管
105		回填		.02	木工领班
115		木结构桩		.03	混凝土领班
116		钢结构桩	702		项目办公室
117		混凝土结构桩		.01	搬入和迁出
121		钢板桩		.02	家具
240		混凝土，现浇		.03	供应
	.01	底脚	703		工时记录和保安
	.05	地基梁		.01	工时记录员
	.07	地基板		.02	打更人
	.08	梁		.03	保安员
	.10	楼板	705		设备和服务
	.11	柱		.01	水
	.12	墙		.02	煤气
	.16	楼梯		.03	电
	.20	伸缩缝		.04	电话
	.40	找平	710		存储设施
	.50	压实赶光	711		临时护栏
	.51	抹光面	712		临时防水层
	.60	磨平	715		存储场地租赁
	.90	养护	717		工作安排
245		预制混凝土	720		饮用水
260		混凝土模板	721		卫生设施
	.01	底脚	722		急救设施
	.05	地基梁	725		临时照明
	.07	地基板	726		临时楼梯
	.08	梁	730		称量重量
	.10	板	740		小工具
	.11	柱	750		执照和费用
	.12	墙	755		混凝土检测
270		钢筋	756		挤压检测
	.01	底脚	760		照相
	.12	墙	761		勘测
280		钢构件	765		通道和修补
350		砌筑	770		冬期施工
	.01	8英寸砌块	780		板车运送
	.02	12英寸砌块	785		停车场
	.06	普通砖	790		保护和连接设施
	.20	面砖	795		图纸

	.60	釉面砖	796		工艺设计
400		木工	800		工人运送
440		木制构件	805		工人住房
500		其他金属	810		工人就餐
	.01	金属门框	880		大扫除
	.20	窗框	950		设备
	.50	卫生间		.01	搬入
560		五金件		.02	安装
620		铺路		.03	分解
680		许可		.04	搬出
685		围墙			

图 14.2 典型项目成本账目表

14.4 成本代码系统

实践中存在着多种成本代码系统，一些组织，如美国道路建设者协会、总承包协会、建筑规范研究所，出版了标准账目报表。在许多产业中，成本代码在整个公司内强调的是基于各部门细目分类的成本生成。在许多建筑公司中，成本系统具有与公司的典型施工活动出现的顺序或者施工进度相关的结构化序列。大多数建筑公司使用了如图14.2所示的详细的项目成本账目，这种做法认为施工任务是面向项目的，并且，为达到利润最大化的成本管理目标，各项目必须单独核算。一个项目可能会盈利，而另一个可能会亏损。如果在一个各项目一起核算的财务系统内，这种情况会被掩盖。因此，每个项目的收益和成本账目都要单独建立和维护。实际使用的成本账目，则随着建筑类型的不同以及该类型特有的技术和工序的不同而有所不同。例如，建筑承包商对描述框架结构中结构混凝土浇筑方面成本的账目最感兴趣，而大型工程承包商则对与土方工程相关的账目感兴趣，如平整、开挖和挖掘机械等，美国道路建设者协会出版的标准成本账目强调的是这些，而建筑规范研究所编制的“统一建筑索引（UCI）”强调的是与施工相关的账目。UCI成本账目系统的主要分类如表14.1所示，分类0～3的第二层次详细分类的一部分如图14.3所示。

账目分类：统一建筑索引中的主要分类 **表 14.1**

成本中心			
0	合同条件	9	装饰
1	一般要求	10	专业工程
2	现场工作	11	设备
3	混凝土	12	家具
4	瓦工	13	特殊工程
5	金属	14	运输系统
6	木工	15	机械
7	防潮	16	电气
8	门窗和玻璃		

代码	名称	
	0 合同条件	
0000 ~ 0099.		未指定
	1 一般要求	
0100.	项目代理	
0101 ~ 0109.		未指定
0110.	进度计划和报表	
0111 ~ 0119.		未指定
0120.	样板和施工图	
0121 ~ 0129.		未指定
0130.	临时设施	
0131 ~ 0139.		未指定
0140.	清理	
0141 ~ 0149.		未指定
0150.	项目交付	
0151 ~ 0159.		未指定
0160.	许可	
0161 ~ 0169.		未指定
	2 现场工作	
0200.	代理	
0201 ~ 0209.		未指定
0210.	场地清理	
0211.	偏差	
0212.	建筑物移除	
0213.	清理和开挖	
0214 ~ 0219.		未指定
0220.	土方	
0221.	现场平整	
0222.	挖土和回填	
0223.	排水	
0224.	地下排水系统	
0225.	土的处理	
0226.	土的压实控制	
0227.	土的加固	
0228 ~ 0229.		未指定
0230.	桩工程	
0231 ~ 0234.		未指定
0235.	沉箱工程	
0236 ~ 0239.		未指定
0240.	支撑和加固	
0241.	护墙板	
0242.	基础加固	
0243 ~ 0249.		未指定
0250.	现场排水	
0251 ~ 0259.		未指定
0260.	道路和步行道	
0261.	铺设	
0262.	路缘和排水沟	
0263.	步行道	
0264.	道路和停车附属设施	
0265 ~ 0269.		未指定
0270.	现场改善	
0271.	围墙	
0272.	运动场	
0273.	喷泉	
0274.	灌溉系统	
0275.	院落改善	
0276 ~ 0279.		未指定
0280.	草坪和绿化	
0281.	土壤整理	
0282.	草坪	
0283.	地被植物和其他植物	
0284.	树木和灌木	
0285 ~ 0289.		未指定
0290.	铁路运输	
0291 ~ 0294.		未指定
0295.	海运	
0296.	船	
0297.	海洋防护结构	
0298.	疏浚	
0299.		未指定
	3 混凝土	
0300.	代理	
0301 ~ 0309.		未指定
0310.	混凝土模板	
0311 ~ 0319.		未指定
0320.	混凝土用钢筋	
0321 ~ 0329.		未指定
0330.	现浇混凝土	
0331.	大体积混凝土浇注	
0332.	少量混凝土浇注	
0333.	后张混凝土	
0334.	受钉混凝土	
0335.	特殊饰面混凝土	
0336.	特殊浇筑混凝土	
0337 ~ 0339.		未指定
0340.	预制混凝土	
0341.	预制混凝土板	
0342.	预制结构混凝土	
0343.	预制预应力混凝土	
0344 ~ 0349.		未指定
0350.	连续楼板	
0351.	浇注石膏板	
0352.	绝缘混凝土屋面板	
0353.	单元板	
0354 ~ 0399.		未指定

图 14.3 统一建筑索引中的详细分类代码

14.5 项目成本代码结构

罗斯密工程造价咨询公司的建筑工程成本数据所用的统一建筑索引的主要版本代码分为三个层次，最高层次的代码定义了表14.1所示的主要工作分类，这一层次展开形成了分支层次。例如，03层次的账目属于混凝土，而031账目则被规定为混凝土模板，同样，032账目被表示与混凝土钢筋相关的成本。

在下面的一个层次，设立了建筑的实体构成或子构件，通过在工作分类的两位代码之后增加三位代码来完成。例如，底脚的三位代码是158，于是，代码031158就表示混凝土底脚模板成本的账目。

在最低的第三层次，使用数字定义了更为详细分解的实体构件。例如，账目代码0311585000表示这一项目代码记录的是某一特定类型混凝土底脚模板的成本（参见图14.4）。这一层次的定义非常精细，使得账目可以对施工技术的特殊性非常敏感，细致的分类可以区别出不同的材料制作成的不同类型的底脚模板。在这一层次，成本工程师和建筑经理人可以对引起成本波动的施工技术的某一方面进行调整并报送成本中心。

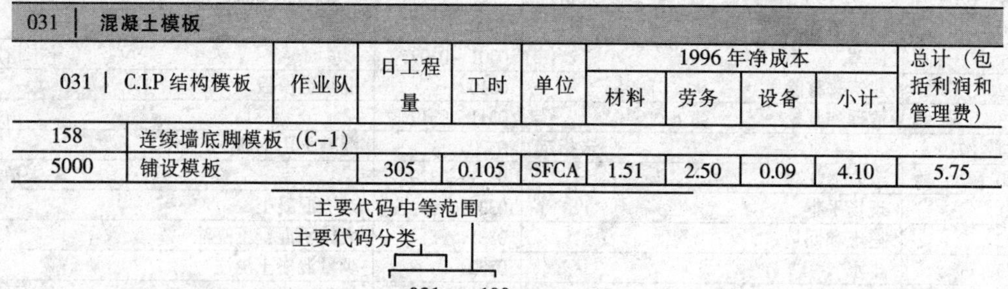

031 | 混凝土模板

031 | C.I.P 结构模板		作业队	日工程量	工时	单位	1996年净成本				总计（包括利润和管理费）
						材料	劳务	设备	小计	
158	连续墙底脚模板（C–1）									
5000	铺设模板		305	0.105	SFCA	1.51	2.50	0.09	4.10	5.75

图14.4 统一建筑索引主要成本代码结构（SFCA－平方英尺）

在一些工业或与能源相关的大型复杂项目中，要求成本代码能够反映更多信息，如项目名称、起始年和项目类型等，因此采用了超过10位的更长更复杂的成本代码，如图14.5中的示例，这一代码有13位，特别定义了以下几点：

1. 项目起始年份（1996）；
2. 项目控制号（15）；
3. 项目类型（5代表电站）；
4. 区域代码（16代表锅炉房）；
5. 功能分区（2表示基础部分）；
6. 一般工作分类（0210表示场地清理）；
7. 分布码（6表示施工机械设备）。

分布码确定的是哪个项目哪个区域的实体单元结构（如基础）的工作进程中（如场地清理）采用了哪种类型的资源，典型的分布码如下所示：

1. 劳动力；
2. 永久材料；
3. 临时材料；
4. 固定设备；
5. 消耗品；
6. 施工机械设备；
7. 供应（水、电等）；
8. 分包；
9. 间接成本。

显然，设计恰当的成本代码可以实现信息的高度集成，这种代码可以用于数据检索、排序和在选定参数的基础上编写报告（如从某一给定年份起用于项目10混凝土模板的施工机械设备成本）。但是，如果把太多的信息都塞进成本代码，会使得代码系统过于庞大并难以处理，进而使较高层次的管理无所适从。

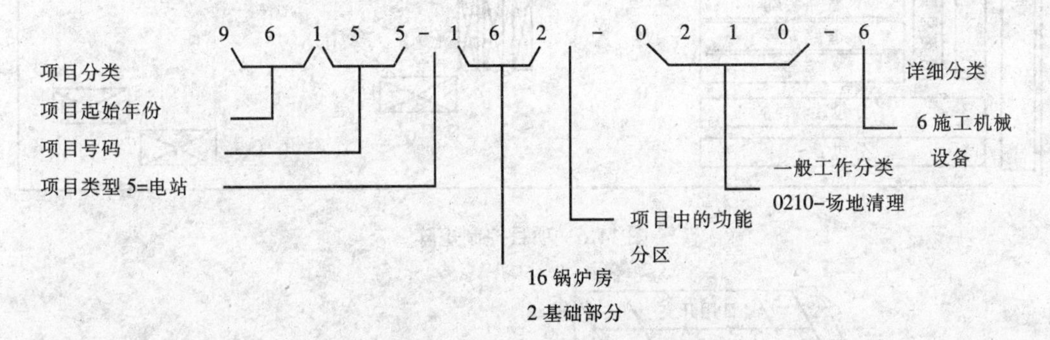

图 14.5 成本代码的典型数据结构

14.6 集成化项目管理的成本账目

在大型复杂项目中，把项目分成类似积木的建筑物模块更有利于进行成本和工期控制。在项目中引入进度和成本控制的单元的集成概念，发展了“工程分解”手段。而对应的“工作包”，则是指项目中采集成本和进度数据进行项目状况报告的组件。基于工作包的进度和成本数据采集导致了“集成化项目管理”的术语的出现。项目状况报告的功能已经在工作包这一层次得以实现，一个项目的一套工作包构成了项目的“工程分解结构(WBS)”。

项目的工程分解结构和工作包可以通过如图14.6所示的矩阵来说明。矩阵的列定义为项目的自然子成分，于是可以得到这样一种层次结构，从一个整体项目开始，直到最底层把项目分解为自然单元，如基础和区域等。在图14.6中，项目被分解成系统，各个系统又被进一步划分为科目（如土建、机械、电等），最底层表示自然单元（如基础1等），在这一最低层次的工作包称为“控制账目”。

矩阵的行定义为技术和责任。在最底层，责任通过工作任务来表示，如混凝土、框架、土方等，这些任务使用了不同的工艺和技术，于是，典型的工作包就被定义为基础1的混凝土、基础1和基础2的土方工程等。

考虑每个工作包所用到的资源，这种手段可以扩展到三维矩阵，如图14.7所示。通

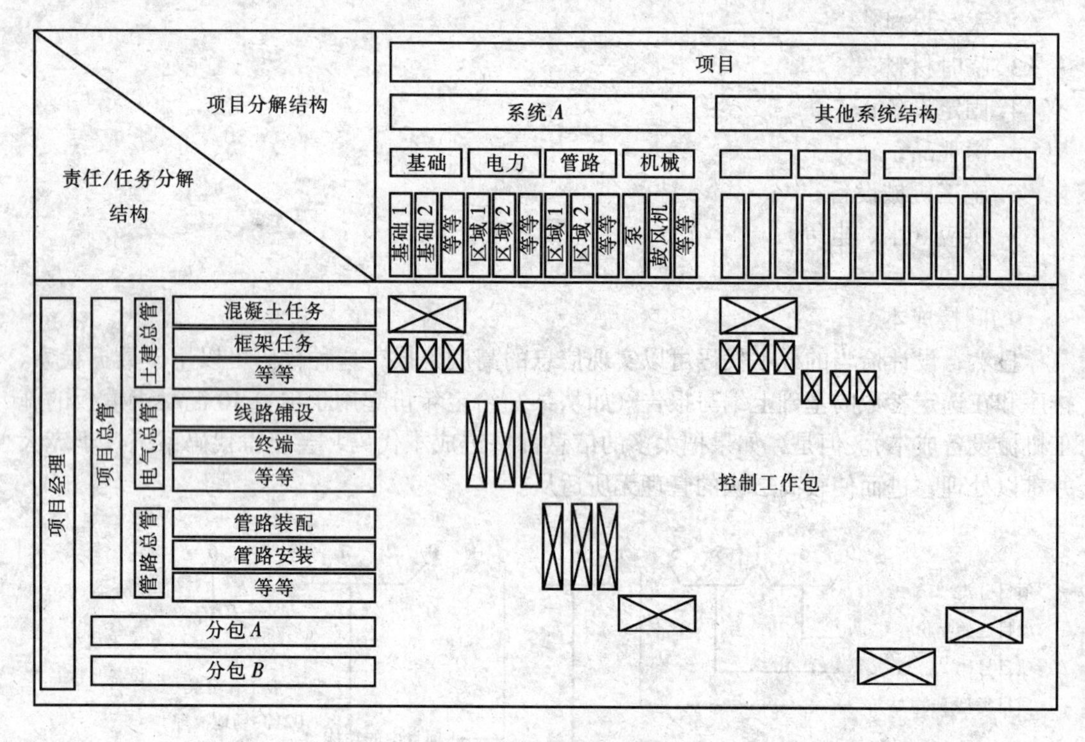

图14.6 项目控制矩阵

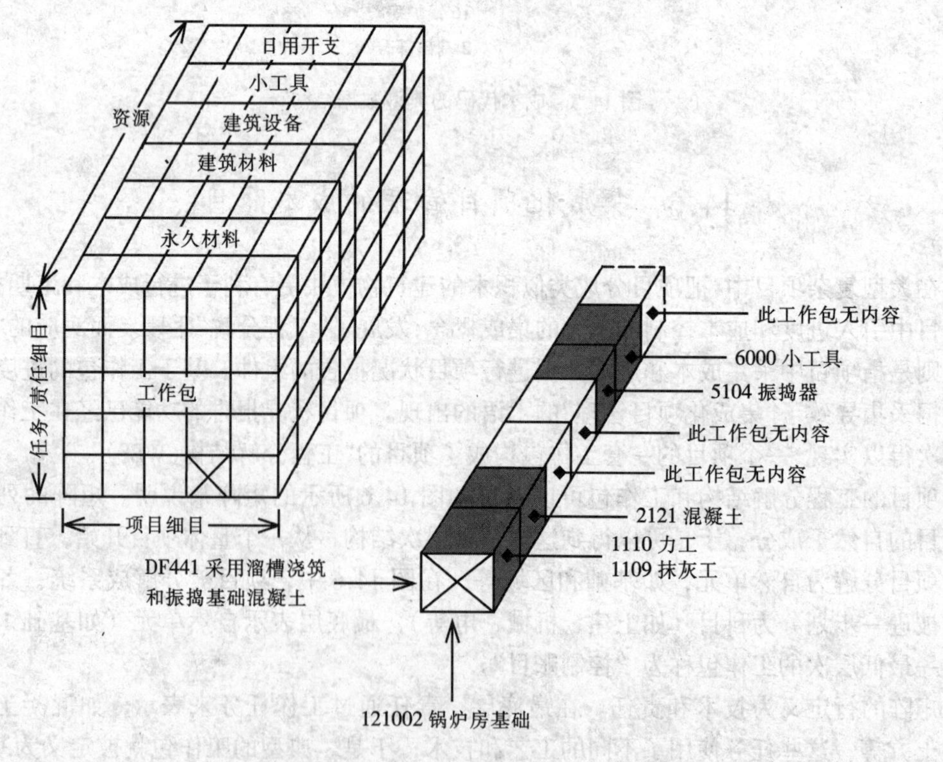

图14.7 面向工作包的成本代码三维示意图

过这种三维的分解，可以显示自然子成分、任务、责任以及给定的资源。反映这种矩阵结构的成本代码结构如图 14.8 所示，15 位代码定义了根据工作包和资源类型来采集信息的单元。关于锅炉房基础所用资源的货币单位、数量、人工时和设备工时通过代码为 121002 的工作包来采集，如果这项工作涉及到用溜槽来进行混凝土浇注和振捣，相应地增加包括字母与数字的代码 DF441，混凝土的资源代码为 2121。于是，用溜槽进行锅炉房基础混凝土施工的完整代码为 121002 - DF441 - 2121。这一代码使得成本数据的采集非常精确。工作进度也引用这一工作包代码，如图 14.9 所示，通过子任务与工作包关联来表示进度。

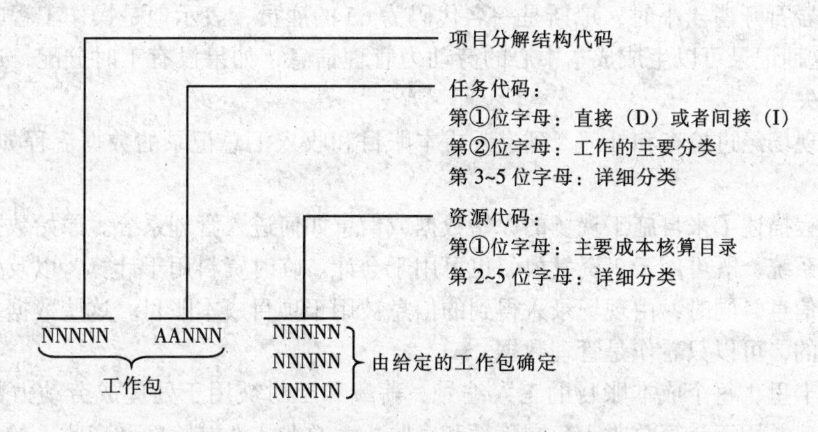

图 14.8　成本代码基本结构

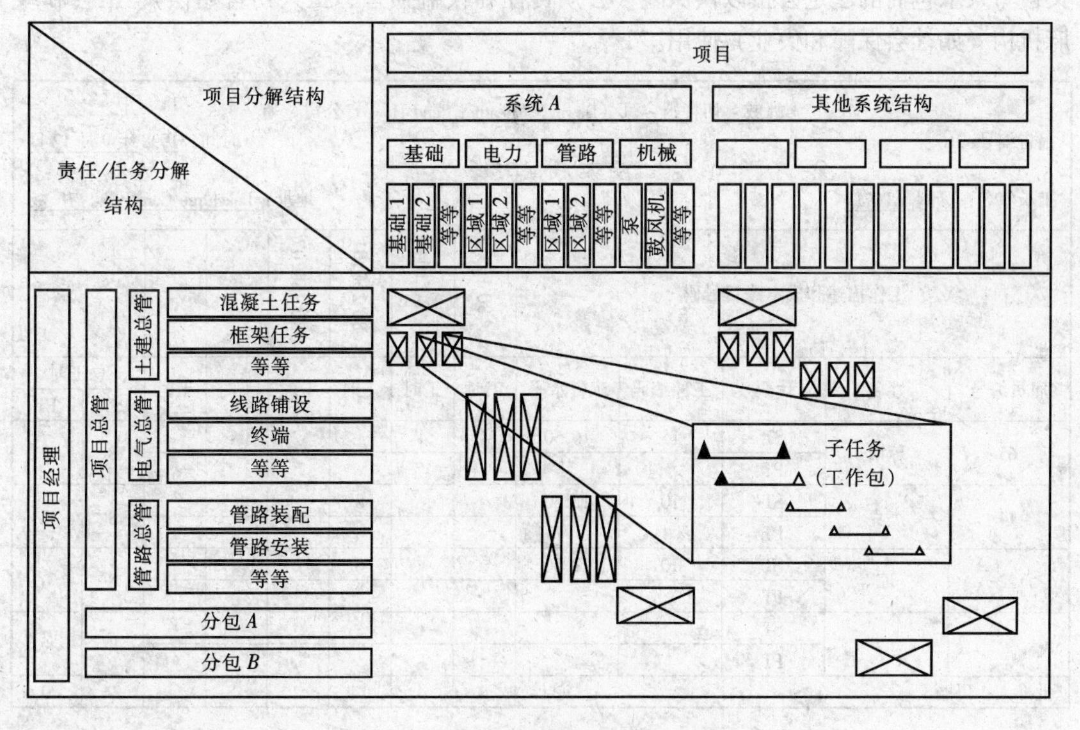

图 14.9　项目控制矩阵及子任务进度

14.7　工资数据采集

工资系统的目的有：确定劳动力的数量和支付工资；提供工资减除额；保留供税务和其他目的的记录；提供劳动力成本信息。用于采集工资数据的原始记录是每个计时雇员的日工时卡或周工时卡，如图 14.10 所示。这种卡通常由领班填写，由总负责人或者现场工程师检查，然后通过项目经理传送到总部的工资部门进行处理。这些卡是这样完成的：领班或计时员负责记录每个雇员对应于成本账目的工时分配。图 14.10 中，领班安排琼斯挖土 4 小时和岩石开凿 4 小时，琼斯是一名代码为 65 的雇员，表示他是操作工程师（设备操作工）。这种记录可以生成成本中心的劳动力管理信息，如果没有工时分配，这些管理数据就会丢失。

从施工现场经过检查和处理，到进入成本账目和收入汇总记录的数据流程如图 14.11 所示。

这一流程描述了来自施工现场的原始数据或信息如何进入管理系统。原始数据通过现场录入进入系统，既可用于工资发放，也可用于会计。临时资料用于计算，以及生成票据和票据登记信息，同时，由现场录入得到的信息被用于项目成本账目。这些数据并不是财会系统需要的，可以只看作是管理数据。

在工时卡里，每个成本账目的工人编号、薪酬和工时被用于处理成劳动力数据资料（永久性的），并用于计算总收入、减除额和净收入。总收入、减除额和净收入的汇总数据又被写入承包商的法定公报以供保险（公众责任和权益损害、工人伤害赔偿）、工会和政府机构（如社会保障和失业）使用。

杜威－切特姆－豪（Dewey，Cheatum，and Howe）公司

报告编号：16　　　　时间：1998 年 9 月 12 日

劳动力分配日报表

工长签名：汤姆（TOM）　　　　地址：Peachtree Corners 购物广场

工作描述和成本账目号码					80,103	80,104	80,260.01	80,260.07				
雇员编号	姓名	代码	工种编码	工资水平	工时	工时	工时	工时	工时	工时	总工时	
											ST	PT
65	琼斯	ST	15	16.50	4	4					8	0
		PT										
14	杰克	ST	10	12.50			8				8	0
		PT										
22	琼	ST	10	12.50			6	2			8	0
		PT										
		ST										
		PT										
批准人：玛丽				总计	4	4	14	2			24	0

图 14.10　领班的劳动力分配日报表

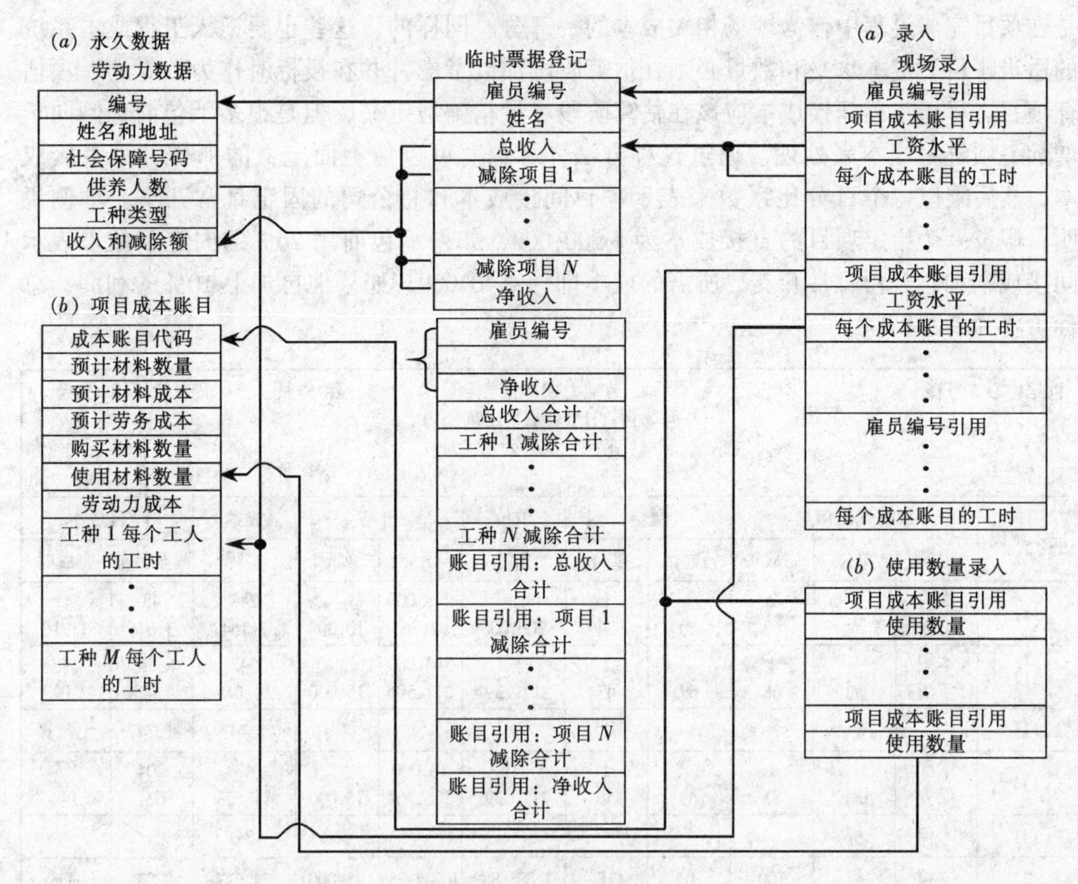

图 14.11　工资数据结构

14.8　间接成本和一般管理成本

承包商所发生的与某一设施建设相关的成本包括以下几方面：

1. 项目实体的完成所消耗的直接成本（如浇注底脚的劳动力和材料成本）；

2. 与项目相关的资源或者承包商所需要的生产支持成本（如总负责人薪酬、工地办公室成本、各种与项目相关的保险等）；

3. 公司作为一个商业实体所必须的运营和管理成本（如总公司日常开支，包括总公司工资支付的成本、估价及营销成本、公司高级职员薪酬等）。

生产支持成本通常被称为项目间接成本，总公司成本通常称为总公司日常开支，这些成本都包括在公司的收入之中。总公司日常开支，或称一般管理成本，可以认为是期间成本而与项目直接成本区分开；另一方面，这些成本可以按比例分配到工程中，并记入工程日常开支账目和工程进行中的成本分类账目（分摊成本）。

14.9　项目间接成本

与工程相关的间接成本，比如图 14.12 中所列出的劳动力成本（如垃圾搬运），通常是在项目完成过程中作为现场相关成本的一部分。同样的，这些也要记入工程成本系统的适当账目。成本水平和数量必须在估算阶段加以考虑，并在投标时作为独立的一项估算项目。尽管工程间接成本应该在估算阶段尽量精确地定义，但是很多承包商仍倾向于增加一项统一成本来处理。通过这种方法，承包商可以像上面定义的那样计算直接成本，然后乘以一个百分比系数来表示项目间接成本和总公司的固定日常开支。举例说明：假设一个给定项目的直接成本为＄200,000，如果承包商用20%的固定系数来表示间接成本和总公司日常开支，所需的成本即为＄40,000，如果他再加上10%的利润，总标价将为＄264,000。

世纪中心5号楼　　劳动力成本报告　　第57周　　周结束于10/11
海勒肯（HALCON）建筑公司
亚特兰大分公司
亚特兰大　　第一页　　项目号：13－5265

成本代码	成本代码信息			数量		单价	价格		成本	项目成本	
	说明	单位	完成%	预计	实际	预计	预计	实际	实际	截至目前	完成时
111	本周		2		1		248.000		248	48	
	垃圾搬运	周	68	50	34	200.000	92.765	10,000	3,154	3,646	1,716
112	本周		1		1		543.000		543	326	
	日常清扫	周	68	69	47	217..391	311.596	15,000	14,645	4,428	2,072
115									1,747	1,747	无预算
130	本周		1		1		13.000		13	204	
	保安	周	81	69	56	217..391	206.304	15,000	11,553	621	144
131	树木保护	棵						500	31		
132	支撑	根	100	18	18	1,388.889	1,345.389	25,000	24,217	783	完成
307	本周		1		5		19.600		98	4	
	人工开挖	立方码	97	725	705	18.793	19.569	13,625	13,769	547	15
310	降水	眼	100					2,000	2,060	60	完成
312	人工砌筑	立方码	83	6,000	5,000	1500	1.291	9,000	6,453	1,047	209
316	场地美化	平方英尺	99	15,000	14,830	.167	0.135	2,500	1,999	501	完成

图14.12　劳动力成本报告（某些典型流水项目）

如图12.3所示，通过逐项计算，该图给出了各分项的间接成本（区别于采用统一费率）。包括在投标价中的与工程相关的间接成本项目被作为项目日常开支账目（图14.2中的700～999）。这是推荐的做法，因为这样可以为承包商在投标时提供充分的信息以相对精确地计算这些项目间接成本。罗斯密工程造价咨询所采用的计算日常开支与利润的方法（图12.9）采用了百分比费率来一项项地把间接成本计算到估算价中，这本质上也是上述固定成本方法的一个变种。

14.10　固定的一般管理成本

项目间接成本是工程独有的且应按每项工程来分别计算，而总公司日常开支则或多或少是一项保持在稳定水平的固定成本而并不与单一的项目直接相关。在实践中常采用百分比费率来把日常开支按比例分配到每一个项目上，因为无法合理地将日常开支精确地分配到给定的项目。于是，百分比分配系数被用于把总公司日常开支计算到标价中。

这一总公司日常开支分配系数的计算是基于：

1. 上年发生的一般管理成本；
2. 当年预计营销额（合同额）；
3. 当年预计毛利润率。

这一过程通过下面的例子加以说明：

第一步：预计年日常开支（一般管理成本）

上年一般管理成本	$270,000
10%通货膨胀	$27,000
公司成长	$23,000
预计一般管理成本	$320,000

第二步：预计成本分配基数

预计营销额		$4,000,000
毛利润率	20% =	$800,000
劳动力和材料		$3,200,000

第三步：计算日常开支百分比

$$\frac{\text{预计日常开支成本（一般管理成本）}}{\text{预计劳动力和材料成本}}=\frac{320，000}{3，200，00}=10\%$$

第四步：某一项目的成本

预计劳动力和材料成本	$500,000
分摊日常开支	$50,000
劳动力和材料成本$500,000乘以分配率10%	$550,000

在这个例子中，当年期望的营销额为$4,000,000，上年总公司运营的一般管理成本为$270,000，这一数字经过通货膨胀和预期公司成长的调整。假定日常开支分配系数被用于直接劳动力和材料成本，直接成本通过扣除20%的毛利润率来计算。

直接成本为$3,200,000，而$320,000的一般管理成本和$3,200,000的直接成本相比，分配比例为10%，这意味着$500,000的直接成本要加上$50,000的日常开支来形成标价，利润将在调整后的$550,000的基础上再增加。

14.11 计算一般管理成本应考虑的问题

从商业的角度来看成本，通常分成可变成本和固定成本两类。可变成本是与生产过程直接相关的成本，在建筑行业中，它们是劳动力、机械、材料的直接成本以及现场间接成本（如生产支持成本），这些成本可变是因为它们是所进行的工程量的函数。固定成本的发生与进行的工程量无关，而是保持一个稳定的比例。为了维持商业运作，最小数量的总公司职员、办公地点、电话、水电供应等是必须有的，相应地就会有费用发生。这些总部的管理费用对于一定的营销（施工）额来说是稳定的。如果营销额急剧扩大，一般管理些费用也将随之扩大。在分析时，这些费用被认为在一年之内是固定的或者稳定的，固定成本本质上就是上述的一般管理成本。

在本章14.10中提到，一般管理成本水平可以根据上年实际发生的成本来估计，普遍使用的方法是把一般管理费用按照当年预计总的直接成本的百分比来计算。由于上年发生的一般管理成本通常可以由与上年的总营销额的百分比来得出，必须进行一个简单的变换来反映其与总的直接成本的关系，变换如公式（14-1）所示。

$$P_c = \frac{P_s}{(100 - P_s)} \tag{14-1}$$

式中 P_c——用于计算当年固定成本的百分比；

P_s——上年固定成本或一般管理成本与总营销额的百分比。

例如，上年发生的一般管理成本为$800,000，而总营销额为$4,000,000，P_s即为20%（$800,000/$4,000,000×100%），计算当年一般管理成本与预计直接成本的百分比为：

$$P_c = \frac{20}{(100 - 20)} = 25\%$$

如果某工程的直接成本（劳动力、材料、设备及现场间接成本）预计为$1,000,000，其固定成本即为$250,000，利润则在现场直接成本与间接成本加上固定成本的基础进行计算，现场（可变）成本加固定成本加利润就构成了投标价格。在这个例子中，如果利润率为10%，总标价将为$1,375,000。显然，现场一般管理成本要靠足够多的营业量来补偿固定成本和可变成本。

许多公司喜欢根据日常开支的资源情况来确定固定成本，假设总公司对某一资源管理的支持力度变大或变小，其效果将在固定成本中表现出来。例如，工资支付与对工地雇员的支持成本被认为高于对管理材料采购和分包的支持成本，因此，25%的比例被用于劳动力和设备直接成本来计算固定成本，而15%的比例被用于材料和分包成本。如果在投标时对于现场（可变）成本的不同部分采用不同的固定成本比例，固定成本将能够反映出所用资源的情况。如表14.2所示，对于两种方法进行了比较，一种是采用20%的与总的直接成本的固定比例，另一种是采用25%的劳动力和设备成本及15%的与材料和分包成本的比例。

固定成本比例结构比较 **表14.2**

			直接成本的20%	劳动力和设备成本的25%；材料和分包成本的15%
工程101	劳动力和设备	$ 800,000	$ 160,000	$ 200,000
	材料和分包	$ 1,200,000	240,000	180,000
			$ 400,000	$ 380,000
工程102	劳动力和设备	$ 200,000	$ 40,000	$ 50,000
	材料和分包	$ 2,000,000	400,000	300,000
			$ 440,000	$ 350,000
工程103	劳动力和设备	$ 700,000	$ 140,000	$ 175,000
	材料和分包	$ 700,000	140,000	105,000
			$ 280,000	$ 280,000

可以看出，对于工程 101 和 102，采用 25%和 15%两种比例的固定成本要低于采用 20%比例，这表明，这些项目的劳动力和设备直接成本比材料和分包成本要低。相应地，对于劳动力和设备的支持需求也成比例地降低。比如工程 102，绝大部分工作都分包出去，而只有＄200,000 的劳动力和设备在本公司，因此对于劳动力和设备的支持成本很低而大部分的支持成本与材料采购和分包的管理有关，这导致了采用 20%的固定成本比例与修正后的 25%、15%固定成本比例明显不同（＄440,000 与＄350,000）。

对于工程 103，采用两种比例结构的固定成本相同，这是因为劳动力和设备成本与材料和分包成本相同。

显然，在竞争激烈的投标形式下，采用修正的比例体系，试图将固定成本与支持的类型建立更好的联系，这可以使得投标人有降低标价的突破口。当然，在所给的例子中(25%、15%对 20%)，20%的固定比例对于劳动力和设备密集型的工程可以获得较低的固定成本。关键在于，固定成本应反映对需要的支持。由于多比例结构可以更好地反映这一点，一些公司现在采用了这种方法来计算固定成本，而放弃了采用固定比例与总直接成本来计算。

习　题

14.1　基础混凝土的浇筑正在进行中，至少需要五周才能完成。作为一个建筑项目经理，你需要在成本控制报告中得到哪类信息来正确地估计是否有可能造成成本超支?

14.2　项目代码系统的主要作用是什么?

14.3　列出统一建筑索引代码系统的优点与不足。

14.4　假设你是一个新建价值＄12,000,000 的商业建筑项目的成本工程师，根据你所在公司的标准成本代码，阐述你将如何为这一工程建立项目成本代码。要求解释这两种成本代码类型在目的和内容方面的不同之处。详细说明在草拟项目成本代码时根据需要应加入的任何信息。

14.5　建立一个成本代码体系以给出以下信息：

a. 项目开始时间；

b. 项目编号；

c. 成本发生的项目实体区域；

d. 在统一建筑索引中的分组；

e. 子分组；

f. 资源分类（劳动力、设备）。

14.6　挖沟工作的计划数据如下：

数　量	资　源	小　时	成　本
开挖——次搬运 100,000 立方英尺	机械	1000	＄100,000
	劳动力	5000	＄100,000
	卡车	2000	＄62,500

在施工的某一时间，工地经理发现实际开挖量在 110,000 立方英尺之内，根据新的数量，他计算出还剩下 30,000 立方英尺，在总公司，有下列工程信息：

资　源	小　时	成　本
机械	895	＄85,000
劳动力	6011	＄79,000
卡车	1684	＄50,140

如果你是经理，你认为对于这项工作最重要的是什么？

14.7 把下列成本分为直接成本；项目间接成本；固定成本三类：

劳动力、材料、总公司办公室租赁、工具和小型设备、工地办公室、绩效债券、营业税、总公司办公设备、经理人、文员和估价师薪酬。

14.8 戴尔·法波（Del Fabbro）公司有以下数据：上年总公司的日常开支为＄365.200，总营销额为＄5,400,000，假定一般管理费用在总营销额中占＄1,080,000。戴尔·法波公司采用10%的利润率。估算部门指出，某一改造工程的直接和现场间接费用为＄800,000，在考虑固定成本之后应提交的标价为多少？计算时假定5%的通货膨胀率和12%的公司增长。

第15章　材　料　管　理

15.1　材料管理过程

在传统的合同关系中，业主与一个总承包商或建筑经理人签订设施建造合同，与一个建筑师签订合同以完成设计。与业主签订合同的总承包商，有责任根据建筑师的说明、规范和图纸来完成工程。因此，在项目设计和施工期间，建筑师是业主的代表。这三部分之间的联系如图15.1所示。

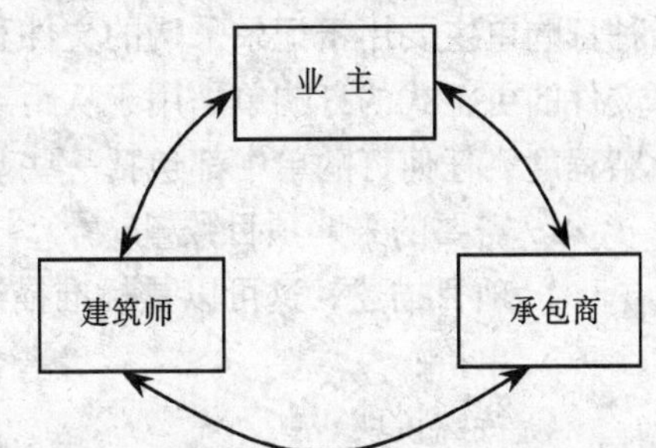

图15.1　业主—建筑师—承包商之间的关系

包括施工设备在内的材料取决于建筑师或专业设计人员。承包商通常把与项目相关的某些工作委托给分包商和供应商，委托通过分包合同和订购单来完成。作为这种委托的结果，构成项目的材料出现了清晰的循环，循环的四个主要阶段见图15.2。

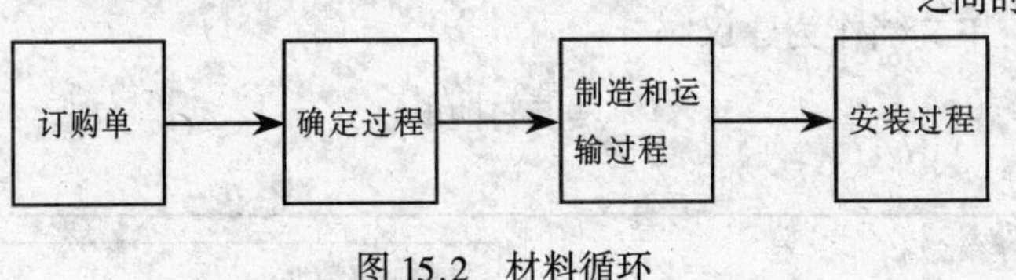

图15.2　材料循环

15.2　订　　购

在取得建筑合同之后，承包商立即开始准备工程不同部分的分包和订购单，多少工作被分包取决于总承包商。一些承包商事实上把所有工作都分包出去以降低成本超支的风险，并通过分包商的报价来确认每一项成本，其他承包商则使用自己的施工力量来完成几乎所有的工作。

分包协议是针对工程的某一部分，规定了承包商和分包商之间的权利义务关系。分包商必须根据协议提供所有的材料和完成协议中规定的所有工作。美国总承包商协会(AGC)发布了“标准分包协议”供其成员使用。

附录G中有该协议的一个样本，绝大部分承包商要么使用标准协议，如AGC所提供的；要么使用它们自己的协议。在绝大部分案例中，工程分包都采用了非常精细的分包合同。

业主和承包商之间协议的所有条款都以参考资料的形式成为分包协议的一部分。分包协议中最重要的参考文件是通用合同条件。通用合同条件（参见附录A）的条款6.17规定了提交施工图程序，并给出了材料使用安装之前的样本。条款6.17对于由分包商或供应商提供材料是相当重要的。6.17C规定，“如果合同文件要求提供装配图或样本，……，任何相关的经过工程师事先审核的和由提交的相关材料核准的工作，都由承包商单独承担费用和责任”。

订购单是承包商和供应商之间的订购合同，这一文件描述了要供应的材料、数量和订购单的总金额。

订购单的复杂程度是不同的，有些可以像邮购商行的订单形式一样简单，有些则像施工合同本身那样复杂。如果施工中包括复杂的需要特别装配的项目，非常详细的规格和图纸就成为订购单的一部分。一些典型的订购单样式见图15.3和图15.4。图15.3是本地货源的现场采购项目的订购单样式，这些采购项目通常是以现金结算发货的方式采购的，这种订购单主要用于记录采购的文件和成本会计账目（并非合同文件）。图15.4是作为合同文件的更正式的订购单，用于从距离现场较远的货源采购更复杂的项目。不考虑交易的复杂程度，任何订购单中都包括一些基本要素，确定的五个要素如下：

1. 需要的采购项目数量；
2. 项目描述，这可以是标准描述和目录中的号码，或者是复杂的图纸和规格的集合；
3. 单价；
4. 特殊说明；
5. 承包协议中授权代理人的签名。

对于简单的订购单，通常由买方准备订单，如果卖方对订单的某些部分不满意，他可以提出自己的订购单文档作为建议。

专用订购单

亨利·C·拜克公司

卖方：

发票邮寄地址：
亨利·C·拜克公司佛罗里达朱庇特市老迪克西高速路1210街
邮编：33458

日期：

运送至：佛罗里达朱庇特市老迪克西高速路1210街　　用于工程编号：＊21330

数　量	名　称	单　价	金　额	成本代码

联邦和地方销售税必须在发票上单独列出

发票一式三份
邮寄至以上地址
不迟于1月25日
在发票上注明专用订单号

卖方承兑（需要时）　　**负责人或项目经理**

图15.3　现场订购单（亨利·C·拜克公司提供）

订购单

亨利·C·拜克公司 **编号：**

卖方：
地址： 19____

项目：
项目邮政地址：

请把下列货品运送至亨利·C·拜克公司，地址：

货品运抵不迟于 ，否则，保留取消订单的权利
重要提示：返回的发票要包括原件和两份拷贝，和提货单的两份拷贝一起寄至上列项目地址。

编 号	数 量	说 明	单 价	金 额

销售或消费税（是）（否）包括在上列金额中。 **亨利·C·拜克公司**
F.O.B. **经办人：**
期 限：
请注意上面关于发票的重要提示，必须照做。
签收人：
请把上面的订单号写在发票和每一件运送货品的外包装上。

图 15.4 正式订购单（亨利·C·拜克公司提供）

特殊说明通常是与交易相关的任何特殊条件的说明，尤其是关于发货和发票的。发票是标明运送货物价格的账单凭证，还包括运送货物的清单。订单的一个重要内容是报价方式和运货责任。报价通常采用离岸价（FOB），离岸价规定了卖方负责把货物运送到双方约定的地点，如卖方的销售地点、工厂，或者买方的货场或工作现场。如果离岸价的交货地点不在卖方的所在地，卖方将标出包括运费的价格，卖方可以采用到岸价（CIF），这表示报价包括了货物本身价格，再加上运费和保险费。

在卖方负责运送货物的时候，一个很有意思的问题是在什么时点所有权从卖方转移到买方，这一点在提货单中约定。提货单是承运人和托运人之间的合同协议，规定了根据合同价格把某一件或一组货物从 A 地运送至 B 地。如果所有权在卖方所在地转移给买方，运输合同就在买方和承运人之间签订。如果卖方报的是到岸价，卖方将作为买方的代理人来雇用承运人，并代表买方签订协议，提货单中注明在承运人从卖方所在地取得货物的时候，所有权即发生转移，如果承运人在运送过程中发生事故或损坏了货物，将由买方寻求损失的补偿，因为他是所有者。

如果采用货到付款（COD）的方式，所有权将在付款的时候转移。在这种时候，提货单是在卖方和承运人之间签订的，如果运送过程中发生损坏，损失由作为所有者的卖方承担。

在 CIF 和 COD 交易方式中所发生事件的顺序如图 15.5 所示，图中还指出了订购单、提货单和发票之间的关系。典型的提货单和发票见图 15.6 和 15.7。

发票通常说明支付的程序，并确定卖方及时支付货款所能获得的贸易折扣，贸易折扣是卖方给予的及早支付的奖励。如果买方在某一规定时间内付款，他可以按照标明价格减去折扣来支付。如果未能在折扣期间内付款，那就意味着买方必须按足价支付。关于贸易折扣的术语如下：

1. ROG/AOG：折扣期从收到货物（ROG）或货物到达（AOG）时开始。

2. 2/10 NET 30 ROG：如果发票中这样注明，就意味着如果买方在收到货物/货物到达的10天之内付款，就可以从发票金额中获得2%的折扣，在收到货物/货物到达的30天内，就必须以全价支付。

3. 2/10 PROX NET 30：如果在不迟于收到货物起一个月内的第10天付款，就可以获得2%的现金折扣，如果在下个月底之前付款，就必须以全价支付。

4. 2/10 E.O.M.ROG：如果在不迟于收到货物起一个月内的第11天付款，就可以获得2%的折扣，其后就必须以全价支付。

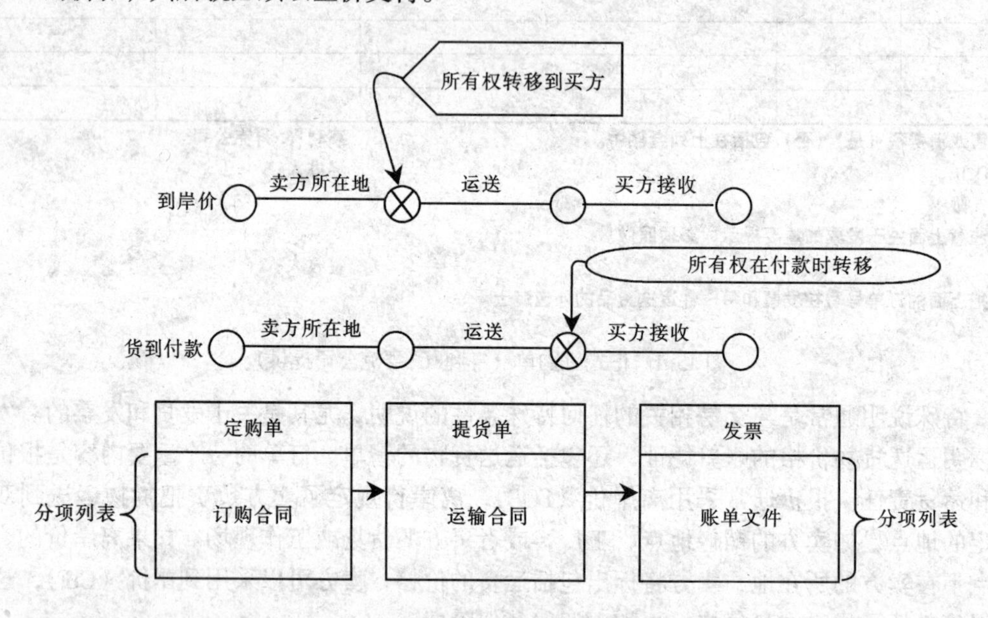

15.5 采购文件和所有权转移顺序

所获得的贸易折扣在财务报表中按照已获收入处理。

在订购单的专门条款中，可能包括“免责”条款。此类条款保护订购单的一方，使其不承担由订购单的条件所引起的损失责任。例如，对于一个运送混凝土的公司，可以要求承包商根据他们的样式提交订购单，规定免除卖方在运送混凝土到现场的过程中可能引起的损失责任。于是，如果运送混凝土的卡车要经过现场的一条主要煤气总管，在运送过程中造成管道泄漏，就要由承包商承担维修费用的责任，因为混凝土卖方是“免责”的。相反，如果承包商使用了自己的订购单样式，就会规定自己在此类事件中免责。这类情况并不包括在普通责任保险中，因为这种“合同引发”的责任被认为不属于普通责任的领域。如果由承包商来准备订购单，免责条款将保护承包商。如果由卖方准备，专门条款就会保护卖方在发生损失的时候免责。

为保护承包商，在复杂的订购单中（需要特别制造的），会有许多关于承包商要求细则以及其他文件的参考资料，以明确所供应的材料。细则包括必要的图纸、产品资料和样品，这些必须在制造和运送之前获得许可，而后提交。订购单和分包协议的条款要求分包商和供应商必须获得其提供的材料的许可。

装货单 **复印件，由代理保留**

托运人编号：

承运人姓名： **承运人编号：**

收到的货物，根据此提货单签订时有效的分类和税则。

在哈伦代尔（HALLANDALE），佛罗里达（FLA）. 19 从 草原（MEADOW）钢铁制品公司

以上描述的货品，外观完好，另有说明的除外（包裹内物品未知的条款和条件），标明受托运的上述承运人（承运人一词在此协议中理解为协议条件下拥有此货品的任何个人或组织）同意将其运送至上述地点，或者按其原定路线，或者由其他承运人由其他路线转运。双方同意，对于每一个承运人或者运往上述地点的物品的全部或任何一部分，根据此协议提供的任何服务，都将遵守国内直运统一提货单的条款和条件，(1) 如果通过铁路或水路运输，则根据此协议签订时有效的正式的南部、西部和伊利诺伊州货运分类，或 (2) 如果通过公路运输，则根据适用的公路货运分类。

交付给：

目的地：________ **州：**________ **邮政编码：**________ **县：**________ **交付地点：**________

路线：________

负责交付的承运人：________ **汽车或卡车始发地：**________ **编号：**________

包裹号	包裹种类物品描述	*重量（以修订为准）	等级或费率	校核
	钢筋		50	

* 如果货品由承运人通过水路在两个港口之间运输，法律规定要在提货单上声明是承运人还是托运人注明的重量

注意：如果费率与货物价值有关，要求承运人书面详细声明货品的协定或申报价值。

托运人特此声明货品不超过其协定货申报价值。

经手人：

+用于此货品的纤维包装箱遵照包装箱制造者证书中所列的条款，以及同意货运分类中的所有其他要求

根据提货单条件的第7节，如果此货品要交付给对发件人无追索权的收件人，发件人应该签署下列声明：

如果没有收到运费和其他法定费用，承运人可以拒绝运送此货品。

（发件人签名）

如果需要预付费用，在此写明或盖章说明“需预付费用”

需预付费用

收到 $________

用于货品的预付费用。

（代理或者出纳）

经手人：________

（此签名只对预付金额有效）

前期费用

$________

+承运人盖章不在州际商业委员会许可的提货单规定的内容之内

代理必须持有此装货单
并在提货单原件上签字

托运人：草原钢铁制品公司，经手人：________

托运人永久邮政地址：佛罗里达哈伦代尔市31大道 1804号

图15.6 典型的提货单（草原钢铁制品公司提供）

比比（Bibb）钢铁制品公司 发票

装配结构型钢

公司邮政地址（略）

购货人：贝氏兄弟建筑有限公司　　日期：1998年12月29日
地　址：华盛顿　　顾客订单号：
运送至：略
经　由：　　使用条件：10th Prox. 桥梁

数 量	说 明	单 价	总 计	折 扣	净金额
	某公司某桥梁项目的支撑连接 由比比钢铁制品公司提供 3%佐治亚州销售税 1%延期罚款				$ 12138.88

发票号：801　　签收人：

图 15.7 典型发票（比比钢铁制品公司）

15.3 许可过程

由建筑师准备的合同图纸，对于所涉及材料的精确装配，通常并不足够详细。因此，为了获得项目必须的材料，分包商和供应商必须提供对合同图纸进一步放大的细节。这些细节可以分为三组：装配图；产品资料；样品。

装配图在通用条件（附录A）中规定为：“由承包商准备或者集成，并提交的所有图纸、示意图、说明、清单，以及其他资料和信息，用以说明工程的某一部分”。装配图的细节、制作和提供由承包商或其代理承担惟一责任。但是专业设计人员的责任在于：确认所提供的装配图是否符合合同要求。尺寸、数量及与其他材料的协调则是承包商的责任。获得许可的装配图成为项目的重要工程图纸，并被作为合同文件的一部分。一般来说，以下材料需要提交装配图：钢筋、模板、预制混凝土、结构型钢、木制品、门窗框、金属门和幕墙等。

所提交的产品资料要阐明由装配图所描述的材料的特征，或者作为某种标准产品是否符合合同要求的校验资料。产品资料包括图解、标准清单、性能曲线图、使用指引、说明书、示意图，以及承包商提供的其他信息，以阐明工程的某一部分所涉及的材料、产品或系统。例如，木制品检验报告、混凝土配合比设计、砌体防火等级试验、幕墙风力测试报告以及机械设备的性能测试等。

在承包商或供应商提交的产品资料与合同要求不完全一致的时候，产品资料就显得尤其重要。建筑师在认可某种替代品之前，要仔细审核所提交的资料。另外，产品资料也经常用于机械或电气分包商所使用材料的协调，承包商必须促使主要的分包商之间交换产品资料，以确保他们所承担的部分能够顺利进行。

样品通常与项目装修相关，是指所提供材料的物理样本。建筑师可能需要下列样品：门和柜子的装饰塑料叠合板、地板、墙纸、油漆、涂料、预制混凝土、顶棚以及其他项目。这些样品被建筑师用来设计建筑物的全面装修方案。

涉及装配图、产品资料和样品的许可过程包括对材料生命周期起到重要作用的几个步骤。它们是：由分包商或供应商提交；由承包商对提交的资料进行审核；由建筑师或专业设计人员进行审核；把提交的材料返还给分包商或供应商。

在授予分包合同和订购单的时候，承包商通常标明需要提交材料的数量、大小及其他要求。绝大多数情况下，为取得许可需要提交几套蓝图（通常为6套），产品资料的数量从3到6套不等。提交资料的数量可能随分包商或卖方的数量而不同，因为他们需要取得经许可的拷贝来与他们的工作协调。在任何情况下，对提交资料的数量进行仔细计划，可以加快其他阶段的进度，因为这样可以减少对不必要的提交资料拷贝的处理。

为高效地处理提交资料，提交时间的规定是极为重要的。分包合同和订购单通常包括这样的语言，如“所有材料必须立即提交”，或者“在此协议签订15天内，所有材料必须提交”。在许多时候，承包商对需要由分包商或供应商提交的资料并没有详细的预计，这就导致了资料汹涌而至，而其中许多在项目的早期是没有必要的。于是，现场办公室的工作人员就要浪费时间来分类拣选并确定哪些是最重要的资料。一个经过周密计划的处理提交资料的方案可以实现对需要资料的适时处理和更好的控制。

承包商收到提交的资料之后，就开始核对是否与合同文件的要求一致。一份提交的资料，无论是装配图、产品资料，还是样品，都由合同图纸和规范来管理。承包商的现场或总部办公室负责管理所提交资料的人员要做出标记和注释，使得设计者或工程师能够分清提交资料的某一部分并进行修改。提交的资料标明了项目对协调至关重要的特别细节，精确地描述出供应商或分包商在提供什么。一般合同条件规定，合同文件如有任何变动，承包商必须清楚地告知建筑师或专业设计人员。

承包商审核提交资料的时间约为1~5天，取决于所提交资料的特点和准确性。钢筋和结构型钢装配图通常需要最长的审核时间；清单如门、五金器具和门框等也需要消耗很多时间，因为必须仔细审核每一个项目。然而，在这一阶段，承包商用于审核资料的时间是最容易控制的。必须记住，花费时间用于检查、审核和协调所提交的资料，是确保项目高度协调并顺利进行的最有效手段之一。

承包商完成对提交资料的审核之后，文件被转送到建筑师处进行核准。承包商可以在转送资料上注明需要取得核准的时间。同样的，建筑师用于审核资料的时间也取决于资料的复杂程度以及是否需要其他工程师（机械、电气或结构）参与审核。一般说来，建筑师完成审核并返还资料所需要的时间约为2~3周。

提交资料在建筑师手中的时间是材料许可过程的最重要的阶段，在此重要阶段，如果建筑师的工作不是按日计划的，承包商的资料有可能被搁置起来。最常用的方法是使用资料日志来跟踪，它记录了每份资料的日期、描述和数量。通过日志，承包商可以建立一个重要资料的按日跟踪列表。如果资料离开了现场办公室而不受承包商控制，其必须按期返还，否则就会浪费时间。

材料许可过程的最后一个阶段是把资料返还给供应商或分包商，返还的资料可能是下列四种状态之一：

1. 许可；
2. 修改后许可，不需要再返回资料；
3. 修改后许可，但需提交最终资料；
4. 不许可，重新提交。

第1种到第3种标志着卖方或分包商可以着手准备装配和运送，第4种则要求重新进行许可过程。有些时候，未能得到建筑师的许可，是由于分包商或供应商没有通过提交的资料清晰地表达出必要的信息，这时可以安排一次各方参加的会议，来寻求一种合理的解决方案。

许可过程完成之后，材料就被接受为项目的一部分，其细节已经经过仔细的审核，与合同文件一致。经过这一过程，这种部品也和其他与其相关的经确认用于该项目的部品取得协调。此时，材料就可以装配和运送了。

15.4 装配和运送过程

提交的资料返还给分包商或供应商之后，按施工进度所要求的运送时间以回执、口头或其他方式告知承包商，双方对运送的要求取得一致意见。承包商可能要求分包商或供应商返回修改后的资料和供现场使用的图纸、产品资料或样品，这些被分发给承包商的现场人员（如项目负责人或领班）和其他必须使用这些最终资料的分包商与供应商。

在材料循环的四个阶段中，装配和运送过程是最关键的。通常，在这个阶段可能会浪费或节省大量的时间。装配和运送过程所需的时间直接取决于材料的特征和需要运送的数量。因此，承包商必须采取尽可能的所有手段在装配和运送阶段对材料进行跟踪。

承包商经常把最多的时间和精力用于控制和跟踪装配和运送阶段。在材料循环的这个阶段中，“加速”是最常用的描述跟踪方式的词。确保材料能够按时装配和运送的方法可以采用由工程进度得出的清单，或者把这个阶段作为工程进度中的一项独立的活动。不幸的是，装配和运送通常只有在出现问题的时候才会成为工程进度中的独立活动。需要延长装配时间的最关键的部品经常要准许承包商对装配设备进行视察以确保材料处于装配中且按时间表进行。

在装配结束之后，即可进行材料的运送并开始材料循环的最后一个阶段。运送的材料要根据获得许可的提交资料来检查其质量、数量、尺寸和其他要求。不符合的材料通知分包商或供应商，这些不合格品，不管是其本身有缺陷还是装配错误，都由采购的跟踪和控制过程来处理。有时候，它们对项目是极为关键的，必须给以足够的重视。

15.5 安置过程

安置过程是把材料部品结合到项目之中。根据材料时间表的安排有效进行或加速，到达施工现场的材料可能立即使用、部分使用部分存放或者完全存放以后再使用。当存放发生的时候，安置时间取决于材料的有效存放。

材料有效存放的一个重要方面是材料部品的自然保护，必须小心保护材料不受天气损害（如洪水或酷寒）。另一个重要方面是防止故意破坏和偷窃。例如，五金器具通常要在相当长的时间内来安装，常在旁边设立一个安全的五金器具房进行分类、放在架子上以供五金器具安装过程使用。

存放材料的地点不管是在项目的自然建筑物之内还是建筑物之外，都必须仔细地规划和组织以进行使用。在高层建筑施工的材料存放中，如果不进行仔细的规划，每一层都将是很糟糕的。例如，在一层上同时存放的材料可能包括水管和电气材料、管道系统、窗框、玻璃、干墙的螺栓及其他部品。材料数量相当多，必须小心翼翼地放置。材料存放的另一个重要方面是要经过最少的二次处理即可吊装。如钢筋，要放在一个可以“吊装”的地方，以便需要的时候可以直接提升，必须提供一个垂直起重设备可以到达的“吊装”区域。

15.6 材料类型

建筑施工材料在逻辑上可以分成三大类：(1) 需要很少装配或不需要装配的大量材料；(2) 工厂生产的需要经过一定装配的标准部件；(3) 装配的或者为某一项目特制的部品。把材料分类有助于确定哪种材料需要承包商加以主要控制。显然，需要使用安装的材料部品由于需要提交资料和装配而有着更长的循环期，这类材料需要承包商进行更多的控制。

大量材料分类包括很少需要卖方加工的材料，可以直接从卖方的存放点直接运送到施工现场而几乎没有装配延迟。表 15.1 列出了建筑施工项目中典型的大量材料。这些材料在订购单或分包合同订立和取得许可之后，通常只需要 1～5 天的运送时间，需要提交的资料通常只包括产品及其性能资料。

典型的大量材料 **表 15.1**

典型的大量材料
浇筑材料
填充材料——碎石、土、砂子等
防潮膜
木材和相关替代品
模板材料——胶合板、支撑等
钢筋及附件
砌块
各类金属
垃圾和污水管
水管
电气导管
电气材料——插座盒、开关盒等
堵缝和密封用品

工厂生产的标准材料部品通常有着有限库存，在订购单生效和取得许可之后才为此项目生产。表 15.2 列出了此类中一些典型材料。需要提交的资料包括详细的装配图、产品和性能资料及样品。收尾材料如油漆、墙纸、地板和压塑板等需要项目的全面收尾设计，收尾设计包括订购和运送收尾材料的重要顺序。这些材料的生产和运送时间通常为 3～12

周。生产和运送时间的延长使承包商对这些材料的计划和控制显得相当重要。

典型的标准材料部品 **表 15.2**

一般材料

围栏材料
模板系统：金属和玻璃纤维板，条形模板等
砌砖材料
砖和陶瓷面砖
标准型钢部件
金属饰面
防水产品
绝缘产品
合成屋面板
堵缝和密封材料
标准门窗框和木制品
特种门
金属窗
收尾五金器具和盖缝条
陶瓷和机制地砖
地板材料
吸声板
油漆和墙纸
木板条和石膏制品
杂项特制品
设施：餐饮、银行、医疗、焚烧炉等
家具
特殊建筑部品：防辐射、拱顶、游泳池、复合屋顶等
电梯、自动扶梯、小升降机等

机械和管道装置和材料

防火设备
供水设备
阀门
排水管
洁具
煤气管道配件
水泵
锅炉
冷却塔
控制系统
空气处理设备
制冷设备（冷却器）

组装类的建筑材料必须与特定项目的特定要求相一致。而组装部品由标准部品组成或修改而成。表 15.3 列出了此类材料。需要提交的资料包括非常详细的装配图、产品资料和样品。装配和运送时间从类似钢筋和预制混凝土的 2 周到幕墙系统、门和框架以及类似

部品的10～12周不等。

典型的装配材料部品　　**表 15.3**

电气设备和材料
总电缆管道
特殊管道
配电盘和仪表板
变压器
电缆
稳压设备
照明器具
地板下的管道
通讯设备
发动机和电动机
电机控制中心
电热水器
火灾报警设备
雷电保护装置
混凝土用钢筋
结构型钢
预制板
石制饰面板
杂项和特殊形式的金属
装饰用金属
木制品
定制的框架和细木工制品
钣金工加工
金属片饰面
镂空金属门和架子
木制和压塑的门
玻璃和玻璃制品
储藏设备
窗式墙和幕墙

习　题

15.1 说出典型订购单中的四个重要的信息项目。

15.2 建筑材料价格信息的四个主要来源是什么?

15.3 下列表达式的含义是什么?

a. CIF;

b. 2/10E.O.M;

c. 2/10net 30;

d. ROG;

e. 提货单。

15.4 参观一个当地的建筑师办公室，调查产品资料如何获得和使用。

15.5 访问一个当地的建筑承包商，了解他是如何控制所提交材料从分包商到建筑师/工程师的过程，如何确保工程不因采购和许可的延迟而停止。

15.6 参观一个建筑工地，了解对运到的材料进行接收确认的程序，以及工地如何恰当地存放材料。

15.7 从一个当地的建筑施工现场了解把废弃材料运走的程序，这些废料还有残余价值么？加以解释。

15.8 了解如混凝土、砂子、水泥、金属网、砖和木材等大量材料的当地价格，并和ENR中定期发布的价格进行比较。

15.9 选择一种特定的材料部品（如混凝土），跟踪其从当地货源到最终使用的材料处理过程。需要哪些特殊的设备？

15.10 在当地建筑工地中，使用了哪些类型的特殊材料处理设备？它们是否利用了所处理材料的某种特性（如混凝土的流动性）？

第16章　安　　全

16.1　安全生产的必要性

施工现场发生的伤亡事故对许多层次的运转都有负面的影响。事故不仅要付出资金代价，还影响到工人的士气。建筑施工所涉及的工种的生产性质决定了现场工人和公众都具有危险。基于这个原因，在安全生产的问题上工程管理方和劳务方具有共同的利益。通过相应的措施防止事故的发生以保障施工操作和生命安全的必要性已被所有的项目参与方广泛认同。

虽然近年来建筑业事故死亡率有所下降，但是建筑业在安全方面所取得的成绩仍然远远落后于其他危险行业。

承包商的责任在于尽可能为工作人员和公众提供一个安全的环境，一般说来，促进现场安全有如下几方面的原因：

1. 人道主义关怀；
2. 经济成本和利益；
3. 法律规章的规定。

由于建筑业固有的安全事故高发性，对此社会给予了足够的重视。承包商也必须承担危险环境下的安全生产保障责任，制定合理的安全生产和事故防范规章制度。

16.2　人道主义关怀

假如，一个工人由于与工作相关的事故而失去一只腿，而要与轮椅为伴，在某种意义上，这名工人就是工作场所意外事故的牺牲品。尽管他渴望成为参与社会活动的一员，并且为他的家庭成员分忧，但是他因受伤而无能为力。传统上，一直由社会担负救助这些伤残工人的责任。经过一个世纪的努力，目前由业主承担由于工作场所意外事故或环境不良导致的伤亡责任已经确定在美国普通法中。据此法庭可以进一步责令雇主必须承担以下五个方面的义务：

1. 提供合理的安全工作场所；
2. 提供合理的安全设施、工具和设备；
3. 挑选雇员时，提供合理的体检；
4. 强化合理的安全规章制度；
5. 提供合理的关于工作危险的说明。

对于雇主为因工导致的伤亡事故制定正式法规的强制性要求，导致了19世纪末工人抚恤金法的颁布实施。

1884年，德国颁布了第一部工人抚恤金法案，而后澳大利亚在1887年、英国在1897年也分别颁布了此法案。美国联邦政府在1908年通过了包括政府雇员在内的抚恤金法案。经过几轮法律协商和争执，美国最高法院在1917年宣布各州为了健康、安全和安定在其权限范围之内可以颁布和强制执行工人抚恤金法。

16.3 经济成本和效益

安全成本可以分为如下三类：

1. 以往事故导致的直接成本（影响成本）：
   a. 安全保险费；
   b. 为防止事故制定的措施和方法成本；
   c. 安全记录以及安全事务人员的费用。
2. 事故发生导致的成本：
   a. 项目延误；
   b. 未投保的损失；
   c. 损失的产量。
3. 间接成本：
   a. 调查费用；
   b. 损失的熟练工人；
   c. 设备损失。

过去事故直接影响成本主要来自于保险费用，该费用对于承包商的经营成本具有重要的影响。工人抚恤金及责任保险金可以根据指导费率或者考绩系统计算。指导费率根据过去整个产业的损失状况确定，据此保险费率由美国每个州的赔偿评估局制定。事实上，许多州的保险费率是在联邦议会的保险事务委员会指导下制定的。保险费率确定的主要因素包括：操作类别、工薪的等级、特殊操作类别发生事故的频率和严重性，事故成本增加情况以及不同行业补偿情况。由每个州保险事务委员会制定和批准的费率就被称为指导费率。这些费率定期在工程记录（ENR）季度成本综合报道杂志上刊载，如图16.1所示。

考评等级系统在某公司的安全记录基础上确定保险费，高风险企业因此将要比那些低事故率的企业支付更高的保险费。在该模式下，一个好的安全计划可以使企业显著节省财务费用，同时公司以低价竞标获得更多工程的能力也得到显著的提高，进而实现项目的高回报率。

一旦保险费超过1,000美元，承包商就有符合应用考评等级系统的条件。即每个公司的保险费成本根据其质量记录单独计算，此系统共有两个将质量记录反映在最终的保险费用的计算方法，即经验费率法和追溯费率法。

绝大多数的保险公司采用基于企业近三年的安全记录的经验费率法，并在标准费率基础之上进行调整以确定给定企业的保险费。经验调整费率（Experience Modification Rate，EMR）的确定要考虑损失、投保项目实际情况以及其他可变的因素。如果一家公司具有经验费率信用值25%，它只需按照标准费率的75%支付保险费。良好的经验费率信用值可以使企业显著节省成本。克劳夫与西尔斯（威利（Wiley），1994）通过下面的例子来说明这一点：

假设一个建筑承包商承揽的工程年度价值量为1,000万美元，考虑典型情况下的分包额和材料成本，该总包商每年应大约需要支付工薪的数量为250万美元。如果目前工人的抚恤金率平均大约为8%，该承包商的年度保险金将达到20万美元。现在假设此承包商实施了一个有效的事故防止计划，使得EMR被评定为0.7。这将使得该承包商每年的保险金成本减少至14万美元，保险金这一项就节省了6万美元。

	木工（不高于三层）	木工（内部家具）	木工（普通）	混凝土施工（夜间）	混凝土施工（楼板浇筑）	电力管线敷设（内部）	土方开挖（夜间）	岩石开凿	玻璃安装	绝缘工程	板条施工	砌筑	油漆及装饰	桩基础施工	抹灰	管道施工	屋顶施工	薄金属施工（通风和空调）	钢构件安装（门窗框）	钢构件安装（内部装饰）	钢构件安装（结构）
州名	5651	5437	5403	5213	5221	5190	6217	6217	5462	5479	5443	5022	5474	6003	5480	5183	5551	5538	5102	5102	5040
GA	17.96	9.28	20.73	13.67	10.87	6.80	14.05	14.05	12.74	11.08	16.74	13.30	12.36	31.91	12.09	6.44	28.45	11.02	7.94	7.94	20.82
HI	11.66	9.32	39.81	13.93	9.03	8.89	10.81	10.81	14.80	20.18	9.51	17.35	7.68	28.43	19.16	5.36	40.64	8.32	14.10	14.10	27.94
ID	19.47	7.92	19.01	15.29	8.40	5.46	8.93	8.93	12.65	20.04	8.08	15.49	17.76	23.92	11.20	7.89	29.71	11.67	8.91	8.91	33.93
IL	23.15	14.22	23.28	37.47	14.13	10.95	12.08	12.08	35.98	29.13	14.87	23.41	16.53	52.50	18.54	16.13	39.95	19.17	24.90	24.90	80.46
IN	10.50	3.84	8.29	7.80	4.12	3.25	5.28	5.28	6.34	9.18	5.01	6.14	5.27	14.99	5.93	3.63	15.91	5.30	5.64	5.64	15.31
IA	8.81	6.56	14.86	15.22	5.78	4.94	5.29	5.29	11.73	11.99	6.21	12.64	10.60	19.81	10.94	7.47	23.45	7.66	12.14	12.14	35.92
KS	18.46	7.67	12.78	16.79	10.33	6.78	8.14	8.14	10.19	15.28	9.98	15.27	9.54	26.31	19.37	7.89	33.94	9.19	8.33	8.33	26.52
KY	16.47	15.26	24.34	22.12	9.53	8.95	13.67	13.67	15.96	14.68	10.62	22.00	19.83	30.44	13.94	10.38	32.83	15.92	13.21	13.21	45.21
LA	29.63	22.95	26.01	20.86	14.80	10.48	24.73	24.73	23.88	20.82	14.00	21.27	27.63	54.39	21.42	13.78	49.11	21.35	15.51	15.51	66.41
ME	13.43	10.42	43.59	24.29	11.12	10.02	14.75	14.75	13.35	15.39	14.03	17.26	16.07	31.44	17.95	11.12	32.07	17.70	15.08	15.08	37.84

注：GA－佐治亚州；HI－夏威夷州；ID－爱达荷州；IL－伊利诺伊州；IN－印第安纳州；IA－艾奥瓦州；KS－堪萨斯州；KY－肯塔基州；LA－路易斯安那州；ME－缅因州

图16.1 建筑工人的伤害保险指导费率（节选）

追溯费率方法与经验费率方法除了这一点之外，其余基本相同。它应用承包商历史年份或者规定的追溯期间进行计算，能够根据承包商在追溯期间的表现提高或降低保险费成本。该方法的出发点也是指导费率。追溯费率的计算如公式（16－1）所示，其中对指导费率采用经验调整系数得到的标准保险金，再乘以一个百分数（通常是20%）就确定了基本保险费。

追溯费率＝纳税系数×［基本保险费＋已发生损失×损失换算系数］ （16－1）

已发生损失指在追溯期间索赔处理所支付的费用额，损失换算系数被用来度量包括索赔调查和调整费用在内的总的损失，纳税乘子则将必须向州政府缴纳的保险税考虑进去。如果一家给定公司的数据如下：

指导保险费用	$25,000
经验调整费率（25%信用度）	0.75

那么：

$$标准保险费 = 0.75 \times (\$25,000) = \$18,750$$

$$基本保险费 = 0.20 \times (\$18,750) = \$3,750$$

$$损失换算系数 = 1.135（经验值）$$

$$纳税系数 = 1.03（由州税制决定）$$

$$已经发生的损失 = \$10,000$$

那么：

$$追溯保险费 = 1.03 (3750 + 1.135 \times \$10,000) = \$15,553$$

上面的结果要明显低于$18,750的标准保险额，由此对承包商产生一个明确的激励去减少发生的损失。通过这样的方法，年末承包商可以大幅度降低保险费。

16.4 未保险的事故成本

除保险费用成本之外，附加直接成本还包括：安全工程师及辅助人员的工薪，和可以鉴别的安全措施计划成本。与其他安全成本范畴相关的精确额度很难估算，并且这些成本可能被看作事故未保险的附加成本。典型的未保险的事故成本如表16.1所示。

未保险的事故成本　　表16.1

人员受伤		相关成本	
1	急救费用	1	实际损失与回收部分的差异
2	交通成本	2	替代损坏的设备租赁费用
3	事故调查费用	3	替代受伤工人需要的多余工人
4	事故报告编制成本	4	伤残工人的薪酬
		5	生产停止后继续支付的管理费用
		6	工程延误罚金导致的分红或报酬损失
工资损失		工人离岗期间事故的损失	
1	中断工作的工人的闲置时间	1	医疗费用
2	清理事故现场的人工小时	2	办理受伤工人的福利方面的时间
3	修理受损机械设备的消耗时间	3	工人技能和经验的损失
4	接受急救的工人的消耗时间	4	培训替代工人的费用
		5	替代导致的生产下降
		6	支付给受伤工人或其家属的津贴
生产损失		无形损失	
1	由于事故造成的建筑产品损坏	1	雇员士气低落
2	技术和经验损失	2	劳务人员纠纷增加
3	人员替代造成的生产率损失	3	不利的公共关系
4	机械设备闲置		

资料来源：Lee E. Knack. In Handbook of Construction Management and Organization. Bonny and Frein (eds.). Van Nostrand Reinhold New York. 1973. Chapter 25

虽然不同资料来源的数据有稍许不同，但据估计这种差异可能导致潜在的综合保险成本的差异达到9倍。除了表16.1中的成本之外，另外一种成本是付给因伤而不能以最佳状态工作的工人的费用。对于轻伤，这是普遍的情况。之所以这样做，是为了避免虚耗工时的事故被记录下来而影响保险费。尽管受伤的工人重返工作岗位是十分平常的，但是为了避免再次受伤或者伤势加重，重返时间一般不会很短。

16.5 联邦法规和条例

随着承包工程工时标准条例的修正案——建筑安全条例的通过，1969年美国联邦政府实施了正式的强制性安全措施计划。该条例要求承揽联邦政府出资项目必须符合一定的要求以保护工人健康和安全。另外，该条例还规定了安全报告和训练条款。而所要求的过程计划则被视为获得安全的一种“实体”方法（physical approach）。因为此计划主要包含了减少非安全条件下产生事故可能性的规章。其中典型的“实体措施”就是要求多层建筑物施工过程中所有楼层外部要设置防护围栏。并且规定每升高6英尺，以及工人没有下落制动系统、警视线或者警视人员的保护情况下，任何时间都必须设置防护围栏。

而且，“实体”措施还要求降低事故发生时的伤害程度。例如要求高层钢结构施工时必须系好安全带，以及安装防护网保护滑落的工作人员等。“实体”方法与“行为”方法（behavioral approach）是大不相同的，“行为”方法要求从顶端管理层到劳务层的所有工作人员树立安全意识以避免事故发生。关于行为方法研究详见利维特（Levitt）和桑姆森（Samelson）的著作《建筑安全管理》。

在建筑安全条例通过不久，1970年一部更全面的强制安全法规——威廉斯－斯泰格尔（Williams－Steiger）职业安全与健康条例（Occupational Safety and Health Act，OSHA）在美国国会获得通过。该条例确定了所有从事州际商务企业必须遵循强制安全和健康程序。

在此条例下，所有雇主被要求提供“避免导致或可能导致雇员死亡或者严重身体伤害的工作和工作场所”。建筑安全条例作为参考包括在该条例中。OSHA规定了属于劳工部长的职权。1971年，通过颁布针对建筑业的1926条款和通用标准1910条款实施OSHA，包括全美标准学会（American Standard Institute）的许多不同组织发布的标准也作为参考包括在基本法中。图16.2为安全立法沿革示意图。

OSHA还提供更新标准，以保持下面6组规范标准的常新。这6组规范标准是：

组1：通用产业标准；

组2：海事标准；

组3：建筑业标准；

组4：其他规范和程序；

组5：室外操作手册；

组6：行业卫生手册。

按照OSHA的规定，主管职业安全和健康的劳工部副部长通过拥有遍布全美10个办事处的劳工部职业安全局监督实施OSHA。OSHA还设置了职业安全和健康检查委员会，以发现被检个体的违法证据，并提出处罚意见。而隶属健康、教育和福利部的国家职业安全和卫生学会则负责这方面的研究工作。

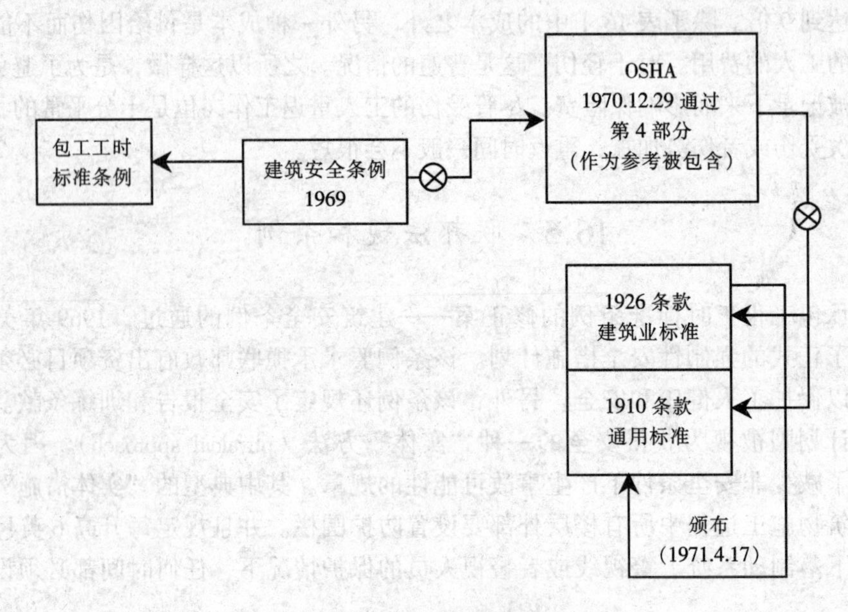

图 16.2 OSHA 立法沿革

OSHA 允许各州出台相应的地方法规标准。由于地方法规标准可以使承包商更容易接触到安全检查人员和管理机构，因此他们更倾向于采用地方法规标准。事件调查、上诉和处理也在州一级，这可以加速意见相左而产生的纠纷的举证和处理。而州级机构必须让人确信其具有与联邦政府同样有效的法律执行能力。目前，一共有 24 个州实施州级或者地区级的法规标准。

16.6 OSHA 的要求

雇主必须“制作、保存，并且使劳工、健康、教育和福利部长代表可以获得”职业伤害和疾病的记录〔威廉斯 – 斯泰格尔（Williams – Steiger）法案，1970〕，任何死亡或者严重事故必须在 8 小时内向 OSHA 报告。8 人及以上雇员企业必须留存与工作相关的死亡、伤害以及疾病的记录。当有关官员检查时，雇主必须提供下面两份关键的表格：

1. OSHA 200：这是一个记录事件的汇总日志，并要求不晚于 2 月 1 日向雇员张贴公示，并一直公示到 3 月 1 日（见图 16.3）。只要与 OSHA 表格信息相同，OSHA 允许使用与 OSHA 相似的行业通用表格。

2. 伤害事件的初始报表（见图 16.4）。

这些记录必须留存 5 年。

OSHA 还要求雇主必须在工作现场张贴安全记录和雇员权利告示，但是对于工作现场分散的行业（如建筑业）则可以将这些记录告示张贴在一个中心地点（如总公司），这有力地推动了 OSHA 的改变。

美　国　劳　工　部

职业伤害和疾病日志和汇总　　　　日历年份19____　　　　第__页　共__页

注意：受公法91—596的要求，填写该表格，并且要求留存5年。未能保存和邮寄该表格将收到法庭的传票，并受到相应的处罚。	可记录的案例：要求您记录每件与工作相关的死亡事故；每件非致命的职业疾病；以及涉及到下列情况的伤害事故：失去知觉、工作或行动能力受限、转向其他工作或者医疗救治（除急救之外）	公司名称： 下属机构名称： 下属机构地点：	表格批准人：

案例或者档案编号	伤害时间或者疾病的开始时间。	雇员姓名	职业	部门	伤害或者疾病描述简要描述伤害或者疾病情况，并指出身体受损部位。	伤害程度						疾病类型、程度和最终结果												
						死亡	导致工时损失的伤害				未导致工时损失的伤害。	疾病类型							死亡	非致死疾病				
						受伤导致	如果导致多日离岗、或者多日工作和行动受限、或者二者都受到限制，请填写“核查”	如果导致多日离岗，请填写“核查”	填入离岗的天数	填写工作受限的天数		在下列每类疾病中进行选择，填入“核查”							疾病导致	如果导致多日离岗、或者多日工作和行动受限、或者二者都受到限制，请填写“核查”	致多日离岗，请填写“核查”	填入离岗的天数	填写工作受限的天数	未导致工时损失的疾病
填入一个不会重复的数字，以便于与后续记录的比较	填写格式 月/日	填写格式 第一名字，中间名字，姓	填写正式的工作名称，而非雇员受伤或者患病时从事的工作活动。如果缺乏职业的正式名称，请对工作进行简要的描述	填写雇员所在的部门名称，或者雇员被分配的工作场所名称	填写的典型描述语句如：右手食指第一指节处截断；后背拉伤；双手接触性皮炎；触电	填入死亡日期 月/日/年					如果在栏1和栏2未填写，请在本栏填写“核查”	职业相关的皮肤疾病	尘肺	有毒物质导致的呼吸问题	中毒引起的全身性反应	物理因素导致的机能紊乱	外伤诱发的机能紊乱	其他职业疾病	填入死亡日期。 月/日/年					如果在栏8和栏9未填写内容，请在本栏填写“核查”
												(7)												
(A)	(B)	(C)	(D)	(E)	(F)	(1)	(2)	(3)	(4)	(5)	(6)	(a)	(b)	(c)	(d)	(e)	(f)	(g)	(8)	(9)	(10)	(11)	(12)	(13)
					前页合计→																			
					合计　→																			

年度汇总验收人：________　职务：________　日期：________

不迟于2月1日将本表的最后一页公示

图16.3　OSHA表格200

印第安纳工人赔偿

雇员伤害/疾病初始报告

请将填写完毕的表格返回至：402 Washington St.

Room W196. Indianapolis In 46204 – 2753

(317) 232 – 3808

仅供工人赔偿局使用		
管理机构	索赔编号	处理时间

经办人/理赔管理人信息		
理赔人（姓名、地址、电话）	经办人联邦 ID	是否进行自我保险 ☐
	☐ 保险经办人 ☐ 第三方	保险凭证/自我保险号码：
		保险凭证时间 从　　　至
机构名称	代码编号	

注意：希望您向我机构提供社保号码，但您拒绝提供并不会受到处罚。

雇员信息						
社保号码	出生日期	性别 O男 O女 O不清	工作职位			NCCI 登记编码
姓 名 中名	婚姻状况 O未婚 O已婚 O离异 O不清		受雇日期	受雇州		雇员状态
			工时/天	工日/周	平均周薪/周	伤害理赔日期 ☐ 此后工薪 ☐
电话			工薪 每 O小时 O天 O周 O月 O年 O其他 $			

雇主信息			
雇主（姓名、地址、城市、州、邮政编码）	雇主联邦 ID	SIC 编码	保险报告号码
	地点号码 电话	雇主单位地址（如与前不同）	
	经办人/理赔管理人编号		报告目的编码
事故发生的实际地点			

偶发事故/处理信息				
伤害日期	事故时间	雇主被通知日期	伤害类型	类型代码
最后工作日期	工作日开始时间	伤残开始日期	身体受伤部位	部位代码
抢救时间	死亡时间	伤害事故是否发生 ☐ 是 在雇主承揽的建筑物内☐ 否	联系姓名 电话	
事故发生地点		事故中涉及的设备、材料或者化学制品		
事发中异常操作		事发中工人的操作过程		
事故如何发生？描述事故				伤害原因编码
救治医生/卫生保健人员姓名			初步处理 ☐ 未采取医务处理 ☐ 雇主简单处理 ☐ 诊所/医院简单处理 ☐ 紧急抢救 ☐ 住院超过 24 小时 ☐ 未来治疗时间预期	
目击人（姓名，电话）	上报时间			
制表日期	制表人姓名 职务	电话		

图 16.4 典型的伤害/疾病急救表格

16.7 法律如何执行

在美国，共有10个OSHA地区机构雇用检察官，他们主要负责调查在建项目，以确定承包商是否符合安全方面的规章条例。如前文所述，有些州具有自己的安全方面的法律、规章制度。OSHA要求这些法规必须至少具有与联邦同样的实施效力。以印第安那州为例，该州只是简单地全盘采纳联邦的法规条例。相反，密歇根州则制定颁布自己的法规，许多规定要超过联邦OSHA的要求。

OSHA官员、州政府安全检查员，或者认为存在身体伤害威胁的违规情况并向劳工部书面检举的雇员（或者其所在的工会），都可以进行安全方面的随机检查。所有的检查必须在工作时间突击进行。但是，根据最高法院的规定，如果进入检查被拒绝，检查人必须从适当部门获得检查许可。但是承包商在允许检查人员进现场检查之前，让他必须出具许可是不多见的，因为这样会从根本上改变检查的“突袭”性质，并且使现场管理人员有时间准备检查。

检查内容包括如下四个部分：(1) 与雇主举行公开会议；(2) 选择雇员和雇主代表，陪同检查人员巡视工作现场；(3) 现场仔细检查，允许检查人员与任何雇员谈话；(4) 检查人员就发现的可能引起安全和健康问题的违章环境和工作举行封闭会议，但是仅限于对“涉嫌违规”的情况进行讨论。之后，任何安全方面的整改指令将在2~3个月内经美国邮政系统送达。但是，在封闭会议上安全官员提出的任何修改项目，如缺乏处理依据，应该立即给予纠正。罚金按违规情况而定。雇主应在15天内对处罚进行上诉。

有关的证据、罚金或者整顿期限方面的处罚通过向职业安全和健康检查委员会或者其他适当的州机构汇报，才能实施。听取汇报和核对后，委员会对证据、罚金或者整顿期限等内容给予肯定、修改或者撤销。

表16.2为OSHA标准规定的工作现场引发人身伤害的危险因素列表。除了表中所列的明细外，1988年的条例还规定，存放危险材料是最多的安全违法行为。危险材料标准还要求对雇员进行安全使用危险材料方面的培训。该标准强调了使工人更了解工作场所化学危险的必要性。

OSHA标准下最常发生安全问题的项目 表16.2

编号	项目	编号	项目
1926.500	护栏、扶手	1926.100	头部保护
.451	脚手架	.552	材料提升、人员提升
.450	梯子	.50	初始医疗抢救
.450	气焊和气割	.501	楼梯
.350	基础	.300	手工和动力工具使用总则
.401	起重机	.651	挖掘
.550	内务管理	.51	卫生
.25	易燃液体	.28	人员防护装备
.152	布线	.102	眼睛和面部保护
.400	电气设备安装和保护	.302	手持动力工具
.150	防火	.351	电弧焊割
.652	挖沟	.105	安全网
.601	摩托车		

在检查过程中，如果发现了违规情况，将向雇主出具书面处理意见，同时事发现场将

被停止施工。复工的具体时间将视雇主整顿情况而定。

这些违规行为，以及在规定时间整顿不合格，将导致最高至70,000美元的处罚。如果在规定期限内整顿不合格，持续违规时间内，每天将处以7,000美元的罚金。

16.8 保存安全记录

根据威廉斯－斯泰格尔法案："受此法案制约的所有雇主必须保存职业伤害和疾病记录"。OSHA法要求雇主必须保存应记录的职业伤害和疾病记录以及相关辅助信息。这些记录必须保存到当前时间，并且使政府代表容易获得。

这些记录被用来编撰年度事故报告（OSHA 200），并要求张贴在雇员可以看到的显著位置。同时，要求《工作安全和健康保护》宣传告示，也以同样的方式张贴。

只有受联邦煤矿生产安全法案，以及联邦金属和非金属矿生产安全法案制约的雇主不必遵照OSHA法。

应记录的职业疾病和伤害指由工作事故或者暴露在工作环境下导致死亡、工作时间损失、变更工作（暂时或者永久）、雇佣中止，或者超出初始简单救治手段的治疗等情形。包括失去意识或者工作受到限制等情况也应该给予记录。

对于工作现场的报告可以分解为如下6个层次：

1. 初始救治日志；
2. 初始伤害情况日志；
3. 管理人员对事故的调查报告；
4. 项目事故报告；
5. OSHA要求的伤害报告（OSHA 200）；
6. 死亡或者主要事故报告。

初始救治日志列出每项救治情况。而绝大多数的州的工人赔偿法都要求记录初始伤害情况日志。管理人员的事故调查报告的记录由工长负责，重点在于寻求未来防止此类事故的方法。典型的项目事故报告表如图16.5所示，该报告表对月度事故和误工情况进行汇

项目名称：桃树购物商场　项目编号：10－100　位置：佐治亚州亚特兰大　日期：19××年4月

该报告填写完毕后，不迟于本月5日邮寄至位于亚特兰大的与本行业相关部门的安全机构

	项目负责人＿＿＿＿＿＿
该数据可采用工薪册的记录。不包括分包商或者其他相关方数字	1. 雇员平均人数＿＿＿＿＿＿
填写包括正式工作和加班的实际工时。仅仅限于工薪册的人员。	2. 所有雇员的工时＿＿＿＿＿＿
仅记录导致死亡、永久性损伤（如损失手指等）、超过事故发生当天的损失时间。不论事故发生在一天中的何时，如果雇员能够在下一个工作班次开始即能正常工作，则此伤害不必计入。如果他未能在此时间返回工作岗位，则必须计入。	3. 数量 暂时性伤害＿＿＿＿＿＿ 永久性伤害＿＿＿＿＿＿ 死亡＿＿＿＿＿＿ 本月伤害事故总数＿＿＿＿＿＿
对于暂时性伤害，计算扣除事发当天的实际损失的天数。如果到月末雇员未能返回，则可以预估损失的天数。对于死亡和永久性损伤，使用在标准表中规定的数字。	4. 数量 暂时性伤害＿＿＿＿＿＿ 永久性伤害＿＿＿＿＿＿ 死亡＿＿＿＿＿＿ 本月伤害事故损失天数＿＿＿＿＿＿

图16.5 项目事故报告

总，并要求呈送总公司。该表的信息是形成OSHA要求的伤害报告的基础。最后，如前所述，任何死亡或住院5人及以上的事故都要在8小时以内向OSHA地区主管报告。

16.9 安全措施计划

一个良好的安全措施计划必须基于：

1. 对所有新雇员进行安全教育；
2. 对可能产生安全问题的隐患进行持续观察；
3. 对所有层次的雇员进行定期安全教育，增强安全意识；
4. 编写针对安全活动的文本和计划。

如果工人或者管理者忽视安全方面的规章制度，应对其进行警告。

对进入现场的雇员就工作程序进行教育是很好的方法。而如图16.6所示的简报制度是开展此类教育的一种有效的方式。此方式能在开始阶段就引起工人对安全问题的重视，并向他们表明安全问题是管理工作关心的一个重要问题。如图16.7所示的安全规章制度应该以免费宣传品方式发放，并醒目地张贴在施工现场周围。

由安全工程师主持的工长和工种负责人层次的会议应每月至少举行一次。此会议形成的报告如图16.8所示。这些会议的目的是为了提高现场直接管理人员的安全施工意识。尔后工长层次的人员应该至少每周举行一次现场安全会议，灌输安全意识，并就现场安全状况进行讨论。会议报告应该包括：出席会议人员记录、初始救治报告，以及安全话题套路记录等内容。除了这些一般性安全会议外，每个工种应该组成一个安全小组，并且定期召开会议。安全小组的成员应包括关键的管理人员、处于明显的安全隐患之中的工人以及热心于防止伤害事故的人员。安全小组的一个目的就是对如何改善总体工作安全提出建议。因此，被任命的成员应该对安全问题与安全作业创新具有敏感性。

19——年8月2日

桃树购物商场
亚特兰大，佐治亚州

欢迎来到这里工作！ABC公司对您与我们一道共事颇感兴趣。我们将竭诚努力创造良好的工作氛围使您工作愉快。另一方面您的技术、能力以及表现对胜利完成本项目是至关重要的。而为了创造并完成一项好的工作，必须建立一些规章制度。为了我们共同的利益，这些规章制度如下：

工作规程和细则

雇佣

项目经理，或者依法授权的代表将全权负责人员雇佣工作。

身份鉴别

所有时间雇员都应该在所着的外衣上佩戴本公司的胸卡。胸卡号码被用作入门检查、领取工薪和遵守工作时间的鉴别。

工作时间

每天开始工作的时间根据对每个人指示而定，中午有指定的半个小时的午餐时间。每周的工作时间为5天，从周一到周五。

工作时间，所有雇员必须在其工作位置就位以便准备工作。希望所有的雇员能够在指定的下班时间离开，届时他们可以拿上工具，离开工作场所。工作时间懒散，或者迟到早退将会受到适当的纪律处分。

考勤

每天将对工人进行考勤。违反考勤制度将受到适当的纪律处分。正常工作时间获准离岗的雇员应该在考勤人员处进行登记。

工具的发放、保养和使用

某些工具将发放给临时工和学徒工，或者是工长。工具必须恰当使用和维护，使用完毕必须对工具室进行清理，雇员丢失或者损坏工具将被记录在案。

一天的工作

希望每位雇员能够充分完成每天的工作。您的意志、合作和正确的态度将对完成项目具有重要的作用。

工作操守

好的工作操守对所有雇员的福利和工作进展具有关键的作用。不良操守包括：

盗窃公司或者其他雇员财产；

屡次迟到；

擅自离岗；

在公司范围内持有或者吸食毒品和/或麻醉品；

故意损害公司材料、工具和设备；

动手脚和大声欢笑的玩闹（包括对行人喊叫）；

违抗命令；

赌博；

在公司范围内打架；

工作时睡觉；

不能遵守安全方面的规章制度。

场地清理

良好的场地清理工作对建筑安全和施工进程具有极为重要的意义，它也是每一个雇工的责任，工作区、楼梯、人行道等都应该在任何时间保持整洁。

安全规章制度

所有的员工必须遵循已制定的安全制度和规定，尽可能避免从事诱发事故的操作。

应向您的直接领导报告任何不安全的工作条件，然后由他再向公司的安全工程师汇报。

所有的雇员都应该按要求穿着合适的工作服，所有进入现场的雇员和参观者都要戴安全帽。

工资计算期

周三到下周二为计工资期，每周五为工资发放日。

初始救治设备的使用

施工现场应该具有初始救治设备，根据突发事故的严重性，工地应该与当地医生、医院和救护人员建立起直接的联系。不论严重性如何，任何伤害都必须向管理人员、工地安全工程师报告，并立即进行初始救治。因为保险条款对此进行了强制性的规定。

卫生设施

施工现场提供足够的所有雇员都可以使用的卫生设施。我们要求您协助保持这些设施的整洁。

雨衣和雨鞋

视工作特点需要，向某些雇员提供雨衣和雨鞋。

在岗规定

规定的工作时间内任何雇员在任何时间必须在岗。除非获得管理人员的批准，否则不准离岗。

旷工

未批准的旷工将会导致雇佣关系的结束。如果雇员不得不缺席或者迟到，应拨打999—9000电话通知管理人员。

您在遵守上述规章制度方面的协作，说明您能够替其他雇员考虑，公司不胜感激。

如果您同意并遵守上述内容，请签名并将其返回给我们现场的管理人员。

Charlie Hoarse

CC：雇员文件

图16.6 工作规章制度

ABC 承包商和工程师
760 泉水大街 亚特兰大，佐治亚州 30308
（404）999－9000
7 月 30，19 ___

参考：职业安全与健康条例 1970（建筑业）（OSHA）

雇主、业主、承包商、分包商、高级管理人员或者工长不应指挥或者允许雇员在与上述条例相违背的环境下工作。

在承包商的项目实施地点，他应该保证遵循条款中对雇工和分包商的安全管理要求。

每位雇员都应该遵守上述条例针对雇员的规定。雇员应使用个人防护安全设备，并且不可对设备进行修改。

1. 头部危险	应向每位雇员提供安全帽，并要求现场使用。
2. 下落危险	容易使人跌落的楼板、屋顶、平台等的孔洞，应该设置障碍物。
3. 滑倒危险	对覆盖在脚手架、平台或者上升工作面的冰雪、机油或者其他容易导致人员滑倒的物质，应采取清除、铺砂等方式以保证安全行走。
4. 绊跌	雇员工作的场所必须合理保持没有垃圾、碎屑、散落工具、材料以及尖锐物体的堆积。
5. 突出的钉子	板条和木材上的突出的钉子必须拔掉、砸没或者打弯。
6. 乘用吊装设备	不允许任何雇员乘用铲斗、吊索、载货平台或者钓钩。
7. 木材及其锚固	用于临时支护结构的木材必须质地优良。锚固必须打入足够长度，并且锚固尺寸和数量必须适当。不禁止合理使用双头锚固
8. 防护栏或者安全栏	要求栏杆高度在 35～37 英寸之间，截面为 2 英寸×4 英寸，并设置截面为 2 英寸×4 英寸的中间横木。扶手应该光滑，没有突出的刺和钉子。
9. 脚踏板	应在平台水平面以上 4 英寸位置设置。
10. 眼部防护设备	眼部防护设备应该由雇主提供，并用于切割、铲凿、钻眼、净化、抛光、研磨、铣、表面砌筑，以及混凝土、砖、金属构件或者类似材料的制备等工种。腐蚀性物质的使用和加工也应该使用眼部防护设备。
11. 防护服	防水靴若非是套鞋类型，防水靴必须配备安全鞋垫。 为雨天工作的雇员提供防水服。
12. 安全带或安全绳索	恰当佩戴，以避免在 6 英尺以上空中自由下落。
13. 楼梯	临时楼梯宽度不得少于 3 英尺，踏面尺寸不得小于 2 英寸×10 英寸。并且必须有扶手。
14. 吸烟	禁止在放置汽油的场所，添加燃料操作过程中，或者火灾高危区域内吸烟。
15. 易燃	易燃液体必须储存在安全罐内，或者是经批准使用的存储容器。
16. 卫生	应提供足够数量的卫生间。
17. 饮用水	所有项目都应该提供清洁、凉爽的可饮用水，放置在容易接近的位置。
18. 盐片	需要时，在饮水地点应可以获得。
19. 挖掘	为了防止建筑材料和其他叠放部件的压力，它们应该放置在距离凹坑最少 3 英尺，并能防止它们倾倒入凹坑。应将凹坑边坡的松散岩石或者其他杂质剥离，边坡坡度最大为 45 度。
20. 结构用钢构件装配	当进行构件安装连接时，每个连接处的螺栓至少应有 20% 被拧紧，并且每个构件的端部至少有两个螺栓被拧紧。 当永久螺栓没有固定完毕，框架不准承载。 在任何一层的钢框架没有真正调整和螺栓永久固定之前，只有直接从事钢构件安装的技工被允许在框架下工作。
21. 梯子使用	通过梯子可以登上楼层、工作台或者装卸台。应该保证梯子在任何时间处于安全状态，应该确保梯子的两端和支撑紧固。搭在楼层、屋顶、工作台或者装卸台的梯子的顶端应该伸出 3 英尺以上。
22. 脚手架	脚手架搭建时应能承载 4 倍的预期荷载，并通过设置斜撑防止水平运动。脚手架平台板两头在支撑处应向外伸出 6～12 英寸。 2 英寸厚的平台板的跨度不得大于 10 英尺（包含 10 英尺），其宽度不得小于 18 英寸。
23. 索具、绳以及索链等	为了安全升降或在任何位置提拉物体，所有的绳、索链、牵引轮以及滑轮应具备足够的强度、良好的状况和适当的尺寸。 钢绳应该配合动力驱动提升设备使用。 不得使用检查时发现有腐蚀、误用或者损坏的任何绳索。

	所有承载吊钩都应配有保险卡。
	当提升晃动或者旋转的载荷时，应使用副绳进行控制。
24. 焊接和切割	气焊储气瓶的氧气不得用于通风。
	焊接和切割时必须佩戴防护罩或者护目镜。应使用绞车升降储气瓶。
25. 起重机	所有的起重机必须装备运转良好的吊臂转角指示仪，该设备应该安装在操作员正常视野之内。
	每部起重机必须指定专人进行操作。
	操作信号的复印件必须在显著位置或者接近起重机位置张贴。起重机必须配备灭火器。
26. 卡车	除非有在卡车侧面同时能看到司机和车辆后面的场地的人的指导，卡车不得在工作位置或者危险位置倒车或者卸料。

上述条目并不能涵盖所有 OSHA 规定的建筑安全规章制度，其目的是为分析目前建筑业安全隐患和主要原因提供指导。

图 16.7 安全规程和细则

ABC 承包商和工程师
工作 10—100
桃树街购物商场
亚特兰大，佐治亚州
19___年 9 月 1 日

全体安全会议 7 号

本周的安全口号：
"时刻警惕，不要受伤"
C. Hoarse—安全员
A. Apple—土木工长
D. Duck—估价师
M. Maus—壮工
D. Halpin—现场工程师
R. Woodhead—工具室保管
与会分包商：
布线分包商
Henry Purcell
James Wallace
根据 8 月 15 日 ~ 8 月 31 日的初始救治报告，一共：
初始救治：7
医生救治情况：0
时间损失伤害：0

捷 径

估计我们所有人曾经都有过抄近路，走捷径而使自己面临可能发生的伤害的经历，而此时只要多走几步即意味着安全。为了走捷径，我们就像孩子一样跳过围栏而不走门，我们又像莽汉一样不遵守交通规则乱穿马路。事故统计清楚地显示这样一个事实：人们即使忽视任何小的安全规定就会引起非常严重的后果。

对于施工工作，走捷径能够导致死亡事故。我们所有人都知道一些由于这类无意识的行为而导致严重后果的案例。例如，一位钢筋工试图用手抓住钢筋棒摇摆着通过一处开口，但是由于手滑，他从 20 英尺空中掉落摔在混凝土楼板上。如果他麻烦一下多花几分钟绕建筑物走过去，现在他应该还在绑扎钢筋。

安全路线不都是最短的路径，选择安全路线是您个人的责任。当您被指派到一个特殊环境工作，希望您能够选择安全路线而不是不安全的短路线。我们不是您的守护天使，这是一件您应该自己考虑的事情。

如果您被指派到某个缺乏安全路径的区域工作，请您把情况报告给您的工长，以便提供必要的进入通道。

梯子和脚手架是为空中作业而准备的：使用它们，尽管某一项空中作业可能只要很短的时间。不要攀爬有问题的脚手架和简易平台。

您的第一项任务就是您自己的安全。牢记：搭建梯子、台阶、人行道的目的是为了减少您的麻烦，同时也是为了挽救您的脖子，始终应用它们。

冒可能遭受一生的痛苦和悲惨危险去节省几分钟或者省点劲是不明智的赌博。

讨论概括：
信号旗手必须控制好所有的倒退操作。
交通——施工区路滑，车辆移动时要小心。不要在移动的设备旁边行走。
伤害——向您的工长报告所有的伤害事故。

Charlie Hoarse
C. Hoarse，安全工程师

图 16.8 安全会议纪要

习　题

16.1 是什么因素激励承包商去进行安全施工和制定安全计划?

16.2 什么因素影响承包商缴纳的工人伤害保险费?

16.3 良好的施工计划的主要的两方面经济效益是什么?

16.4 法律规定雇主必须承担哪几方面的安全责任?

16.5 如果您是位承包商，您如何向您的雇员灌输安全意识?

16.6 调查几个工程现场，确定其各自的安全计划的详细内容。

16.7 在 OSHA 的指导下，确定下列各项的合格的安全标准。

a. 护栏;

b. 外露钢筋;

c. 孔洞开口;

d. 人力吊升设备。

16.8 许多建筑工人拒绝使用为安全施工准备的安全帽、护目镜以及防护手套和服装等。给出几点他们为什么这样做的原因。

附　录

附录 A

建筑合同的标准通用条件

建筑合同的标准通用条件

本文件有重要的法定地位；有关它的应用或修正，鼓励与律师商议。本文件适用于预期项目和法律制约的特殊环境。

标准建筑合同的通用条件

由工程师合同文件委员会（EJCDC）编写，并由以下协会联合发行和出版：美国职业工程师协会的一个业务部；私人执业的职业工程师；美国咨询工程师委员会；美国土木工程师协会。

本文件已获得美国建筑规范协会和总承包商协会的同意和认可。

通用条件连同业主与承包商的协议一起编写以供使用（第1910-8-A-1或1910-8-A-2）（1996年的版本）。通用条件的条款相互关联，一方面的变更可能要求其他方面也必须变更。有关它们应用的注释见EJCDC的使用者指南（第1910-50）。对于补充条款编写指南，可查看补充条件编写指南（第1910-17）（1996年的版本）。

目　录

条款9——施工期间工程师的地位

9.01　业主代表
9.02　视察现场
9.03　项目代表
9.04　说明与解释
9.05　工程中允许的变更
9.06　否决有缺陷的工程
9.07　施工图、变更通知与支付
9.08　关于单价工程的决定
9.09　关于合同文件的要求与工程的可接受性决定
9.10　关于工程师的权利与责任的限制

条款10——工程中的变更、索赔

10.01　工程中允许的变更
10.02　工程中不允许的变更
10.03　变更通知的执行
10.04　担保通知
10.05　索赔与争议

条款11——工程成本，现金津贴，单价工程

11.01　工程成本
11.02　津贴
11.03　单价工程

条款12——合同价格的变更，合同工期的变更

12.01　合同价格的变更
12.02　合同工期的变更
12.03　承包商不能控制的延迟
12.04　承包商能控制的延迟
12.05　业主与承包商不能控制的延迟
12.06　误期赔偿费

条款13——测试与检查，缺陷工程的修正、移除或接受

13.01　缺陷通知
13.02　进入工程现场
13.03　测试与检查
13.04　揭露工作
13.05　业主可终止工程
13.06　修正或移除有缺陷的工程
13.07　修正时期
13.08　接受有缺陷的工程
13.09　业主可修正有缺陷的工程

条款14——对承包商的支付与完工

14.01 价格一览表
14.02 进度支付
14.03 承包商对所有权的担保
14.04 实际完工
14.05 部分使用
14.06 最终检查
14.07 最终支付
14.08 延迟后最终的完工
14.09 放弃索赔权

条款 15——工程暂停与终止

15.01 业主可暂停工程
15.02 业主有理由终止工程
15.03 业主可因便利终止工程
15.04 承包商可暂停或终止工程

条款 16——争议的解决

16.01 方法和程序

条款 17——其他

17.01 通知
17.02 工期的计算
17.03 累积的补偿
17.04 残存的责任
17.05 制约的法律

通用条件

条款 1——定义和术语

1.01 定义条款

下面列出合同文件中所使用的术语。

1. 附录：在招标开始前发布的书面或图示文件，用于解释、修正或变更投标要求或合同文件。

2. 协议：证明业主与承包商之间涉及工程的协议的书面文件。

3. 支付申请：是承包商在工程期间要求进度支付或最终支付时所使用的，并为工程师所接受的表格，还应附有合同文件所要求的支持性文件。

4. 石棉：含有超过 1% 的石棉并且易碎的，或者释放到空气中的石棉纤维超过了目前美国职业安全健康管理局设立的操作标准的任何材料。

5. 投标：投标人按规定的格式所提交的表明要实施工程价格的开价或提议。

6. 投标文件：投标要求和被提议的合同文件（包括收到投标前所有发布的附录）。

7. 投标要求：包括投标的广告或邀请，给投标人的说明书，投标担保格式，若有的话，还有任何补充的投标表格。

8. 担保：履约与支付担保以及其他担保方式。

9. 变更通知：由工程师推荐，业主与承包商共同签署并批准的，对工程增加、删除或修改，或合同价格或时间的调整，并在协议的有效日期之时或之后发布的文件。

10. 索赔：业主或承包商为寻求合同价格或合同工期的调整，或两者都包括，或就合同条款的解除而提出的要求或声明。由第三方要求的款项或服务不属于索赔。

11. 合同：业主与承包商之间有关工程的全面综合的书面协议。这个合同用以代替前面的协商、提议或协定，不管是书面的还是口头的。

12. 合同文件：合同文件规定了各方的权利与义务，并且包括协议，附录（属于合同文件），作为一种证件附属于协议的承包商的投标书（包括在裁决通知前，随同投标书与任何邮寄的投标文件一起提交的文件），开工通知，担保，通用条件，补充条件，协议中同样被清楚定义的规范与图样，连同所有书面修正，变更通知，工程变更指令，现场通知，与协议有效日期之时或之后工程师发布的书面解释和说明。获批准的施工图与地表下及自然条件的报告和图纸都不是合同文件。本段列出的条款只有印刷件或复印件才是合同文件。由业主向承包商提供的电子媒体格式的正文，数据，图示等等文件都不是合同文件。

13. 合同价格：正如在协议中规定的，根据合同文件，业主应支付给承包商完成工程的金额（在单价工程的情况下则遵照第 11.03 节的条款）。

14. 合同工期：协议中指定的天数或日期：（1）实际完工；且（2）正如工程师书面最终付款建议所表明的，完成工程以便获得最终付款。

15. 承包商：同业主一起达成协议的个人或实体。

16. 工程成本：定义见第 11.01 节 A。

17. 图纸：由工程师准备或批准的一部分合同文件，并以绘图的形式表明承包商要执行工程的范围、区域及特点。施工图与其他承包商的提交物都不属于定义的图纸。

18. 协议的有效日期：协议中表明为有效的日期，一旦未指明这样的日期，则表示要签署与交付协议的最后两方签署与交付协议的日期。

19. 工程师：协议中指定的个人或实体。

20. 工程师的顾问：就项目而言，与工程师有合同关系，作为工程师独立的专业助手或顾问提供服务，并在补充条件中得到确认的个人或实体。

21. 现场通知：由工程师发布的，要求工程少量的变更，但不会引起合同价格或合同工期的变更的书面通知。

22. 通用要求：规范的第1部分。通用要求适合规范的所有部分。

23. 危险环境状况：现场有石棉、多氯化联二苯、石油、有害废物、放射性物质，其含量或情形可能对与工程有关的人或财物有实质性危害的情况。

24. 有害废物：在经常修订的固体废物处理法案（42 USC 6903 款）1004 款中规定了术语有害废物的含义。

25. 法律与规章；法律或规章：所有适用的法律，准则，规章，条例，法规，所有政府团体、机关、当局及有权限的法院的命令。

26. 留置权：费用、担保利息、有关项目资金、房地产或个人财产的债权。

27. 里程碑：所有工程实际完工前，合同文件中规定的，与中间完工日期或时间有关的一项重要事件。

28. 中标通知：业主给明显成功的投标人的书面通知，陈述成功的投标人适时地遵守了先前所列的条件，业主将签署并向其交付协议。

29. 开工通知：业主给承包商的，用来确定合同开始生效的日期，并根据合同文件确定承包商开始执行工程的书面通知。

30. 业主：承包商与其达成协议，并成为执行工程的个人、实体、公共团体或权力机构。

31. 部分使用：在全部工程实际完工前，为了预期目的（或相关目的）业主对部分实际完工的工程的使用。

32. PCBs：多氯化联二苯

33. 石油：包括在标准温度与气压下（绝对华氏 60 度与每平方英寸 14.7 磅）保持液态的原油或其任何的分馏物，例如油，石油，燃油，油泥，废油，汽油，煤油，以及与其他非有害废物混合的油类，原油。

34. 项目：根据合同文件，要执行的可能是整体工程的总建造或按合同文件其他地方所表明的一部分工程的建造。

35. 项目指南：为投标与实施工程准备的文件装订资料。目录中包括被装订成一册或更多册的项目指南列表。

36. 放射性物质：在经常修订的 1954 年原子能法案（42 USC 2011 款及以下等等）中规定的辐射体，特殊原子核物质或副产品。

37. 常驻项目代表：经授权的被派到现场及其他地方的工程师代表。

38. 样品：代表工程的某个部分并确定该部分工程判断标准的材料，设备或工艺的实体样品。

39. 施工图：由承包商或为承包商特别准备或收集的，并由承包商提交的，用来阐明某部分工程的所有图纸，图表，图解，进度表以及其他数据或信息。

40. 现场：合同文件中指明由业主提供的，并执行工程的土地或区域，包括通行权及其入场权，以及其他类似由业主提供并指定给承包商使用的土地。

41. 规范：由合同文件中用于工程的材料，设备，系统，标准，工艺的书面技术说明组成的那部分合同文件，以及某些适用于此处的管理资料。

42. 分包商：为执行现场的一部分工程，而与承包商或其他任何分包商有直接合同关系的个人或实体。

43. 实际竣工：在工程师看来，工程（或其规定的部分）已经做到了这一步，即根据合同文件，工程（或其规定的部分）已全部完成，因此工程（或其规定的部分）能按预期的目的使用的时间。用于所有或部分工程的这些术语"实际完成"与"被全部完成"可参照实际竣工。

44. 补充条件：合同文件中对通用条件修改或补充的部分。

45. 供应商：提供给承包商或任何分包商，用于工程的材料或设备，并与承包商或分包商有直接的合同关系的厂商，制造者，供应商，批发商，材料供应员或卖主。

46. 地下设施：所有地下管道，导管，输送管，电缆，电线，检修孔，地窖，槽，隧道或其他类似的设施、附属物，以及任何容纳这些设施的包装物，包括传送电，气，蒸汽，液体石油产品，电话或其他通信设施，有线电视、水、废水、雨水、其他液体或化学制品的管线，或其他控制系统。

47. 单价工程：以单价为基础进行支付的工程。

48. 工程：根据合同文件要求提供全部完工的建筑或其独立确认的个别部分。正如合同文件所要求的工程包括，并且就是执行或提供所有劳动，服务和必需的文件来产生这样的建筑以及装备安装，并将所有材料与设备组合成这种建筑的结果。

49. 工程变更指令：在协议的有效日期之时或之后，应向承包商发布由业主签署，工程师推荐的，要求工程增加、删除或修改，对分歧、工程执行中未预见到的地下或自然条件、紧急事件做出反应的书面报告。一项工程变更通知不会变更合同价格或合同工期，但它表明，项目各方预料到一项工程变更通知所要求的或以文件证明的变更，这项工程变更通知将同后来发布的变更通知合并在一起，若有的话，这些变更通知要遵循项目各方就其对合同价格或合同工期的影响而达成的协议。

50. 书面修正：在协议有效日期之时或之后，由业主与承包商共同签署的，一般与合同文件中的设计或技术无关，而与施工方面紧密相关的修改合同文件的书面报告。

1.02　术语

A. 某些术语或形容词的含义

在合同文件中，无论何时使用这样的术语"经承认"，"经批准"，或像影响或重要性这样的术语，或形容词"合理的"，"合适的"，"可接受的"，"适当的"，"满意的"，或像影响或重要性这样的形容词用于描述工程师有关工程的行为或决定时，通常意味着这种行为或决定独自评价了竣工工程是否遵守合同文件的要求与信息，以及是否与合同文件显示或表明的，与作为功能整体的竣工工程的设计理念一致（除非有一项具体的报告另外指明)。在分配给工程师任何监督或指导工程履行的职务或职权中，或任何承担与第9.10节规定或合同文件任何其他规定相反的责任的职务或职权中，使用这样的术语或形容词都是无效的。

B. 工作日

“工作日”这个词构成一个从午夜度量到下个午夜的24小时的日历日。

C. 有缺陷的

“有缺陷的”这个词，当修饰“工程”这个词时，指工程是令人不满意的，有缺陷的或不完善的，即它不符合合同条件或不满足验收要求，参考标准，检验标准或合同文件中相关的规定，或在工程师提议最终支付前已经损坏的（根据第14.04节或第14.05节，除非在实际完工时由业主承担保护责任)。

D. 提供、安装、执行、供应

1.“提供”这个词，当与设施、材料或设备联系在一起使用时，意思是提供并交付上述设施、材料或设备到现场备用或备安装，并且处于可用或可操作的状态。

2.“安装”这个词，当与设施、材料或设备联系在一起使用时，意思是将上述设施、材料或设备完全投入使用或安装在最终位置以备预期使用。

3.“执行”或“供应”两个词，当与设施、材料或设备联系在一起使用时，意思是完整地提供并安装上述设施，材料或设备以备预期使用。

4. 在明确要求承包商的职责的情况下，当“提供”、“安装”、“执行”、“供应”没有同设施、材料或设备联系在一起使用时，则意味着“规定”。

E. 除非在合同条件中规定，否则合同文件中使用的、众所周知的技术或建筑业或商业含义的词或短语按照公认的含义确认。

条款2——准备工作

2.01 担保的交付

A. 当承包商向业主递送要执行的协议时，承包商也要将要求提供的担保交付给业主。

2.02 文件的副本

A. 业主应向承包商提供十份合同文件的副本。当请求提供额外的副本时用复制品代替。

2.03 合同开始日期开工通知

A. 合同期将在协议有效日期后第三十天开始生效，或者如果有开工通知，则按开工通知中指定的日期。开工通知可在协议有效日期后三十天内的任何时间发出。合同期开始生效的时间绝不能迟于公开投标后第六十天和协议有效日期后第三十天。

2.04 开工

A. 承包商应在合同工期开始生效的时间开始执行工程。在合同工期开始生效前，不应在现场进行任何工程。

2.05 施工开始前

A. 承包商对合同文件的审查：在开始任何一部分工程以前，承包商应仔细研究与比较合同文件，并且检查与核实其中有关的数据及所有适用于现场的度量器具。承包商应迅速将可能发现的任何抵触、错误、不清楚或矛盾，以书面形式向工程师报告，并且在继续这种受影响的工程前，承包商应从工程师处获得一份书面的解释或说明；但是，除非承包商知道或理应知道，否则承包商不应该因没能报告合同文件中的任何抵触、错误、不清楚或矛盾而对业主或工程师负责。

B. 初步进度表：在协议有效日期之后十天内（除非在通用条件中另外指定），为了及时审查，承包商应向工程师递交以下材料：

1. 一份初步的进度计划表，表明开始与完成工程不同阶段的时间（天数或日期），包括合同文件中指定的所有里程碑；

2. 一份初步的施工图与提交物品的计划表，后者列出了每一种要求提交的物品，提交，审查，并仔细检查提交物的时间；

3. 一份对工程所有部分的初步估价表，包括各分项工程的数量与价格，其价格加在一起等于合同价格，并且将工程细分为足够详细的组成部分，以用来在工程履行过程中作为进度支付的基础。这些价格包括用于各分项工程的适当的管理费与利润。

C. 保险证明：在现场开工前，根据第 5 条，承包商与业主应互相递交要求各自购买与持有的保险证书（以及任何一方或另外的被保险人合理要求的其他保险证明），随同补充条件中定义的每种额外保险的副本。

2.06 施工前的会议

A. 在合同工期开始生效后 20 天内，在现场开工前，要举行一次由承包商、工程师、以及其他适当的人员参加的会议，以便在各参与方之间就工程达成工作协议，并且讨论关于第 2.05 节 B 中的计划和处理施工图与其他提交物，审查支付申请及保持必要记录的程序。

2.07 最初认可的进度表

A. 除非合同文件中另外规定，否则根据第 2.06 节 B，正如在递交的进度表下面所规定的，在第一份支付申请递交前至少十天，应举行一次由承包商、工程师、以及其他适当人员参加的会议，用来审查进度表的可接受性。承包商有额外十天来做修正与调整，并完成以及重新递交进度表。只有交付的进度表获得工程师的认可，承包商才能得到进度支付。

1. 在任何指定的里程碑与合同工期内，如果进度计划提供了一套一直到工程完工的有条理的进度表，则会得到工程师的认可。这种认可不会因进度计划，工程的先后顺序、工序或进度而对工程师的责任有影响，也不会妨碍或免除承包商为此应负全部责任。

2. 如果承包商的施工图与样品提交物计划，能为审查与处理必需的提交物提供可行的安排，则会得到工程师的认可。

3. 如果承包商提供的价格计划将合同价格合理的分配到工程的各组成部分，则就形式与内容来说都会得到工程师的认可。

条款 3——合同文件：目的，修改，重新使用

3.01 目的

A. 合同文件是互补的；一方所要求的与所有各方所要求的一样具有约束力。

B. 合同文件的目的就是根据合同文件，描述一项将要建造的功能上完整的项目。应提供从合同文件，或从要求产生预期结果的主要的习俗或商业惯例中能合理推断的任何工

作、文档、服务、材料或设备，不管是否需要非额外成本均应向业主明确要求。

C. 如同在第9条中规定的，合同文件的说明与解释应由工程师发布。

3.02 参照标准

A. 标准、规范、准则、法律与规章

1. 不管这种参照是明确的还是隐含的，除了合同文件中另外明确规定外，参照任何技术学会、组织、或协会的标准、规范、指南、准则、法律或规章都意味着，在公开招标时（如果没有招标，则在协议有效日期时），这些标准、规范、指南、准则、法律、规章都有效。

2. 更改合同文件中阐明业主、承包商、工程师或他们的分包商、顾问、代理人、雇员责任或职责的标准、规范、指南或准则、供应商指示的这样的条款都无效，并且分配给业主、工程师或工程师的任何顾问、代理人或雇员任何监督或指导工程执行的职责或职权，任何承担与合同文件所规定的责任不一致的职责或职权的规定或指示也都是无效的。

3.03 矛盾的报告与解决

A. 报告矛盾

1. 在工程执行期间，如果在合同文件中或在合同文件与任何适用于工程执行的法律或规章、标准、规范、指南或准则，或供应商指示的任何规定之间，承包商发现任何抵触、错误、含义不明确或矛盾时，承包商应立刻以书面形式向工程师报告。承包商不应继续这种受影响的工程，直到依据第3.04节所指明的一种方法，已经发布对合同文件的修改或补充；但是，除非承包商了解或理应知道，否则承包商不该因为没能报告合同文件中的任何这种抵触、错误、不清楚或矛盾而对业主或工程师负责。

B. 解决矛盾

1. 除了合同文件中另外明确规定，合同文件的条款应优先解决合同文件与下列规定之间的任何抵触、错误、不清楚或矛盾：

a. 任何标准、规范、指南、准则或指示的规定（不管在合同文件中是否被特别合并）；

b. 任何可用于执行工程的法律或规章的规定（除非合同文件规定的解释会导致对这种法律或规章的违背）。

3.04 合同文件的修改与补充

A. 合同文件可被修正以防备工程的增加、删减与修改，或以下列一种或更多方式更改合同文件术语及条款：一份书面修正建议；一项变更通知；一项工程变更指令。

B. 可通过下列一种或更多方式补充合同文件的要求，并允许工程中较小的变化与偏差：现场通知；工程师对施工图或样品的认可；工程师的书面解释或说明。

3.05 文件的重新使用

A. 与业主有直接或间接合同关系，并且执行或提供任何一部分工程的承包商，任何分包商或供应商或其他个人或实体：没有或不应得到任何由工程师或工程师的顾问准备的，或带有他们图章的图纸、规范或其他文件（或任何副本）的资格或所有权，包括电子版；而且在没有业主与工程师的书面同意下，以及工程师的书面确认或配合下，不得将任何图纸、规范、其他文件或其副本重新用于项目的扩大部分或任何其他项目。这项禁令到工程的最终支付、完工与接收、合同的终止或完成时依然有效。此处不排除承包商因为存档的目的而保留合同文件的副本。

条款 4——土地的可利用性；地表下的条件与自然条件；基准点

4.01　土地的可利用性

A. 业主应提供施工现场。业主应将与现场使用明确相关而不是一般使用的，并且在承包商执行工程中可能有的任何阻碍或限制告知承包商。业主应及时获得现存设施中永久建筑物或永久替换物的使用权并为此付款。如果承包商与业主不能就任何调整合同价格或合同工期，或两者都包括的权利、数量或范围达成一致，则依据第 10.05 节的规定，承包商可因业主延迟提供现场而提出索赔。

B. 一旦有合理的书面请求时，业主应向承包商提供一份当前声明，指明待开发及业主利益所在的土地的法定名称和法律上的描述，而这份声明是按照合适的法律与规章，对指明和满足一个技师或施工对土地的留置权所必须的。

C. 承包商应为临时施工设备或存储材料和设备所要求的所有额外的土地，以及进场道路做准备。

4.02　地表下的条件与自然条件

A. 报告与图纸，补充条件定义了：

1. 在准备合同文件时，工程师已经使用的现场或邻近现场的地表下条件的勘探与检测报告；

2. 在准备合同文件时，工程师已经使用的现场（除了地下设施）或邻近现场现存表面或地表下的结构，或与它们有关的自然条件的图纸。

B. 承包商可依靠一部分权威认可的技术数据，承包商可依靠这些报告与图纸中大体精确的“技术数据”，然而这些报告与图纸并非合同文件。补充条件中定义了这些技术数据。除了依靠这些技术数据外，对于以下方面，承包商不能依靠业主、工程师或工程师的任何顾问，或向他们提出索赔：

1. 为了承包商的目的，这些报告与图纸的完整性，包括但不限于承包商应用的方式、方法、技术、先后顺序，以及施工程序的任何方面，与安全措施及另外随附的计划；

2. 这些报告中包含的或在图纸中显示或表明的其他数据、解释、观点与信息；

3. 承包商对任何技术数据或任何其他同样的数据、说明、观点或信息的解释，或从其中得出的结论。

4.03　不同地表下的条件或自然条件

A. 注意：如果承包商认为，现场或邻近现场的未覆盖的或裸露的地表或自然条件：

1. 具有这样的特性按 4.02 节规定的，承包商有权认定任何技术数据被确定在实质上并不精确；

2. 具有这样的特性以致于要求合同文件的变更；

3. 与合同文件中所显示或表明的有实质上的不同；

4. 具有特殊性，并且与合同文件中规定的、通常遇到和认识到的工程特性所固有的情况不一致；当承包商意识到之后，并在进一步扰乱这种地表或自然条件之前，或执行任何与之有关的工程之前（除了第 6.16 节 A 要求的紧急情况外），应立刻将这种情况以书面形式通知业主和工程师。承包商不应进一步扰乱这种情况，或执行任何与之有关的工程

(除了前述的情况外)，直到收到书面的执行通知为止。

B. 工程师的审查：在收到第4.03节A要求的书面通知后，工程师会立即审查有关情况，决定业主是否有必要到那里进行额外的勘探或检测，并将其发现和结论以书面形式通知业主（给承包商一份副本）。

C. 价格与工期可能的调整

1. 因不同地表下的条件或自然条件而引起承包商增加或减少工程执行中所必需的费用、工期时，合同价格或合同工期，或这两方面，都会被公正地调整；但要服从以下条件：

a. 这种情况必须符合第4.03节A中描述的任何一类或多类；

b. 对于以单位价格为基础支付的工程，合同价格的任何调整都应服从第9.08节与第11.03节的规定。

2. 在以下情况下，承包商无权对合同价格或合同工期做任何调整：

a. 通过递交投标书或受约束的谈判合同，对于合同价格与合同工期而言，承包商在向业主作出最后承诺时，已知道现存的情况；

b. 在承包商作出最后承诺前，作为投标须知或合同文件要求的结果，承包商通过对现场与邻近范围进行的任何检查、调查、勘探、检测或研究能合理的发现或揭露现存的情况。

c. 承包商在规定期限内没能递交书面通知。

3. 如果业主与承包商不能就任何调整合同价格或合同工期，或这两者的权利、数量或范围，达成一致，则按照第10.05节的规定，双方可为此提出索赔。然而，在任何其他项目或预期的项目中或与这些项目有关时，对于承包商承担的任何索赔、费用、损失或赔偿金（包括但不限于工程师、建筑师、律师和其他专业人员的所有酬金与费用，以及所有法庭或仲裁或其他解决争议的费用），业主、工程师和工程师的顾问不对承包商负责。

4.04 地下设施

A. 显示或表明的：合同文件中所显示或表明的，关于现场或邻近现场的地方现存的地下设施的信息与数据，是基于地下设施的所有者，包括物主或其他人提供给业主或工程师的信息和数据。除非另外在补充条件中明确规定，否则：

1. 业主与工程师不对任何信息或数据的精确性或完整性负责；

2. 以下所有的费用都包括在合同价格中，并且承包商对它们负全部责任：

a. 审查并核对所有这些信息与数据的费用；

b. 确定合同文件中显示或表明的所有地下设施的位置的费用；

c. 在施工期间，与地下设施所有者，包括业主协调工作的费用；

d. 所有这些地下设施的安全与保护费用，以及因工程产生的任何损害的修理费用。

B. 未显示或表明的

1. 如果在现场或邻近现场的地方，承包商发现或揭露了一种未在合同文件中显示或表明的，或未适当精确地显示或表明的地下设施，则承包商在知道以后，并在进一步扰乱受此影响的条件，或执行任何与之有关的工程之前（除了第6.16节A要求的紧急情况外），应立刻确认这种地下设施的物主，并书面通知某物主及业主和工程师。工程师应立刻检查地下设施并确定需要更改合同文件的程度，以反映并证明现存的后果或地下设施的位置。在这段时间，承包商应对这种地下设施的安全与保护措施负责。

2. 如果工程师确定需要变更合同文件，则会发布一项工程变更指令或变更通知，以反映并证明这种结果。对可归因于任何地下设施的存在或其位置，并且合同文件中没有显示或表明，或没有适当精确地显示或表明，同时承包商不知道并且不能合理认识到或预料到这种地下设施时，应对合同价格或合同工期，或这两者做出公正的调整。如果业主与承包商不能就任何调整合同价格或合同工期，或这两者的权利或数量或范围达成一致，则依据第10.05节的规定，业主或承包商可为此提出索赔。

4.05 基准点

A. 为使承包商能继续进行工程，业主应提供工程测量以便建立施工基准点，其中必须包括工程师的意见。承包商应负责布置工程，并保护和保存已建立的基准点和性能标记，并且在无业主事先书面批准的情况下，不做任何改变或重新布置。任何基准点或性能标记无论何时被丢失或毁坏，或因必需的级别或位置变更而需要重新布置时，承包商应向工程师报告，并负责让合格的专业人员准确地替换，或重新布置这些基准点或性能标记。

4.06 现场危险的环境状况

A. 报告与图纸：为确认与危险环境状况有关的报告与图纸，可参考补充条件，工程师在准备合同文件时，已经使用了现场危险环境状况的定义。

B. 承包商可依靠一部分权威认可的技术数据：承包商可依靠这些报告与图纸中大体精确的技术数据，然而这些报告与图纸并非合同文件（补充条件中定义了这些技术数据）。除了依靠这些技术数据外，对于以下方面，承包商不能依靠业主、工程师或工程师的任何顾问或向他们提出索赔：

1. 为承包商的目的，这些报告与图纸的完整性，包括但不限于承包商应用的方式、方法、技术、先后顺序，以及施工程序的任何方面，与安全措施及另外随附的计划；

2. 这些报告中包含或在图纸中显示或表明的其他数据、解释、观点与信息；

3. 承包商对任何技术数据或任何其他同样的数据、说明、观点、或信息的解释或从其中得出的结论。

C. 承包商不对任何现场未被发现或揭露的，未在图纸或规范中显示或表明的，或未在工程范围的合同文件中定义的危险环境状况负责。但由于承包商、分包商、供应商或承包商负责的任何其他人带到现场的任何材料而引起的危险环境状况，承包商应对其负责。

D. 如果承包商遇到危险的环境状况，或者如果承包商或承包商负责的任何人引起的危险环境状况，承包商应立即：妥善保护或隔离这种状况；停止与这种状况有关的所有工程以及受此影响的所有区域的工程（除了第6.16节A要求的紧急情况之外）；并且通知业主与工程师（并在其后立刻以书面形式证实这项通知）。业主应立刻与工程师商议，是否需要业主聘请有资格的专家评估这种状况，或采取纠正措施。

E. 承包商不必在与这种情况有关的或受影响的区域继续施工，除非业主获得任何与此有关的、所必须的许可之后，并向承包商交付书面通知：详细说明为继续施工，这种状况以及任何受影响的区域是安全的，或已成为安全的；或者详细说明工程可安全进行的任何特定条件。如果业主与承包商不能就调整合同价格或合同工期或两者的权利、数量或范围达成一致，则由于工程的这种暂停，或在承包商同意继续施工的特殊情况下，依据第

10.05节的规定，任何一方可为此提出索赔。

F. 在收到这种书面通知以后，如果在合理的认为不安全的基础上，承包商不同意继续施工，或不同意在这种特定条件下继续施工，则业主可决定将这种情况影响范围内的一部分工程从整个工程中删除。作为删除这部分工程的结果，如果业主与承包商不能就调整合同价格或合同工期的权利或数量或范围达成一致，则依据第10.05节的规定，任何一方可为此提出索赔。根据第7条，业主可让自己的人员或其他人实施这部分的工程。

G. 在法律与规章完全许可的情况下，业主应该赔偿承包商、分包商、工程师、工程师的顾问及工作人员、指导者、合伙人、雇员、代理商、其他顾问，和每一方的分包商以及他们中的任何一方，由于危险的环境状况而引起的，或与其有关的所有索赔、费用、损失和赔偿金（包括但不限于工程师、建筑师、律师和其他专业人员的所有酬金与费用，还包括所有法庭或仲裁或其他解决争端的费用），并且防止他们因此而受到的损害。假如这种危险的环境状况：未在图纸或规范中显示或表明，或未在工程范围所包括的合同文件中确认，并且并非承包商或承包商负责的任何人引起。依据第4.06节，对于因任何个人或实体自身疏忽的结果，业主没有赔偿的义务。

H. 在法律与规章完全许可的情况下，承包商应赔偿业主、工程师、工程师的顾问及工作人员、指导者、合伙人、雇员、代理商、其他顾问和每一方的分包商以及他们中的任何一方，由于承包商或承包商负责的任何人引起的危险环境状况而引发的，或与其有关的所有索赔、费用、损失和赔偿金（包括但不限于工程师、建筑师、律师和其他专业人员的所有酬金与费用，还包括法庭或仲裁或其他解决争端的所有费用）并且防止他们因此而受到损害。依据第4.06节，对于因任何个人或实体自身疏忽的结果，承包商没有赔偿的义务。

I. 第4.02节、第4.03节与第4.04节的规定并不适用于现场已发现或揭露的危险环境状况。

条款5——担保与保险

5.01 履约担保，支付担保与其他担保

A. 承包商应提供履约与支付担保，并且每一种担保的数额至少等于合同价格，以确保承包商按照合同文件忠实履行应尽所有的职责。除了法律或规章，或合同文件另外规定之外，这些担保到最后付款到期至少一年后才失效。承包商还应提供合同文件所要求的其他类似的担保。

B. 除了法律或规章另外规定之外，所有担保应按合同文件规定的格式，而且应由这样的担保人执行，即如同美国财政部履约担保分部，财政管理部门公布的570通告（已修正的）中，“作为合适的持有权威证书的联合担保的担保方与合适的分保公司”在当前的名单中受到提名。由代理商签署的任何担保都必须附有一份鉴定过的并经代理商授权生效的副本。

C. 如果承包商提供任何担保的担保方宣布破产或破产，或其在工程的任何一部分的经营权被终止，或其不符合第5.01.节B中的要求时，承包商应在此后20天内，以另外的担保及担保人来替换，这两者都应遵照第5.01节B与第5.02节的要求。

5.02 获得认可的担保人与保险人

A. 合同文件要求的，由业主或承包商购买并持有的所有担保与保险，应从获得正式许可或授权的担保人或保险公司处获得，并且由于必需的限制和保险范围，这种担保人或保险公司的权限为项目所在地发布的担保与保险政策。这些担保与保险公司应符合补充条件中规定的额外要求及条件。

5.03 保险证书

A. 承包商应将所要求购买与持有的保险证书（以及业主要求的保险证据或任何其他额外保险的证据），连同补充条件中规定的每一种额外保险的副本都交给业主。业主应将所要求购买与持有的保险证书（以及承包商要求的保险证据或任何其他额外保险的证据），连同补充条件中规定的每一种额外保险的副本都交给承包商。

5.04 承包商的责任保险

A. 承包商应购买并持责任保险及其他保险，即它们适于工程履行，并能防止由于承包商执行工程，以及根据合同文件承包商的其他责任而被提出以下索赔，并且不论这些责任是由承包商、任何分包商或供应商，或他们中任何一方直接或间接雇佣的任何人，或他们中要为其行为负责的任何人来执行：

1. 以工人的赔偿金，残废抚恤金，以及其他类似雇员津贴条例的名义的索赔；

2. 因承包商雇员的身体伤害，职业病或死亡而要求赔偿金的索赔；

3. 因承包商的雇员之外的任何其他人员的身体伤害，疾病或死亡而要求赔偿金的索赔；

4. 通过适当利用人身伤害责任保险而要求赔偿金的索赔，并且这种保险要由以下人员证实：由于与承包商雇佣的这种人员直接或间接有关的过错，可由任何人证实，或由于其他任何原因而由其他任何人证实；

5. 除了工程本身以外，对无论位于何处的有形财产的损害或毁坏而要求赔偿金的索赔，包括由此而引起的使用损耗；

6. 由于任何人员的身体伤害或死亡，或由于任何机动车辆的所有权，维修或使用而引起的财产损失所要求赔偿金的索赔。

B. 第 5.04 节所要求购买并持有的保险单：

1. 就第 5.04 节 A.3 到第 5.04 节 A.6 在内所要求的保险而言，应包括作为额外的保险人（就职业责任来说，应服从任何除外惯例）的业主、工程师、工程师的顾问，以及补充条件中确定的任何其他个人或实体，他们全都列为额外保险人，并且还包括他们各自的职员、主管、合伙人、雇员、代理商和其他顾问，以及每一方的分包商，和所有这些额外保险人的保险范围，而且提供给这些额外保险人的保险应规定所包括的所有索赔的主要保险范围；

2. 至少包括具体的保险范围，并且不管那一个范围更大，在书面上不少于补充条件中规定的，或法律或规章要求的责任限制；

3. 包括完整的作业保险；

4. 包括根据第 6.07 节，第 6.11 节与第 6.20 节所包含的承包商保险责任的合同责任保险；

5. 包括这样一项规定或签注，即在将预先的书面通知交给业主与承包商，以及补充条件中确定的向其发布保险证书（以及按照第5.03节规定的，由承包商提供的保险证书）的其他每个额外保险人之前至少三十天，不能取消，实质上变更或不能更新所提供的保险范围；

6. 至少到最后支付以及根据第13.07节承包商修正、移除或替换有缺陷工程后一直有效；

7. 对于完整的作业保险和以索赔为基础的任何书面的保险范围，在最终支付之后至少两年仍然有效（并且在最终支付后一年内，承包商应向业主及补充条件中确定的向其发布保险证书的其他每个额外保险人，提供令业主和继续这种保险的任何额外保险人满意的证据）。

5.05 业主的责任保险

A. 除了根据第5.04节承包商要求提供的保险外，依据合同文件，业主可选择自己付款购买并持有自身的责任保险，这将防止因操作而引起对业主的索赔。

5.06 财产保险

A. 除非补充条件中另外规定，否则业主应按全额替换的成本（服从补充条件规定的，或法律与规章要求的可扣除的数额）购买并持有工程现场的财产保险。这种保险应：

1. 包括业主、承包商、分包商、工程师、工程师的顾问及补充条件中确定的其他任何个人或实体，以及职员、主管、合伙人、雇员、代理商和其他顾问，与每一方的分包商和他们中的任何一个的利益，并且将每一方都视为具有被保险利益并被列为额外的被保险人；

2. 被写在建造者风险的“综合险保险”或公开危险，或具体损失原因的保险单上，保险单至少包括自然损耗，或对工程、临时建筑物、脚手架以及运输中的材料与设备的毁坏，并且至少为防止以下危险或损失原因而保险：火灾、闪电、扩大的保险范围、偷窃行为、故意破坏以及故意损害他人财产、地震、倒坍、移除残物，因执行法律与规章而引起的毁坏、水渍，和补充条件中可能特别要求的其他危险或损失原因；

3. 包括因修理或替换任何保过险的财产而产生的费用（包括但不限于工程师与建筑师的酬金与费用）；

4. 包括合并到工程前，经业主书面同意存放在现场或其他地方的材料与设备，即便在工程师建议的支付申请中已经包括这种材料和设备；

5. 考虑到业主对工程的部分使用；

6. 包括测试与启动；

7. 除非在30天内，业主、承包商和工程师另外以书面形式达成协议，将书面通知每个被发给保险证书的额外被保险人，否则直到最终支付，这种保险仍然有效。

B. 业主应购买并持有补充条件，或法律与规章所要求的锅炉与机械保险或额外的财产保险，这些保险包括业主、承包商、分包商、工程师、工程师的顾问、与补充条件中确定的其他个人或实体的利益，并且每一方都视为具有被保险利益并被列为被保险人或额外被保险人。

C. 根据第5.06节，所有要求购买并持有的保险单（及其证书和其他证据）包括这样一项规定或签注，即在将预先的书面通知交给业主与承包商，以及向其发布保险证书的其他每个额外保险人之前至少三十天，不能取消，实质上变更或不能更新所提供的保险范围，并且根据第 5.07 节，还包括弃权规定。

D. 业主不负责购买并持有第 5.06 节规定的任何财产保险，这种保险是为了保护承包商、分包商或工程中其他人的利益而达到补充条件中规定的任何可扣除数额的额度。在这笔确定的可扣除数额之内的风险损失由承包商、分包商或遭受这种损失的其他人承担，如果他们中任何一方希望财产保险包含在这笔数额的范围内，则可自己付款购买并持有。

E. 如果承包商书面请求，第 5.06 节规定的财产保险单中应包括其他特别的保险，如果可能，业主应通过适当的变更通知，或书面修正方式计入这种保险，而它的费用由承包商支付。在现场开工前，无论业主是否获得这种保险，业主都应书面通知承包商。

5.07 弃　权

A. 业主和承包商的意思是，根据第 5.06 节购买的所有保险会保护保险中的业主、承包商、分包商、工程师、工程师的顾问、及补充条件中确定的列为被保险人或额外被保险人的所有个人或实体（和职员、主管、合伙人、雇员、代理商和其他顾问与每一方的分包商，以及他们中的任何一方），并且提供包括所有损失，及因危险或包含损失而引起毁坏的主要保险范围。所有这些保险凭证应包括这样的条款，以便万一补偿任何损失或损坏时，保险人无权收回任何其他被保险人或其下其他被保险人的补偿。对于因这些保险，以及任何其他适用于工程的财产保险所包括的危险或损失的引发或产生，而引起的所有损失与损坏，业主与承包商都放弃所有对彼此，及各自的职员、主管、合伙人、雇员、代理商和其他顾问与每一方的分包商、以及他们中的任何一方索赔的权利；此外，还对因同样原因所引起的损失与毁坏，而放弃所有对分包商、工程师、工程师的顾问，以及补充条件中确定的，并根据这些保险凭证列为被保险人或额外被保险人（包括职员、主管、合伙人、雇员、代理商和其他顾问与每一方的分包商，以及他们中的任何一方）索赔的权利。以上的弃权不能延伸至做出弃权的任何一方可能具有的这些权利，即享有业主作为托管人而持有的保险收益，或按照任何发布的保单另外支付的权利。

B. 因以下原因，业主放弃所有对承包商、分包商、工程师、工程师的顾问，与职员、主管、合伙人、雇员、代理商和其他顾问与每一方的分包商，以及他们中的任何一方索赔的权利：

1. 由于交易中断的损失，使用损耗，或因为火灾或其他危险引起的，不论业主是否保险的超出业主的财产或工程直接自然损耗或损坏的其他必然的损失；

2. 依照第 14.04 节在实际完工后，或依照第 14.07 节在最后支付后，或依据第 14.05 节在部分使用期间，因为火灾或其他保险过的危险，或业主持有的对完工项目或其部分财产保险所包括的损失原因而引起完工项目或部分项目的损失或损坏。

C. 业主所持有的并包括第 5.07 节 B 中提到的任何损失，损坏或必然损失的保险凭证，应包含这些规定，以便万一补偿任何损失，损坏或必然损失时，保险人无权收回承包商、分包商、工程师或工程师的顾问与职员、主管、合伙人、雇员、代理商和其他顾问与每一方的分包商，以及他们中的任何一方的补偿。

5.08 保险收益的接收及运用

A. 根据第 5.06 节要求的保险单，任何保险损失将由业主调整，并向作为被保险人的受托人的业主作出补偿，因为他们的利益受到任何适用的抵押条款的要求和第 5.08 节 B 要求的限制。业主应用独立的账户存放收到的款项，并根据利益相关各方可能达成的协议来进行分配。如果没有达成其他特殊的协议，则应修理或替换被损坏的工程，所收到的款项可用于其账款的支付，以及适当的变更通知或书面修正所包括的工程和费用。

B. 除非在损失发生后 15 天内，利益相关的一方以书面形式反对业主运用这种权利，否则作为受托人的业主有权和保证人一起调整及处理任何损失。如果这种反对被提出，则作为受托人的业主应同承保人一起，根据利益相关的参与方达成的协议来做决定。如果利益相关的参与方没有达成这样的协议，则作为受托人的业主应和保证人一起调整及处理损失，而且如果任何利益相关的一方要求书面的形式，则作为受托人的业主应出示适当履行这些责任的担保。

5.09 担保与保险的认可；可代替的选择

A. 在与合同文件不一致的基础上，如果业主或承包商任一方反对所提供的保险范围，或担保中的其他规定，或根据第 5 条另一方被要求购买并持有的保险时，则反对的一方应在收到第 2.05 节要求的证书（或要求的其他证据）之后 10 天内书面通知另一方。当另一方提出合理要求时，业主与承包商应提供给另一方有关所提供保险的其他额外信息。如果任何一方未购买或持有合同文件所要求的所有担保与保险，则这一方应在工程开始前，以书面形式通知另一方没能购买，或在要求的保险范围的任何变更前，书面通知另一方。在不损害任何其他各方权利或补偿的情况下，另一方可选择获得相同的担保或保险以保护其利益，并由要求提供这种保险的一方付费，同时应发布一项用以调整相应的合同价格的变更通知。

5.10 部分使用，财产保证人的确认

A. 正如第 14.06 节规定的，在所有工程实际完工前，如果业主认为有必要占用或使用一部分或几部分工程时，则在按照第 5.06 节，提供财产保险的保证人已经确认有关通知，并以书面形式实施任何必须的范围变更之后，业主才能开始使用或占用。提供财产保险的保证人通过在保险单或保险凭证上签署的方式来表示同意，但财产保险不能因任何这种使用或占用而被取消或被允许终止。

条款 6——承包商的责任

6.01 管理与监督

A. 根据合同文件，承包商应称职并有效地管理、检查与指导工程，专心于其中并运用工程履行所必须的技能与专门技术。承包商应独自负责施工的方式、方法、技术、顺序与程序，但对于在合同文件中清楚要求及显示或表明的一种具体的方式、方法、技术、顺序或施工程序，而业主或工程师却在设计或说明书中疏忽的责任，承包商对此不负责。承包商应严格遵守合同文件负责注意已完工程。

B. 在工程进行期间，承包商应安排一个称职的一直在现场的驻地负责人，除了特殊情况外，只有在书面通知业主与工程师后，才能替换这个驻地负责人。驻地负责人是承包商现场的代表并代表承包商行使其权利。所有从驻地负责人处发出或收到的信息都对承包商负责。

6.02 人工，工作时间

A. 正如合同文件要求的，承包商应提供有能力的，资格相称的人员来检查、安排并建造工程。承包商应一直保持现场良好的纪律与次序。

B. 除了另外要求对现场或其邻近的人员，工程或财产进行安全保护外，以及除了在合同文件中另外规定外，现场的所有工程应在固定的工作时间内执行，并且在优先书面通知工程师后，没有业主授予的书面认可的情况下，承包商不允许加班工作或在星期六、星期天，或任何合法的假期执行工程。

6.03 设施、材料与设备

A. 除非通用要求中另外规定，否则承包商应提供所有设施、材料、设备、劳动力、运输、施工设备与机械、工具、器械、燃料、动力、光源、热源、电话、水源、卫生设施、临时设施和所有其他设施，以及为执行、检测、启动与完成工程所必须的附属物，并承担全部责任。

B. 除了合同文件另外规定外，所有进入工程的材料与设备应按照规定，或者如果未规定，则应是新的而且是优质的。规范明确要求的所有担保与保证应明显利于业主。如果工程师要求，承包商应就材料与设备的来源、种类与品质，向工程师提供符合要求的证据(包括要求的测试报告)。除了合同文件另有规定外，所有材料与设备的存放、应用、安装、连接、架设、保护、使用、清洁与整修应按照供应商的指示来进行。

6.04 进度计划

A. 根据第2.07节，由于进度计划时常按以下的规定调整，因此承包商应遵守确定的进度计划。

1. 为得到工程师的认可（在第2.07节中部分表明的），承包商应向其提交对进度计划建议的调整，并且这种调整不会导致合同工期（或里程碑）的变更。这种调整通常遵守依然生效的进度计划，另外还服从通用要求中适用的任何规定。

2. 根据第12条的要求，应递交对进度计划的调整建议，并且这种调整会改变合同工期。根据第12条，仅通过一项变更通知或书面修正即可做出这种调整。

6.05 代替物与“或等价物”

A. 无论何时通过使用一种专利产品的名称，或一个特殊供应商的名称来规定或描述合同文件中的一种材料或设备，这种规定或描述旨在确定其类型、功能、外观及所要求的品质。除非这种规定或描述中包含或标明禁止同类物品，或“等价物”、替代品外，否则在以下描述的情况下，其他种类的材料或设备，或者其他供应商的材料或设备都可提交工程师审查。

1. “或等价物”项：如果凭工程师自己的判断，由承包商提议的一种的材料或设备，在功能上相当于所指定的种类且又足够相似，以致并不需要变更相关的工程，则工程师可将其当作一种“或等价物”项，在这种情况下，凭工程师自己的判断，在没有服从某些或全部认可的建议替代物的要求的情况下，即可完成对建议种类的审查与认可。为了本节6.05节A.1的目的，如果存在以下情况，则认为一项建议中的材料或设备在功能上相当于所指定的种类：

a. 工程师运用合理的判断，确定：其至少在品质、耐久力、外观、强度与设计特点方面是相同的；其会可靠地，至少同样好地行使作为功能整体的完工项目的设计理念所要求的功能；

b. 承包商证明：其没有给业主增加成本；并即便偏离，但其实质上符合合同文件中所指定种类的详细要求。

2. 替代项

a. 如果根据第 6.05 节 A.1，凭工程师自己的判断，由承包商提议的一项材料或设备不符合“或等价物”的要求，则认为它是建议的替代项。

b. 承包商应提交下面所规定的足够的信息，以使工程师得以确定建议的材料或设备实质上是否等同于所指定的种类，并因此可作为一种可接受的替代物。除了承包商以外，工程师不接受任何人关于审查建议的替代材料或设备的请求。

c. 工程师审查的程序正如第 6.05 节 A.2.d 所阐明的，在通用要求中所补充的，以及在这种情况下，工程师的决定是适当的。

d. 首先，承包商应向工程师提出，要求审查承包商试图提供或建议的使用的材料或设备的替代种类的书面申请。申请应能证实，建议的替代种类能充分履行其职责，并得到综合设计所要求的结果，而且本质上同指定的很相似，同样适用于所指定的用途。若有的话，申请应能说明，当使用建议的替代种类时，对承包商获得准时竣工的不利程度，以使设计适合于建议的替代种类，而不管工程中使用建议的替代种类是否需要变更任何合同文件（或因项目中的工作，而与业主直接订立的其他任何合同中的规定），并且不管合并或使用与工程有关的，建议的替代种类是否应缴纳任何许可费或特许权使用费。申请中应确认建议的替代种类与规定的种类之间的所有变化，并指明可用到的工程技术、销售、维修、修理与替换服务。申请也包含一项因直接或间接使用这种替换种类，而产生的所有费用或贷款的详细估计，包括重新设计费，和由于其他承包商受任何发生的变化影响而提出的索赔，工程师在评价建议的替代种类时，会考虑所有这些方面。工程师可要求承包商提供有关建议的替代种类的另外的数据。

B. 替代的施工方法或程序：如果在合同文件中显示或表明，并且特别要求一种特定的方式、方法、技术、顺序或施工程序时，承包商可提供或利用一种工程师认可的替代方式、方法、技术、顺序或施工程序。承包商应提交足够的信息，以便工程师能凭自己的判断，决定建议的替代方法是否等同于合同文件所特别要求的。工程师审查的程序同第 6.05 A.2 中的规定类似。

C. 工程师的评估：依照第 6.05 节 A 与第 6.05 节 B，工程师可在一段合理的时间内对提出的每一种建议或替代物进行评估。工程师应独立判断它们的可接受性。直到工程师的审查结束后，才能订购、安装或利用任何“或等价物”或替代物，并且通过一项适合于替代物的变更通知，或一份认可的适合于“或等价物”的施工图来证明。工程师会将任何否决以书面通知承包商。

D. 特殊担保：对任何替代物来说，业主可要求承包商提供一份特殊的由承包商支付的履约担保或其他保证。

E. 工程师的成本补偿：依照第 6.05 节 A.2 与第 6.05 节 B，在评价承包商提议或提交的替代物时，以及因此而引起的对合同文件（或因项目中的工作，而与业主直接订立的其他任何合同中的规定）作出变更时，工程师将标明工程师及工程师的顾问所要求的时间。无论工程师是否同意承包商提议或提交的替代种类，承包商应向业主补偿工程师及工程师的顾问为评价每一种建议的替代种类所花费的费用。

F. 承包商的费用：承包商应提供所有证明任何建议的替代种类或“或等价物”的数据，并由承包商付费。

6.06　关于分包商、供应商与其他参与方

A. 不管是最初的还是作为替代，承包商都不应雇佣业主有合理理由拒绝的任何分包商、供应商或其他个人或实体（包括第6.06节B中所指明的可被业主接受的个人或实体）。承包商不需要雇佣承包商有合理理由拒绝的任何分包商、供应商，或其他个人或实体来提供或执行任何一部分工程。

B. 如果补充条件要求确认某些分包商、供应商或其他个人或实体的身份，而这是为了在协议有效日期前的一个指定的日期，得到业主的认可而预先提交给业主的，并且承包商根据补充条件，已经向业主提交了这份名单，则业主在适当调查后，基于合理的拒绝理由，可撤回对这种已确认的分包商、供应商，或其他个人或实体的认可（或者直到招标文件或合同文件中指明认可或拒绝的日期为止，以书面形式否决或没能做出书面否决）。承包商应提交一个可被接受的替代者来取代被否决的分包商、供应商、或其他个人或实体，并且由于这种替代所引起的成本差异而应调整合同价格，同时发布一份适当的变更通知，或签署书面修正建议。无论是最初的还是作为替代的，业主对任何分包商、供应商或其他个人或实体的否决，构成了业主或工程师放弃所有对有缺陷工程否决的权利。

C. 对于分包商、供应商及其他执行或提供任何一部分工程的个人或实体的所有行为与疏忽，承包商应对此向业主与工程师负全部责任，正如承包商要对承包商自己的行为与疏忽负责一样。除了法律与规章另外要求之外，就所有这些分包商、供应商及其他个人或实体的利益而言，合同文件中既没有在业主或工程师与这些分包商、供应商及其他个人或实体之间建立合同关系的条款，也没有在业主或工程师的任一方建立这样的责任条款，即向这些分包商、供应商及其他个人或实体支付或负责将应付的钱款支付给他们。

D. 在分包商、供应商及其他执行或提供任一部分工程的个人或实体与承包商有着直接或间接合同关系的情况下，承包商将独自负责安排与协调他们的工作。

E. 承包商要求所有分包商、供应商及其他执行或提供任一部分工程的个人或实体，通过承包商与工程师联系。

F. 承包商在分包商或供应商之间分配工程，或详细描述由任何特定的同行执行的工程时，不受划分的规范及其节段和标识的任何图纸的限制。

G. 分包商或供应商为承包商执行的所有工程，应遵照承包商与分包商或供应商之间签订的适当协议，为了业主与工程师的利益，此协议使分包商或供应商明确受到合同文件中适用的条款与条件的约束。在第5.06款规定的有关财产保险中，任何被列为额外被保险人的分包商或供应商，承包商与他们之间的任何协议，无论何时都规定了，分包商或供应商藉此放弃所有源于、涉及或由于这些保险，及适于工程的其他任何财产保险包括的任何危险或损失的原因而引起的所有损失与毁坏，而对业主、承包商、工程师、工程师的顾问，以及补充条件中确定的被列为被保险人或额外被保险人的所有其他个人或实体（和他们的职员、主管、合伙人、雇员、代理商和其他顾问与每一方的分包商，以及他们中的任何一个）索赔的权利。如果有关这样保险的保证人要求分包商或供应商签署各自的弃权表，则承包商也会得到同样的要求。

6.07　专利费与特许权使用费

A. 承包商应支付所有专利许可费与特许权使用费，并承担所有这些费用，即在工程执行中使用了，或在工程中混合了他人拥有专利权或版权的任何发明、设计、工艺、产品

或装置时所附带的所有费用。如果在执行工程时，合同文件指定要使用一种特殊的发明、设计、工艺、产品或装置，并且就业主或工程师目前的常识而言，其使用要受到专利权或版权的制约，即要向他人支付专利费与特许权使用费，则业主应在合同文件中透露这种情况。在法律与规章充分许可下，承包商应向业主、工程师、工程师的顾问、职员、主管、合伙人、雇员、代理商和其他顾问与每一方的分包商，以及他们中的任何一方，赔偿因为或涉及工程执行中使用而难免侵害了专利权或版权，或由于工程中混合了合同文件中未指定的任何发明、设计、工艺、产品或装置而引起的所有索赔、费用、损失与赔偿金（包括但不限于工程师、建筑师、律师与其他专业人员的酬金与费用，以及所有法庭或仲裁或其他解决争端的费用），并防止因此而对他们造成的损害。

6.08　许可证

A. 除非补充条件中另外规定，否则承包商应获得所有的施工许可证与特许证，并为此付费。必要时，业主应帮助承包商获得这些许可证和特许证。对于公开招投标时，或者若无招标，则在协议的有效日期，承包商应支付执行工程所必须的所有政府收费与检查费。对于与工程有关的公用设施，承包商应向其业主支付所有费用，此外，对于相关的资金成本，例如设备投资费，业主应向这种设施的所有者支付所有费用。

6.09　法律与规章

A. 承包商应密切关注，并遵守所有适用于工程履行的法律与规章。除了适用的法律与规章有另外明确要求外，对于承包商是否遵守法律或规章，业主与工程师都无任何监控的责任。

B. 如果承包商执行工程时，知道或理应知道其违背了法律或规章，则承包商应承担源于或与此有关的所有索赔、费用、损失或赔偿金（包括但不限于工程师、建筑师、律师与其他专业人员的酬金与费用，以及所有法庭或仲裁或其他解决争端的费用）；虽然确认规范与图纸是否符合法律与规章并不是承包商的主要责任，但是根据第 3.03 节款，这不应解除承包商自身的责任。

C. 在公开招投标时（若无招标，则在协议的有效日期），法律或规章未知的变化对工程履行的成本或时间有影响，则这种变化可作为合同价格或合同工期调整的对象。如果业主与承包商之间不能就这种调整的权利、数量或程度，达成一致，则按照第 10.05 节的规定双方可为此提出索赔。

6.10　税　　收

A. 按照工程执行期间适用的项目所在地的法律与规章，承包商应支付所有被要求支付的销售税、消费税、使用税以及其他类似的税款。

6.11　现场与其他区域的使用

A. 对现场与其他区域使用的限制

1. 承包商应将施工设备、材料与设备的仓库，以及工人的操作活动限制在现场及法律和规章允许的区域内，而且不得无故用施工设备、其他材料阻碍现场及其他区域。因执行工程而对这种土地或区域，其物主或占有人，邻近土地或区域的损害，承包商应承担全部责任。

2. 如果任何物主或占有人因工程的履行而提出索赔时，承包商可立刻以协商的方式同这一方达成协议，或另外通过仲裁或其他争端解决的程序或经由法律来解决。

3. 在法律与规章充分许可下，承包商应向业主工程师、工程师的顾问、职员、主管、合伙人、雇员、代理商和其他顾问与每一方的分包商，以及他们中的任何一方，赔偿因为或涉及由于或基于承包商执行工程，而引起的任何物主或占有人在向业主、工程师、或下面任何被赔偿的一方提出合法或公正的索赔或行为时，而引起的所有索赔、费用、损失与赔偿金（包括但不限于工程师、建筑师、律师与其他专业人员的酬金与费用，以及所有法庭或仲裁或其他解决争端的费用），并防止因此对他们造成的损害。

B. 在工程执行期间废物的移除：在工程进行期间，承包商应防止在现场与其他区域堆积废料、垃圾及其他残物。移除并处理这些废料，垃圾，及其他残骸应遵守适用的法律与规章。

C. 清理工作：在实际完工前，承包商应清理现场并使其利于业主的使用。在工程完成时，承包商应将所有工具、器具、施工设备与机械及剩余的材料搬离现场，并将合同文件所有未指明变更的财物恢复到初始状态。

D. 承载结构：承包商不应以任何危及结构的方式，使任何一部分承载结构承载，也不允许其承载，承包商也不能让任何一部分工程或邻近财产受到有危害的应力或压力的影响。

6.12 记录文档

A. 承包商应在现场安全的地方有条理地存放一份所有图纸、规范、附录、书面修正、变更通知、工程变更指令、现场通知与书面解释和说明的副本，并且加以注释以表明施工期间所作的变更。这些记录文档连同所有被认可的样本和所有被认可的施工图的副本可用于工程师做参考。当工程完成时，应将这些记录文档、样本与施工图交付给作为业主代表的工程师。

6.13 安全与保护措施

A. 承包商应独自负责发起、维持并监督所有与工程有关的安全措施与计划。为了以下方面的安全，承包商应采取所有必须的预防措施，并且应提供必须的保护措施以防止对以下方面造成损坏，伤害或损失：

1. 所有在现场的或可能受工程影响的人员；

2. 所有工程，以及用于工程的材料和设备，不管是贮存在现场还是远离现场；

3. 现场或邻近现场的其他财产，包括树木、灌木丛、草坪、人行道、公路、车行道、建筑物、公用设施以及在施工过程中未标明要移动、重新安置或置换的地下设施。

B. 承包商应服从所有与人员或财产的安全有关的，或与保护人员或财产免受毁坏，伤害，或损失有关的适用的法律与规章；而且应建立并维持这种安全与保护所有必须的安全措施。当工程的执行可能影响到邻近的地产、地下设施以及其他设施时，承包商应通知它们的物主，并且在保护、移动、重新安置与置换这些财产时，同他们合作。因承包商、任何分包商、供应商，或因他们中的任何一方直接或间接雇佣的，执行一部分工程的其他个人或实体，或因他们当中对其行为负有责任的任何人直接或间接，全部或部分引起的对第6.13A.2或第6.13A.3中提到的任何财物的所有毁坏、伤害或损失（除了因图纸或规范的错误，或因业主或工程师，或工程师的顾问，或被他们所雇佣的任何人，或他们当中对其行为负有责任的任何人的行为或疏忽，并且不能直接或间接，全部或部分，归因于承包商、任何分包商、供应商或由他们中的任何一方直接或间接雇佣的其他个人或实体的错误或疏忽而引起的毁坏或损失）由承包商负责赔偿。承包商对工程的安全与保护的职责和责任应一直持续到所有工程完工，并且按照第 14.07，工程师已向业主和承包商发布了接受工程的通知为止（除了对有关实际完工另外明确规定外）。

6.14 安全代表

A. 承包商应在现场指派一名合格且有经验的安全代表，其职责与责任是防止意外事故，并维持和监督安全预防措施和计划。

6.15 危险信息发送程序

A. 根据法律或规章，承包商应负责协调现场的雇佣者之间的材料保险数据单，或其他被要求利用的或交换的危险信息的交换。

6.16 紧急情况

A. 当发生影响现场或邻近人员、工程或财产的安全或保护装置的紧急情况时，承包商有责任采取行动以防止将要发生的毁坏、伤害或损失。如果承包商认为，由此已经引起或其结果需要工程中任何重要的变更或合同文件的变更时，则承包商应立刻书面通知工程师。如果工程师确定因承包商对这种紧急情况的反应而采取的行动，要求变更合同文件时，则会发布工程变更指令或变更通知。

6.17 施工图与样品

A. 根据获得认可的施工图及样品提交目录，承包商应向工程师提交施工图以供其审查和批准。所有提交物与工程师所要求的保持一致，并且其数目按通用要求中规定的数目。施工图上表明的有关数量、尺寸、规定的执行与设计标准，材料以及类似的数据应完整，以便向工程师说明承包商建议提供的服务、材料与设备，并使工程师能够为了第 6.17E 要求的特别目的，审查这些信息。

B. 根据获得认可的施工图与样品提交目录，承包商也应向工程师提交样品以供审查和批准。有关每一种样品的材料供应商，有关的数据例如目录数、预期的用途，以及工程师可能另外要求，都应得到清楚地确认，以便使工程师能够为了第 6.17E 要求的特别目的，审查这些提交物。每一种提交的样品数应按规范的规定执行。

C. 在合同文件或按第 2.07 节的要求，工程师认可的施工图和样品提交目录中要求施工图或样品的提交地点，在工程师审查与批准有关提交物之前，承包商将独自承担执行有关工作的费用和责任。

D. 提交程序

1. 在提交每一份施工图或样品前，承包商应确认并核实：

a. 现场所有的测量方法、数量、尺寸、规定的执行标准，安装要求、材料、目录数以及与此相关的类似信息；

b. 与预期用途、建造、运输、处理、存储、装配及适合于工程施工有关的所有材料；

c. 与方式、方法、技术、顺序、施工程序以及另外附带的安全预防措施与计划有关的所有信息；

d. 承包商也应审查每一份施工图或样品，并使这些施工图或样品与其他施工图或样品，以及工程及合同文件的要求互相配合。

2. 每一份提交物应具有一个印章或一份明确的书面指示，这说明了根据合同文件中有关承包商对提交物的审查与批准，承包商已经履行其职责。

3. 在每次提交时，承包商应向工程师出示具体变化的书面通知，即施工图或被提交的样品的变化来自合同文件的要求，这种以书面形式传达的通知要与提交物分开；另外，在提交给工程师供审查与批准这种变化的每一份施工图和样品上，承包商应作出明确的标记。

E. 工程师的审查

1. 根据工程师认可的施工图与样品提交目录，工程师应及时审查并批准施工图与样品。工程师的审查与批准仅确定了提交物所包括的各项，在安装或合并入工程以后，是否符合合同文件规定的信息，并且是否同合同文件表明的，应与一个功能整体的竣工项目的设计理念保持一致。

2. 工程师的审查与批准不得延伸至施工中使用的方式、方法、技术、顺序或施工程序（除了合同文件所特别明确要求一种特殊的方式、方法、技术、顺序或施工程序的地方），或另外附带的安全预防措施或计划。对一个独立项目的审查与批准，并不表示对其发挥作用的集合体的批准。

3. 工程师对施工图或样品的审查与批准，并不解除承包商对合同文件要求的任何变化的责任，除非按第6.17D.3要求的，在每次提交时，承包商书面要求工程师注意这种变化，并且工程师已经通过被合并在施工图或样品批准书中，或随同施工图或样品批准书一起的具体的书面标记，作出了对这种变化的书面认可；工程师的任何批准也不能解除承包商遵守第6.17节D.1要求的责任。

F. 重新提交程序

1. 承包商应作出工程师所要求的改正，并以要求的份数送回改正后的施工图，同时按要求提交新的施工图以供审查与批准。除了工程师对以前的提交物要求的修正外，承包商应将注意力集中于修正书上。

6.18 继续施工

A. 在同业主存在所有争议或意见不和期间，承包商应继续施工并遵守进度计划。在解决争议或争执期间，不应耽搁或延迟任何一部分工程，除了第15.04允许的，或业主和承包商书面另外达成一致外。

6.19 承包商的担保与保证

A. 承包商向业主、工程师以及工程师的顾问担保并保证，所有的工程都按照合同文件的要求并且无缺陷的完成。承包商的担保与保证不包括由以下原因引起的缺陷或损害：

1. 除了承包商、分包商、供应商或承包商负责的任何其他个人或实体之外的人员违反操作规程，修正或错误的维修、操作行为；

2. 在正常使用情况下的正常磨损。

B. 承包商的责任就是绝对按照合同文件的要求来执行并完成工程。以下方面不能构成对这样一项工程的认可，即未按照合同文件的要求，或免除承包商根据合同文件执行工程的责任：

1. 工程师的意见；

2. 工程师的建议或业主的任何进度支付，或最终支付；

3. 工程师发布实际完工证书，或业主与此有关的任何支付；

4. 业主对工程或任何一部分工程的使用或占用；

5. 经业主的认可或未经过业主的认可；

6. 工程师对施工图或提交的样品的审查与批准，或发布认可通知；

7. 其他人的检查，测试，或批准；

8. 业主对缺陷工程的修正。

6.20　赔　　偿

A. 在法律与规章充分许可下，对于因为或涉及工程的执行而引起的所有索赔、费用、损失与赔偿金（包括但不限于工程师、建筑师、律师与其他专业人员的酬金与费用，以及所有法庭或仲裁或其他解决争端的费用），承包商应赔偿业主、工程师、工程师的顾问与职员、主管、合伙人、雇员、代理商和其他顾问与每一方的分包商，以及他们中的任何一方，并防止因此对他们所造成的损害，如任何这样的索赔、费用、损失或损坏为：

1. 由于身体的伤害、患病、疾病或死亡，或对有形财产的损害或破坏（除了工程自身外），包括因使用而发生的损耗；

2. 全部或部分由承包商、任何分包商、任何供应商，或由他们中的任何一方直接或间接雇佣执行任何一部分工程的其他个人或实体，或他们中要对其行为负责的任何人的任何疏忽行为或失职而引起的，不管是否由下文中被赔偿的个人或实体的任何疏忽或失职而引起的，或不管个人或实体是否疏忽，法律与规章将责任强加于被赔偿的一方。

B. 在承包商、分包商、供应商或由他们中的任何一方直接或间接雇佣执行工程的其他个人或实体，或他们中要对其行为负责的任何人的雇员对业主或工程师，或他们各自的顾问、代理商、职员、主管、合伙人或雇员提出的所有索赔中，根据第 6.20 节 A，承包商或分包商、供应商，或其他个人或实体按照工人的工资法案、残废抚恤金法案或其他雇员津贴法案所负有的赔偿责任决不能限制赔偿金、工资或津贴的数量或类型。

C. 按第 6.20A，源于以下原因，承包商的赔偿责任不能延伸至工程师与工程师的顾问、职员、主管、合伙人、雇员、代理商和其他顾问与每一方的分包商，以及他们中的任何一方：

1. 准备或批准，或未能准备或批准的示意图、图纸、建议、报告、检查、变更通知、设计或规范；

2. 发出指示或指令，或未能发出指示或指令，如果这是引起伤害或破坏的主要原因。

条款 7——其他工作

7.01　现场相关的工作

A. 在现场，业主可让业主的雇员执行与项目有关的其他工作，或让其他人直接承包，或让公共设施的物主执行其他工作。如果这种工作在合同文件中没有指出，则：

1. 在开始这样的工作前，应向承包商发出书面通知；

2. 如果业主与承包商不能就因为这种工作所允许的，而对合同价格或合同工期调整的权利，或数量或范围，达成一致，则按第 10.05 的规定，双方可为此提出索赔。

B. 承包商应向其他每个有直接合同关系的承包商，和每个公共设施的物主（与业主，如果业主正同业主的雇员一起执行其他的工作）提供合适安全进入现场的通路，和一个介绍并存储材料与设备以及执行这种工作的合理机会，而且承包商应在工程与他们的工作之间进行适当地协调。除非合同文件另外规定，否则承包商应进行工程中的所有删减、调整与修补工作，而这种工作要求适当地连接，或将几部分集合到一起，并与其他工作成为一体。承包商不能因删减、挖掘或另外变更他们的工作而危及其他人的工作，而且只有在工程师和工作受其影响的人员的书面同意下，承包商才能删减或变更工作。按照本节，承包商的职责与责任正是为了这种公共设施物主和其他承包商的利益，就这方面来说，在上述业主与这种公共设施的物主和其他承包商之间的直接合同中也有类似为了承包商的利益的规定。

C. 根据第7条，如果承包商的任何一部分工程的正确执行或结果取决于其他人所做的工作，则承包商应检查这样的工作，并将这种工作中发生的，使其不能用于或不适于承包商工程的正确执行或结果的任何耽搁、过失或缺陷，立刻以书面形式向工程师报告。除了这种工作中存在的潜在过失与缺陷外，承包商未能报告这种情况，则构成了承包商对这种工作能适当地与工程结合的认可。

7.02 协　调

A. 就现场项目的其他工作而言，如果业主打算同其他人签订合同，则补充条件中应阐明以下方面：

1. 为了协调被确认的不同承包商之间的活动而拥有权利与责任的个人或实体；
2. 这种逐条记录的权利与责任所包括的具体内容；
3. 这种权利与责任被规定的范围。

B. 除非补充条件中另外规定，否则业主具有独自协调的权利与责任。

条款8——业主的责任

8.01 与承包商联络

A. 除非通用条件中另有规定，否则业主应通过工程师向承包商发布所有的信息。

8.02 替换工程师

A. 在终止雇佣工程师的情况下，业主应指派一个承包商无合理理由拒绝的工程师，并且按合同文件，取代以前的工程师的位置。

8.03 提供数据

A. 按合同文件，业主应迅速提供要求其提供的数据。

8.04 到期立即支付

A. 按照第14.02C与第14.07C的规定，到期时，业主应立刻向承包商付款。

8.05 土地及使用权，报告与检测

A. 在第4.01与第4.05中阐明了业主关于提供土地及使用权，以及为确立基准点而提供工程测量的责任。第4.02涉及业主对现场或邻近现场的，现存的地表或地下结构，或与其有关的地下条件的勘探与检测报告，以及自然条件的图样的确认，并使其可被承包商利用，并且在工程师准备合同文件时，已经利用了这些报告与图纸。

8.06 保险

A. 第5条阐明了关于业主购买并持有责任保险与财产保险的责任。

8.07 变更通知

A. 正如第10.03表明的，业主有责任执行变更通知。

8.08 检查、测试与批准

A. 在第13.03B中阐明了关于业主的某些检查、测试与批准的责任。

8.09 业主责任的限制

A. 业主不应监督、命令或支配，或控制承包商所使用的方式、方法、技术、顺序或施工程序，或另外附带的安全预防措施与计划，也不对它们负责，或者也不对因承包商没能遵守适合工程执行的法律与规章而负责。业主不对因承包商没能按照合同文件执行工程而负责。

8.10 隐藏的危险环境状况

A. 第4.06阐明了关于业主对一种隐藏的危险环境状况的责任。

8.11 财务安排的证明

A. 根据合同文件，如果在某种程度上，业主已经同意向承包商提供合理的证明，即所做的财务安排能使业主履行其职责，则补充条件中将阐明业主有关于此的责任。

条款9——施工期间工程师的地位

9.01 业主代表

A. 在施工期间工程师是业主的代表。合同文件中阐明了在施工期间，作为业主代表的工程师的职责与责任，以及权利的限制，并且在没有业主与工程师的书面同意下，不能对其进行更改。

9.02 视察现场

A. 在适合于不同施工阶段的时间内，工程师将不时视察现场，这是因为作为一个有经验且合格的专业设计人员，为了观测工程的进度，和承包商所执行工程的各方面的质量，工程师认为这样做是必需的。为了业主的利益，工程师基于这种视察与观测所获得的信息，通常会确定工程是否按照合同文件进行。工程师不需要为了检验工程的质量或数量，而在现场做彻底或连续的检查。工程师的努力旨在使业主更加确信，竣工工程通常都能符合合同文件的要求。在这种视察与观测的基础上，工程师会通知业主工程的进度，并尽力为业主预防有缺陷的工程。

B. 工程师的视察与观测应遵守第9.10所阐明的对工程师权利与责任的所有限制，而且除无限制之外，特别在工程师对承包商的工程视察或观测期间，或由于各种原因，工程师不能监督、命令、支配或控制承包商所使用的方式、方法、技术、顺序或施工程序，或另外附带的安全预防措施与计划，而对其负责，或者也不对因承包商没能遵守适用于工程执行的法律与规章而负责。

9.03 项目代表

A. 如果业主与工程师同意，则工程师将配备一名常驻项目代表以帮助工程师更详尽地观测工程。这样的常驻项目代表与助手的责任和权利及其限制按照第9.10和补充条件中的规定。如果业主在现场指派的另一个业主代表或代理人不是工程师的顾问、代理人或雇员，则这样的个人或实体的责任和权利及其限制应按照补充条件中的规定。

9.04 说明与解释

A. 当工程师认为必要时，他将在合理的时间，对合同文件的要求发布与合同文件的目的一致的，并能从合同文件中合理推断出的书面的说明或解释。这种书面的说明与解释对业主与承包商都有约束力。如果作为书面说明或解释的结果所允许的，业主与承包商不能对合同价格或合同工期，或两者在权利或数量或范围的调整达成一致，则按照第10.05的规定双方可为此提出索赔。

9.05 工程中允许的变更

A.根据合同文件的要求，工程师可批准工程中较小的变更，而这种变更不包括对合同价格或合同工期的调整，并且与合同文件表明的，作为一个功能整体的竣工项目的设计理念一致。这些变更可通过一项现场指令来实现，而且对业主和承包商都有约束作用，承包商应立即执行有关的工程。如果作为一项现场通知的结果，业主与承包商不能对合同价格或合同工期，或两者在权利或数量或范围（若有的话）的调整达成一致，则按照第10.05的规定双方可为此提出索赔。

9.06 否决有缺陷的工程

A.工程师有权不认可或否决。工程师确信其有缺陷，或不能形成一项符合合同文件的完工项目，或会损害合同文件所表明的，作为一个功能整体的完工项目的设计理念的整体性的工程。按照第13.04节的规定，工程师也有权要求对工程做特殊的检查或检测，不管工程是否建造、安装或完成。

9.07 施工图、变更通知与支付

A.关于施工图与样品方面，与工程师的权利有关的内容，查看第6.17。

B.关于变更通知方面，与工程师的权利有关的内容，查看第10、11、12条。

C.关于申请支付方面，与工程师的权利有关的内容，查看第14条。

9.08 关于单价工程的决定

A.工程师将确定承包商所执行的单价工程的实际数量与类别。在呈递一份有关单价工程的书面决定前（通过一份申请支付的建议或其他方式），工程师将同承包商一起审查工程师对于这些事项的初步决定。依据第10.05的规定，工程师的这份书面决定是决定性的，并且对业主与承包商都有约束作用（除了为反映已变化的实际情况或更精确的数据而被工程师修改外）。

9.09 关于合同文件的要求与工程的可接受性决定

A.工程师是合同文件要求的最初解释者，即工程的可接受性的评判员。根据第10.05的规定，索赔、争议及有关工程的可接受性的其他事宜，单价工程的数量与类别，适于工程执行的合同文件要求的解释，以及寻求合同价格或合同工期变更的索赔，附带一份正式决定的请求，最初都以书面形式委托给工程师。

B.按照第9.09，当工程师作为解释者与评判员行使其职责时，他不应偏袒业主或承包商，而且不应倾向于绝对地信任与所作出的任何解释或与决定有关的这种能力。按照第9.09，工程师做出的关于任何这种索赔、争议或其他方面（除了按照第14.07的规定，已经通过做出或接受最终支付而弃权外）的决定，是业主或承包商行使这种权利或补偿的一个先决条件，而按照合同文件或依据有关这种索赔、争议或其他方面的法律或规章，任何一方可另外拥有这种权利或补偿。

9.10 关于工程师的权利与责任的限制

A.按照第9条，或合同文件中的其他规定，工程师的权利或责任，和由这样的工程师所做出的决定，即他要么诚实地执行这种权利或责任，或由工程师承担、行使或执行的任何权利或责任，要么不执行这些权利或责任，以上两方面在合同，民事侵权行为，或者工程师对承包商、任何分包商、任何供应商、任何其他个人或实体，或对任何担保人或他们中任何一个的雇员或代理人另外负有的任何责任中都不应产生、强加或引起任何责任。

B. 工程师不对监督、命令、支配或控制，或对承包商使用的方式、方法、技术、顺序或施工程序，或另外附带的安全预防措施与计划负责，也不对承包商没能遵守适于工程执行的法律与规章而负责。工程师不对因承包商没能按合同文件执行工程而负责。

C. 工程师不对执行任何一部分工程的承包商或任何分包商、任何供应商或任何其他个人或实体的行为或疏忽而负责。

D. 工程师审查最终支付申请与随附的文档和所有维修与操作说明、进度表、保证书、担保、检查、测试与批准证书，以及第 14.07A 所要求交付的其他文件的目的，通常只为了确定其内容是否符合合同文件的要求，在有检查、测试与批准证书的情况下，被证实的结果表明了其符合合同文件的要求。

E. 在第 9.10 中阐明的，对权利与责任的限制也适用于工程师的顾问，驻地项目代表及其助手。

条款 10——工程中的变更、索赔

10.01 工程中允许的变更

A. 在不使协议失效，以及未通知任何担保人的情况下，业主可随时或时常，通过一项书面修正，一个变更通知，或一项工作变更指令要求增加、删减或修改工程。当收到这样的文件时，承包商应按照合同文件适用的条款（除了另有特别规定外），立刻继续执行有关工程。

B. 如果一项工程变更指令的结果所允许的，业主与承包商对合同价格或合同工期，或两者在权利或数量或范围的调整不能达成一致，则按照第 10.05 的规定，双方可为此提出索赔。

10.02 工程中不允许的变更

A. 按照第 3.04 规定，当合同文件被修正、更改或补充时，对于执行任何合同文件未要求的工作，承包商无权增加合同价格或延长合同工期，除了第 6.16 规定的紧急情况下，或第 13.04B 规定的揭露工作的情况下。

10.03 变更通知的执行

A. 业主与承包商应执行由工程师提议的适当的变更通知（或书面修正），包括：

1. 工程中的变更：按照第 10.01，由业主要求的，按照第 13.08A，因为接受有缺陷的工程所要求的，或按第 13.09 业主对有缺陷工程的修正所要求的，或由各参与方达成一致的；

2. 各参与方对合同价格或合同工期达成一致的变更，包括按照一项工程变更指令，对于实际执行工程所需要的时间达成一致；

3. 按照第 10.05，工程师递交的任何书面决定的实质，体现为合同价格或合同工期的变更；假如，代替执行这种变更通知，而是根据合同文件以及适用的法律与规章的规定，从这种决定中提出上诉，但是在这种上诉期间，承包商应按照第 6.18A 的规定继续进行工程，并遵守进度计划。

10.04　担保通知

A. 如果任何担保的条款要求向担保人报告影响工程总范围，或合同文件规定（包括但不限于合同价格或合同工期）的任何变更，则报告工作是承包商的责任。为反映这种变更的影响，应调整每一种适用的担保金额。

10.05　索赔与争议

A. 通知：要求索赔的一方应在引起索赔发生的事件开始后，立刻（绝对不能迟于30天）向工程师及合同的另一方，递交并陈述每一种索赔、争议或其他事项的大体性质的书面通知。在这种事件开始后60天内（除非工程师允许要求索赔的一方有额外的时间，以便递交支持这种索赔、争议或其他事项的额外或更精确的数据），应向工程师与合同的另一方递交索赔、争议或其他事项的数额或范围的通知，并附有支持性的数据。要求调整合同价格的索赔应按照第12.01B的规定来准备。要求调整合同工期的索赔应按照第12.02B的规定来准备。每一项索赔应附有要求索赔的一方的书面陈述，说明由于上述事项，要求索赔的一方认为其有权利要求的调整是全部的调整。对方应在收到要求索赔的一方最终的提交材料后30天内（除非工程师允许额外的时间外），向工程师与要求索赔的一方给予答复。

B. 工程师的决定：在收到要求索赔的一方最终的提交材料，或对方最终的提交材料之后30天内，工程师应作出一份正式的书面决定。工程师就这种索赔、争议或其他事项的书面决定将是决定性的，并且对业主与承包商都有约束作用，除非：

1. 在限定的时间内，并根据第16条所阐明的争议解决程序，对工程师的决定提出的上诉；

2. 如果第16条中没有阐明这种争议解决程序，则在工程师决定的日期之后30天内，业主或承包商应向另一方与工程师递交一份书面通知，其目的是为了对工程师的书面决定提出上诉，并且在这种决定的日期之后60天内，或在实际完工之后60天内，不管哪一个更迟（除非业主与承包商另外达成书面协定外），为了行使这些权利或补偿，在有司法权的法庭上，上诉方提起一项正式的诉讼程序，而这些权利或补偿是根据适用的法律与规章，关于这种索赔、争议或其他事项，上诉方所具有的。

C. 如果工程师在第10.05B规定的时间内，未能提交一份正式的书面决定，则认为在收到要求索赔的一方最终的提交材料，或对方最终的提交材料之后的31天，一项否决全部索赔的决定已经发布。

D. 除非根据第10.05的规定进行提交，否则要求调整合同价格或合同工期（或里程碑）的索赔无效。

条款11——工程成本，现金津贴，单价工程

11.01　工程成本

A. 包括的成本：工程成本这个术语是指承包商在适当执行工程中所必需承担与支付的所有费用的总和。当一项变更通知所包括的工程价值或当一项要求调整合同价格的索赔都是在工程成本的基础上确定时，补偿给承包商的费用仅仅是这些因为工程变更或由于引起索赔的事件所必需的额外或增加的费用。除了业主另外书面同意外，这种费用的数额不

应高于现场项目的主要费用，并且只包括以下各项，而不包括第 11.01B 中列出的任何费用。

1. 根据业主与承包商达成一致的工作分类计划，在工程执行中，支付给承包商直接雇佣的雇员的工资总额。这些雇员不只限于管理者、班组长，以及现场雇佣的其他专职人员。工程中雇佣的兼职雇员的应付工资总额应根据他们在工程中花费的时间来分配。应付工资总额包括，但不限于薪水、工资、加上额外的福利费，福利费包括社会安全捐款、失业、消费税、所得税、工人的赔偿金、健康与退休津贴、奖金、病假工资，以及适当的休假与假期工资。以上还包括经业主授权的，在固定的工作时间以外，在星期六、星期天或合法的假期执行工程的费用。

2. 所提供的且并入工程中的所有材料和设备的成本，包括它们的运输与存储费，以及与此相关所要求的供应商的现场服务费。除非业主的保证金帮助承包商做出支付，在这种情况下，业主的现金折扣自然增加，否则承包商的现金折扣自然增加。所有的商业折扣、回扣与退款，以及出售剩余的材料与设备得到的利润对业主应自然增加，而且承包商应做出规定以便业主能获得它们。

3. 承包商因分包商执行工程而向分包商作出支付。如果业主要求，承包商应从业主与承包商接受的分包商中，获得竞争性的投标，并将这些投标交给业主，然后业主在工程师的建议下，决定接受哪一个中标。如果分包合同规定，应以工程成本加酬金的方式向分包商支付，则分包商的工程成本与酬金应与第 11.01 规定的，按承包商的工程成本加酬金同样的方式确定。

4. 由于与工程明确相关的服务而雇佣的专门顾问（包括但不限于工程师、建筑师、试验的检验员、测量员、律师与会计师）的费用。

5. 包括下列追加的费用：

a. 承包商的雇员在解除与工程有关的责任时所引起的必需的运输、旅行与生活费用；

b. 所有材料、供应品、设备、机械、器具、办公室与现场的临时设施的费用，和不为工人所有，在工程执行中被损耗的人工工具的费用，以及这些属于承包商的财产，但使用时不被损耗的，少于市场价值的各项的费用，包括运输与维修费；

c. 根据经业主认可的并附有工程师建议的租用协议，无论是从承包商还是从其他人处租借的所有施工设备与机械，及其零件的租金额，以及它们的运输、装载、卸载、装配、拆卸和迁移费用，所有这些费用应根据上述租借协议的条款确定。当工程不再需要使用这种设备、机械或零件时，应终止租用；

d. 法律与规章所要求的，承包商应付的销售税、消费税、使用税以及其他类似的与工程有关的税；

e. 除了承包商、分包商或他们中的任何一方直接或间接雇佣的任何人，或他们中对其行为负责的任何人的疏忽之外的原因而损失的保证金，和支付的专利权使用费，以及为获得许可和准许的酬金；

f. 倘若损失与赔偿金是除了承包商，任何分包商，或他们中的任何一方直接或间接雇佣的任何人，或他们中对其行为负责的任何人的疏忽之外的原因而引起的，则因对工程的损害而引起的这些损失与赔偿金（和相关的费用），不能通过保险或其他方式补偿，而由同工程执行有关的承包商承担（除了根据第 5.06D 确定的财产保险的可扣除的数额内的损失与赔偿金)。这些损失应包括业主书面同意与认可的支付。为了确定承包商的酬金，这些损失、赔偿金与费用不应被包括在工程的成本中；

g. 现场公用设施，燃料，与卫生设施的费用；

h. 例如电报、长途电话、现场的电话服务、速递费，以及与工程有关的类似的零用现金项目等较小的费用；

i. 当工程的成本用于确定一项变更通知或索赔的价值时，因工程中的变更所必需的，或因索赔事件的发生而引起的额外担保与保险的费用；

j. 当所有工程是基于成本外加一定费用的方式执行时，合同文件要求承包商购买并持有的所有担保与保险的费用。

B. 被排除在外的成本：工程的成本这个术语，不包括以下各项：

1. 无论在现场，还是在供承包商全面管理工程的总部或其分部，承包商的工作人员、执行者、(有合作关系和独立所有权的)委托人、总经理、工程师、建筑师、评估师、律师、审计员、会计师、采购及定约代理商、发布文件的人、工作时间记录员、管理员以及其他承包商雇佣的人员的应付工资总额及其他报酬，以及第11.01A.1中提到的，达成一致的工作分类计划中未明确包括的，或第11.01A.4未明确包括的，所有这些都应考虑承包商的酬金，包括管理费用；

2. 除了承包商的现场办公室外，承包商的总部与分部的支出；

3. 承包商的任何一部分资金的支出，包括承包商用于工程的资本的利息，和因对违法者的惩罚而向承包商收取费用；

4. 由于承包商，任何分包商，或他们中的任何一方直接或间接雇佣的任何人，或他们中对其行为负责的任何人的疏忽而引起的费用，包括但不限于，修正有缺陷的工程，处理不当供应的材料或设备，补偿任何财产损失；

5. 其他任何一种间接费或普通支出费用，以及在第11.01节A与第11.01节B中未明确与特别包括的任何项目的费用。

C. 承包商的报酬：当所有工程是基于成本加一定费用的方式来执行时，承包商的报酬应照协议中阐明的来确定。当一项变更通知所包括的工程的价值，或当一项要求调整合同价格的索赔是以工程成本为基础时，则承包商的报酬应按照第12.01C中所阐明的来确定。

D. 文件：无论何时工程的成本都必须按照第11.01A与第11.01B来确定，根据普遍认可的会计准则，承包商应建立并保持其记录，并且以一种工程师认可的表格，递交一份分条细列的费用细目表，并附上支持性的数据。

11.02 津 贴

A. 在合同价格中，承包商当然已经包括了合同文件中所指定的所有津贴，而且应使所包括的要执行的工程达到可被业主与工程师接受的数额。承包商承认：

1. 津贴包括承包商在现场要交付的津贴所必需的材料与设备的费用(少于任何适用的交易折扣)；

2. 承包商对现场的卸货与指挥、工作、安装费用、管理费用、利润，以及已包括在合同价格中的，为津贴计划的但不在津贴中的，并由于前述的任何部分有效而不要求另外支付的其他支出的费用。

B. 在最终支付前，应发布一项工程师提议的适当的变更通知，以反映由于津贴所包括的工程而应付给承包商的实际数目，并且须相应地调整合同的价格。

11.03 单价工程

A. 在合同文件规定所有或部分工程为单价工程的地方，对于所有单价工程，合同价格最初被认为计入这样一个数额，即它等于单价工程中，每一个分别确定的项目的单价，乘以协议中表明的每一个项目估计的数量。工程师可依据第 9.08 节的规定，来确定承包商执行的单价工程的实际数量和类别。

B. 每一个单位价格被认为计入这样一个数额，即承包商认为，它足以包括承包商的间接费用以及每一个分别确定的项目的利润。

C. 如果以下情况发生，则根据第 10.05 节，业主或承包商可提出要求调整合同价格的索赔：

1. 承包商执行的单价工程的各个项目的数量，实际上明显不同于协议中表明的这种项目被估计的数量；

2. 关于工程的任何其他项目，没有做相应的调整；

3. 如果承包商认为，由于其已经承担的额外支出，承包商有权增加合同价格，或者业主认为自己有权降低合同价格，并且各参与方不能就这种增加或减少达成一致时。

条款 12——合同价格的变更，合同工期的变更

12.01 合同价格的变更

A. 合同价格只有通过一项变更通知或一份书面修正才能变更。根据第 10.05 节的规定，任何要求调整合同价格的索赔应以提出索赔的一方向工程师与合同的另一方提交的书面通知为基础。

B. 一项变更通知所包含的工程价值，或任何要求调整合同价格的索赔值按如下来确定：

1. 在合同文件中包含的有关单价工程的地方，用单位价格乘以有关项目的数量来计算（依据第 11.03 节的规定）；

2. 在合同文件中包含的有关非单价工程的地方，按相互达成一次支付的款额计算（包括间接费用以及根据第 12.01C.2 可能的利润）；

3. 在合同文件中包含的有关非单位价格的工程，以及按照第 12.01B.2 不能达成一次支付数额的地方，则以工程的成本（按第 11.01 的规定来确定）加上属于间接费用与利润（按第 12.01C 的规定来确定）的承包商的酬金为基础。

C. 承包商的酬金：属于间接费用与利润的承包商的酬金应按如下方式来确定：

1. 一个相互可接受的固定的报酬；

2. 如果未达成一个固定的报酬，则按下列工程成本的不同部分的百分比为基础计算：

a. 对于按照第 11.01A.1 与第 11.01A.2 承担的费用，承包商的报酬按 15%计；

b. 对于按第 11.01A.3 承担的费用，承包商的报酬按 5%计；

c. 在一级或更多级分包商以工程成本加酬金为基础，并且未达成固定报酬的地方，第 12.01C.2.a 的目的即是，按照第 11.01A.1 与第 11.01A.2，实际执行工程的分包商，无论是哪一级的，按这个分包商承担费用的 15%来支付报酬，并且支付给任何更高一级的

分包商与承包商的报酬是付给下一级分包商的数额的 5%；

d. 基于按第 11.01A.4，第 11.01A.5，与第 11.01B 列出的费用时，可不支付报酬；

e. 由于任何导致成本净降低的变化，承包商允许业主赎购的数额，为成本实际降低额加上承包商酬金的一个折扣额，其按相当于这种净降低额 5%的数额计算；

f. 当增加与赎购变化时，承包商报酬的调整应依据第 12.01C.2.a 到第 12.01C.2.e 在内的条款，以净变化为基础来计算。

12.02　合同工期的变更

A. 合同工期（或里程碑）只有通过一项变更通知或一份书面修正才能变更。根据第 10.05 节的规定，任何要求调整合同工期（或里程碑）的索赔应以提出索赔一方向工程师与合同另一方提交的书面通知为基础。

B. 一项变更通知所包含的合同工期（或里程碑）的任何调整，或任何要求调整合同工期（或里程碑）的索赔应根据第 12 条来确定。

12.03　承包商不能控制的延迟

A. 由于承包商不能控制的延迟，而使承包商不能在合同工期（或里程碑）内完成任何一部分工程的地方，若按第 12.02A 规定的为此提出索赔，则合同工期（或里程碑）将被延长一段相当于因这种延迟而损失的时间。承包商不能控制的延迟包括，但不限于，由于业主的行为或疏忽，公共设施的物主，或第 7 条所预料的执行其他工作的其他承包商的行为或疏忽，火灾、水灾、传染病、不正常的天气状况，或不可抗力引起的延迟。

12.04　承包商能控制的延迟

A. 由于承包商能以控制的延迟，不能延长合同工期（或里程碑）。由于或在一个分包商或供应商控制下的延迟被认为是承包商能以控制的延迟。

12.05　业主与承包商不能控制的延迟

A. 由于业主与承包商不能控制的延迟，而使承包商不能在合同工期（或里程碑）内完成任何一部分工程的地方，对于这种延迟，承包商惟一并专有的补救办法就是将合同工期（或里程碑）延长一段等于因这种延迟而损失的时间。

12.06　误期赔偿费

A. 对于因为或由于以下原因而引起的赔偿，业主或工程师不对承包商、任何分包商、任何供应商，或任何其他人或组织，或任何担保人或雇员，或他们中的代理商负有任何责任：

1. 由于或在承包商能以控制的延迟；

2. 业主与承包商不能控制的延迟，包括但不限于火灾、水灾、传染病、不正常的天气状况、不可抗力，或公共设施的物主、或正如第 7 条所预料的执行其他工作的其他承包商的行为或疏忽。

B. 依据第 12 条，为了补偿承包商由于直接归因于业主或业主负责的任何人的行为或怠惰而引起的延迟、干涉或损害，在第 12.06 中允许的合同价格的变更。

条款 13——测试与检查，缺陷工程的修正、移除或接受

13.01　缺陷通知

A. 业主或工程师应将实际了解的所有缺陷工程立刻通知承包商。按本条款 13 的规

定，所有缺陷工程可被拒绝、修正或接受。

13.02 进入工程现场

A. 业主、工程师、工程师的顾问、业主其他的代表与人员、独立的检测化验员，与具有管辖权的政府代理人有权在合理的时间进入工程现场，以便他们进行观察、检查与测试。承包商应向他们提供进入现场的合适并安全的条件，而且将承包商的现场安全计划与程序通知他们，以便他们在适用时遵守。

13.03 测试与检查

A. 承包商应及时将准备就绪的工程通知工程师，以供所有必需的检查、测试或审核，并且应同检查与测试人员合作以利于必需的检查或测试。

B. 业主应雇佣一个独立检测师，并为其执行合同文件要求的所有检查、检测或审核的服务而付款，除了：

1. 第13.03C与第13.03D以下所包括的检查、测试或审核；

2. 依据第13.04B，与所实施的测试或检查有关而引起的费用应按上述第13.04B的规定予以支付；

3. 当合同文件另有特别规定外。

C. 如果具有管辖权的任何公共团体的法律或规章有特别要求，由这种公共团体的雇员或其他代表来检查、测试或审核任何工程（或其部分）时，则承包商应承担所有筹备并获得这种检查、测试或审核的责任，并支付所有与此相关的费用，同时向工程师提供检查或审核必需的证书。

D. 承包商应负责筹备并获得业主及工程师对于并入工程中的材料或设备的认可所必需的任何检查、检测或审核，或在承包商购买并入工程的材料或设备前，业主及工程师对于被提交的以供批准的材料、混合设计或设备的认可所必需的任何检查、测试或审核，并且承包商应支付与此相关的所有费用。这种检查、检测或审核应由业主与工程师认可的组织来执行。

E. 如果在没有工程师的书面同意下，承包商覆盖了要被检查、测试或审核的任何工程（或其他人的工作），则如果工程师要求，必须除去其覆盖物以供检查。

F. 除非承包商已经及时通知工程师其掩盖工程的目的，而工程师未对这种通知做出合理而迅速的回复，否则按第13.03E中的规定，揭露工作的费用应由承包商承担。

13.04 揭露工作

A. 如果任何被掩盖的工程与工程师的书面要求相反，如果工程师要求，这样的工程必须被揭露以供工程师检查，并由承包商付费复原。

B. 如果工程师认为，工程师检查或其他人检查或测试被掩盖的工程是必须的或明智的，应工程师的要求，承包商应揭露被怀疑的那部分工程，或使其另外可用于工程师要求的观察、检查或检测，并提供所有必需的劳动力、材料与设备。如果发现这种工程有缺陷，则对源于或涉及这种揭露、暴露、观察、检查与测试的所有索赔、费用、损失与赔偿金（包括但不限于工程师、建筑师、律师与其他专业人员的所有酬金与费用，以及所有法庭或仲裁或其他解决争议的费用），以及符合要求的恢复或重建费（包括但不限于修理或恢复其他人的工作的所有费用），都应由承包商支付，并且业主有权适当地降低合同价格。如果各参与方不能就其数量达成一致，则按第10.05中的规定，业主可为此提出索赔。然而，如果未发现这种工程有缺陷，则由于这种揭露、暴露、观察、检查与测试、恢复与重建，承包商应被允许增加合同价格或延长合同工期（或里程碑），或两者都包括。如果各参与方不能就其数量或范围达成一致，则按第10.05中的规定，承包商可为此提出索赔。

13.05 业主可终止工程

A. 如果工程有缺陷，或承包商没能提供足够熟练的工人或合适的材料、设备，或没能按这样一种方式执行工程，即竣工工程应符合合同文件的要求，则业主可通知承包商终止工程或其任何部分，直到这种通知的理由已经消除。但是，为了承包商、分包商、供应商、任何其他个人或实体、任何担保人，或他们中的任何雇员或代理人的利益，业主终止工程的这种权利不应在业主方行使这种权利时，引起任何责任。

13.06 修正或移除有缺陷的工程

A. 承包商应修正所有有缺陷的工程，不管是建造、安装、完成或者工程已被工程师拒绝，则应从项目中移除它，并用无缺陷的工程代替。对源于或涉及这种修正或移除的(包括但不限于修理或恢复其他人的工作的所有费用）所有索赔、成本、损失与赔偿金(包括但不限于工程师、建筑师、律师与其他专业人员的所有酬金与费用，以及所有法庭或仲裁或其他解决争议的费用)，应由承包商支付。

13.07 修正时期

A. 如果在实际完工日期之后一年内；法律或规章，或合同文件要求的任何适用的特殊担保的条款；合同文件的任何具体的条款规定的某一更长的时期内，无论发现什么工程有缺陷，或如果对业主提供给承包商使用的，或对第6.11A所预料的法律与规章允许的土地或区域的任何破坏的修复被发现有缺陷时，承包商应按照业主的书面指示，立刻修复这种有缺陷的土地或区域；或修正这种有缺陷的工程，如果业主已经否决这种有缺陷的工程，则从项目中移除它并用无缺陷的工程代替；并且圆满地进行修正或修复，移除或代替其他工程，其他工作或由此对其他土地或区域产生的任何损害。如果承包商没有立刻遵守这些指示的条款，或在延期可能引起严重的风险损失或损害的紧急情况下，业主可请人修正或修复有缺陷的工程，或请人移除并替换被否决的工程，并且对源于或涉及这种修正或修复，或这种移除与替换的（包括但不限于修理或恢复所有其他工程的费用）所有索赔，成本，损失，与赔偿金（包括但不限于工程师，建筑师，律师，与其他专业人员的所有酬金与费用，以及所有法庭或仲裁或其他解决争议的费用)，应由承包商支付。

B. 如果规范中或书面修正如此规定的话，所有工程实际完工前，在一项特殊设备连续运作的特定情况下，这项设备的修正时期可从更早的日期开始计算。

C. 按第13.07规定，在有缺陷的工程（以及由此对其他人的工作的破坏）已被修正或移除或替换的地方，有关这种工程的修正时期，应在这种修正或移除与替换已经完满完成后，额外延长一年。

D. 按第13.07规定，承包商的职责就是除了任何其他职责或担保之外的责任。第13.07的条款不能被认作对任何适用法令的限制条款的一种替代，或对其限制条款的放弃。

13.08 接受有缺陷的工程

A. 如果不要求修正或移除与替代有缺陷的工程，而业主（在工程师建议最后支付前）愿意接受它，则业主可以这么做。对源于业主评价并决定接受这种有缺陷的工程（关于这种费用的合理性应由工程师认可）而引起的所有索赔、成本、损失与赔偿金（包括但不限于工程师、建筑师、律师与其他专业人员的所有酬金与费用，以及所有法庭或仲裁或其他解决争议的费用），应由承包商支付，并且依据本条款，业主不用另外支付工程减少的价值。如果在工程师建议最后支付前，这种接受发生，则应发布一项变更通知，即将必要的修订合并在与工程有关的合同文件中，而且业主有权适当降低合同价格，以反映所接受工程减少的价值。如果各参与方不能就其数额达成一致，则按第 10.05 的规定，业主可为此提出索赔。如果这种接受发生在建议后，则承包商应向业主支付一笔数目适当的款额。

13.09　业主可修正有缺陷的工程

A. 根据第 13.06 节 A，如果承包商在收到工程师的书面通知后一段合理的时间内，没能按工程师所要求的，修正有缺陷的工程，移除并替代被拒收工程，或者承包商没能按合同文件执行工程，或者承包商没能遵守合同文件的任何其他规定，则在书面通知承包商七天后，业主可修正并修补任何这种缺陷。

B. 按本节规定，在行使这些权利与补救方法时，业主应迅速着手进行。当与这种修正与补救行为有关时，业主可以拒绝承包商进入所有或部分现场，并且占有所有或部分工程，并暂停承包商与此相关的服务，同时占用承包商的工具、器械、现场的施工设备与机械，并将所有储存在现场或业主已为承包商支付而储存在别处的材料与设备用于工程中。承包商应允许业主、业主代表、代理人与雇员、业主的其他承包商与工程师和工程师的顾问进入现场，以便业主能按本节行使这些权利与补救方法。

C. 按第 13.09 规定，业主在行使这些权利与补救方法时所引起或承担的所有索赔、成本、损失与赔偿金（包括但不限于工程师、建筑师、律师与其他专业人员的所有酬金与费用，以及所有法庭或仲裁或其他解决争议的费用）将由承包商支付，并且应发布一项变更通知，即将必要的修订合并在与工程有关的合同文件中，并且业主有权适当降低合同价格。如果各参与方不能就调整的数量达成一致，则按第 10.05 的规定，业主可为此提出索赔。这些索赔、费用、损失与赔偿金包括但不限于因修正、移除或替换承包商的有缺陷的工程而毁坏或损害其他人的工作的所有修理或恢复的费用。

D. 按第 13.09 规定，因业主在行使其权利与补救方法而引起工程执行中的任何延迟时，不允许承包商延长合同工期（或里程碑）。

条款 14——对承包商的支付与完工

14.01　价格一览表

A. 按第 2.07 节 A 的规定所确定的价格一览表将用作进度支付的基础，并被并入一份工程师认可的申请支付表格中。对于单价工程的进度支付应以完成的单位项目数为基础。

14.02　进度支付

A. 支付申请

1. 在每一次进度支付确定的日期之前至少 20 天（但不超过一个月一次），承包商应向工程师提交填好并签署的支付申请以供审查，这份支付申请包括在申请日期时已完成的工程，以及合同文件要求的支持性的文件。如果在以这样的材料和设备为基础而要求支付时，即这些材料和设备未被并入工程，但被移交并存储在现场或经书面同意的其他地方，则支付申请也应附有一张销售单、发票或其他保证业主已经收到材料与设备而不牵连所有的留置权的文件，以及为保护业主的利益，证明这些材料与设备已包括在适当的财产保险或其他协议中的证据，所有这些都必须令业主满意。

2. 开始第二次支付申请时，每一次申请应包括一份承包商的书面陈述，即陈述因为工程而收到的所有以前的进度支付是按帐目申请的，以便承包商履行同过去的支付申请有关的合法责任。

3. 关于进度支付保留的数目应按协议中的规定。

B. 审查申请

1. 在收到支付申请后 10 天内，工程师可以书面的形式表明支付建议并将申请呈递给业主，也可将申请归还承包商，并以书面的形式表明工程师拒绝建议支付的原因。在后一种情况下，承包商可做必要的修正并重新提交申请。

2. 工程师对支付申请中要求的任何支付的建议将构成工程师对业主的一种代理，作为一个有经验并且合格的设计专业人员，在以工程师对执行工程现场的观察，和工程师对支付申请及随附的数据和进度表的审查的基础上，就工程师的知识、信息与意见而言：

a. 工程已进行到所指示的地方；

b. 工程的质量普遍按照合同文件的要求（在实际完工前或之时，服从对作为功能整体的工程评价，服从合同文件要求的随后测试的结果，服从按第 9.08 对单价工程的数量与类别的最后确定，并服从建议中陈述的任何其他条件）；

c. 只要观测工程是工程师的责任，就已经满足了承包商有权获得这种支付的先决条件。

3. 当建议任何这样的支付时，不能因此认为工程师已经表示了：为检查已执行工程的质量或数量而做的审查已经彻底了，并已延伸至进行中的工程的各个方面，或已包括了合同文件特别分配给工程师的责任以外的，对工程有关的详细检查；或在能使承包商有资格接受业主额外的支付，或使业主有资格拒付的各参与方之间，没有其他问题或争议。

4. 为建议支付，工程师对承包商工程的审查和工程师的任何支付建议，包括最终支付，两者都不能将监督、命令或控制工程的责任强加于工程师，或使工程师对承包商所使用的方式、方法、技术、顺序或施工程序，另外附带的安全预防措施与计划负责，对承包商没能服从适于其执行工程的法律与规章而负责。此外，上述审查或建议不应为确定承包商怎样，或为何目的使用按合同价格而支付的钱款，或为确定已授予业主而不牵连任何留置权的任何一部分工程、材料或设备的所有权，而将做任何检查的责任强加于工程师。

5. 如果以工程师的观点，在第 14.02B.2 所提到的，代表业主将是不合宜的，则工程师可拒绝建议全部或任何部分的进度支付。工程师也可拒绝建议任何这样的支付，即因为随后被发现的证据，或后来检查或测试的结果，并修改或撤回以前做出的任何这样的支付建议，以致按工程师的观点，为防止业主因以下原因而遭受损失所必须的：

a. 工程有缺陷，或已完工程被破坏，需要修复或替换；

b. 通过书面修正或变更通知，合同价格已降低；

c. 根据第 13.09，要求业主修复有缺陷的工程或完工的工程；

d. 工程师实际了解第 15.02A 中列举的任何事件的发生。

C. 到期支付

1. 在向业主呈递支付申请并随附工程师的建议后的十天，被建议的数额（依据 14.02D 的规定）到期，并且到期时，业主应向承包商支付被建议的数额。

D. 支付的减少

1. 因以下原因，业主可拒绝支付工程师建议的全部数额：

a. 由于承包商执行或布置工程时已经对业主提出索赔；

b. 已提出与工程有关的留置权，除了为确保履行这种留置权，承包商已交付了一份令业主满意的特定担保之外；

c. 存在使业主有资格抵消一部分建议数额的其他条款；

d. 业主实际了解第 14.02B.5.a 到第 14.02B.5.c 中列举的任何事件的发生。

2. 如果业主拒绝支付工程师建议的全部数额，则业主必须立即向承包商发出书面通知（随附一份副本给工程师），陈述这种行为的理由，并在扣除拒付款额后，立刻向承包商支付剩余额。当承包商改正这种行为的理由，并直到业主满意时，业主应立刻向承包商支付其拒付的款额，或由业主与承包商另外达成一致的任何调整额。

3. 如果随后确定业主的拒付不能提出正当理由，则按照第 14.02C.1 所确定的，不正当拒付的款额应视为一笔应付的款额。

14.03 承包商对所有权的担保

A. 承包商担保并保证，任何支付申请包括的所有工程、材料与设备的所有权，不管是否并入工程中，应在不迟于支付的时间内，移交给业主并不牵连所有留置权。

14.04 实际完工

A. 当承包商认为整个工程可供预期使用时，承包商应以书面形式通知业主与工程师整个工程实质完工了（除了承包商特别列出的未完成项外），并请求工程师发布实际完工证书。此后，业主、承包商与工程师应立刻视察工程以确定完工状况。如果工程师认为工程没有实质完工，则工程师应以书面的形式通知承包商，并声明其理由。如果工程师认为工程已实质完工，工程师应准备一份暂定的确定实际完工日期的实际完工证书，并交付给业主。在最终支付前，一份暂定的完成或修复项目的列表附在这个证书上。在收到暂定的证书后，业主有七天的时间就证书或随附列表的任何条款，以书面形式向工程师表示反对。如果在考虑这种反对后，工程师断定工程没有实质完工，则工程师应在暂定证书呈递给业主之后 14 天内，以书面的形式通知承包商，并说明理由。如果在考虑业主的反对后，工程师认为工程已实质完工，则工程师应在上述 14 天内，签发并交给业主和承包商一份决定性的实质完工证书（随附一张修订过的暂定的完成或修正项目的列表），这份实质完工证书反映了暂定证书的变化，而这些变化是在考虑业主的任何反对意见后，工程师认为是合理的。在交付暂定的实际完工证书时，工程师应在最终支付前向业主与承包商交付一份关于责任分配的书面建议，即在业主与承包商之间就工程的治安防卫、运作、安全、保护、维护、供热、公共设施、保险与担保和保证的责任进行分配。除非业主与承包商另外达成书面协议，并在工程师发布决定性的实质完工证书前通知工程师，否则一直到最终支付，工程师上述的建议都将对业主与承包商有约束作用。

B. 在实际完工日期后，业主有权拒绝承包商进入现场，但业主应允许承包商合理出入以便其完成或修正暂定列表上的项目。

14.05 部分使用

A. 业主选择的并已在合同文件中特别确认的，或业主、工程师与承包商达成一致的任何实际完成的工程部分构成了工程中可独立运行与使用的部分，而这部分工程是在没有严重干涉承包商执行剩余工程的情况下，可被业主用于预期的目的，在所有工程实际完工前，依据下列条件，业主可实现对这部分工程的使用。

1. 业主可随时以书面的形式请求承包商，允许业主使用业主认为可供预期使用的并实质完成的那部分工程。如果承包商承认那部分工程已实质完工，承包商应向业主与工程师证实那部分工程已实质完工，并请求工程师对那部分工程发布实际完工证书。当承包商认为这样的一部分工程可供预期使用并已实质完工时，承包商可随时以书面的形式通知业主与工程师，并且请求工程师对那部分工程发布实际完工证书。在这样的请求之后一段合理的时间内，业主、承包商与工程师应共同检查那部分工程以确定其完成状况。如果工程师认为那部分工程没有实际完成，工程师将书面通知业主与承包商，并举出理由。如果工程师认为那部分工程已实际完成，则关于那部分工程的实际完工证明和关于它的责任分配及其出入可应用第14.04的规定。

2. 在遵守第5.10关于财产保险的要求前，不能占用或独自运用任何一部分工程。

14.06 最终检查

A. 当承包商以书面的形式通知全部工程或达成一致的部分工程完工时，工程师应立刻同业主和承包商一起做最终的检查，并且以书面的形式通知承包商这项检查揭露的未完成或有缺陷工程的所有细节。承包商应立即采取完成这样的工程或补救这种缺陷所必须的措施。

14.07 最终支付

A. 支付申请

1. 在工程师看来，承包商已经圆满完成最后检查期间所确定的所有修正，并且根据合同文件，已经递交了所有维修与操作说明、进度表、保证、担保、证书或保险证书检查的其他证据，编写的记录文件（按照第6.12中规定的）与其他文件以后，承包商才可按照进度支付程序，申请最终支付。

2. 最终支付申请应附上（除了以前递交的外）：合同文件中要求的所有文件，包括但不限于第5.04B.7要求的保险证明；若有的话，担保人同意最终支付；与所有源于工程的留置权或被申请的与工程有关的留置权的全部及合法有效的让渡或弃权证书（令业主满意的）。

3. 代替第14.07A.2中规定的留置权的让渡或弃权，并且当业主同意时，承包商可提供全部接收或让渡，以及一份承包商的书面陈述，即：让渡与接收包括所有可申请留置权的劳动力、服务、材料与设备；与已经支付或另外偿清了所有应付工资总额，材料与设备的账单以及和工程有关的，业主或业主的财产无论如何要对其负责的其他债务。如果任何分包商或供应商没能提供这样一种完全的让渡或接收，则承包商可提供担保，或其他令业主满意的抵押品以保护业主不牵连任何留置权。

B. 申请的审查与接受

1. 如果以工程师在施工期间与最后检查期间对工程的观察，以及工程师对最终支付申请和合同文件要求的随附文件的审查为基础，工程师对已完成的工程及承包商按照合同文件履行的其他责任感到满意，则在收到最终支付申请后十天内，工程师将以书面的形式表明自己的支付建议，并将支付申请呈递给业主以供支付。同时工程师也将以书面的形式通知业主与承包商，依据第14.09的规定，工程可被接受。否则，工程师应将支付申请还给承包商，并以书面形式表明拒绝建议支付的原因，在这种情况下，承包商应做必要的修正并重新提交支付申请。

C. 到期支付

1. 在将支付申请与随附的文件呈递给业主之后三十天，工程师建议的支付就到期了，并且当到期时，业主应向承包商付款。

14.08　延迟后最终的完工

A. 如果由始至终都不是承包商的过错，工程的最终完成被大大延迟，并且如果工程师也证实了这种情况，则当收到承包商最终支付申请与工程师的建议时，业主在没有终止合同的情况下，应对那部分全部完成并被接受的工程支付结欠金额。如果对于未全部完成或修复的工程，业主所持有的剩余金额低于协议中规定的保留金额，并且如果已经按第5.01要求的提供了担保，则承包商应将担保人对支付那部分全部完成并被接受工程的结欠金额的书面同意文件，并随同这种支付申请一起提交给工程师。这种支付应按照规定最终支付的条款与条件做出，除了这不构成一项放弃索赔的权利之外。

14.09　放弃索赔权

A. 做出并接受最终支付将构成：

1. 除了因未处理的留置权和依据第14.06在最终检查后出现有缺陷的工程；因承包商没能遵守合同文件或其中规定的任何特殊的担保条款；按照合同文件承包商延续的职责而引起的索赔之外，业主放弃对承包商所有索赔的权利；

2. 除了这些以前以书面形式作出并且仍未决定的之外，承包商放弃对业主所有索赔的权利。

条款15——工程暂停与终止

15.01　业主可暂停工程

A. 在无任何理由的情况下，业主可随时将工程或其任何一部分暂停一段时间（连续不超过90天），并通过书面的形式通知承包商与工程师，由工程师确定复工的日期。承包商应在所确定的日期复工。如果按第10.05中的规定，承包商为此提出索赔，则承包商被允许调整合同价格或延长合同工期，或这两方面，而它们都可直接归因于这样的暂停。

15.02　业主有理由终止工程

A. 以下任何一个或多个事件的发生，业主将有理由合法终止工程：

1. 承包商一直未能按照合同文件来执行工程（包括但不限于未能提供足够熟练的工人、合适的材料或设备，或没能坚持按第2.07所确定的进度计划，依据第6.04，此进度计划时常被调整的）；

2. 承包商无视任何有管辖权的公共实体的法律或规章；

3. 承包商无视工程师的职权；

4. 承包商违反了合同文件规定的任何实质性的方法。

B. 如果第15.02A中确认的一个或多个事件发生时，则在向承包商（与担保人，若有的话）发出书面通知七天后，业主可终止承包商的服务，不准承包商进入现场，并占有工程和所有承包商的工具、器械、施工设备与现场的机械，并同承包商一样充分利用它们

(不因侵入或强占而对承包商负责)，将所有存储在现场，或业主已为承包商付款而存储在其他地方的材料与设备并入工程，并且照业主认为适宜的方式完成工程。在这种情况下，承包商无权接受任何进一步的支付，直到工程完成为止。如果合同价格中的未支付的余额超过了业主源于或与完成工程有关而承担的所有索赔、费用、损失与赔偿金（包括但不限于工程师、建筑师、律师、与其他专业人员的所有酬金与费用，以及所有法庭或仲裁及其他解决争议的费用)，则这部分超出额应支付给承包商。如果这些索赔、费用、损失与赔偿金超过了未支付的余额，则承包商应向业主支付差额部分。由业主引发的这些索赔、费用、损失与赔偿金将由工程师审查其合理性，并经工程师认可，可被并入变更通知中。当按照本款行使任何权利或补救方法时，业主不需要获得执行工程的最低价格。

C. 在业主终止承包商服务时，这种终止不影响当时存在的或其后可能产生的业主对承包商要求的任何权利或补救措施。业主对所欠承包商款额的保留或支付都不能豁免承包商的责任。

15.03 业主可因便利终止工程

A. 在书面通知承包商与工程师七天后，业主可在任何无理由并不损害业主的任何其他权利或补救方法的情况下，决定终止合同。在这种情况下，应为以下方面向承包商做出支付（无任何重复项目的情况下)：

1. 在终止的有效日期前，对于根据合同文件执行的已完成并可接受的工程，包括有关这种工程的公平合理的间接费用与利润；

2. 在终止的有效日期前，按合同文件所要求的，在提供与未完成的工程有关的服务和劳动、材料或设备时所承担的开支，加上有关这些开支的公平合理的间接费用与利润；

3. 在解决同分包商、供应商和其他人终止合同关系的过程中所引起的所有索赔、费用、损失与赔偿金（包括但不限于工程师、建筑师、律师与其他专业人员的所有酬金与费用，以及所有法庭或仲裁及其他解决争议的费用)；

4. 可直接归因于终止合同的合理的开支。

B. 由于被预料到的利润或收入的损失，或源于、由于这种终止而引起的其他经济损失都不应支付给承包商。

15.04 承包商可暂停或终止工程

A. 如果，自始至终都不是承包商的行为或过错，而是由于业主或按法庭或其他公共权威的命令；或工程师在任何支付申请提交后30天内未作出任何行动；或业主没有在30天内向承包商支付最终确定应付的任何款额，而使工程被中止超过连续90天，在书面通知业主与工程师七天后，业主或工程师未在这段时间内纠正这种中止或疏忽，则承包商可终止合同，并根据第15.03中规定的条款，从业主处获得支付。代替终止合同，并在不损害任何其他权利或补救办法的情况下，如果工程师在支付申请提交后30天内未做出任何行动；或业主没有在30天内向承包商支付最终确定应付的任何款额，承包商可以在书面通知业主与工程师七天后暂停工程，直到应付给承包商的所有款额（包括利息）被支付为止。本段的规定并非为了阻止承包商对调整合同价格或合同工期，或另外可直接归因于按本段所允许的承包商中止工程的费用或损害而根据第10.05提出索赔。

条款 16——争议的解决

16.01 方法和程序

A. 若有的话，解决争议的方法和程序应在补充条件中阐明。如果未阐明任何方法和程序，应依据第 9.09 与第 10.05 的规定，业主与承包商可行使以上的权利或补救办法，即按照合同文件或关于争议的法律或规章，任何一方可另外拥有以上的权利或补救方法。

条款 17——其　他

17.01 通　知

A. 合同文件的任何条款无论何时要求发出书面通知时，如果亲自被递交给预期的个人或公司的成员或企业的工作人员；或者以邮资已付的挂号信，或带回执的邮件递送或邮寄时，则认为通知已被妥当地发到通知发出者所知道的最后办公地址。

17.02 工期的计算

A. 当合同文件中涉及按天数计算的任何工期时，这段工期应按除去第一天并包括最后一天计算。如果这段工期的最后一天正好是星期六或星期天，或适用的法律权限所规定的合法假期中的一天，则不将其计算在内。

17.03 累积的补偿

A. 通用条件所附加的责任和义务，和各参与方依此可利用的权利与补偿，加上法律或规章，特殊的担保或保证，合同文件的其他规定另外强加或利用的，可用于所有参与方的任何权利与补偿，而且通用条件所附加的责任和义务，和各参与方依此可利用的权利与补偿决不能解释为对以上这些权利与补偿的一种限制，并且本节的条款就像与它们牵涉到的每一项特殊的责任、义务、权利与补偿有关的，并在合同文件中被特别重复的条款一样是有效的。

17.04 残存的责任

A. 根据合同文件，所加入、要求或发布的所有建议、赔偿、担保与保护，以及合同文件中表明的所有连续的责任，在最终支付、完工与接受工程、终止或结束协议后仍然有效。

17.05 制约的法律

A. 本合同受到项目所在美国各州的法律的制约。

附录 B

影响投标决策的典型因素

影响投标决策的典型因素

A. 你们公司的目标与现有能力（成长计划，工程类型，市场条件）

1. 如果你满足于过一种良好的生活并保持积极的工程情况，事实上想要保持这种状态是很合情合理的。

- 如果是这样，这种工程是你喜欢做的类型吗？它具有一份潜在的可观的利润吗？

2. 如果你希望你的公司规模变得更大，你希望以多快的速度来发展？你具备这样做的人员与资本吗？

- 要投标的项目有助于你们的发展吗？
- 或者你必须以低价投标，只为了使目前的人员与设备运作起来，从而结合他们并连续发展？（如果你更喜欢第一种类型的目标，其后一种战略可能适合）。

3. 你目前有能力和经验做哪一种类型的工程？将来你打算做哪一种类型的工程？你现在能管理这种特殊的项目吗？对于你将来想要做的工程类型而言，这种特殊的项目能带给你有益的经验吗？

4. 考虑这种工程类型目前与将来的市场竞争环境。

- 能获得一份公平合理的利润吗？或竞争激烈吗？
- 把工程当作一项你的时间、才能与金钱的投资。它应获得一份可观的回报——在金钱、成就感与自豪感方面，或提供一些其他的回报。

B. 工程的位置

1. 项目位于一个你通常愿意工程的地区吗？

2. 如果不是，你的很大一部分时间都消耗在往返这项工程的旅途中吗？

3. 你有这样一位同事或助手吗？即如果你不能经常亲自视察现场，你认为他能胜任监督工程的职位吗？

4. 你计划无论如何都要扩大你的工程领域，如果是这样，这项工程在你想要扩大的领域内吗？

C. 投标的时间与地点

1. 投标何时到期(哪天几时)？你有时间准备一份准确并细致的估算书吗？(例如,如果你准备一份高质量的投标书需要 2 周时间,然而只剩下 4 天,那么不要对这项工程投标。)

2. 将投标书提交到何处？你怎样到达那里？你必须为邮寄留出 2 天或 3 天的时间吗？

3. 对于延迟的交付有特殊的规定吗？对于用传真发送的最后的变更有特殊的规定吗？

D. 如何获得设计图与规范

1. 如果你是一个主承包商，你必须查明由谁提供设计图与规范。

- 有酬金吗？要多少？
- 有保证金吗？要多少？它可退还吗？

- 设计室开放并可接受探访吗？地点在哪里？什么时间开放？

2. 如果你是一个分包商，你需要知道哪一个主承包商有设计图与规范。

- 他们将给你一份适用于你的工程的这些资料的副本吗？
- 他们拥有供分包商使用的设计室吗？地点在哪里？什么时间开放？
- 你能直接从业主那里得到你所需的设计图与规范吗？有酬金吗？有保证金？要多少？可退还吗？

E. 法定的及其他官方的要求

1. 执照。美国一些州、地区、城市与小城镇要求具有在其范围内工程的承包商执照。

- 如果被要求，这是一项法定需要。
- 在一些情况下，未经当局许可的承包商在无执照的情况下可被罚款。
- 没有执照的承包商不能求助于法庭，即便被冤枉。
- 在当地政府支助的项目上工作时，尤其要注意这一点。

2. 可能要求资格预审。如果是这样，则需要这样的文件，例如一份财务报表，一份工程进展与经验报告书，以及一份过去诉讼与业绩的记录。

3. 担保

- 项目要求投标担保吗？履约担保吗？支付担保吗？
- 你的担保限制是什么？
- 这个项目你有良好的担保资格吗？

F. 工程范围

1. 项目（或分包合同）大概是什么样的规模：

(a) 按美元计——它在你的财务与担保限额内吗？

(b) 按工程中主要的单元计（例如，运土设备、一立方码混凝土、几磅钢筋等）它在你可利用的人力与设备资源的生产能力范围内吗？

2. 关于项目或分包合同的工程主要是什么类型的？

(a) 它们是你的公司愿意做的类型吗？

(b) 它们是你的公司有资格做的类型吗？

3. 完成工程要用多长时间？

(a) 何时开始？何时结束？

(b) 在那时你计划进行多少其他工程？你能同样管理好这项工程吗？

G. 资源比较

将你可利用的资源同要投标的工程所需要（仅数量级）的资源进行比较。

1. 人力:你拥有一个适合于这项工程的主管人或工长吗？你能得到所需要的工人与技术工人吗？

2. 设备：主要需要什么产品设备（卡车、起重机、装货设备等等）？你已经拥有它吗？它可利用吗？你能购买新设备吗？你能租借或租到需要的设备吗？

3. 财力：需要贷款或赊购吗？需要多少？你能获得所需要的资金吗？

H. 总结

在决定是否对一项特殊的工程投标时，应考虑所有这些条款。

- 这是一项执行的决定。
- 它是一项你作为承包商必须做出的决定。

附录 C

履约与支付担保

合同的履约担保

第 31－0120－42879－96－2 号担保

了解所有人员：Zionsville，16 号邮政信箱，Ryan 建筑公司，IN 46077－0493
（此处插入承包商的姓名与地址或合法的称号）以下称为委托人，和

印第安纳波利斯市宾夕法尼亚州 135 号，美国忠实担保公司，IN 46204
以下称为担保人，都受到受托人，印第安纳大学的控制与严格约束，以下称其为业主，在八十二万二千美元（￥822,000.00）供支付的数额内，委托人与担保人或担保公司通过本条文，共同且各自稳定地约束他们自身，他们的继承人、执行者、行政人员、接任者及代理人。

然而，通过一份日期为：××××年，6 月 10 日的书面协议，委托人已经与业主订立了一份合同，即关于

IUPUI # 961－5262－3 的第 3 号投标文件包
印第安纳波利斯市，印第安纳大学医疗中心，
成年人门诊病人中心的 Lilly 诊所的扩建

其协议的一个副本通过证明可作为本文件中的一部分。

因此目前，本契约的条件是这样的，即就委托人自身来说，如果他能如实执行合同，并全部赔偿由于没能这样做而使业主可能承受的所有费用与损失，并保全业主不因此而受损害，而且向业主赔偿并偿还，业主在弥补这种过失时可能引起的所有费用与开支，那么本契约则是无意义且无效的，否则它应保持充分有效。

合同履约担保

（2 页中的第 1 页）

收到评价的上述担保人特此保证并同意变更，时间的延长，对合同条款的变更或增加，或对依据其执行的工程的变更或增加，或随附的规范的变更或增加，都不能影响与本担保有关的责任，并且据此担保人可放弃通知任何这种变化，时间的延长，对合同条款，或对工程或对规范变更，或增加的权利。

然而，倘若在最终支付日期两年后，由于任何可能的违约而未提出关于本担保的诉讼行为或行动。

而且，倘若在合同条款中，或按照其所做的工程中所做出的任何变更，或业主对执行合同允许延长时间，或业主或委托人中的任何一方放弃对另一方执行某些权利时，都决不能解除委托人与担保人或担保公司，或他们中任一方，或他们中任何一个，他们的继承人，执行者，行政人员，接任者或代理人以下的责任，据此可放弃通知担保人或担保公司

任何这样的变更，延期或放弃执行某些权利。

××××年6月10日签署并盖章

在场人员：________________

Michael Ryan 公司的秘书

Ryan 建筑公司（图章）

由：________________

美国忠实担保公司（图章）

由：________________

合同履约担保

（2页中的第2页）

人工与材料支付担保

第31－0120－42879－96－3号担保

通过本条文了解所有人员，________________IN 46077－0493，Zionsville，16号邮政信箱，Ryan 建筑公司作为负责人，以下称为委托人，并且________________IN 46204，印第安纳波利斯市，由宾夕法尼亚州135号，美国忠实担保公司作为担保人，以下称为担保人，他们都受到作为债权人的受托人，印第安纳大学的控制与严格约束，正如下面规定的，为了提出要求的一方的使用和利益，在八十二万二千美元（¥822,000.00）供支付的数额内，委托人与担保人或担保公司通过本条文，共同并各自稳定地约束他们自身，他们的继承人、执行者、行政人员、接任者及代理人。

然而，通过一份日期为：××××年，6月10日的书面协议，委托人已经与债权人订立了一份合同，即关于

IUPUI #961－5262－3的第3号投标文件包

印第安纳波利斯市，印第安纳大学医疗中心，

成年人门诊病人中心的 Lilly 诊所的扩建

本合同通过证明可作为本文件的一部分，并在下文中被称为合同。

因此目前，本契约的条件是这样的，即如果委托人按下面所规定的，立刻向所有提出要求的一方，支付在执行合同的过程中所使用或合理要求供使用的所有人工与材料的费用，那么本契约则是无效的，否则，它应保持充分有效，但要服从以下条件：

1. 提出要求的一方被定义为在执行合同的过程中使用，或合理要求使用人工、材料，或两者都有的，并与委托人或委托人的一个分包商有直接合同关系的任何人，人工与材料被解释为包括可直接用于合同的那部分水、煤气、动力、光源、热源、石油、汽油、电话服务或设备的租贷。

2. 因此，上面指定的委托人与担保人共同且各自同意，完成或执行提出要求的一方的工作或劳动，或由提出要求的一方提供材料的最后日期之后，到期之前的九十（90）天的时间，没有向其全部付款，则提出要求的一方可按本担保中适于其应用的条款提出诉讼，坚持诉讼直到最后判决应当付给提出要求的一方应得的金额，并随即执行。债权人不负责支付任何这种诉讼的费用或开支。

3. 以下提出要求的任何一方都不应开始任何诉讼行为：

a）除了与委托人有直接合同关系的人外，除非在提出要求的一方进行或执行最后的工作或劳动，或提供最后的材料并为此提出上述要求之后的九十（90）天内，提出要求的一方已经向以下任何两方：上面指定的委托人，债权人或担保人，发出书面通知，大体上精确地说明要求的数额，和被提供材料的一方，或其工作或劳动被进行或执行的一方的名字。这些通知应在一封写有委托人，债权人或担保人收的信封里，通过邮资已付的挂号信或带回执的邮件，以邮寄的方式被送到任何这样的地方，即为商业交易而要定期保持一个办事处，或以任何上述项目所在国家中的合法传送程序的方式来传送，除了这种服务不需要由一个政府官员来做以外。

b）在委托人按上述合同终止工程的日期随后一（1）年到期之后，然而，如果本担保中包括的任何限制为支配施工的任何法律所禁止，则这种限制被认为要被修改，以使其等于这种法律允许的最短的限制时期。

c）只能在项目或其任何部分所在州的县或其他行政分支有管辖权的一个州立法院，或者在项目或其任何部分所在区域的，而不是别处的联邦地方法院。

4. 本担保的数额应减少到能诚实地做出以下任何支付的程度，包括违背上述改进而被提出诉状的技巧留置权的担保人的付款，不管这种留置权要求的数额是否按照还是违背本担保而被提交的。

××××年6月10日签署并盖章

Ryan 建筑公司

______________ 证人　　　　（委托人）　（图章）

由：______________

头衔：Daniel Ryan，总经理

美国忠实担保公司

______________ 证人　　　　（担保人）　（图章）

由：______________

头衔：U.S.Grant，法律代理人

附录 D

业主与承包商之间基于总价协议的标准格式

本文件有重要的法定地位；关于它的应用或修正，鼓励与律师商议。

由工程师联合承包文件委员会（EJCDC）编写，并由以下协会联合发行和出版：美国职业工程师协会的一个业务部；私人执业的职业工程师；美国咨询工程师委员会；美国土木工程师协会。

本文件已经得到美国建筑规范协会、美国总承包商协会的同意和认可。

协议的标准格式已同建筑合同（1996年版，第1910－8号）的标准通用条件一起编写以供使用。它们的规定相互关联，一个方面的变更可能要求其他方面也必须变更。在投标者编写说明的指南中包含的投标者说明所提出的术语也与本协议的术语密切相关。有关它们应用的注释见EJCDC的使用者指南（第1910－50号），也可查看补充条件编写指南（1996年版，第1910－17号）。

使用者须知

美国某些州与联邦机构在公共合同中要求这样的规定，即允许承包商与业主或一个利益相关者储蓄可接受的有价证券，而不是保留。除了在法律或规章要求的地方，许多业主不接受这种程序。如果需要这样一种程序，则本协议的规定和可能涉及保留的其他合同文件的规定应被修改，并且应向律师咨询以准备要被修订的术语。这种术语提出的问题为：对有价证券最初与后来的评价，收回多余抵押品的权利，和当市价变化时储蓄额外抵押品的责任，谁有资格凭储蓄的抵押品得到利息与红利，利益相关者的责任，在这些问题中，如果发生承包商违约和这种销售方法，以及将统一的商业代码和州及联邦担保法律应用于协议中的话，则担保物可自由出售。

引 言

业主与承包商之间基于总价的协议（“协议”）已经与投标者编写说明的指南（“说明”）(1996年版，第1910－12号）及建筑合同的标准通用条件（“通用条件”）(1996年版，第1910－8号）一起编写以供使用。它们的规定相互关联，并且一个方面的变更可能要求其他方面也必须变更。关于它们应用的注释被包含在关于工程服务与建筑相关文件的协议的注释中（“注释”）(1996年版，第1910－9号)。补充条件编写指南以及对投标者协调说明书的指导，查看补充条件编写指南（“补充条件”）(1996年版，第1910－17)，也可查阅投标格式指南（“投标格式”）(1996年版，第1910－18)。EJCDC没有编写一种被提议的广告或邀请投标格式，因为这些文件与法定要求的回应相差很大。

由EJCDC编写并发布的本格式和其他投标文件吸收了建筑规范协会的项目手册的观念，而这对一个施工项目的所有密切关联的文件信息的定位，规定了一种编制的格式，即：招标要求（涉及广告或邀请招标的条款，说明，和任何被提议或规定的投标格式，所有这些都为所有的投标者提供了信息与指导），以及合同文件（通用条件第1条中所规定的），它包括协议、担保书、证书、通用条件、补充条件、施工图与规范。招标要求不被认为是合同文件的一部分，因为在合同裁决前，它们的大部分内容属于关系，并且此后的作用或影响很小，而且也因为许多合同的授予没有经过招投标的过程。然而，在某些情况下，为避免大量的重复工作，实际的投标可能作为一种证物而附属于协议（在通用条件第1条中规定了“投标文件”与“投标要求”的条款)。在建筑规范协会发布的操作指南中解释了项目手册的观念。

为有助于编写协议，被提议的术语与“使用者须知”在此一起被提出。许多术语可用于大部分的项目，但经常需要修正和额外的规定。被提议的术语已经同EJCDC提出的其他标准格式一起被调整。当修改被提议的术语或书写额外的规定时，由于术语使用的矛盾与协调，使用者必须彻底检查其他文件，并对所有受到影响的文件做出适当的修正。

为简短起见，引用的投标者说明的部分带有前缀“I”，投标格式的部分带有前缀“BF”，并且引用本协议的部分带有前缀“A”。

查阅对编写协议有帮助的合同文件目录（1996年版，第1910－18)，并且尤其是查看EJCDC的由Robert J.Smith，P.E.建议的建筑项目招投标程序（“招投标程序”）(1987年版，第1910－9－D）中关于下面多次涉及的特殊段落的讨论。

注：1. EJCDC的出版物可从NSPE总部（帝王街1420，亚历山大港，VA 22314－2715）订购；或ACED总部（在N.W.第15道街1015号，华盛顿，DC 20005)；或ASCE总部（在东第47道街345号，纽约，NY 10017)。

2. CSI的出版物可从CSI总部（在Madison街，亚历山大港，VA 22314）订购。

3. AIA的出版物可通过写信给AIA总部（在NW纽约大街，华盛顿，DC 20006)，从大部分当地的分会办事处获得。

4. 美国联合总承包商有一系列重要的有关施工文件。AGC的出版物与服务目录可从AGC总部（在NW东街1957，华盛顿，DC 20006）获得。

EJCDC
业主与承包商
基于总价协议的标准格式

本协议是由________________（以下被称为业主）与________________（以下被称为承包商）之间的协议。

业主与承包商，考虑到以下所阐明的相互的协议，同意如下各项：

条款 1——工程

1.01 承包商应完成合同文件中规定或表明的所有工程。

条款 2——项目

2.01 按照合同文件，工程可能是其全部或仅仅一部分的项目。

条款 3——工程师

3.01 项目已经由________________设计，以下其被称为工程师，并担当业主代表，承担所有义务和责任，并且根据合同文件，在与完成工程有关的合同文件中，拥有分配给工程师的权利与职权。

条款 4——合同工期

4.01 极重要的时间

A. 对于里程碑（若有的话），实际完工，以及合同中陈述的完工并准备好为最终支付的所有时间限制是合同的重要内容。

4.02 实际完工与最终支付的日期

A. 工程在________________，________之时或之前实质完工，并根据通用条件第14.07，在____________，________之时或之前，完成并准备好为最终支付。

〔或者〕

4.03 获得实质完工与最终支付的天数

A. 按通用条件第 2.03 中的规定，在合同工期开始生效的日期之后________天内，工程将实质完工，并且根据通用条件第 14.07，在合同工期开始生效的日期之后________天内，完成并准备好为最终支付。

4.04 清偿的赔偿金

A. 承包商与业主认识到，本协议的时间极其重要，而且如果工程未在以上第 4.02 中规定的时间内完成，业主将遭受财务损失，加上根据通用条件第 12 条所允许的由此的任何延期。如果工程未按时完成，各参与方也认识到延迟，费用，和涉及以一种合法的或仲裁程序证明业主所遭受的实际损失的困难。因此，代替要求业主与承包商同意的任何这样的证据，作为因延迟而清偿的赔偿金（而不是作为一种罚款），承包商应对第 4.02 中规定的实际完工时间到期之后的每一天而向业主支付________，直到工程实质完工为止。在实质完工以后，如果在合同时间内，或业主同意任何适当的延期内，承包商漏做、拒绝或没能完成剩余的工程，承包商应对第 4.02 中规定的完工并准备最终支付的时间到期之后的每一天，而向业主支付________，直到工程完工并准备最终支付为止。

使用者须知

1. 在没能准时达到里程碑而造成的严重后果，以致于因为没能准时获得一个或更多里程碑而要准备评估清偿的赔偿金时，应在此插入适当的修订或补充的术语。

条款 5—— 合同价格

5.01 根据合同文件，对于完工的工程，业主应以当前的现款向承包商支付一定数额的现金，它依照下面的第 5.01A，第 5.01B，与第 5.01C 确定的总金额：

A. 对于除了单价工程外的所有工程，一次支付的金额为：

______________________ (大写) $ ______________ (小写)

所有特定的现金补助被包括在上面的价格中，并且已经按通用条件第 11.02 节计算。

B. 对于所有的单价工程，一笔数额等于单价工程的每一个独立确定的项目所确定的单价乘以按 5.01.B 中表明的那个项目估算的数量的总金额：

单价工程

编号 项目 单位 估算的数量 单价 估算总额

所有单价合计______________________ (大写) $ ______________ (小写)

按照通用条件第 11.03 的规定，不能担保估算数量，并且实际数量与类别的确定应由工程师按通用条件第 9.08 的规定做出，单价按通用条件第 11.03 的规定计算。

C. 对于所有工程，按承包商的投标书中规定的价格，作为一种证物附属于此。

使用者须知

1. 如果同意对规定的大致估算的投标数量的变化而调整价格，补充适当的规定。查看 BF-4。

2. 依靠所使用的特殊项目投标格式，将 A-5.01.A，A-5.01.A 与 A-5.01.B 一起使用，仅使用 A-5.01.B，或仅使用 A-5.01.C，删除这些不使用的，并据此重新编号。如果使用 A-5.01.C，应附上作为一种证物的承包商的投标书并被列在 A-9 中。

条款 6——支付程序

6.01 支付款的提交与处理

A. 根据通用条件第 14 条，承包商应提交支付申请。支付申请应按通用条件的规定由工程师审查。

6.02 进度支付；保留额

A. 由于合同价格，业主应以承包商的支付申请为基础，照下面第 6.02A.1 与第 6.02A.2 的规定，在工程执行期间，在或大约每个月的第______天做出进度支付。所有这种支付应由通用条件第 2.07A 中确定的价格一览表来度量（并在以完成的单位数量为基础的单价工程的情况下），或者，如果没有价格一览表，则按照通用要求中的规定：

1. 根据通用条件第 14.02，在实质完工前，做出的进度支付应按一笔这样的数额，即它等于下面所表明数额的百分比，但是，一般情况下，少于过去所做支付的总和，并少于工程师确定的或业主可能保留的数额：

a. 完成工程的______%（与保留的余额）。如果按工程师确定的，工程已经完成了50%，并且工程的特性与进度已经令业主与工程师满意，在工程师的建议下，业主可决定，只要工程的特性与进度一直令他们满意，对于连续完成的工程，将没有任何保留额，在这种情况下，在实质完工前剩余的进度支付应按一笔这样的数额，即它等于完成工程的100%，少于过去支付的总和；

b. 未并入工程中的材料与设备的成本的______%（与保留的余额）。

2. 当实际完工时，业主应向承包商支付一笔足够的数额，以将总支付额增加到完成工程的______%，少于工程师根据通用条件第14.02B.5确定的数额，并少于工程师对完成或修正的工程价格的估算的______%，而这些工程显示在被附上实质完工证书和完成或修正的暂定项目的列表上。

6.03 最终支付

A. 当根据通用条件第14.07，工程最后完成并接受时，业主应按上述第14.07的规定，按照工程师的建议支付合同价格的剩余部分。

条款7——利息

7.01 照通用条件的第14条中的规定，所有到期未付的金额应具有每年______%比率的利息。

条款8——承包商的陈述

8.01 为促使业主达成本协议，承包商应做出以下陈述：

A. 承包商已经检查并仔细研究了合同文件和招标文件中的其他有关的数据；

B. 承包商已经视察现场，并熟悉可能影响工程的成本、进度与履行的、一般的、当地的与现场的条件，并且对这些条件感到满意；

C. 承包商熟悉可能影响工程的成本、进度、与履行的、所有联邦的、州的、当地的法律与规章，并对它们感到满意；

D. 承包商已经仔细研究了所有的：在现场或邻近现场的地下条件的勘察与检测报告，以及在通用条件第4.02中规定的，已经在补充条件中确定的现场或邻近现场的（除了地下设施），在或与现存的地表或地下结构有关的自然条件的所有图纸与（若有的话）在通用条件第4.06中规定的，已经在补充条件中确定的现场的危险环境状况的报告与图纸；

使用者须知

1. 如果在A-8.01.D中所涉及的报告与/或图纸不存在，则要么修改A-8.01.D或删除A-8.01.D并据此重新编号。

E. 承包商已经获得并仔细研究了（或对已做出的承担责任）所有额外的或补充的审查、调查、勘察、检测、观察以及在现场或邻近现场的有关条件的数据（地表、地下与地下设施），这些条件可能影响工程的成本、进度与履行或涉及承包商使用的方式、方法、技术、顺序与施工程序的任何方面，若有的话，包括使用合同文件明确要求承包商使用的特殊的方式、方法、技术、顺序、与施工程序，以及另外附带的安全预防措施与计划。

使用者须知

1. 如果在 A-8.01.D 中所涉及的报告与/或图纸不存在，则删除 A-8.01.E 中第一句的短语“额外的或补充的”。

F. 对于按合同价格，在合同工期内，并根据合同文件的其他条款与条件执行的工程，承包商认为已不需要任何进一步的审查、调查、勘察、检测、观察和数据；

G. 承包商知道，由业主以及合同文件中表明的，与工程有关的其他人在现场执行的工程的总体特性；

H. 承包商已经将所知道的信息，从视察现场所获得的信息与观测资料，合同文件中确认的报告与图纸，以及所有额外的审查、调查、勘察、检测、观察和数据应与合同文件联系起来；

I. 承包商已经将在合同文件中发现的所有矛盾、错误、模糊或差异，向工程师发出了书面通知，并且工程师对它的书面决议可被承包商接受；

J. 合同文件通常足以表明并传达对工程的履行与供应的所有条款与条件的理解。

条款 9——合同文件

9.01 目录

A. 合同文件由以下内容组成：

1. 本协议（第 1 页到______，包括在内）；

2. 履约担保（______到______，包括在内）；

3. 支付担保（______到______，包括在内）；

4. 其他担保（______到______，包括在内）；

a. ______________________（______到______，包括在内）；

b. ______________________（______到______，包括在内）；

c. ______________________（______到______，包括在内）；

5. 通用条件（______到______，包括在内）；

6. 补充条件（______到______，包括在内）；

7. 在项目手册的目录中列出的规范；

8. 图纸由一张封面和编号从______到______，包括在内的图纸组成，每一页具有下列总标题：__________________；

9. 附录（编号从______到______，包括在内）；

10. 本协议的证物（列举如下）：

a. 开始通知（______到______，包括在内）；

b. 承包商的投标书（______到______，包括在内）；

c. 在裁决通知前，承包商提交的文件（______到______，包括在内）；

d. ______________________________；

11. 在协议的有效日期内或之后，以下可能被交付或发布的，并不附属于此处的：

a. 书面修正；

b. 工程变更通知；

c. 变更通知。

B. 在第 9.01 节中列出的文件都附属于本协议（除了上面另有明确指明之外）。

C. 除了本条款 9 所列出之外，没有其他合同文件。

D. 合同文件只能照通用条件第 3.05 节中的规定被修正、更改或补充。

条款 10——其他

10.01 术语

A. 本协议中使用的术语具有通用条件中所表明的含义。

10.02 合同的分配

A. 在没有要求被约束的一方的书面同意的情况下，按照合同或在合同中，一方分配的任何权利或利益对另一方无约束；并且，没有这种同意（除了这种限制的影响达到受法律限定的程度外）到期的并应付的款项不能明确但无限制地进行分配，而且除非明确规定与这种分配的任何书面同意相反，否则按照合同文件，任何分配都不将解除或免除委托人的任何责任或义务。

10.03 接任者与代理人

A. 关于合同文件中包括的所有契约、协议与责任，业主与承包商各自约束自身、其合伙人、接任者、代理人和另一方的合法代表，及其合伙人、接任者、代理人与合法代表。

10.04 可分性

A. 按照任何法律或规章，无效或不可实施的合同文件的任何或部分条款，被认为是被侵害的，并且所有保留条款应继续有效，并对业主与承包商有约束作用，即他们同意改进合同文件，用一种有效的并可实施的条款来代替这种被侵害的条款或其部分，而这种条款应尽可能接近表达被侵害的条款的目的。

10.05 其他规定

使用者须知

1. **如果适当的话，在此插入其他规定。**

以资证明，业主与承包商已经签署了一式两份的协议。各自的一份副本已经被交付给业主与承包商。合同文件的所有部分已经由业主与承包商或他们的代表签署或确认。

使用者须知

1. 查看 I-21 并将两个文件之间关于格式与签署的程序联系起来。

本协议在________________________（协议的有效日期）有效。

业主：	**承包商：**
________________________	________________________
由：____________________	由：____________________
（公司盖章）	（公司盖章）

证明＿＿＿＿＿＿＿＿＿＿＿＿＿＿＿
发通知的地址：
＿＿＿＿＿＿＿＿＿＿＿＿＿＿＿＿＿
＿＿＿＿＿＿＿＿＿＿＿＿＿＿＿＿＿
＿＿＿＿＿＿＿＿＿＿＿＿＿＿＿＿＿

(如果业主是一家公司，附上有签署的权威的证明。如果业主是一个公共团体，附上有签署的权威的证明以及批准执行业主与承包商协议的决议或其他文件。)

指定代表：
姓名：＿＿＿＿＿＿＿＿＿＿＿＿＿＿
头衔：＿＿＿＿＿＿＿＿＿＿＿＿＿＿
地址：＿＿＿＿＿＿＿＿＿＿＿＿＿＿
＿＿＿＿＿＿＿＿＿＿＿＿＿＿＿＿＿
电话：＿＿＿＿＿＿＿＿＿＿＿＿＿＿
传真：＿＿＿＿＿＿＿＿＿＿＿＿＿＿

证明＿＿＿＿＿＿＿＿＿＿＿＿＿＿＿
发通知的地址：
＿＿＿＿＿＿＿＿＿＿＿＿＿＿＿＿＿
＿＿＿＿＿＿＿＿＿＿＿＿＿＿＿＿＿
＿＿＿＿＿＿＿＿＿＿＿＿＿＿＿＿＿
许可证号＿＿＿＿＿＿＿＿＿＿＿＿＿

过程服务的代理：＿＿＿＿＿＿＿＿＿
＿＿＿＿＿＿＿＿＿＿＿＿＿＿＿＿＿
(如果承包商是一家公司或一家合伙企业，附上有签署的权威的证明。)

指定代表：
姓名：＿＿＿＿＿＿＿＿＿＿＿＿＿＿
头衔：＿＿＿＿＿＿＿＿＿＿＿＿＿＿
地址：＿＿＿＿＿＿＿＿＿＿＿＿＿＿
＿＿＿＿＿＿＿＿＿＿＿＿＿＿＿＿＿
电话：＿＿＿＿＿＿＿＿＿＿＿＿＿＿
传真：＿＿＿＿＿＿＿＿＿＿＿＿＿＿

附录 E

业主与承包商基于成本补偿协议的标准格式

本文件有重要的法定地位；关于它的应用或修正，鼓励与律师商议。

业主与承包商基于成本补偿协议的标准格式

由（EJCDC）工程师联合承包文件委员会编写，并由以下协会联合发行和出版：美国职业工程师协会的一个业务部：私人执业的职业工程师；美国咨询工程师委员会；美国土木工程师协会。

本文件已经得到美国建筑规范协会、总承包商协会的同意和认可。

协议的标准格式已同建筑合同（1996年版，第1910－8号）的标准通用条件一起编写以供使用。它们的规定相互关联，一个方面的变更可能要求其他方面也必须变更。在投标者编写说明的指南中包含的投标者说明所提出的术语也与本协议的术语密切相关。有关它们应用的注释见EJCDC的使用者指南（第1910－50号），也可查看补充条件编写指南（1996年版，第1910－17号）。

使用者须知

某些州与联邦机构在公共合同中要求这样的规定，即允许承包商与业主或一个利益相关者储蓄可接受的有价证券，而不是保留。除了在法律或规章要求的地方，许多业主不接受这种程序。如果需要这样一种程序，则本协议的规定和保留可能涉及其他合同文件的规定应被修改，并且应向律师咨询以准备要被修订的术语。这种术语提出的问题为：对有价证券最初与后来的评价，收回多余抵押品的权利，和当市价变化时，储蓄额外抵押品的责任，谁有资格凭储蓄的抵押品得到利息与红利，利益相关者的责任，在这些问题中，如果发生承包商违约和这种销售方法，以及将统一的商业代码和州及联邦担保法律应用于协议中的话，则担保物可自由出售。

引　言

业主与承包商基于成本补偿的协议（“协议”）已经与投标者编写说明的指南（“说明”）（1996年版，第1910－12号）及建筑合同的标准通用条件（“通用条件”）（1996年版，第1910－8号）一起编写以供使用。它们的规定相互关联，而且一个方面的变更可能要求其他方面也必须变更。关于它们应用的注释被包含在关于工程服务与建筑相关文件的协议的注释中（“注释”）（1996年版，第1910－9号）。补充条件编写指南以及对投标者协调说明书的指导，查看补充条件编写指南（“补充条件”）（1996年版，第1910－17）。也可查阅投标格式指南（“投标格式”）（1996年版，第1910－18）。EJCDC没有编写一种被提议的广告或邀请投标格式，因为这些文件与法定要求的回应相差很大。

由EJCDC编写并发布的这种格式与其他投标文件吸收了建筑规范协会的项目手册的观念，而这对一个施工项目的所有密切关联的文件信息的定位，规定了一种编制的格式，即：招标要求（涉及广告或邀请招标的条款、说明和任何被提议或规定的投标格式，所有这些都为所有的投标者提供了信息与指导），以及合同文件（通用条件第1条中所规定的），它包括协议、担保书、证书、通用条件、补充条件、施工图与规范。招标要求不被认为是合同文件的一部分，因为在合同裁决前，它们的大部分内容属于关系，并且此后的作用或影响很小，而且也因为许多合同的授予没有经过招投标的过程。然而，在某些情况下，为避免大量的重复工作，实际的投标可能作为一种证物而附属于协议（在通用条件第1条中规定了“投标文件”与“投标要求”的条款）。在建筑规范协会发布的操作指南中解释了项目手册的观念。

为有助于编写协议，被提议的术语与“使用者须知”在此一起被提出。许多术语可用于大部分项目，但经常需要修正和额外的规定。被提议的术语已经同EJCDC提出的其他标准格式一起被调整。当修改被提议的术语或书写额外的规定时，由于术语使用的矛盾与协调，使用者必须彻底检查其他文件，并对所有受到影响的文件做出适当的修正。

为简短起见，引用的投标者说明的部分带有前缀“I”，并且引用本协议的部分带有前缀“A”。

查阅对编写协议有帮助的合同文件目录（1996年版，第1910－18），并且尤其是查看EJCDC的由Robert J.Smith，P.E.建议的建筑项目招投标程序（“招投标程序”）（1987年版，第1910－9－D）中关于下面多次涉及的特殊段落的讨论。

注释：1. EJCDC的出版物可从NSPE总部（帝王街1420，亚历山大港，VA 22314－2715）订购；或ACED总部（在N.W.第15道街1015号，华盛顿，DC 20005）；或ASCE总部（在东第47道街345号，纽约，NY 10017）。

2. CSI的出版物可从CSI总部（在Madison街，亚历山大港，VA 22314）订购。

3. AIA的出版物可通过写信给AIA总部（在NW纽约大街，华盛顿，DC 20006），从大部分当地的分会办事处获得。

4. 美国联合总承包商有一系列重要的有关施工的文件。AGC的出版物与服务目录可从AGC总部（在NW东街1957，华盛顿，DC 20006）获得。

EJCDC
业主与承包商之间
基于成本补偿协议的标准格式

本协议是由＿＿＿＿＿＿＿＿＿＿＿（被称为业主）与＿＿＿＿＿＿＿＿＿＿＿（被称为承包商）之间的协议。

业主与承包商，考虑到以下所阐明的相互的协议，同意如下各项：

条款 1——工程

1.01 承包商应完成合同文件中规定或表明的所有工程。

条款 2——项目

2.01 按照合同文件，工程可能是其全部或仅仅一部分的项目。

条款 3——工程师

3.01 项目已经由＿＿＿＿＿＿＿＿设计，以下其被称为工程师，并担当业主代表，承担所有义务和责任，并且根据合同文件，在与完成工程有关的合同文件中，拥有分配给工程师的权利与职权。

条款 4——合同工期

4.01 极重要的时间

A. 对于里程碑（若有的话），实际完工，以及合同中陈述的完工并准备好为最终支付的所有时间限制是合同的重要内容。

4.02 实际完工与最终支付的日期

A. 工程在＿＿＿＿＿＿＿＿＿＿＿，＿＿＿之时或之前实质完工，并根据通用条件第 14.07，在＿＿＿＿＿＿＿＿＿＿＿，＿＿＿之时或之前，完成并准备为最终支付。

〔或者〕

4.03 获得实质完工与最终支付的天数

A. 按通用条件第 2.03 中的规定，在合同工期开始生效的日期之后＿＿＿天内，工程将实质完工，并且根据通用条件第 14.07，在合同工期开始生效的日期之后＿＿＿天内，完成并准备完毕供最终支付。

4.04 清偿的赔偿金

A. 承包商与业主认识到，本协议的时间极其重要的，而且如果工程未在以上第 4.02 中规定的时间内完成，业主将遭受财务损失，加上根据通用条件第 12 条所允许的由此的任何延期。如果工程未准时完成，各参与方也认识到延迟，费用，和涉及以一种合法或仲裁程序证明业主所遭受的实际损失。因此，代替要求业主与承包商同意的任何这样的证据，作为因延迟而清偿的赔偿金（而不是作为一种罚款），承包商应对第 4.02 中规定的实际完工时间到期之后的每一天而向业主支付＿＿＿，直到工程实质完工为止。在实质完工以后，如果在合同工期内，或业主同意任何适当的延期内，承包商漏做，拒绝，或没能完成剩余的工程，承包商应对第 4.02 中规定的完工并准备最终支付的时间到期之后的每一天，而向业主支付＿＿＿，直到工程完工并准备最终支付为止。

使用者须知

1. 在没能准时达到里程碑而造成的严重后果，以致于因为没能准时获得一个或更多里程碑，而要准备评估清偿的赔偿金时，应在此插入适当的修订或补充的术语。

条款 5——合同价格

5.01　根据合同文件，对于完工的工程，业主应以当前的货币向承包商支付一定数额的金额，它依照下面第 5.01A，第 5.01B，与第 5.01C 确定的总金额：

A. 对于除了单价工程之外的所有工程，工程的成本加上一份承包商管理费用与利润的酬金，两者应按下面的条款 6 与条款 7 的规定来确定，服从合同文件中规定的增加与删减条款，并服从下面的条款 8 中提出的限制。

B. 对于所有的单价工程，一定的数额等于单价工程的每一个独立确定的项目所确定的单价乘以按本节 5.01.B 中表明的那个项目估计的数量的总金额：

单价工程

编号	项目	单位	估计的数量	单价	估计总额

所有单价合计______________________（大写）$______________（小写）

按照通用条件第 11.03 的规定，不能担保估算的数量，并且实际数量与类别的确定应由工程师按通用条件第 9.08 的规定做出，单价按通用条件第 11.03 的规定计算。

C. 对于所有工程，按承包商的投标书中规定的价格，作为一种证物附属于此。

使用者须知

1. 依靠所使用的特殊项目投标格式，将 A－5.01.A，A－5.01.A 与 A－5.01.B 一起使用，仅使用 A－5.01.B，或仅使用 A－5.01.C，删除这些不使用的，并据此重新编号。如果使用 A－5.01.C，应附上作为一种证物的承包商的投标书并被列在 A－14 中。

条款 6——工程成本

6.01　工程成本应照通用条件第 11.01 的规定确定，但是，除了其中提出的任何限制外，它不包括超过条款 8 所提出的任何最大担保价格的成本。

条款 7——承包商的酬金

7.01　承包商的酬金应按如下确定：

A. 一份固定的酬金______________________，正如下面条款 9 规定的，它应以工程中变化的增加或减少为条件。

（或者）

A. 一份基于下列工程成本的不同部分的百分比的酬金：

1. 应付工资总额（查看通用条件第 11.01A.1）的______%；
2. 材料与设备成本（查看通用条件第 11.01A.2）的______%；
3. 支付给分包商的数额（查看通用条件第 11.01A.3）的______%；
4. 支付给特殊顾问的数额（查看通用条件第 11.01A.4）的______%；

5. 追加成本（查看通用条件第 11.01A.5）的______%；

6. 基于通用条件第 11.01B 中列举的成本，没有可支付的酬金；

7. 通用条件第 11.01C 中的条款只能用于工程中的变更。

7.02 承包商保证，根据第 7.01A，作为一种百分比酬金，由业主支付的最大数额不超过______，正如下面条款 9 规定的，受工程中变化的增加或减少的控制。

条款 8——担保的最高价格

8.01 承包商保证，按照条款 7 对于工程的成本加承包商的酬金的总额，业主可支付的最大数额不超过______美元（$______），受工程中变化的增加或减少的控制（此处担保的最大价格）。担保的最高价格不能应用于单价工程中。

条款 9——合同价格的变更

9.01 依据以下各项，在承包商的酬金与任何担保的最高价格或酬金中，由于一项变更通知而增加或减少的任何数额应在适用的变更通知中被阐明：

A. 如果承包商的酬金是一份固定酬金，由于工程成本的净增加或减少而引起的承包商酬金的任何增加或减少应根据通用条件第 11.02C.2 来确定。

（或者）

A. 如果承包商的酬金为百分比酬金，不受任何担保的最大限制的控制，则承包商的酬金将按工程成本的变化而自动调整。

B. 不论在哪里有一个最高担保金额（价格或酬金）：

1. 在工程净增加的情况下，担保的最高金额的任何增加的数额应根据通用条件中包括第 11.01 到第 11.02 在内的条款来确定。

2. 在工程净减少的情况下，任何这样减少的数额应根据通用条件第 11.02 节 C 确定，并且应根据共同的协议，减少任何担保的最大金额（价格或酬金）。

条款 10——支付程序

10.01 支付款的提交与处理

A. 根据通用条件第 14 条，承包商应提交支付申请。支付申请表明了那时应支付给承包商酬金的数额。支付申请应按通用条件的规定由工程师审查。

10.02 进度支付；保留额

A. 根据合同价格，业主应以工程师建议的承包商的支付申请为基础，照下面第 10.02A.1 与第 10.02A.2 的规定，在施工期间，在或大约每个月的第______天做出进度支付。所有这种支付应由通用条件第 2.07A 中确定的价格一览表来度量（并在以完成的单位数量为基础的单价工程的情况下），或者，如果没有价格一览表，则照通用要求中的规定：

1. 关于工程的成本：根据工程成本，做出进度支付：

a. 根据通用条件第 14.02，在实质完工前，做出的进度支付应按一笔这样的数额，即它等于下面所表明数额的百分比，但是，一般情况下，少于过去所做支付的总和，并少于工程师确定的或业主可能保留的数额：

(1) 完成工程的______%（与保留的余额）。如果按工程师确定的，工程已经完成了 50%，并且工程的特性与进度已经令业主与工程师满意，在工程师的建议下，业主可决定，只要工程的特性与进度一直令他们满意，由于连续完成的工程，将没有任何保留额，在这种情况下，在实质完工前剩余的进度支付应按一笔这样的数额，即它等于完成工程的

100%，少于过去支付的总和；

(2) 未并入工程中的材料与设备的成本的______%（与保留的余额）。

b. 当实际完工时，业主应向承包商支付一笔足够的数额，将总支付额增加到完成工程的______%，少于工程师根据通用条件第 14.02B.5 确定的数额，并少于工程师对完成或修正的工程价格的估算的______%，而这些工程显示在被附上实质完工证书和完成或修正的暂定项目的列表上。

2. 关于承包商的酬金：根据承包商的酬金，做出进度支付：

a. 如果承包商的酬金是一份固定的酬金，那么，在实质完工前，支付额等于到批准的支付申请日期所获得的这份酬金（一般情况下，少于以前因这种酬金而做出的支付额）的______%的数额，这种酬金以通用条件第 2.07B 的规定而确定的价格一览表度量的工程进度为基础（并在以完成的单位数量为基础的单价工程的情况下），并且当实质完工时，按一份足以增加到承包商的总支付额的数额，由于这份酬金达到承包商酬金的______%。如果没有价格一览表，工程进度应按通用条件的规定来度量。

b. 如果承包商的酬金是百分比酬金，那么，在实质完工前，支付额将按等于以完成的工程成本为基础的这种酬金的______%的数额（在一般情况下，少于以前因这种酬金而做出的支付额），并且当实质完工时，按一份足以增加到承包商的总支付额的数额，由于那份酬金达到承包商酬金的______%。

10.03　最终支付

A. 当根据通用条件第 14.07，工程最后完成并接受时，业主应按上述第 14.07 的规定，按照工程师的建议支付合同价格的剩余部分。

条款 11——利息

11.01　按照通用条件第 14 条中的规定，所有到期未付的款项应具有每年______%比率的利息。

条款 12——承包商的陈述

12.01　为促使业主达成本协议，承包商做出以下陈述：

A. 承包商已经检查并仔细研究了合同文件和招标文件中的其他有关的数据；

B. 承包商已经视察现场，并熟悉可能影响工程的成本、进度、与履行的、一般的、当地的与现场的条件，并且对这些条件感到满意；

C. 承包商熟悉可能影响工程的成本、进度、与履行的、所有联邦的、州的、当地的法律与规章，并对它们感到满意；

D. 承包商已经仔细研究了以下所有的文件：在现场或邻近现场的地下条件的勘察与检测报告，以及如通用条件第 4.02 中规定的，已经在补充条件中确定的现场或邻近的现场（除了地下设施），在或与现存的地表或地下结构有关的自然条件的所有图纸与（若有的话）在通用条件第 4.06 中规定的，已经在补充条件中确定的现场危险环境状况的报告与图纸；

使用者须知

1. 如果在 A－12.01.D 中所涉及的报告与/或图纸不存在，则要么修改 A－12.01.D 或删除 A－12.01.D 并据此重新编号。

E. 承包商已经获得并仔细研究了（或对已做出的承担责任）所有额外的或补充的审查、调查、勘察、检测、观察，以及在或邻近现场的有关条件的数据（地表，地下，与地下设施），这些条件可能影响工程的成本、进度与履行或涉及承包商使用的方式、方法、技术、顺序与施工程序的任何方面，若有的话，包括使用合同文件明确要求承包商使用的特殊的方式，方法、技术、顺序与施工程序，以及另外附带的安全预防措施与计划。

使用者须知

1. 如果在 A–12.01.D 中所涉及的报告与/或图纸不存在，则删除 A–12.01.E 中第一句的短语“额外的或补充的”。

F. 对于按合同价格，在合同工期内，并根据合同文件的其他条款与条件执行的工程，承包商认为已不需要任何进一步的审查、调查、勘察、检测、观察和数据；

G. 承包商知道，由业主以及合同文件中表明的，与工程有关的其他人在现场执行的工作的总体特性；

H. 承包商已经将所知道的信息，从视察现场所获得的信息与观测资料，合同文件中确认的报告与图纸，以及所有额外的审查、调查、勘察、检测、观察和数据应与合同文件联系起来；

I. 承包商已经将在合同文件中发现的所有矛盾、错误、模糊或差异，向工程师发出了书面通知，而且工程师对它的书面决定可被承包商接受；

J. 合同文件通常足以表明并传达对工程的履行与供应的所有条款与条件的理解。

条款 13——账目记录

13.01 承包商应核对所有成为工程一部分的材料、设备与人工，并保持全面且详细的账目，按照本协议，采取适当的财务管理是必须的，而且记账方法应令业主满意。应向业主提供接触所有承包商的记录、账簿、信函、指示、图纸、收据、凭证、备忘录以及同工程成本与承包商的酬金有关的类似数据的机会。在业主最终支付后，承包商应将所有这些文件保存三年时间。

条款 14——合同文件

14.01 目录

A. 合同文件由以下内容组成：

1. 本协议（第 1 页到______，包括在内）；
2. 履约担保（______到______，包括在内）；
3. 支付担保（______到______，包括在内）；
4. 其他担保（______到______，包括在内）；

a. ________________________（______到______，包括在内）；

b. ________________________（______到______，包括在内）；

c. ________________________（______到______，包括在内）；

5. 通用条件（______到______，包括在内）；
6. 补充条件（______到______，包括在内）；
7. 在项目手册的目录中列出的规范；

8. 图纸由一张封面和编号从______到______，包括在内的图纸组成的，每一页具有下列总标题：________________________；

9. 附录（编号______到______，包括在内）；

10. 本协议的证物（列举如下）：

a. 招标通知（______到______，包括在内）；

b. 承包商的投标书（______到______，包括在内）；

c. 在裁决通知前，承包商提交的文件（______到______，包括在内）；

d. __________________________________；

11. 在协议的有效日期内或之后，以下文件可能被交付或发布，并不附属于此处：

a. 书面修正；

b. 工程变更指令；

c. 变更通知。

B. 在第14.01中列出的文件都附属于本协议（除了上面另有明确指明之外）。

C. 除了本条款14列出的这些之外，没有其他合同文件。

D. 合同文件只能照通用条件第3.05中的规定进行修正、更改或补充。

条款15——其他

15.01 术语

A. 本协议中使用的术语具有通用条件中表明的含义。

15.02 合同的分配

A. 在没有要求被约束的一方的书面同意的情况下，按照合同或在合同中，一方分配的任何权利或利益对另一方无约束；并且，没有这种同意（除了这种限制的影响达到受法律限定的程度外）到期的并应付的款项不能明确但无限制地进行分配，而且除非明确规定与这种分配的任何书面同意相反，否则按照合同文件，任何分配都不将解除或免除委托人的任何责任或义务。

15.03 接任者与代理人

A. 关于合同文件中包括的所有契约、协议与责任，业主与承包商各自约束自身、其合伙人、接任者、代理人和另一方的合法代表、及其合伙人、接任者、代理人与合法代表。

15.04 可分性

A. 按照任何法律或规章，无效或不可实施的合同文件的任何或部分条款，被认为是被侵害的，并且所有保留条款应继续有效，并对业主与承包商有约束作用，即他们同意改进合同文件，用一种有效的并可实施的条款来代替这种被侵害的条款或其部分，而这种条款应尽可能接近表达被侵害的条款的目的。

15.05 其他规定

使用者须知

1. 如果适当的话，在此插入其他规定。

以资证明，业主与承包商已经签署了一式两份的协议。各自的一份副本已经被交付给业主与承包商。合同文件的所有部分已经由业主与承包商或他们的代表签署或确认。

使用者须知

1. 查看 I－21 并将两个文件之间关于格式与签署的程序联系起来。

本协议在____________________(协议的有效日期)有效。

业主:

____

由:____________________

(公司盖章)

证明____________________

发通知的地址:

____

____

____

(如果业主是一家公司，附上有签署的权威的证明。如果业主是一个公共团体，附上有签署的权威的证明以及批准执行业主与承包商协议的决议或其他文件。)

指定代表:

姓名:____________________

头衔:____________________

地址:____________________

____

电话:____________________

传真:____________________

承包商:

____

由:____________________

(公司盖章)

证明____________________

发通知的地址:

____

____

____

许可证号____________________

过程服务的代理:____________________

____

(如果承包商是一家公司或一家合伙企业，附上有签署的权威的证明。)

指定代表:

姓名:____________________

头衔:____________________

地址:____________________

____

电话:____________________

传真:____________________

附录 F

芝加哥总承包商协会典型工作人员职能描述

芝加哥总承包商协会
典型工作人员职能描述

项目经理

A. 职能概述

建筑业中的项目经理负责项目的内外事务。其工作在不同公司有相当大的差异。在一些公司项目经理可能是估价工程师或者是进度控制工程师，甚至是担负通常的工种管理人员负责的工作。但是与别的公司打交道时，他的身份只是一名管理人员的监督者。

B. 详细职能

1. 施工作业招标；
2. 如果项目经理是估价师，负责编制报价估算；
3. 处理合同的法律问题；
4. 就承包商安排和协议问题进行谈判；
5. 通过横道图或者关键线路法确定竣工进度计划；
6. 监督管理分包商，协调他们之间的材料配送；
7. 安排项目需要的足够人力；
8. 监督各个工种的管理人员，每天巡视工程进展情况；
9. 控制工人在不同作业之间的转移；
10. 就在某城市、县的工程的开工许可进行协商；
11. 雇佣和解雇在其领导之下的管理人员、工长、工程师和其他人员；
12. 确定建筑物竣工时间；
13. 担当公共关系代表；
14. 与建筑师和业主就设计变更或者设计错误进行协调。

估价师

A. 职能概述

估价师应编制与真实成本尽可能接近的估算。为了实现这一目标，他应该逐条列记整个项目的建筑材料，并计算劳务成本。尽管利润由高级管理层确定，估价时对成本的估算也可以包括一定的百分比利润额。

B. 详细职能

1. 向分包商邮递或者电话告知招标书；
2. 与分包商就投标书递交时间进行商讨；
3. 检查分包商的投标书；
4. 投标前勘查现场，确定现场进入路线，检查现场情况与规划的符合性，查看供水条件和可能引起问题的其他方面情况；

5. 分析规划和设计说明书，即“了解项目”；

6. 将每一项由总承包商负责的工程挑选出来；

7. 必要时，将分包商负责的工程挑选出来；

8. 可以列席业主、建筑师以及承包商会议；

9. 可以检查其他估价师的工作，或者接受其他估价师的检查；

10. 询价；

11. 阅读广告印刷品，注意各自差异；

12. 制作材料清单列表；

13. 对分包商的投标进行预审和评价；

14. 一些公司，估价师承担钢材、木材和其他必须材料的购买职责；

15. 计算进入估算成本的管理费用和利润百分比；

16. 确定最终投标价或者成本价；

17. 如果施工人员没有控制好主要的成本分项，应按需要准备成本变更（估计成本变化）；

18. 加速工地平面总图和机械设备布置；

19. 由于担负采购和工地布置的责任，估价师也应服务于质量控制；

20. 制定进度横道图、网络图和确定关键线路；

21. 为控制成本，为公司的工程制定成本分解细目分类。

项目联络主管（Expeditor）

A. 职能概述

项目联络主管可以编制工程材料需求进度计划，并进行协调。当配送计划执行出现问题时，他应担当矛盾解决人的职责。通过检查规划和设计说明书，预见可能出现的问题，并与建筑师进行协调。

B. 详细职能

1. 在某些公司，接收规划和设计说明书，并按工种进行分解；

2. 在某些公司，向分包商提供按其计划必做事项的书面建议；

3. 研究项目的装配图或者施工图；

4. 检查图纸是否存在不匹配，工作项目是否正确，是否使用规定材料，并就问题进行分析；

5. 持续跟踪核对规划和说明书，确保文件适时正确；

6. 向下属或者应该配备图纸的任何人分发已批准的规划，要求分包商提供充分的规划文件，以保证各委托方获得足够的项目进度文件；

7. 在某些公司，根据材料、设备和劳务的需要时间和可获得时间，确定材料、设备交付和劳务的进场时间。并确定订货和交货之间的时间；

8. 按照CPM打印输出图，编制交货进度，确信关键线路或者横道图的制定，考虑了采购事项；

9. 在一些小公司，负责购买邮箱、告示和装饰品等小额物品；

10. 持续查看进度完成情况；
11. 检查材料试验报告，保证与说明书一致；
12. 在某些公司，检查混凝土的配比设计，主要是采用的混凝土配比公式；
13. 与工种管理者共同规划材料支付计划；
14. 保持每天与分包商的联系；
15. 视需要向建筑师、管理人员、分包商等出具书面备忘录；
16. 检查材料交付延迟的区域；
17. 在某些公司，收集变更通知信息；
18. 按规定解决矛盾，尤其是交付纠纷为其主要职责。

设备主管

A. 职能概述

保养维修公司的设备。监督管理车库和停车场工作人员，协调特定设备进场交付，加快维修和交付速度。

B. 详细职能

1. 监督、维护和修理；
2. 购买设备维护和修理配件；
3. 现场快速修理不能在公司车库修理的设备；
4. 保存包括每台设备维护成本在内的设备信息记录；
5. 了解每一台设备的性能和用途；
6. 就购买新设备提供推荐意见；
7. 向现场提供设备，帮助确定提供时间，提供设备入场方法，以及现场设备调整；
8. 维持其工作组的每周维修成本；
9. 准备年度设备预算。

现场主管

A. 职能概述

建造建筑物。为了项目获利，进行现场人员和材料管理。协调进度使人员和材料运转良好，保证项目在某一利润水平上高效竣工。

B. 详细职能

1. 为了有效地筹划待完成的工作，须研究规划和设计说明书；
2. 尽量预计可能发生的问题；
3. 研究成本；
4. 安排生产进度和构配件生产；
5. 当可以获得预制构件时，调整施工方法；
6. 测量和平面布置，或者监督技术员或现场工程师实施；
7. 持续检查所有工种，主要检查工艺和材料；
8. 雇佣和解雇工人；
9. 为了保存成本记录，向会计部门提供成本信息；
10. 直接或者间接（如通过工长）监督工人；

11. 负责材料交接；
12. 检查图纸是否有变动或者不完全；
13. 视需要，对计划进行变更；
14. 对计划进度或者实际进度负责；
15. 现场估价估算（材料或者劳务）；
16. 支付额外项目费用或者收费；
17. 补充购买（辅助品和采购部门遗漏的项目）；
18. 每日安全检查；
19. 记录现场活动日志。

机电与总分包主管

A. 职能概述

专业主管负责协调分包商与总包商之间的工作，以保障项目按进度和质量运行。

B. 详细职能

1. 编写所需的主要机械电气设备清单；
2. 加速装配图和设备交付进程；
3. 协助准备项目进度计划；
4. 准备电气和机械工程周进度报告；
5. 协调分包商与总包商之间的工作；
6. 检查进度，保障项目按进度进行；
7. 管理监督总承包商为分承包商所作的工作（如机械开挖等）；
8. 保存和分发装配图；
9. 为了保障与规划和设计说明书相符，监督、检查和评估分包商的工作；
10. 紧密监督项目，以确保业主用在分包上的资金值得。

进度控制工程师（现场工程师）

A. 职能概述

进度控制工程师负责编制和协调进度，解决工程进度中出现的问题。持续检查工程进度，以保证实际进度与计划进度相符。

B. 详细职能

1. 接受规划和设计说明书，并按工种进行分解；
2. 书面告知分包商对他们的进度安排；
3. 加速装配图或者详细施工图进展；
4. 采取后续措施，保证规划或/和图纸在适当时间送达给合适的人员；
5. 根据材料、设备和劳务可获得时间，确定材料、设备交付和劳务的进场时间，并确定订货和交货之间的时间；
6. 利用横道图或者关键线路法确定工作交接时间；
7. 与工种管理人员讨论材料交付和进度；
8. 视需要，与分包商进行联系；
9. 视需要，向建筑师、管理人员、分包商等出具书面备忘录；

10. 检查材料交付延迟的区域；

11. 按常规解决矛盾。

工作时间记录管理员

A. 职能概述

工作时间记录管理员的工作主要与项目劳务成本控制相关。掌管工薪手册，也可以掌管材料交付记录。

B. 详细职能

1. 保证工人在岗，查看工人正在从事何种规定的任务，并与工长每日提供的工作表单对照检查；

2. 为了使工作可以编码和输入准确的工作量，与工长一起对工人的工作划分情况进行检查，并确定精确合理的划分；

3. 每天巡视工地几次；

4. 计算过去工程量清单，以获取成本数据；

5. 计算日成本，以确定工程是否在预算内完成；

6. 与管理人员讨论成本问题；

7. 每天将工人的工作时间记录在工薪册内；

8. 每周打印一份成本报告，在某些公司，该工作可以由中心办公室人员负责；

9. 每周打印一份工薪册，在某些公司，该工作可以由中心办公室人员负责；

10. 每周填写工薪支票，在某些公司，该工作可以由中心办公室人员负责；

11. 打印决算后各种费用和分时票据；

12. 估算分包商要求的临时建筑、木工和混凝土的需求成本；

13. 可以编制分包商的支付用发票，并与建筑师对发票的准确性进行商讨；

14. 为所有支付票据编号，以保存工程每一部分的成本记录；

15. 保存所有的钢筋交付记录；

16. 记录混凝土浇筑；

17. 协助管理人员招募雇员，订购木材和其他材料；

18. 在某些工作量大的日期，可以向工会大厅寻求劳务；可以与这些劳务签署一天的工作协议，并在夜晚支付报酬；

19. 签署新工人雇佣文件（W-4表格，申请书等），并向中心办公室呈送原始文件；

20. 在工薪册上填写新雇员的名字和特定工作的正确工资水平；

21. 每月编制福利和养老金报告，在某些公司，该工作可以由中心办公室人员负责；

22. 平衡工薪册，每周一打印工薪册，将其呈送主管部门以备核对，并在周三之前将其返还工地，在某些公司，该工作可以由中心办公室负责；

23. 可以同时在不同项目履行同样的责任；

24. 在涉及美国联邦投资项目，为了与联邦有关规定相符合，应收集分包商的薪金手册并呈送政府部门；

25. 当发生材料交付时，须保存公司卡车司机记录；

26. 大的项目中，监督管理属工时检查人。

附录 G

美国总承包商协会
建筑分包合同标准格式

美国总承包商协会
建筑分包合同标准格式

美国总承包商协会（AGC）
美国分包商协会，Inc.（ASA）
联合专业承包商（ASC）

AGC/ASA/ASC
建筑分包合同标准格式

第　　　号分包合同

条款目录

本协议有重要的法定与保险地位。有关它的完成或修改，鼓励与律师及保险顾问商议。

AGC/ASA/ASC建筑分包合同标准格式

本分包合同在______年______月第______天生效，并在______的______电话为______以下被称为承包商，与______的______电话为_________以下被称为分包商。

证明：下列条款与条件由承包商与分包商共同达成一致：

条款1　分包合同条款的定义

项目：

业主：（在分包合同中使用的术语"业主"意指上面提到的个人或实体或业主授权的代表。）

合同：（明确表示业主与承包商之间的合同。在分包合同中使用的术语"合同"意指承包商与业主之间的合同。）

分包合同：分包合同是承包商与分包商之间的综合而完整的协议。

分包协议：分包协议是第______号分包协议，是由建筑分包合同的标准格式确定的，它成为分包合同文件的一部分。

分包工程：（正如条款4中详细描述的。）

建筑师：

承包商：（包括联合雇主的身份证明号码，办公地址，电话与传真号码。）

分包商：（包括联合雇主的身份证明号码，办公地址，电话与传真号码。）

条款2　分包合同价格

作为对执行分包合同的全部报酬，承包商同意按下面描述的方式，对分包商完满执行分包合同的工程而用流动资金以分包合同的价格向其支付，服从分包合同中所有适用的规定：

（a）正如分包合同中规定的，_________美元（$_________）稳定的固定价格，增加额与扣除额服从合同；

（b）根据随附的，被合并的，供参考的并被当作_________一览表的单价目录与估计工程量的单价；

（c）根据随附的，被合并的，供参考的并被当作_________一览表的劳动与材料成本目录的每小时工资与材料费用和价格。

稳定的固定价格，单价与/或时间与材料的比率与价格以下被当作"分包合同价格"。

条款3　分包合同文件

3.1　分包合同文件由第______号分包合同及后面列出的文件组成。进度表与附件被合并以供参考并成为本文件的一部分：（列出的适用的分包合同文件，包括专用条件、通用条件、规范、图纸、附录、修正，被运用的替换方案、进度表、附件、合同与/或其他文件。通过总体描述、页数及包括最近修订的日期来确认。）

3.2　对分包商有约束作用的分包合同文件在第3.1中被阐明。在执行分包合同前，承包商应让分包商得到对其有约束作用的分包合同的副本。同样，分包商应让他的分包商与供应商得到分包合同文件适用部分的副本。在分包合同执行后，分包商可以随时从承包商处获得分包合同文件的副本。在条款3中列出的文件的任何规定与本分包合同不一致的地方，应按本分包合同来决定。除了承包商与分包商之外，分包合同文件中的任何个人或实体之间都没有合同关系。

条款4 分包工程的范围

4.1 承包商已经雇佣分包商来提供于此有关的劳动、材料、设备与设施，并作为一个独立的承包商，执行分包工程。分包商应按照承包商的总指挥，并根据本分包合同，执行工程（以下被称为“分包工程”）。

4.2 分包工程的范围应包括为完成：项目的______工程所必须的或附带的所有工程，而这是根据分包合同文件并从中可合理推论出的并为产生预期的结果所必须的，尽管没有被惟一地指定，但更特别地：

填列增加或删减项目：

4.3 临时设施：在项目现场执行本分包合同期间，承包商将向分包商提供下列免费的临时设施。

分包商将由自己付款提供所有其他必需的临时设施以便完成分包工程。

4.4 其他特殊条款（在此插入本分包合同要求的任何特殊条款。）

条款5 履约担保

5.1 承包商担保的副本 当需要时，分包商有权从承包商处收到由承包商提供的项目的任何支付与履约担保的副本。

5.2 分包商的担保

5.2.1 各参与方同意，分包商作为指定的债权人，向承包商提供适当的履约担保以保证忠实地执行分包工程，并履行所有分包商的支付责任。若有的话，适用于本分包合同的分包商的履约担保要求，如下所示：

分包商的履约担保（在适当的框里打勾号）

□ 必需的 □ 不需要的

分包商的支付担保（在适当的框上打勾号）

□ 必需的 □ 不需要的

5.2.2 如果按照本分包合同，要求分包商一份履约或支付担保，或两者都包括，则上述担保应按照分包合同价格的全部数额，除非另有规定外，而且上述担保应按一种表格，并经由承包商与分包商共同认可的担保人担保。

5.2.3 对于履行支付担保所有必需的费用，应同时与下面的第一次进度支付一起，无保留地补偿给分包商。

对于分包商担保的补偿数额不应超过分包合同价格的______%，它被包括在分包合同价格中。

5.2.4 如果分包商未能及时提供任何必需的担保，承包商可终止分包合同并就分包工程的剩余部分，与另一个分包商订立分包合同。作为上述终止的结果，承包商承担的所有费用与开支应由分包商支付。

条款6 工程的执行

6.1 开工日期 除非另有说明，否则开工日期即第一份书面的分包合同的有效日期（在此插入关于开始通知与开工日期的任何特殊的规定）。

6.2 工程的进度表 分包商应及时向承包商提供对于分包工程所提议的任何时间安排信息。经过与分包商协商，承包商应编写适于合同履行的进度表（以下被称为“工程进度表”），并且当需要时，当工程有进展时，应修订并更新这种进度表。承包商与分包商都应受到工程进度表的约束。在必须执行前，工程的进度表与所有后来的变更以及额外的细节都应及时并合理地提交给分包商。承包商有权决定并且，如果需要的话，改变要执行的不同工程部分的时间、顺序与优先权，以及与及时有条理地实施分包工程有关的所有其他事项。

6.3 分包合同的执行 分包商应尽全力监督并管理分包工程。分包商应负责协调并完成分包工程部分，并控制分包工程的执行，包括施工方法、技术、方式与顺序，除非分包合同规定了关于这些事项的其他特定指示外。

6.4 使用承包商的设备 只有在承包商的指定代表明确的书面认可下，并根据关于这种使用的承包商的条款与条件，分包商、及其代理人、雇员、分包商或供应商才能使用承包商的设备。

6.5 分包合同的工期 分包工程应从开工日期后＿＿＿＿＿天内，或在＿＿＿＿＿之时或之前实质完工，服从分包合同文件中规定的对分包合同工期的调整。

6.6 极重要的时间 对于两方来说，时间极其重要，并且他们相互同意关注各自工程的执行及各自的分包商与供应商的工作，以便整个项目能按照合同与工程进度表完成。

条款7 分包合同的说明

7.1 矛盾和遗漏 如果在分包合同文件中出现矛盾和遗漏，则分包商有责任在发现这种矛盾和遗漏的三（3）个工作日内，书面通知承包商。承包商应通知分包商要采取的有关措施，并且分包商应服从承包商的指示。如果在没有通知承包商，并且在没有适当的权威，包括承包商，预先批准的情况下，分包商知道所执行的工程与任何适用的法律、法令、条例、建筑规范、准则或规章相反，则分包商应承担这种工程的全部责任，并且应承担为了补救这种侵害而引起的所有必需的关联成本、费用、酬金与开支。

7.2 法律与影响 本分包合同应受到项目所在国家的法律约束。

7.3 可分隔性与弃权 本分包合同的任何一项或更多条款部分无效或全部无效都不影响任何其他条款的有效性或延续的效力与作用。在任何一种或更多情况下，任何一方未能坚持执行分包合同的任何条款、协议或条件，或没能行使本合同的任何权利，这些都不应解释为一种弃权，或在关于进一步执行时，放弃这样的条款、协议、条件或权利。

7.4 律师的酬金 如果其中一方为了执行本文件中的任何规定，以任何方式保护其按本分包合同产生的利益，或为了恢复一方对本分包合同提供的履约担保而雇佣律师提起诉讼或要求仲裁，则占优势的一方应有权收回所花费或产生的律师合理的酬金、成本、费用与开支。

7.5 标题 本分包合同的条款指定的标题只是为了易于查询，并且不为任何其他凭借或引用的目的。

7.6 全部合同 分包合同仅为了签约者的利益，并代表各方之间全面而综合的协议，并且，除了在这里特别引用外，取代先前所有的商议、提议或协议，或者是书面的，或者是口头的协商、提议或协议。

条款8 承包商的责任

8.1 经授权的代表 承包商应指定一位或更多人员作为现场和现场外的经承包商授权的代表。除了在紧急情况下，这种经授权的代表应是分包商惟一依靠其指令，通知与/或指示的人。

8.2 存储 除非条款4中另外规定，否则承包商应让分包商在执行分包工程期间，利用适当并合理的区域贮存分包商的材料与设备。除非另外达成一致意见外，否则承包商应对在承包商的指示下必须重新部署贮存地的额外费用去补偿给分包商。

8.3 及时的沟通 承包商应及时将与分包工程有关的所有提交物、传达物和批准书传送给适当的参与方。除非分包合同文件中另外规定外，否则与分包商的下一级分包商，材料供应员与供应商的沟通都应通过分包商。

8.4 提供的额外服务或供应的材料 承包商同意，除了本分包合同另有规定外，否则给分包商提供额外服务或供应材料的要求都是无效的，除非承包商供给分包商。

（a）在提供服务与/或材料前的通知，除了在影响人员或财产安全的紧急情况下；

（b）在首次提供这种服务或供应这种材料的七（7）天内，索赔的书面通知；

（c）在不迟于提供服务或供应材料之后的这个月（月历）的第十五（15）天，有关这种服务或材料的费用汇编。

8.5 规划责任与水平面 承包商应确定建筑物与现场主要的中心线，在现场，分包商应规划并严格负责分包工程的精确度，并对因分包商未能正确布置或执行工程而对承包商或其他人造成的任何损失或损害负责。分包商应采取慎重态度，以便分包工程最后的实际状况与细节使得完成的表面成一直线。

8.6 业主的支付能力 分包商有权从承包商处获得承包商已经得到的，有关业主支付工程合同的财务信息。

条款9 分包商的责任

9.1 责任 根据分包合同文件，并可从中合理的推断，分包商应提供为适当执行分包工程所必需的所有人工、材料、设备与设施，包括但不限于称职的监督、施工图、样品、工具与脚手架。分包商应向承包商提供一张其提议的分包商与供应商的名单，并负责现场的测量、提供检测、订购材料以及所有为执行分包工程并服从工程进度所必需的其他行为。

9.2 分包商视察现场的责任 分包商承认，已经视察项目现场，并真实地检查了可能影响分包工程的一般条件与当地条件。如果分包商未能从可能影响分包工程的现场，一般条件与当地条件的真实的检查中得到任何发现，这不会解除分包商在不增加承包商额外开支的情况下，正确完成分包工程的责任。

9.3　施工图、样品、产品数据与厂商的说明书

9.3.1　分包商应及时提交所有的施工图、样品、产品数据、厂商的说明书与分包文件要求的类似提交物以供承包商批准。分包商应对分包合同要求的提交物的精确度与一致性向承包商负责。分包商应用与工程进度一致的方式，并以这样的时间与顺序准备这些提交物，并交付给承包商，以便不耽误承包商或其他人执行工程合同。除非从承包商与业主那里获得允许这样的偏离，替代或变更的明确的书面认可，否则对任何分包商提交物的认可不应被认为分包合同文件的要求中允许偏离、替代或变更。如果分包合同文件不包含适合分包工程的提交物的要求，分包商应同意及时向承包商提交任何施工图、样品、产品数据、厂商的说明书或者承包商、业主或建筑师合理要求的类似提交物的要求。

9.3.2　承包商、业主与建筑师有权要求任何专业证明的精确性与完备性，而这种证明则是分包合同文件所要求的，关于系统、设备或材料的执行标准，包括所有与此有关的计算和任何指导执行的要求。

9.4　协调与合作

分包商应：

(a) 与承包商和其工作可能干扰分包工程的所有其他人合作；

(b) 特别注意并立即将对分包工程的任何干扰通知承包商；

(c) 参加与分包工程有关的图纸分配与工程进度的准备。

9.5　经授权的代表　分包商应指定一个或更多人员作为现场和现场外的经分包商授权的代表。除了在紧急情况下，这种经授权的代表应是分包商惟一向其发布指令、命令或指示的人。

9.6　沟通　除非分包合同文件中另有规定，否则分包商与业主、建筑师、独立分包商与/或承包商的其他分包商与供应商的沟通，不管等级，都应通过承包商进行。

9.7　检测与检查　分包商应以适当的次数，对分包工程或其部分，安排所有必需的检测、核定与检查，以便不耽误工程的进度。分包商应向这种检测、核定与检查的所有必需的参与方发布适当的书面通知。分包商应承担合同文件要求分包商检测、检查与核定的有关的所有费用，除非另外达成一致，否则这些检测、核定与检查应由承包商与业主认可的独立的试验检验师或实体来实施。除非分包合同文件另有要求，否则分包商应获得必需的检测、核定与检查证书，并且立刻交付给承包商。

9.8　工程质量　分包工程的每一部分都应按照分包合同文件熟练而优质地执行。分包工程中使用的材料应按足够的数量供应以利于恰当并迅速地执行工程，而且都应是新的，除了分包合同文件中另外明确规定的某一种材料外。

9.9　其他人提供的材料　如果分包工程的范围包括其他人提供的材料或设备的安装，则分包商有责任用恰当的技能与应有的细心检查规定的这些项目，并因此处理、存储并安装这些项目以便确保完满并正确的安装，除了分包合同文件另有规定外。由于分包商行为而引起的损失或损害应按照分包合同从应付给分包商的款项中扣除。

9.10　替换　除非分包合同文件中允许，并只有当分包商首先收到分包合同文件要求的关于替换的所有批准时，分包工程中才可以做出替换。

9.11　担保　分包商保证其工作在材料与/或技艺方面无任何缺陷与不足，并按分包合同文件中要求。

分包商同意履行分包合同文件中确定的担保时期内存在的担保责任，而不须业主或承包商支付。

除非分包合同文件中另有规定，否则按上面描述的，在所有或每一指定部分的分包工程实质完工的日期后一（1）年的时间，或承包商、业主接受、使用每一个指定的区域、系统、设备与/或项目的日期后一（1）年的时间，不论哪一个更早，分包商应对其工程做出担保。

此外，在最终支付前，分包商还同意提供按照分包合同文件，对于分包工程所要求的任何特殊担保。

9.12 工程的揭露/修正

9.12.1 工程的揭露 如果承包商书面要求，分包商必须揭开分包商违背分包合同文件，或与承包商发给分包商的指令相反的已经掩盖的分包工程的任何部分。当收到承包商的书面指令，分包商应揭露这样的工程以供承包商或业主检查，而且由分包商付出时间与费用将被揭露的工程恢复到最初的状态。

9.12.2 承包商可以随时指令分包商揭露部分分包工程以供业主或承包商检查。分包商被要求揭露这样的工程而不管其在被掩盖前，承包商或业主是否要求检查这种工程。除了在第9.12.1中的规定外，倘若承包商以前未通知分包商不要掩盖这种工程，则对于揭露与恢复这种被揭露以供检查的，并证实是按照分包合同文件安装的工程的费用与工期，应通过变更命令调整分包合同。如果分包商依据承包商发布的一项指令揭露工程，并且经检查，这种工程没有遵守分包合同文件，则分包商应对揭露，修正并恢复工程的所有费用与工期负责，以便使它符合分包合同文件。如果承包商或其他一些不由分包商负责的实体引起非一致性的状况，则关于所有这些费用与工期，要求承包商通过变更通知调整分包合同。

9.12.3 工程的修正 要求分包商及时修正，因没能遵守分包合同文件，而被承包商或业主拒收的任何工程，不管观测是在担保时期开始前，还是在第9.11中确定的担保时间内。分包商应自己付出费用和时间修正，并对负责的任何非一致性的分包工程而承担额外服务的费用。

9.13 清扫 分包商应服从承包商的清扫指令：

（a）保持建筑物与房屋一直没有由于分包工程而产生的残废碎片；

（b）在中止每一个区域的工作前，清扫每一个工作区域。如果分包商未能在承包商书面通知后的二十四（24）小时内立即开始执行清扫责任，则承包商在没有进一步通知的情况下，可以采取适当的清扫措施，并从按本分包合同应付给分包商的任何款项中扣除其中的费用。

9.14 人员与财产安全

9.14.1 要求分包商安全合理地执行分包工程。分包商应通过采取合理的措施，尽量避免对人员或财产的伤害、损失或损害，以保护：

（a）现场的雇员与其他人员；

（b）储存在现场或场外的地方供执行工程使用的材料与设备；

（c）位于现场与邻近工作区域的所有财物与建筑物，不管上述财产或建筑物是否是项目的一部分或者与工程有关。

9.14.2　分包商应发布所有必需的通知，并服从所有适用的惯例、规章、命令以及其他被制定的法律要求，以防止对人员或财产的伤害、损失或损害。

9.14.3　分包商应采取适当的适合于分包工程与项目的安全措施，包括建立安全准则，张贴适当的警告与通知，竖立安全屏障，并制订适当的安全注意程序以防止现场或邻近现场的人员与财产遭受伤害、损失或损害。

9.14.4　分包商应极其小心地执行任何包含爆炸性的或其他危险的施工方法或危险的过程、材料或设备的分包工程。在始终与此有关的情况下，分包商应使用完全有资格的个人或实体以一种安全合理的方式执行分包工程，以便降低人员伤害或财产损害的风险。

9.14.5　对于条款9.14（b）与条款9.14（c）涉及的工程、材料、设备以及财产所引起的任何损失或损害，分包商应立刻赔偿。如果按合同要求的保险不包括上述损失或损害，但仅在一定程度上，全部或部分由分包商与/或为或代表分包商执行工程的个人或实体引起的，而不管其等级，这些个人或实体已经提供了与分包合同有关的人工、材料或设施的，并且分包商要对其行为负责。对于不能归因于分包商或分包商对其行为负责的任何人员或实体的过错或疏忽而引起的任何损失或损害，不要求分包商赔偿。

9.14.6　要求分包商在现场指定一个分包商雇佣的人员，担当分包商指定的安全代表，他负责防止意外事件。除非分包商给承包商另有书面确认，否则指定的安全代表应是分包商的项目负责人。

9.14.7　分包商负有确定的责任不使现场的结构或环境负荷过重，并且应采取合理的措施不使结构或现场的任何部分负载以致引起不安全状况，或产生不合理的人员伤害或财产损害风险。分包商有权向承包商书面要求关于现场结构的承载信息。

9.14.8　分包商应立刻向承包商书面通知任何意外事故，包括需要医生照料的人员伤害，任何超过五百美元（$500.00）的财产损失，或可能已经导致严重的人员伤害的任何疏忽，不管这种伤害是否持续。

9.14.9　在现场防止意外事故是承包商、分包商与现场所有其他分包商、人员与实体的责任。承包商制订的安全计划应不解除分包商或其他各方的安全责任。分包商应制订自己的安全计划，执行安全的度量政策与标准，而这些政策与标准符合有管辖权的政府与准政府当局和承包商与业主的要求或建议，包括但不限于分包合同文件所强加的要求。分包商应服从其有股份在项目中的保险公司的合理建议，并且应停止承包商认为不安全的任何一部分分包工程，直到已经采取了令承包商满意的纠正措施为止。承包商没能阻止分包商的危险操作不应因此解除分包商的责任。在一个意外事故之后，分包商应立即通知承包商，并立刻以书面形式确认这个通知。如果承包商要求的话，应提供一份详细的书面报告。由于违反安全而强加于承包商的罚款或罚金，分包商应赔偿给承包商，但这种罚款或罚金仅对因分包商没能遵守适用的安全要求而引起的，然后仅对基于未能特别服从所列举的，并确定为分包商责任的这种罚款或罚金，以及不应归于承包商先前或反复违反安全的罚款或罚金。

9.15　许可证，手续费与执照　分包商应向当局发放充足的有关分包工程的通知，并根据分包合同，支付所有为完成分包工程所必需的许可证费、手续费与执照费、评估费、检查费与税金。

就承包商获得的部分，应将由于在分包合同协议日期之后颁布的法律、条例、准则、规章与税款而产生的额外的费用补偿给分包商。

9.16 委托或分包责任 在没有承包商预先的书面批准的情况下，禁止分包商将根据本分包合同的全部或部分的责任委托、交付、转让、分包、让与或另外处理。承包商的批准应被合理扣留。在分包协议的有效日期之时或之前，承包商批准的较低等级的分包商与供应商可在批准书中列出。

9.17 材料的安全性

9.17.1 如果分包商在现场遇到石棉，多氯化联二苯（PCBs）或其他对人员或财产有潜在伤害的危险物质，则分包商应采取分包合同及法律所要求的所有措施，以防止人员与财产受到伤害或损害，包括在受影响的区域停止分包工程，并立刻书面通知承包商在现场所遇到的情况。如果由于在现场的危险物质而要求分包商停止项目的任何区域的工作，则分包商不应在受影响的区域继续分包工程，直到危险物质已经被移除或成为无害的；承包商与分包商书面同意在所有或一部分区域开始工程；业主指令在受影响的区域继续进行并且各方同意；或按本分包协议，通过仲裁解决争议。在无分包商同意的情况下，分包商得在含有石棉、PCBs或分包合同文件确定的任何其他危险物质的区域执行工程。

9.17.2 正如法律所要求的，并且属于执行分包工程中所使用或消耗的材料或物质的材料安全数据单（MSD）应由分包商提交给承包商。承包商应让分包商利用承包商从其他分包商或其他来源获得的材料安全数据单（MSD）。

条款10 工作关系

(在此插入有关工作关系的所有条款，责任或要求以及它们对项目的影响，推荐法律顾问。)

条款11 保 险

11.1 分包商的保险 在开始分包工程前，分包商应获得关于分包工程的工人的工资保险，雇员的责任保险，综合汽车责任保险，以发生的事件为基础的综合或商业的总责任保险，以及按照分包合同，要求分包商的任何其他保险，并保持有效。

如果分包合同文件要求，则正如被要求的承包商、业主与其他各方应被指定为有关每一种保险的额外的被保险者，除了工人工资外。

按本分包合同，分包商的保险应包括分包商的责任的合同责任保险。

11.2 最低责任限制 正如第11.1节要求的，分包商的综合或商业的总责任保险与综合汽车责任保险应承保不少于以下列出的责任限制：

A. 包括完成工程的综合的总责任保险

1. 身体伤害与财产损害

综合的单一限额 ￥____________________

每一次发生

￥____________________

合计

或

2. 身体伤害 ¥______________
每一次发生
¥______________
合计

3. 财产损害 ¥______________
每一次发生
¥______________
合计

B. 商业的总责任保险
1. 每一次发生的限额 ¥______________
2. 全体总计 ¥______________
3. 产品/完成工作总计 ¥______________
4. 人身与广告伤害限额 ¥______________

C. 综合汽车责任保险
1. 身体伤害与财产损害 ¥______________
综合的单一限额 每一次发生

或

2. 身体伤害 ¥______________
每个人
¥______________
每一次发生

3. 财产损害 ¥______________
总计

11.3 保险单的数量 综合或商业的总责任保险与其他责任保险，可按照一种包括全部限额的单一的保险单来准备，或通过将主要保险单与一种超额或包罗众多的责任保险单所规定的差额合并来准备。

11.4 取消，更新或修改 当保险公司与承包商和分包商相互达成一致的情况下，分包商应保持本分包合同要求的所有保险范围有效，并由分包商独自支付。

除非分包合同文件中另有特别要求，否则所有的保险应包含这样一项规定，即其提供的保险项目不应被取消或更新，也不应增加限制性的修正，直到已经发给承包商预先的书面通知至少三十（30）天为止。

在分包工程开始前，应向承包商提交保险证书，或可被承包商合理接受的，被证实的保险单的副本。

如果分包商没能获得或持有本分包合同要求的任何保险项目，则承包商可购买这种保险项目并向分包商收费，或者终止分包合同。

在接受分包工程项目实质完工以后一年，或直到分包合同文件要求的时间，不管哪一个更长，分包商应保持已完工程的责任保险。在分包工程完成的时候，分包商应向承包商提供这种保险的证明。

11.5 弃权 对于施工人员的风险所包括的损失或损害，或对设备保险的任何其他财产的损失或损害，承包商与分包商都应放弃所有对彼此与业主、建筑师、建筑师的顾问和代理人或他们的雇员、独立的承包商和所有其他分包商索赔的权利，除了他们拥有这种保险收益的权利外；然而，假如这种弃权未延伸至第 12.3 中列出的建筑师、建筑师的顾问，和代理人或他们中任何一个的雇员的行为或疏忽。

11.6 施工人员的风险保险

11.6.1 当分包商有书面要求时，承包商应向分包商提供施工人员的风险保险的一份副本，或由承包商购买的，并对项目有效的任何其他财产或设备保险的一份副本。

11.6.2 如果业主或承包商没有购买属于分包工程全部保险价格的施工人员的风险保险，少于合理的扣除额，则分包商可以获得这种保护分包商，及其分包商与他们的分包商在分包工程中的利益的保险，并且，应通过适当的分包合同变更通知，向分包商补偿这种额外的保险费用。

11.6.3 如果根据施工人员的风险保险，或合同或分包合同要求的任何其他财产或设备保险，这种保险不被包括在内，则分包商应在自己付钱的情况下，获得并持有关于部分分包工程的，远离现场储存或在途中的财物与设备的保险，然而按照条款 14，分包工程的这部分要被包括在一份支付申请中。

11.7 签署 如果本条款中所涉及的保险单需要签署，以防在放弃权利转让的地方延续的保险项目，这些保险的所有者将使它们得到签署。

条款 12 赔 偿

12.1 赔偿 仅对于全部或部分由分包商，或任何分包商的分包商、供应商、厂商或分包商可能对其行为负责的其他人员或实体的疏忽行为或失职，而引起的有关执行分包工程的所有的索赔、损失、费用与赔偿金，包括但不限于律师的酬金，包括人员伤害、患病、疾病、死亡或财产损害，并包括使用财产而产生的，但不损害工程本身的损失，分包商应赔偿承包商、业主、建筑师、他们的代理人、顾问与雇员，并防止他们因此而受到损害。在法律充分许可的范围内，不管下面被赔偿的人员与实体是否要对分包商有责任提供赔偿的索赔、赔偿金、损失或费用负部分责任，本赔偿协议对分包商都有约束作用。本赔偿条款不否定，剥夺或减少这里描述的人员与实体关于赔偿的任何其他权利或责任。

12.2 无限责任 在法律充分许可的范围内，分包商的任何一个雇员，分包商直接或间接雇佣的任何人或分包商为其行为负责的任何人，向业主、建筑师、建筑师的顾问、代理人与雇员，承包商（包括其分支机构、母公司、子公司）与其他承包商或分包商，或他们的任何一个代理人或雇员提出的所有索赔中，根据男工或女工的工资法案，残废抚恤金法案或其他雇员利益的法案，按照本条款 12，在分包商应付的赔偿金、补偿或津贴的数额或类型方面的赔偿责任不应受到任何限制。

12.3　建筑师排除在外　按本条款12，分包商的责任不应延伸至建筑师，建筑师的顾问，他们中任何一个的代理人或雇员，由于：

（a）示意图、图纸、鉴定、报告、调查、变更命令、设计或规范的准备或批准；

（b）建筑师、建筑师的顾问，和他们中的任何一个的代理人或雇员发出或没能发出指令或指示，倘若这种指令或指示的发出或没能发出是伤害或损害的主要原因。

12.4　遵守法律　分包商同意受到约束，并由自己支付，遵守所有适用于分包工程的美国联邦、州和当地的法律、条例与规章（以下共同被称为"法律"）包括，但不限于平等的工作机会，少数民族经营的公司、妇女经营的公司、处于不利地位的营业公司，以及依照分包合同文件，分包商必须遵守的所有其他法律。除了第9.14.9中的规定外，对可归于分包商，他的雇员与代理人由于没能遵守这些法律的任何委托或失职行为而产生所有损失、费用与开支，包括但不限于任何罚款、罚金或补偿措施，分包商应对承包商与业主负责。

12.5　专利权　除了分包合同文件另有规定外，分包商应支付分包工程中包括的任何专利应付的所有版税与特许费用。对源于分包工程的任何专利权的侵害，分包商应防止向承包商或业主提出的所有诉讼，并且应对所有损失，包括所有的费用、开支与律师的酬金而对承包商与业主负责，但是，当分包合同文件中要求特定制造商的一种特殊的设计方法或产品时，则分包商不对这样的防止或损失负责。然而，如果分包商有理由相信，分包合同文件要求的一种特殊的设计，方法或产品是对一种专利权的侵害，则分包商应立刻向承包商提供这样的信息，或为由此遭受的任何损失而对承包商与业主负责。

条款13　变更、索赔与延迟

13.1　变更

13.1.1　分包合同的变更　分包合同的变更是在分包合同的总体范围内，分包工程中的任何变更，包括分包合同的图纸，规范或技术要求的变更和/或在影响分包合同执行的工程进度表中的变更。

13.1.2　变更通知　在没有取消分包合同的情况下，当承包商书面通知时，分包商应在本分包合同总体范围内的分包工程中做出变更。由于这种变更而对分包合同价格或分包合同工期的调整，若有的话，应按照分包合同文件，在一项分包合同变更通知或一项分包合同施工变更指令中阐明。对于不是承包商指令的而分包商执行的任何变更不做任何这样的调整。一项分包合同变更通知是一份由承包商准备，分包商签署的书面文件，即陈述了他们关于分包工程范围中的变更，对分包合同价格与/或分包合同工期的调整的协议。一项分包合同施工变更指令是一份由承包商准备的书面文件，命令分包工程的一项变更，并陈述了对分包合同价格或分包合同工期或两者被提议的调整，若有的话。在缺少关于分包合同变更通知条款的协议时，应使用分包合同施工变更指令。

13.1.3　分包合同施工变更指令　分包商应遵守从承包商那里收到的所有分包合同施工变更指令，并且迅速执行分包工程中必需的变更。分包商应评价分包合同施工变更指令中提出的，对分包合同价格或分包合同工期的被提议的调整，若有的话，并且书面回复承包商，陈述分包商接受或拒绝被提议的调整，以及为此的理由。

若有的话，分包商可通过签署分包合同施工变更指令，并立刻将它归还给承包商的方式，同意分包合同施工变更指令与被提议的调整条款。分包商同意的分包合同施工变更指令立即生效，并且根据它们的条款，成为分包合同变更通知。

13.1.4　分包合同价格的调整　如果一项分包合同变更通知或分包合同施工变更指令要求调整分包合同的价格，调整量应通过下列方法来确定：

(a) 具有证实此数额的足够信息的相互的固定总价协议；

(b) 在分包合同文件中已经确定的，或如果分包合同文件没有确定，则由关于调整的相互的协议确定的单价；

(c) 相互确定的成本加上一份共同接受的关于间接费用与利润的补充；

(d) 分包合同文件可能另有要求。

13.1.5　调整的确认　如果分包商没有将被提议的调整的同意或不同意，立刻报告给承包商，或如果分包商不同意被提议的调整方法，则在可归于这种变化的，分包商合理开支与储蓄的基础上，承包商应确定方法与调整量，包括在增加分包合同价格的情况下，一份关于间接费用与利润的合理的补充。分包商可对承包商确定的任何调整的合理性提出质疑。在承包商与/或业主最终确定费用前，依据适当授权的分包合同施工变更指令，分包商可在分包商给承包商的支付申请中，包括为执行工程的已确定的数额。

13.1.6　分包工程中临时的变更　承包商可指令分包商执行分包工程中不涉及调整分包合同价格或分包工期工期的临时变更。临时变更应同分包合同文件的范围与目的一致。承包商可通过向分包商发布书面指令来发出一项临时变更。这种书面指令应立刻被执行，并对各方有约束作用。

13.2　索赔

13.2.1　索赔　索赔是承包商或分包商为寻求调整分包合同价格与/或分包合同工期，调整或解释分包合同条款，由于或与本分包合同有关的其他解除而做出的一项书面要求或声明，包括承包商与分包商之间解决与项目有关的任何争议。

13.2.2　与业主有关的索赔　在关于承包商向业主提出类似索赔的合同中规定的时间限制内，分包商同意向承包商提出所有索赔，而业主对承包商同样负有或可能负有责任，并且留出足够的时间以便承包商根据合同向业主提出这样的索赔。为了分包商的使用权与利益，承包商同意，允许分包商以承包商的名义并按合同中规定的，承包商对业主的类似索赔的方式提出索赔。在执行分包协议前，承包商应让分包商利用所有关于承包商向业主索赔的合同条款的副本。

13.2.3　与承包商有关的索赔　在分包商知道有引起索赔提出事件的事实后七 (7) 天内，分包商应向承包商发出第 13.2.2 或第 16.7.3 中不包括的所有索赔的书面通知；否则，这样的索赔无效。

13.2.4　未解决的索赔，争议与其他问题　在承包商与分包商之间，所有未解决的索赔，争议与正讨论的其他问题，不涉及第 12.5 包括的索赔，应按条款 15 中规定的方式解决。

13.3　延迟

13.3.1　如果在执行分包工程中，分包商因为分包商控制之外的任何原因，以及不是分包商的过错或疏忽的情况下而被耽误，包括全部或部分由承包商、业主、建筑师或任何其他人员、实体或事件引起的延误，或如果分包工程被承包商、业主或两者中任何一个的授权代表的命令所延误，或者如果分包工程因为承包商、业主或建筑师决定的，已经导致可容许的延误的任何原因或理由而被延误，则分包商有权延长分包合同工期以便完成工程。上述延期应在分包合同变更命令中被阐明，因为经各方同意的这段时间是合理的。

13.3.2 与工期有关的索赔应根据分包合同文件中适用的规定提出。本条款13不排除由于任何一方的延误而收回赔偿金。

13.3.3 赔偿金的清算 如果合同规定了因为超出合同中提出的完工日期，由于延误而被清偿的或其他的赔偿金，并且由业主对承包商估算这种赔偿金，然后承包商可对分包商按其对这种延误与损害的责任份额成比例地估算这种赔偿金，但是没有更多。对分包商估算的数额，若有的话，不应超过分包商对这种延误与损害责任的成比例的份额，而且决不能超过业主对承包商估算的数额。

在第13.3.3中，因分包商的延误而由承包商承担的所有实际损害，承包商有权利提出索赔。

条款14 付 款

14.1 总规定

14.1.1 价格一览表 从执行本分包协议的日期开始十四（14）天内，分包商应编写并向承包商提交一份分配到分包工程的不同部分或阶段的价格一览表。价格一览表中包含的每一列项目应按一个货币价格来确定，以便所有这些项目的总额等于分包合同价格。价格一览表应按业主要求的细目编写，并且承包商与分包商可对包括在价格一览表中的细节的范围达成一致，而这种细节的范围必须由承包商可能要求的这种文件与证据来支持。

14.1.2 支付请求的副本 当分包商要求时，承包商应给分包商一份最新的承包商支付申请的副本，它反映了业主对到目前为止执行的分包工程所批准并/或支付的数额。

14.1.3 付款的使用与核对 要求分包商以适合于从承包商那里收到进度支付的最近时期，支付在执行分包工程中使用于所有人工、材料与设备。在发放有关分包工程的任何到期的付款前，要求有令承包商满意的、合理的证明，以显示当前所有与分包工程有关的责任。在对分包工程做出最终支付前，如果承包商要求，分包商应提交令承包商满意的证明，证明所有的应付工资总额，材料与设备的票据，与所有已知的和分包工程有关的债务，已经被支付或按照第14.3.2中陈列的另外被清偿的债务。

14.1.4 分包商对应收款项的分配 在订立本分包合同前，分包商应通知承包商，在应收款项或按本分包合同应付给分包商的钱款中，存在分包商同意给任何总债权人、银行、贷方、担保人、代理人或其他实体的任何分配或担保利益，并且在订立本分包合同后，应立刻将把分包商同意的这种分配或担保利益书面通知承包商。

14.1.5 付款并非认可 向给分包商付款，不构成或暗示对分包工程的任何部分的认可。

14.2 进度支付

14.2.1 申请 分包商的支付申请应被分条细列，并以分包商的价格一览表和合同中对承包商的支付申请所要求的任何其他证实的数据做支撑。如果被要求，分包商的申请应被确认。由于适当授权的分包合同施工变更指令，分包合同支付申请可能包括支付请求。在前述付款时期内，分包商对于所执行工程的进度支付申请应根据分包合同协议的条款，提交给承包商以供承包商批准。承包商应将分包商进度支付申请的被批准的数额，合并到同一时期承包商对业主的支付申请中，并且及时将它提交给业主。

14.2.2 部分留置的弃权证书与书面陈述 作为支付的先决条件，分包商应以一种令业主与承包商满意的形式，按申请支付的数额提供部分留置或索赔的弃权证书，以及来自分包商、与他的分包商、材料供应员和供应商对于完成的分包工程的书面陈述。这些弃权证书取决于支付情况。在收到付款前，或超过已经支付的数额内，承包商决不能要求分包商签署一份无条件的留置或索赔的弃权证书，或者是部分的或者是最终的。

14.2.3 否决分包商的支付申请 承包商可以全部或部分地否决分包商的支付申请，或废弃过去被批准的分包商的支付申请，而这是承包商为防止基于以下原因而遭受损失或损害，是合理的必要的：

(a) 分包商多次未能按照分包合同的要求执行分包工程；

(b) 源于或与分包合同有关的，并且由分包商引起的对业主、承包商或承包商对其负责的其他人的损失或损害；

(c) 分包商未能适当支付分包工程有关的人工、材料、设备或供应品；

(d) 没有及时修正的被拒收的、非一致性的、有缺陷的分包工程；

(e) 在执行分包工程中合理的延期证明，以致工程不能在分包合同工期内完成，并且分包合同价格中未支付的余额不足以补偿，由于分包商引起的预料到的延误而由承包商承担的清算的赔偿金或实际赔偿金；

(f) 合理的证据，证明了分包合同价格中未支付的余额不够支付完成分包工程的费用；

(g) 涉及分包商或合理证据的第三方索赔，证明了除非并且直到分包商以履约担保，信用证或其他足以解除这种确定的索赔的担保物或承诺的形式，向承包商提供足够的担保，第三方才可能提出索赔。

在不赞成或废弃一份支付申请时，承包商应书面通知分包商并述明具体理由。当上述关于不赞成或废弃支付申请的理由被消除时，应按过去扣留的数额做出支付。

14.2.4 保留额/担保 对于分包工程，保留率应等于业主从承包商的付款中保留的比例。

如果承包商基于承包工程完成的一个百分比而规定降低保留额，承包商也应降低分包商的保留额，如果分包商被批准的支付申请已经获得同样的完成比例，而且承包商的保留额也降低。

如果合同中没有保留额的规定，承包商可要求一个不超过 10% 的保留率。

如果分包商提供了使承包商满意的一种保证或其他担保，则保留率可设置在较低的比率或为零。

14.2.5 申请的时间 对于每一次进度支付时间，在按照合同承包商被要求向业主提交进度支付申请的日期之前不超过七（7）天，分包商应向承包商提交关于执行的分包工程的进度支付申请，除非另外达成一致外。按照本分包合同协议的第 14.2.6 所允许的，分包商可以在给承包商的进度支付申请中，包括为执行分包工程使用的适合储存在现场或其他地方的材料与设备。

14.2.6 储存的材料与设备 除非分包合同文件中另有规定，否则支付申请可包括未并入分包工程中的，但移交到现场并适合储存在现场的材料与设备。如果根据合同，被允许并适当被批准的话，支付申请可包括移交并适合储存在现场外的材料与设备。对于储存在现场或现场外的材料与设备的支付申请的批准，应以分包商提交的销售票据与适用的保险，或令业主与承包商满意的其他程序为条件，以确定对储存的材料与设备的适当评价，业主对这些材料与设备的所有权，并且另外保护业主与承包商在其中的利益，包括到现场的运费。

14.2.7 付款时间 对于完满执行分包工程而给分包商的进度支付，应在承包商从业主那里收到分包工程的付款后，不迟于七（7）天内做出。如果自始至终都不是分包商的过错，而承包商从业主那里没有收到分包工程的付款，承包商应在一段合理的时间内，对于完满执行的分包工程向分包商付款。

14.2.8 延迟付款 如果因为任何非分包商的过错，按照第14.2.7中规定的，在支付时间到期后七（7）天内，或按照合同中规定的，在业主因为分包工程而向承包商支付的时间到期后十四（14）天内，分包商没有从承包商那里收到进度支付款，则当向承包商发出书面通知后七（7）天，而且在不损害任何其他补救方法的情况下，并且除此之外，分包商可停止分包工程，直到该付给分包商的全部数额的付款被收到为止。分包合同价格与分包合同工期应增加到分包商因停工，耽误与启动所合理花费的数额，而这应通过适当的分包合同变更指令来实现。

14.3 最终支付

14.3.1 申请 当承包商接受分包工程时，并且当根据分包合同文件，分包商提供了履行分包商责任的证明时，承包商应立刻将分包商的最终支付申请，并入承包商对业主的下一次支付申请中，如果有延误，应通知分包商及其为此的理由。

14.3.2 要求 在要求承包商将分包商的最终支付申请，并入承包商对业主的下一次支付申请之前，分包商应向承包商提供：

（a）如果分包合同要求书面陈述，说明所有的应付工资总额，材料与设备的票据，及和分包工程有关的业主或其财产或承包商，或承包商的担保人无论如何要对其负责的其他债务已经被支付或另外被清偿；

（b）分包商的担保人同意最终支付，如果需要的话；

（c）正如分包合同要求的，出清存货过程的履行；

（d）依据分包合同要求的保险到最终支付以后，有效的证明仍然是有效的，并且只有在书面通知承包商至少三十（30）天的情况下，才能被取消或承认到期，除非分包合同文件中规定一段更长的时间；

（e）业主可能要求的其他数据，例如收据、弃权证书和一经付款即生效的按业主指定格式的留置权的弃权证书。除了过去书面提出的，由分包商确认的，并在最终支付申请的时候仍未解决的索赔外，分包商接受最终支付应构成分包商放弃索赔的权利。

14.3.3 付款时间 分包合同价格中最终应支付的金额，应在承包商从业主那里收到分包工程的最终付款后七（7）天内，向分包商支付。

14.3.4 最终支付延迟 如果业主延迟对分包工程的最终支付，或承包商因为任何非分包商过错的原因，没有收到关于分包工程的最终付款，承包商应立刻书面通知分包商。承包商也应在分包商的帮助下，不断努力以取得业主立刻发放分包工程的最终应付款额。

如果承包商没有收到业主关于这种分包工程的最终支付，并且自始至终都不是分包商的过错，则承包商应在合理的时间内向分包商付款。

14.3.5 延迟付款的利息 正如第14.2.7、第14.3.3与第14.3.4中规定的，按照分包合同，到期未支付的进度款或最终付款应从支付日期到期开始计算利息，并按分包合同中规定的比率，或在没有比率的情况下，按项目所在地通行的合法比率计算利息。但是，如果在自始至终都不是承包商过错或疏忽的情况下，业主没能按照合同要求，及时向承包商付款，并且因此承包商没能及时向分包商付款，则根据分包合同，承包商向分包商支付关于到期未付的相应付款的利息，应通过承包商立刻向分包商支付分包商的成比例的利息份额，若有的话，这种利息是承包商从业主那里收到的关于这种延迟付款的利息。

14.4 契约与技工的留置 如果在第14.2.7与第14.3.4中提及的合理支付的时间到期前，任何适用的法律、条例、规章或契约要求分包商采取行动，以便维护或保护分包商关于技工的留置或契约索赔的权利，则分包商可在合理的支付时间到期前，采取这样的行动，并且这样的行动不会侵犯本分包合同，也不会因维护并保护分包商权利的目的而被认为是草率的。

条款15 争议的解决

15.1 最初争议的解决 如果一项争议起源于或与本分包合同有关，或与违反分包合同有关，各方可首先通过直接讨论，尽力解决争议。如果通过直接讨论不能解决争议，在诉诸仲裁前，各方可通过调解尽力解决争议。除非各方另外达成一致，否则调解应按照美国仲裁协会的建筑业调解标准实施。调解将从分包合同文件中规定的关于仲裁的时间限制内开始。对于随后的仲裁的时间限制将被延伸到调解过程的持续时间加上十四（14）天，或者按分包合同文件中另有规定办理。被调停的争议服从第15.3关于仲裁的例外情况。调停的地点应和第15.4中确定的仲裁的地点相同。

15.2 仲裁的协议 除了已经提出的一方或接受最终付款的一方放弃的索赔外，所有正在讨论的，起源于或与本分包合同有关，或与违反本分包合同有关的索赔、争议与其他问题，应根据当时有效的美国仲裁协会的建筑业仲裁标准，通过仲裁来决定，除非各方另外相互达成一致外。尽管本分包合同中的其他规定，或选择与此相反的法律规定，本仲裁协议应受联邦仲裁法案，U.S.C.9 § 1以及下列等等的约束，而这不应被任何其他仲裁法案、条例或规章取代或补充。

15.3 程序的中止与合并 如果承包商与分包商确定，他们之间正在讨论的所有或一部分索赔、争议或其他问题全部或部分是一个人员或实体的责任，而这个人或实体没有义务与承包商和分包商一起，在同样的诉讼程序中对上述索赔、争议或问题进行仲裁，则在确定上述个人或实体关于索赔、争议或有关问题的责任与义务前，承包商与分包商可以一种独立的程序，书面同意延迟或停止他们之间的任何仲裁。分包商同意，由承包商选择，按本条款15提起的任何仲裁应同任何其他仲裁程序合并，而这些仲裁程序是在承包商与任何其他分包商之间执行与合同有关的工程时，涉及共同的事实问题或法律问题的仲裁程序。

在任何有关15.3运用的争议中，仲裁问题应通过合适的法庭而不是仲裁来决定。

15.4 要求的通知 要求仲裁的通知应以书面形式向本分包合同的另一方及美国仲裁协会提出。应按照分包合同文件中所要求的，或在已经发出索赔、争议或讨论的其他问题的书面通知后的一段合理时间内，提出仲裁的要求，但是，当基于这种索赔、争议或被讨论的其他问题制定的合法或公平的诉讼程序被适用的限制条例禁止时，则决不能提出这种要求。除了各方另外达成一致外，仲裁程序的地点应在离项目现场最近的美国仲裁协会办事处。

15.5 裁决 仲裁人提交的裁决应是决定性的，并且根据美国联邦仲裁法案，在任何有裁决权的法庭上可以裁决。

15.6 工程的继续与付款 除非分包合同已经被终止，或按分包合同中规定的，分包工程被暂停，或各方另外以书面形式同意暂停一部分或全部分包工程，否则在一项索赔最后解决，包括仲裁以前，分包商应继续开展分包工程并保持工程进度。如果分包商根据分包合同继续执行，承包商应按分包合同要求的，继续做出支付。

15.7 无限制的权利与赔偿 本条款中不限制分包商没有明确放弃的，且分包商根据留置权的法令或履约担保具有任何权利或赔偿。

15.8 相同的仲裁人 在仲裁人与其他人的合同允许的情况下，业主、承包商、分包商及与项目有关的其他人，关于共同的事实问题或法律问题的索赔与争议，应以一个单独的程序，由相同的仲裁人审理。

条款16 承包商的追索权

16.1 未能履约

16.1.1 补救通知 如果分包商拒绝或没能提供足够的熟练工人，适当的材料，或保持工程进度或者分包商没能立即支付他的工人、分包商或供应商，忽视法律、条例、准则、规章或有管辖权的任何公共权威的命令，或另外实质性地违反了本分包合同的一项规定，则分包商被认为违反了本分包合同。如果分包商在接到书面通知后三（3）日内，没能努力并迅速地开始并继续适当修正上述的失职的话，则承包商在不侵害任何其他权利或赔偿的情况下，应有权进行任何或所有下列的补救措施：

（a）正如承包商认为，在上述通知之后分包商未能完成或执行的失职所必需的适当修正，提供这种数目的工人、材料、设备与其他设施，并且向分包商收取有关的费用，分包商有责任支付同样包括合理的管理费用、利润与律师的酬金在内的款额；

（b）正如承包商应决定的，为执行这部分分包工程，与一家或更多的分承包商订约，这些承包商将最迅速地修正过失，并且向分包商收取有关的费用；

（c）根据本分包合同的第14.2.3，扣留应付给分包商的付款；

（d）如果发生影响人员或财产安全的紧急情况，承包商可着手开始并继续适当修正这种过失，而不须先向分包商发出三（3）个工作日的书面通知，但应立刻以书面形式向分包商通知这种行为。

16.1.2 承包商的终止 在按16.1.1发布的书面通知后三（3）个工作日内，如果分包商没能开始并继续适当修正过失，则代替或除了第16.1.1中提出的补救方法外，承包商可向分包商与分包商的担保人发出第二份书面通知，若有的话。这种通知声明了，如果分包商在第二份书面通知后七（7）个工作日内，没能开始并继续修正这种过失，分包合同可被终止，并且承包商可以使用，分包商为完成分包工程所提供的或属于分包商的任何材料、器具、设备、器械或工具。在分包合同被终止时，承包商应向分包商发布一份终止的书面通知。

当承包商认为，这是为保持有秩序的工程进展所必需的，承包商也可以提供材料、设备与/或雇佣的工人或分包商。

承包商在执行分包工程中所承担的所有费用，包括合理的管理费用、利润与律师的酬金，应从按照本分包合同应付或将要付给分包商的任何现款中扣除。分包商应负责支付超过分包合同价格中未付金额的这部分费用。如果分包合同价格中的未付金额超过完成分包工程的费用，则这部分超出额应支付给分包商。

16.1.3 分包商设备的使用 如果承包商按照本条款执行工程，或转包这种要执行的工程，承包商与/或工程已被转包的人员为完成任何剩余的分包工程，有权取走并使用分包商提供的，属于或移交给分包商的项目上的任何材料、器具、设备、器械或工具。当一完成分包工程，应立即将任何剩余的材料、器具、设备、器械或工具，按它们被取走时大体相同的情形，除了正常的磨损外，还给分包商，而这些材料、器具、设备、器械或工具是在执行分包工程中未被消耗或使用的，并由分包商或代表分包商提供的，属于分包商的，或由分包商或代表分包商移交到项目上的。

16.2 破产

16.2.1 终止不存在的补救 如果分包商按照破产法规，提出一份诉状，本分包合同应终止，如果分包商或分包商的受托人否决分包合同，或如果存在一种违约，分包商不能充分保证，分包商会按分包合同的要求来执行，否则根据适用的破产法规的规定，不能遵守关于接受本分包合同的要求。

16.2.2 临时补救措施 如果在提出破产诉状时，或在随后的任何时间，分包商没有按照工程进度表执行，则当在等待分包商或其受托人拒绝或接受本分包合同的决定，并充分担保其执行能力的时候，承包商可根据本条款，利用这些为保持工程进度所必需的补救措施。

承包商可按本分包合同应付或将付给分包商的任何数额来补偿，在进行规定的任何一种补救措施中引起的所有费用，包括但不限于合理的管理费用、利润与律师的酬金。

分包商应负责支付可能超过分包合同价格中未支付金额的这部分费用。

16.3 工程的中断 如果由于承包商的任何行为或疏忽，或承包商对其行为或疏忽负责的任何其他人员或实体的行为或疏忽，业主以书面形式指令承包商停止执行对分包工程有影响的合同或其任何部分，则承包商应书面通知分包商这种情况，并且书面通知之后，分包商应立即按承包商的指令，停止那部分分包工程。

16.4 业主为了方便起见的暂停

16.4.1 如果业主以书面形式指令承包商，在确定的适合业主方便的时间内，暂停、延迟或中断执行对分包工程有影响的合同或其任何部分，并且不是因为承包商或承包商可能对其行为或疏忽负责的任何其他人员或实体的任何行为或疏忽，则承包商应书面通知分包商这种情况，并且书面通知后，分包商应按承包商的指令，立即暂停、延迟、或中断那部分分包工程。

16.4.2 如果按照第 16.4.1 中描述的，业主为了方便起见的暂停、延迟、或中断发生，承包商因上述指令引起的任何赔偿金，包括任何要求调整分包合同价格与/或分包合同工期的索赔而对分包商负有的责任，应通过以下方法得以消除，即承包商、代表分包商从业主那里取得上述的赔偿金与索赔，并代表分包商将从业主那里获得的任何额外的工期与/或费用判给并支付给分包商，如果分包商接受的话。

16.4.3　如果按照16.4.1中描述的，由于业主为了方便起见的暂停、延迟、或中断而引起的分包商的赔偿金与索赔，不能按照合同通过协商解决时，则由分包商支付的情况下，承包商同意与分包商合作，经由调解、仲裁与/或诉讼而就上述赔偿金与索赔向业主起诉，并允许分包商以承包商的名义，并为了分包商的使用权与利益，对上述赔偿金与索赔起诉。承包商因业主为了方便的暂停、延迟、或中断而引起的任何赔偿金与索赔而对分包商负有的责任，应通过以下方式得以全部消除，即承包商代表分包商经由调解、仲裁与/或诉讼程序的决定而将从业主那里获得的任何额外的工期与/或费用判给并支付给分包商。

16.5　业主的终止

16.5.1　如果业主终止与承包商的合同，或包括分包工程的任何一部分合同，承包商应在终止后三（3）天内，以书面形式通知分包商这种情况，并且在书面通知后，本分包合同应立即终止，而且分包商应立即停止分包工程，服从承包商关于停工与终止程序的指示，并尽可能减少所有的费用。

16.5.2　如果业主为方便起见终止与承包商的合同，并且不是因为承包商的任何行为或疏忽，则承包商因业主的终止引起的任何赔偿金或索赔而对分包商负有的责任应通过以下方式得以消除，即如果分包商接受的话，承包商代表分包商，从业主那里取得上述的赔偿金与索赔，并将从业主那里获得的任何额外的款项支付给分包商。

16.5.3　如果业主为方便起见终止与承包商的合同，并且分包商的赔偿金与索赔不能按照合同或其他方式，通过协商解决，则由分包商支付的情况下，承包商同意与分包商合作，经由调解、仲裁与/或诉讼而就上述赔偿金与索赔向业主起诉，并允许分包商以承包商的名义，并为了分包商的使用权与利益，对上述赔偿金与索赔起诉。承包商因业主为方便起见的终止引起的任何赔偿金或索赔而对分包商负有的责任应通过以下方式得以全部消除，即承包商代表分包商经由调解、仲裁与/或诉讼程序的决定而将从业主那里获得的任何额外的时间与/或费用判给并支付给分包商。

16.6　分包合同临时的转让　如果根据合同要求，承包商可将分包合同转让给业主。只有当业主：已经有理由终止合同，并通过书面形式通知分包商，已经接受转让时，转让才有效。临时转让应服从根据承包商的担保，担保人可能负有的先前的权利，若有的话。分包商据此同意这种转让，并且作为受让人，同意业主受本分包合同条款的约束。

16.7　承包商为了方便起见的暂停

16.7.1　承包商可以书面形式指令分包商，在确定的适合承包商方便的这段时间内暂停、延迟或中断所有或任何部分的分包工程。分包工程的短期/临时停工不被认为是工程的暂停、延迟或中断。

16.7.2　分包商应在收到承包商的指令后十四（14）天内，向承包商书面通知这种指令对分包工程的影响。分包合同价格与/或分包合同工期应通过分包合同变更指令来调整，而这种分包合同变更指令是关于这种暂停、延迟或中断而引起的执行本分包合同的工期与/或价格的任何增加。

16.7.3　按照16.7，在分包商通知承包商之前超过十四（14）天，对所承担的任何费用不允许索赔。

16.7.4 按本节16.7，由于任何暂停、延迟或中断以致因为分包商的过错或疏忽，分包商要对其负责的一个原因，或按照本分包合同分包商只有权延长一段工期的原因而使分包合同的执行被或将被暂停、延误或中断时，不应调整分包合同价格。

条款17 分包商的终止

如果因为分包商没有收到按条款14要求的进度支付，分包工程已经停止了三十（30）天，或不因分包商的过错或疏忽而被停止或暂停了一段不合理的时间，则分包商在向承包商发出书面通知七（7）天后，可终止分包合同。在终止后，分包商有权立即从承包商那里收回所有圆满执行的但仍未支付的分包工程的付款，包括合理的管理费用、利润与赔偿金。但是，如果自始至终都不是承包商的过错或疏忽，业主没有对圆满执行的分包工程而向承包商付款，并且按照本条款分包商终止分包合同，因为他没有收到按条款14要求的相应的进度支付，则在终止后一段合理的时间内，分包商有权从承包商那里收取所有圆满执行的但仍未支付的分包工程的付款，包括合理的管理费用以及利润。在这种情况下，承包商对于分包商索赔的任何其他赔偿金的责任应通过承包商代表分包商，以本分包合同16.5.2与第16.5.3中规定的方式，从业主那里取得上述的赔偿金与索赔而得以完结。

按上面最初的书面日期订立本合同

证明：______________　　承包商：______________
由：______________
打印名字：______________
打印称号：______________

证明：______________　　分包商：______________
由：______________
打印名字：______________
打印称号：______________

附录 H

利息一览表

利息一览表

利息 5%

	单独付款额		相同系列				
	混合数额系数 CAF	现有价值系数 PWSP	混合数额系数 USCA	沉没资金系数 SFF	现有价值系数 PWUS	资金再利用系数 CRF	
	已知 P 求 F $(1+i)^n$	已知 F 求 P $\frac{1}{(1+i)^n}$	已知 A 求 F $\frac{(1+i)^n-1}{i}$	已知 F 求 A $\frac{i}{(1+i)^n-1}$	已知 A 求 P $\frac{(1+i)^n-1}{i(1+i)^n}$	已知 P 求 A $\frac{i(1+i)^n}{(1+i)^n-1}$	
1	1.050	0.9524	1.000	1.00001	0.952	1.05001	1
2	1.102	0.9070	2.050	0.48781	1.859	0.53781	2
3	1.158	0.8638	3.152	0.31722	2.723	0.36722	3
4	1.216	0.8227	4.310	0.23202	3.546	0.28202	4
5	1.276	0.7835	5.526	0.18098	4.329	0.23098	5
6	1.340	0.7462	6.802	0.14702	5.076	0.19702	6
7	1.407	0.7107	8.142	0.12282	5.786	0.17282	7
8	1.477	0.6768	9.549	0.10472	6.463	0.15472	8
9	1.551	0.6446	11.026	0.09069	7.108	0.14069	9
10	1.629	0.6139	12.578	0.07951	7.772	0.12951	10
11	1.710	0.5847	14.206	0.07039	8.306	0.12039	11
12	1.796	0.5568	15.917	0.06283	8.863	0.11283	12
13	1.886	0.5303	17.712	0.05646	9.393	0.10646	13
14	1.980	0.5051	19.598	0.05103	9.899	0.10103	14
15	2.079	0.4810	21.578	0.04634	10.380	0.09643	15
16	2.183	0.4581	23.657	0.04227	10.838	0.09227	16
17	2.292	0.4363	25.840	0.03870	11.274	0.08870	17
18	2.407	0.4155	28.132	0.03555	11.689	0.08555	18
19	2.527	0.3957	30.538	0.03275	12.085	0.08275	19
20	2.653	0.3769	33.065	0.03024	12.462	0.08024	20
21	2.786	0.3589	35.718	0.02800	12.821	0.07800	21
22	2.925	0.3419	38.504	0.02597	13.163	0.07597	22
23	3.071	0.3256	41.429	0.02414	13.488	0.07414	23
24	3.225	0.3101	44.500	0.02247	13.798	0.07247	24
25	3.386	0.2953	47.725	0.02095	14.094	0.07095	25
26	3.556	0.2812	51.112	0.01957	14.375	0.06956	26
27	3.733	0.2679	54.667	0.01829	14.643	0.06829	27
28	3.920	0.2551	58.400	0.01712	14.898	0.06712	28
29	4.116	0.2430	62.320	0.01605	15.141	0.06605	29
30	4.322	0.2314	66.436	0.01505	15.372	0.06505	30
35	5.516	0.1813	90.316	0.01107	16.374	0.06107	35
40	7.040	0.1421	120.794	0.00828	17.159	0.05828	40
50	11.467	0.0872	209.336	0.00478	18.256	0.05478	50
75	38.830	0.0258	756.594	0.00132	19.485	0.05132	75
100	131.488	0.0076	2609.761	0.00038	19.848	0.05038	100

利息一览表

利息 6%

	单独付款额		相同系列				
	混合数额系数 CAF	现有价值系数 PWSP	混合数额系数 USCA	沉没资金系数 SFF	现有价值系数 PWUS	资金再利用系数 CRF	
	已知 P 求 F	已知 F 求 P	已知 A 求 F	已知 F 求 A	已知 A 求 P	已知 P 求 A	
	$(1+i)^n$	$\frac{1}{(1+i)^n}$	$\frac{(1+i)^n-1}{i}$	$\frac{i}{(1+i)^n-1}$	$\frac{(1+i)^n-1}{i\ (1+i)^n}$	$\frac{i\ (1+i)^n}{(1+i)^n-1}$	
1	1.060	0.9434	1.000	1.00001	0.943	1.06001	1
2	1.124	0.8900	2.060	0.48544	1.833	0.54544	2
3	1.191	0.8396	3.184	0.1411	2.673	0.37411	3
4	1.262	0.7921	4.375	0.22860	3.465	0.28860	4
5	1.338	0.7473	5.637	0.17740	4.212	0.23740	5
6	1.419	0.7050	6.975	0.14337	4.917	0.20337	6
7	1.504	0.6651	8.394	0.11914	5.582	0.17914	7
8	1.594	0.6274	9.897	0.10104	6.210	0.16104	8
9	1.689	0.5919	11.491	0.08702	6.802	0.14702	9
10	1.791	0.5584	13.181	0.07587	7.360	0.13587	10
11	1.898	0.5268	14.971	0.06679	7.887	0.12679	11
12	2.012	0.4970	16.870	0.05928	8.384	0.11928	12
13	2.133	0.4688	18.882	0.05296	8.853	0.11296	13
14	2.261	0.4423	21.015	0.04759	9.295	0.10759	14
15	2.397	0.4173	23.275	0.04296	9.712	0.10296	15
16	2.540	0.3937	25.672	0.03895	10.106	0.09895	16
17	2.693	0.3714	28.212	0.03545	10.477	0.09545	17
18	2.854	0.3503	30.905	0.03236	10.828	0.09236	18
19	3.026	0.3305	33.759	0.02962	11.158	0.08962	19
20	3.207	0.3118	36.785	0.02719	11.470	0.08719	20
21	3.399	0.2942	39.992	0.02501	11.764	0.08501	21
22	3.603	0.2775	43.391	0.02305	12.041	0.08305	22
23	3.820	0.2618	46.994	0.02128	12.303	0.08128	23
24	4.049	0.2470	50.814	0.01968	12.550	0.07968	24
25	4.292	0.2330	54.863	0.01823	12.783	0.07823	25
26	4.549	0.2198	59.154	0.01690	13.003	0.07690	26
27	4.822	0.2074	63.704	0.01570	13.210	0.07570	27
28	5.112	0.1956	68.526	0.01459	13.406	0.07459	28
29	5.418	0.1846	73.637	0.01358	13.591	0.07358	29
30	5.743	0.1741	79.055	0.01265	13.765	0.07265	30
35	7.686	0.1301	111.430	0.00897	14.498	0.06897	35
40	10.285	0.0972	154.755	0.00646	15.046	0.06646	40
50	18.419	0.0543	290.321	0.00344	15.762	0.06344	50
75	79.051	0.0127	1300.852	0.00077	16.456	0.06077	75
100	339.269	0.0029	5637.809	0.00018	16.618	0.06018	100

利息一览表

利息 7%

	单独付款额		相同系列				
	混合数额系数 CAF	现有价值系数 PWSP	混合数额系数 USCA	沉没资金系数 SFF	现有价值系数 PWUS	资金再利用系数 CRF	
	已知 P 求 F $(1+i)^n$	已知 F 求 P $\frac{1}{(1+i)^n}$	已知 A 求 F $\frac{(1+i)^n-1}{i}$	已知 F 求 A $\frac{i}{(1+i)^n-1}$	已知 A 求 P $\frac{(1+i)^n-1}{i(1+i)^n}$	已知 P 求 A $\frac{i(1+i)^n}{(1+i)^n-1}$	
1	1.070	0.9346	1.000	1.00000	0.935	1.07000	1
2	1.145	0.8734	2.070	0.48310	1.808	0.55310	2
3	1.225	0.8163	3.215	0.31106	2.624	0.38105	3
4	1.311	0.7629	4.440	0.22523	3.387	0.29523	4
5	1.403	0.7130	5.751	0.17389	4.100	0.24389	5
6	1.501	0.6663	7.153	0.13980	4.766	0.20980	6
7	1.606	0.6228	8.654	0.11555	5.389	0.18555	7
8	1.718	0.5820	10.260	0.09747	5.971	0.16747	8
9	1.838	0.5439	11.978	0.08349	6.515	0.15349	9
10	1.967	0.5084	13.816	0.07238	7.024	0.14238	10
11	2.105	0.4751	15.783	0.06336	7.499	0.13336	11
12	2.252	0.4440	17.888	0.05590	7.943	0.12590	12
13	2.410	0.4150	20.140	0.04965	8.358	0.11965	13
14	2.579	0.3878	22.550	0.04435	8.745	0.11435	14
15	2.759	0.3625	25.129	0.03980	9.108	0.10980	15
16	2.952	0.3387	27.887	0.03586	9.147	0.10586	16
17	3.159	0.3166	30.840	0.03243	9.763	0.10243	17
18	3.380	0.2959	33.998	0.02941	10.059	0.09941	18
19	3.616	0.2765	37.378	0.02675	10.336	0.09675	19
20	3.870	0.2584	40.995	0.02439	10.594	0.09439	20
21	4.140	0.2415	44.864	0.02229	10.835	0.09229	21
22	4.430	0.2257	49.005	0.02041	11.061	0.09041	22
23	4.740	0.2110	53.435	0.01871	11.272	0.08871	23
24	5.072	0.1972	58.175	0.01719	11.469	0.08719	24
25	5.427	0.1843	63.247	0.01581	11.654	0.08581	25
26	5.807	0.1722	68.675	0.01456	11.826	0.08456	26
27	6.214	0.1609	74.482	0.01343	11.987	0.08343	27
28	6.649	0.1504	80.695	0.01239	12.137	0.08239	28
29	7.114	0.1406	87.344	0.01145	12.278	0.08145	29
30	7.612	0.1314	94.458	0.01059	12.409	0.08059	30
35	10.676	0.0937	138.233	0.00723	12.948	0.07723	35
40	14.974	0.0668	199.628	0.00501	13.332	0.07501	40
50	29.456	0.0339	406.511	0.00246	13.801	0.07246	50
75	159.866	0.0063	2269.516	0.00044	14.196	0.07044	75
100	867.644	0.0012	12380.633	0.00008	14.269	0.07008	100

利息一览表

利息 8%

	单独付款额		相同系列				
	混合数额系数 CAF	现有价值系数 PWSP	混合数额系数 USCA	沉没资金系数 SFF	现有价值系数 PWUS	资金再利用系数 CRF	
	已知 P 求 F $(1+i)^n$	已知 F 求 P $\frac{1}{(1+i)^n}$	已知 A 求 F $\frac{(1+i)^n-1}{i}$	已知 F 求 A $\frac{i}{(1+i)^n-1}$	已知 A 求 P $\frac{(1+i)^n-1}{i(1+i)^n}$	已知 P 求 A $\frac{i(1+i)^n}{(1+i)^n-1}$	
1	1.080	0.9259	1.000	1.00000	0.926	1.08000	1
2	1.166	0.8573	2.080	0.48077	1.783	0.56077	2
3	1.260	0.7938	3.246	0.30804	2.577	0.38804	3
4	1.360	0.7350	4.506	0.22192	3.312	0.30192	4
5	1.469	0.6806	5.867	0.17046	3.993	0.25046	5
6	1.587	0.6302	7.336	0.13632	4.623	0.21632	6
7	1.714	0.5835	8.923	0.11207	5.206	0.19207	7
8	1.851	0.5403	10.637	0.09402	5.747	0.17402	8
9	1.999	0.5003	12.487	0.08008	6.247	0.16008	9
10	2.159	0.4632	14.486	0.06903	6.710	0.14903	10
11	2.332	0.4289	16.645	0.06008	7.139	0.14008	11
12	2.518	0.3971	18.977	0.05270	7.536	0.13270	12
13	2.720	0.3677	21.495	0.04652	7.904	0.12652	13
14	2.937	0.3405	24.215	0.04130	8.244	0.12130	14
15	3.172	0.3152	27.152	0.03683	8.559	0.11683	15
16	3.426	0.2919	30.324	0.03298	8.851	0.11298	16
17	3.700	0.2703	33.750	0.02963	9.122	0.10963	17
18	3.996	0.2503	37.450	0.02670	9.372	0.10670	18
19	4.316	0.2317	41.446	0.02413	9.604	0.10413	19
20	4.661	0.2146	45.761	0.02185	9.818	0.10185	20
21	5.034	0.1987	50.422	0.01983	10.017	0.09983	21
22	5.436	0.1839	55.456	0.01803	10.201	0.09803	22
23	5.871	0.1703	60.892	0.01642	10.371	0.09642	23
24	6.341	0.1577	66.764	0.01498	10.529	0.09498	24
25	6.848	0.1460	73.105	0.01368	10.675	0.09368	25
26	7.396	0.1352	79.953	0.01251	10.810	0.09251	26
27	7.988	0.1252	87.349	0.01145	10.935	0.09145	27
28	8.627	0.1159	95.337	0.01049	11.051	0.09049	28
29	9.317	0.1073	103.964	0.00962	11.158	0.08962	29
30	10.062	0.0994	113.281	0.00883	11.258	0.08883	30
35	14.785	0.0676	172.313	0.00580	11.655	0.08580	35
40	21.724	0.0460	259.050	0.00386	11.925	0.08386	40
50	46.900	0.0213	573.753	0.00174	11.233	0.08174	50
75	321.190	0.0031	4002.378	0.00025	11,161	0.08025	75
100	2199.630	0.0005	27482.879	0.00004	11.494	0.08004	100

附录 I

小型加油站的设计图

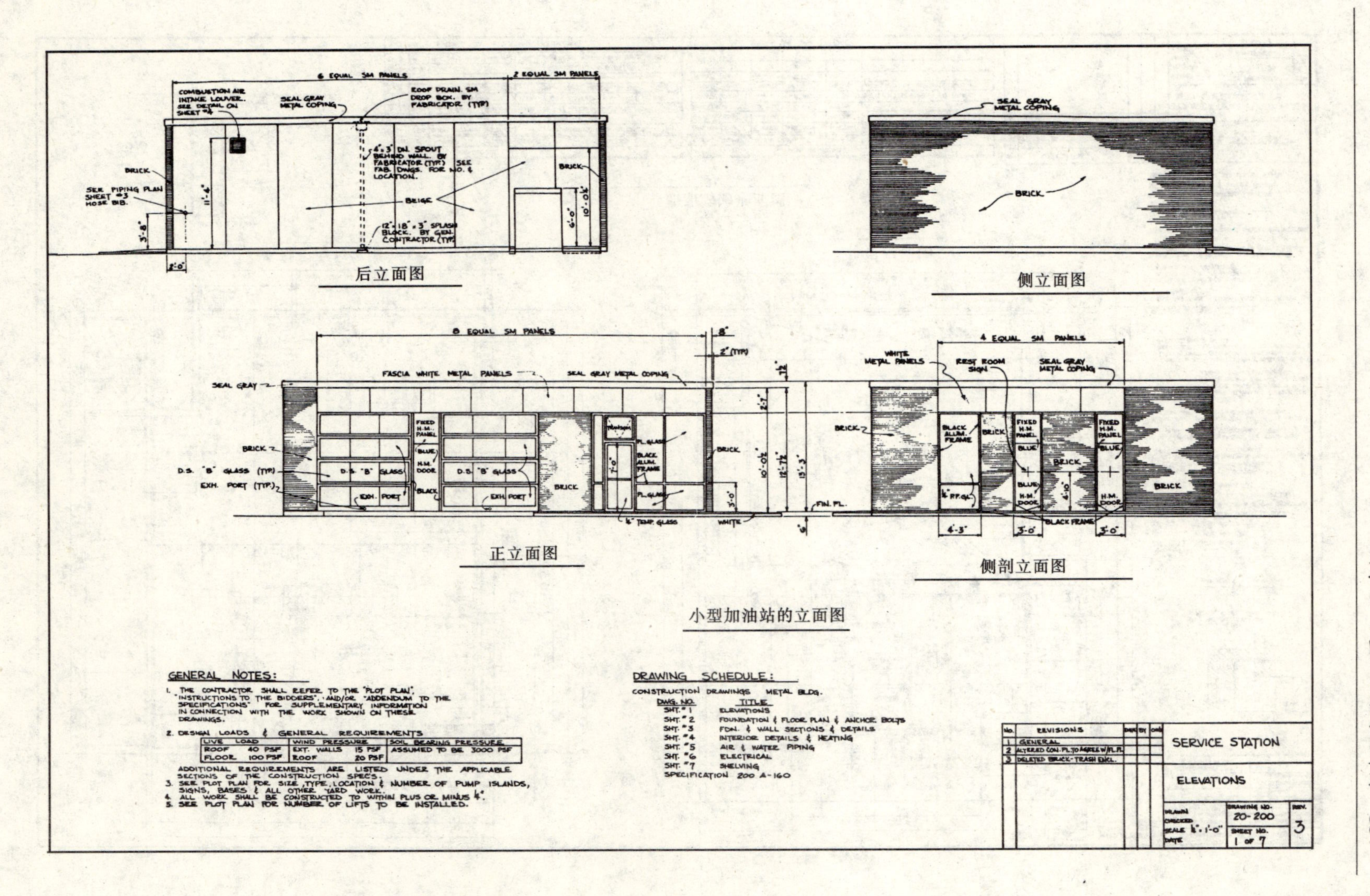
6 EQUAL SM PANELS
2 EQUAL SM PANELS
COMBUSTION AIR INTAKE LOUVER. SEE DETAIL ON SHEET #4
SEAL GRAY METAL COPING
ROOF DRAIN. SM DROP BOX. BY FABRICATOR (TYP)
4"×3" DN. SPOUT BEHIND WALL BY FABRICATOR (TYP) SEE FAB. DWGS. FOR NO. & LOCATION.
BRICK
SEE PIPING PLAN SHEET #3 HOSE BIB.
12"×18"×3" SPLASH BLOCK. BY GEN. CONTRACTOR (TYP)
后立面图
SEAL GRAY METAL COPING
BRICK
侧立面图
8 EQUAL SM PANELS
FASCIA WHITE METAL PANELS
SEAL GRAY METAL COPING
SEAL GRAY
BRICK
D.S. "B" GLASS (TYP)
EXH. PORT (TYP)
FIXED H.M. PANEL
BLUE
H.M. DOOR
BLACK
PL. GLASS
BLACK ALUM. FRAME
¼" TEMP. GLASS
WHITE
FIN. FL.
正立面图
4 EQUAL SM PANELS
WHITE METAL PANELS
REST ROOM SIGN
BLACK FRAME
侧剖立面图
小型加油站的立面图
GENERAL NOTES:
1. THE CONTRACTOR SHALL REFER TO THE "PLOT PLAN", "INSTRUCTIONS TO THE BIDDERS", AND/OR "ADDENDUM" TO THE "SPECIFICATIONS" FOR SUPPLEMENTARY INFORMATION IN CONNECTION WITH THE WORK SHOWN ON THESE DRAWINGS.
2. DESIGN LOADS & GENERAL REQUIREMENTS
LIVE LOAD | WIND PRESSURE | SOIL BEARING PRESSURE
ROOF 40 PSF | EXT. WALLS 15 PSF | ASSUMED TO BE 3000 PSF
FLOOR 100 PSF | ROOF 20 PSF
ADDITIONAL REQUIREMENTS ARE LISTED UNDER THE APPLICABLE SECTIONS OF THE CONSTRUCTION SPECS.
3. SEE PLOT PLAN FOR SIZE, TYPE, LOCATION & NUMBER OF PUMP ISLANDS, SIGNS, BASES & ALL OTHER YARD WORK.
4. ALL WORK SHALL BE CONSTRUCTED TO WITHIN PLUS OR MINUS ¼".
5. SEE PLOT PLAN FOR NUMBER OF LIFTS TO BE INSTALLED.
DRAWING SCHEDULE:
CONSTRUCTION DRAWINGS METAL BLDG.
DWG. NO. TITLE
SHT. #1 ELEVATIONS
SHT. #2 FOUNDATION & FLOOR PLAN & ANCHOR BOLTS
SHT. #3 FDN. & WALL SECTIONS & DETAILS
SHT. #4 INTERIOR DETAILS & HEATING
SHT. #5 AIR & WATER PIPING
SHT. #6 ELECTRICAL
SHT. #7 SHELVING
SPECIFICATION 200 A-160
NO. REVISIONS
1 GENERAL
2 ALTERED CON. PL. TO AGREE W/F.P.
3 DELETED BRICK-TRASH ENCL.
SERVICE STATION
ELEVATIONS
DRAWING NO. 20-200
REV. 3
SCALE ¼"=1'-0"
SHEET NO. 1 OF 7

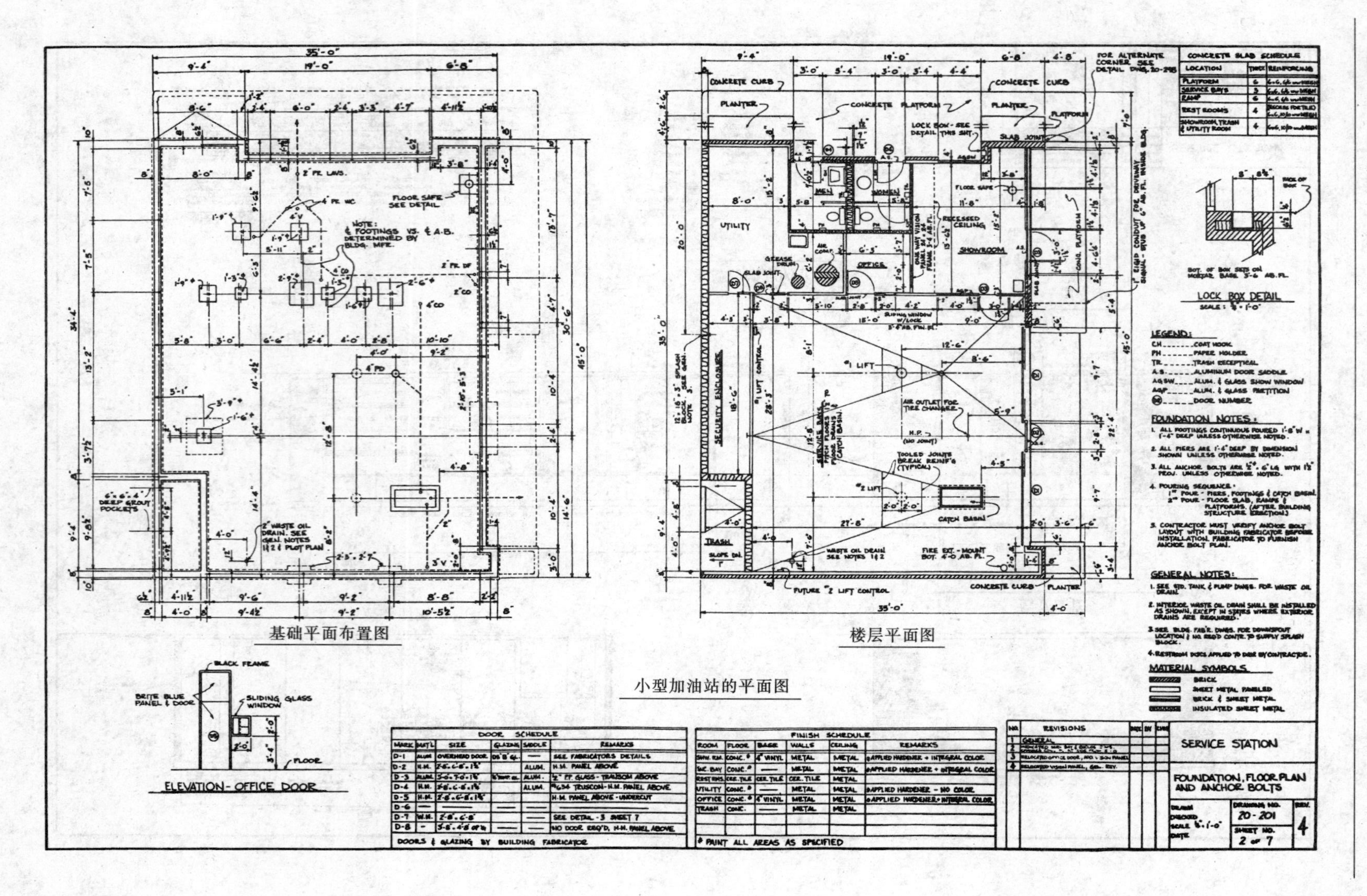
基础平面布置图
楼层平面图
ELEVATION-OFFICE DOOR
LOCK BOX DETAIL
LEGEND:
FOUNDATION NOTES:
GENERAL NOTES:
MATERIAL SYMBOLS
CONCRETE SLAB SCHEDULE
DOOR SCHEDULE
FINISH SCHEDULE
REVISIONS
SERVICE STATION
FOUNDATION, FLOOR PLAN AND ANCHOR BOLTS
20-201
2 of 7

小型加油站的平面图

附录 J

现场勘查清单

现场勘查清单

总体勘查事项：

A. 当地的地形和气候特征如何？

B. 与施工方法选择有关的特征是什么？

C. 需要什么要素支持施工队伍？

D. 哪些因素可能侵扰当地社会或环境？

A. 当地的地形和气候特征

1. 实际地形（过大的坡度等）
2. 高程
3. 地质（土壤特性、岩石等）
4. 地面覆盖层情况
5. 过大的季节效应
6. 风向
7. 天然屏障
8. 排水
9. 地下水情况
10. 地震带

B. 与施工方法有关的特征

1. 工地的可达性（铁路、公路和水路）
2. 劳务可获得性（技术、成本和工作态度）
3. 材料可获得性（废料利用、成本和品质）
4. 利用当地材料（砾石、砂子、地基、回填）
5. 代用建筑、野营地
6. 工地周围的回旋空间
7. 已建结构和设施的位置
8. 与已建结构和设施的冲突
9. 间接费用
10. 废料处置区
11. 土地利用
12. 当地建造习惯

C. 支持施工队伍的因素

1. 宿舍、工棚
2. 食物（工地伙食）
3. 特殊设备
4. 服装
5. 通讯
6. 当地危险
7. 消防、安全保护设备可获得性
8. 当地风俗、文化
9. 饮用水
10. 卫生设施
11. 娱乐条件
12. 小型商店
13. 医疗
14. 银行、货币
15. 交通
16. 当地维修设施的可获得性

D. 可能侵扰当地社会或环境的因素

1. 噪声
2. 垃圾
3. 爆破
4. 公路运输
5. 用水
6. 燃烧（烟）
7. 排水
8. 飞行操作
9. 垃圾处理区
10. 设施破坏
11. 搬迁问题
12. 工作时间
13. 经济影响
14. 社区态度
15. 保护措施
16. 与政治有关的因素

附录 K

MicroCYCLONE 仿真系统

MicroCYCLONE 仿真系统

程序总体组织

系统由一系列独立模块组成，每一个模块控制整个系统的一个特定部分，共有五个模块：

1. 数据输入模块；
2. 仿真模块；
3. 报告生成模块；
4. 敏感性分析模块；
5. 统计分析模块。

整个系统是菜单驱动的，对于没有经验的用户和专家用户一样简单。这些菜单使得用户可以只使用功能键（键盘的左边或上边部分）就可以在整个程序中移动。

程序组织如图 K.1 所示。

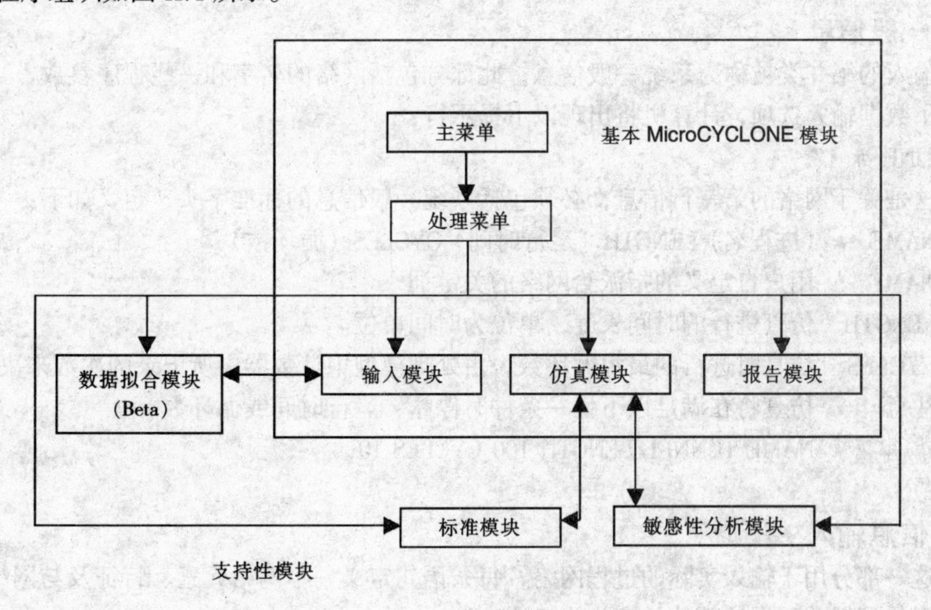

图 K.1　MicroCYCLONE 程序组织图

传统网络输入

概　述

MicroCYCLONE 支持两种网络输入形式：标准 MicroCYCLONE 模型和传统输入表单。下面介绍应用更广泛的传统输入形式。

用户可以通过 MicroCYCLONE 输入文件把 MicroCYCLONE 图形模型转化为可以被 MicroCYCLONE 识别的面向问题的语言（POL）。图形化的 MicroCYCLONE 模型转化成 POL 形式可以通过把模型分成以下四类信息来进行：

1. 模型基本信息，如名字和仿真结束的模式等；

2. CYCLONE 网络信息，定义每个节点的类型、标志、描述以及其与其他节点的逻辑关系；

3. 持续时间信息，包括使用的分布类型及参数；

4. 模型中定义的资源信息，在仿真开始时它们的数量和位置。

在输入文件中，四种类型的资源如图 K.2 所示：

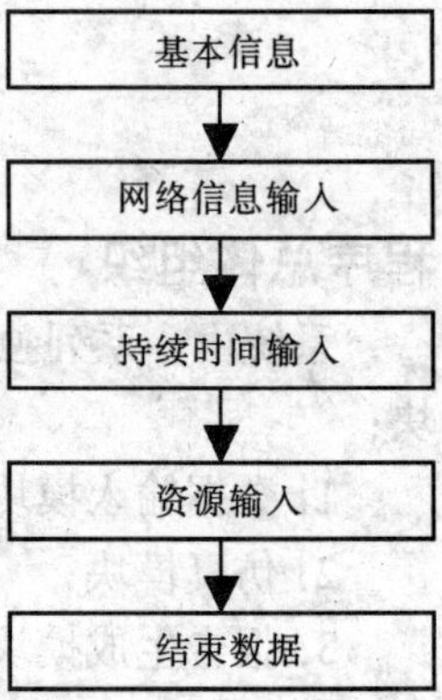

基本信息 → 网络信息输入 → 持续时间输入 → 资源输入 → 结束数据

图 K.2 输入文件程序

MicroCYCLONE 编译器使用户可以输入文件并在需要的时候编辑，然后将其转化成编译码以供后面的仿真使用。此阶段有两个技术性问题：

1. 所有的 CYCLONE 关键词都要大写；

2. 编译器只识别关键词的前三个字母，其他字母将被忽略，因此可选。

编译器可以检查一般性的输入错误及某些逻辑错误，但并不是完全可靠的。

在下面的部分将描述每种类型信息的适当参数及相应的过程。

系统一般信息

输入的第一类被称为系统一般信息，此部分包括网络的名字和一些程序参数，当用户选择了数据输入选项，计算机将出现以下提示行：

LINE # 1?

这是关于网络的第一行信息，必须包括系统一般信息的标准字头，定义如下：

NAME （进程名）LENGTH（运行时间）CYCLES（循环数）

NAME 用户自定义的指派给网络的关键词

LENGTH 仿真进行的时间长度，单位为时间单位。

CYCLES 仿真时进行的最大循环数，由处理模型中计数器中所记录的次数来决定。

注意 仿真将在满足以下任一条件时停止：运行时间或循环数。

示例： NAME TUNNEL LENGTH 100 CYCLES 10

网络信息输入

这一部分用于输入实际的过程网络，每条语句定义一个网络元素、特征及与网络中其他元素的逻辑关系。这部分的字头为：

NETWORK INPUT

字头要在 LINE # 2 输入。

MicroCYCLONE 网络中使用了以下四种元素：

1. COMBI（联合）；

2. NORMAL（一般）；

3. QUEUE（排队）；

4. FUNCTION（函数）。

每个元素要以独立的行来输入，如果某元素无法在屏幕的一行内完成，用户可以延续到下一行输入，只要不超过 254 字符，程序将自动把此作为一行或一个记录。

COMBI 工程任务

以下特征被用于定义 COMBI：

- 数字标志；
- 元素类型；
- 工程任务描述（可选）；
- 持续时间集合数；
- 先行的 QUEUE 节点；
- 后续节点。

一个 COMBI 元素输入语句的一般形式为：

(Label.C) <u>COMBI</u> 'descr.' <u>SET</u> (set) <u>PRE</u>C (labels.p) <u>FOLL</u> (labels.F)

其中：

1. 所有带下划线的字符是关键词，必须在语句中出现；
2. 括号中的字符不按上面的内容输入，相应的输入在下面说明；
3. (Label.C)：指定给 COMBI 的数字标志（如整数）；
4. 'descr.'：所定义 COMBI 的描述；
5. (set)：集合数（如整数标签），定义 COMBI 的持续时间参数；
6. (Labels.p)：此 COMBI 的先行节点；
7. (Labels.F)：此 COMBI 的后续节点。

<u>示例：</u>

17 COMBI 'LOAD TRK' SET 6 Preceders 2 5 FOLLOWERS 9 11 15

定义了一个数字标志为 17、描述为"LOAD TRK"的 COMBI 元素，其相应的时间参数在集合 6 中定义，其先行节点为 2 和 5，后续节点为 9、11 和 15。

注意：我们使用了每个关键词的首三个字符，如 FOLLOWERS 中的 FOL。

NORMAL 工程任务

一般工程的定义除了先行操作不需要说明之外和 COMBI 类似，NORMAL 元素需要的特征如下：

- 数字标志；
- 元素类型；
- 工程任务描述（可选）；
- 持续时间集合数；
- 后续节点。

NORMAL 元素输入语句的一般形式为：

(Label) NORMAL 'descr.' SET (set) FOLLOWERS (label of fol.)

<u>示例：</u>

23 NORMAL ‘Trk Return’ PARAMETER SET 4 FOLLOWERS 27 30

QUEUE 节点

定义 QUEUE 节点或者定义作为 GENERATE 函数的 QUEUE 节点需要的特征如下：

- 数字标签；
- 元素类型；
- QUEUE 节点名（可选）；
- GENERATE 函数和数字（需要时）。

GENERATE 函数的一般形式如下：

(Label) QUEUE ‘description’ GENERATE (number to be generated)

示例：

5 QUEUE ‘Loader Idel’

9 QUEUE ‘Truck Queue’ GENERATE 5

FUNCTION 节点

MicroCYCLONE 使用了两种不同的功能节点，COUNTER 和 CONSOLIDATE。累加（计数）函数节点的一般形式为：

(Label.C) FUNCTION COUNTER FOLL (Label.F) QUANTITY (QUANT.)

其中：

1. 所有带下划线的字符是关键词，必须在语句中出现。
2. 括号中的字符对应着下面的说明：
   a. (Label.C)：指定给函数的数字标志。
   b. (Label.F)：此 COUNTER 函数的后续节点。
   c. (Quant.)：每次循环所产生的生产性单元数量。

示例：

9 FUNCTION COUNTER FOLLOWERS 11 7 QUANTITY 1

CONSOLIDATE 函数节点的一般形式如下：

(Label.C) FUNCTION CONSOL (No.to Con.) FOLL (Label.F)

其中：

1. 所有带下划线的字符是关键词，必须在语句中出现。
2. 括号中的字符对应着下面的说明：
   a. (Label.C)：指定给函数的数字标志。
   b. (No.to Con.)：实体退出此节点之前合并的数量。
   c. (Label.F)：此 CONSOLIDATE 函数的后续节点。

示例：

3 FUNCTION CONSOLIDATE 5 FOLLOWERS 12

可能的曲线

联合节点和一般节点可以有两个或更多的可能曲线出口。

示例（参见图 K.3）

可能性加起来之和必须为 1.0。

3 NORMAL FOLLOWER 4 5 PROBABILITY .2 .8

这表明,元素 3(一般节点)中的实体 20%的时间流向元素 4,80%的时间流向元素 5。对于这种可能性分支,系统每次生成一个均匀分布的介于区间(0,1)的随机数,如果生成的数字小于 0.2,单元将转向 4,否则将转向 5。

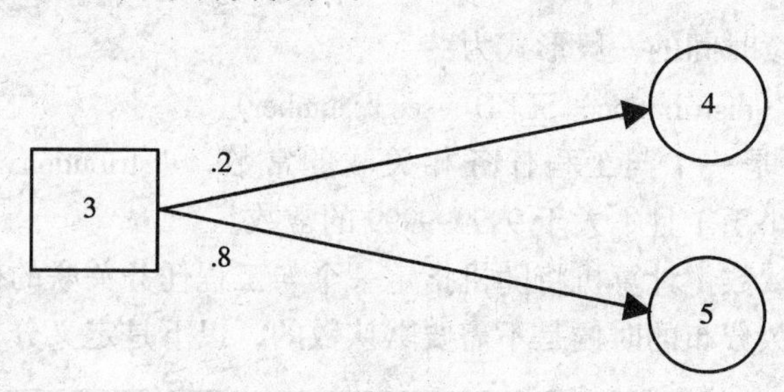

图 K.3 可能性分支

持续时间信息输入

每个任务元素都伴随着一个持续时间集合数，定义了持续时间类型及分布参数，MicroCYCLONE 可以识别两类任务—固定持续时间任务和非固定持续时间任务。

固定持续时间任务在相关任务重复的时候不需要对相应的持续时间参数进行修改，与固定持续时间任务不同，非固定持续时间任务的持续时间参数需要根据所定义的持续时间取样分布进行修改。

程序的输入模块可以识别的统计分布有：定数、均匀、三角、Beta、正态和指数。在使用这些分布的时候，用户需要输入所选分布的前三个字母，然后输入统计分布的参数，下面是定义每种分布的例子：

定数　　DETERMINISTIC PAR1

Par1　　描述持续时间的常数

均匀　　UNIFORM Par1 Par2

Par1　　持续时间的低值

Par2　　持续时间的高值

三角　　TRIANGULAR Par1 Par2 Par3

Par1　　持续时间的低值

Par2　　持续时间的中位数

Par3　　持续时间的高值

Beta　　BETA Par1 Par2 Par3 Par4

Par1　　持续时间的最低可能值

Par2　　持续时间的最高可能值

Par3　　Beta 分布的第一个形状参数

Par4　　Beta 分布的第二个形状参数

正态　　NORMAL Par1 Par2

Par1　　　　　　持续时间的均值

Par2　　　　　　持续时间的方差

指数　　　　　　　　EXPONENTIAL Par1

Par1　　　　　　持续时间的均值

固定持续时间

定义一个固定持续时间的一般形式为：

SET（set number）(distribution）SEED（seed Number）

其中：set number 是一个与工程任务相关联的常数，distribution 是上列分布的一种，seed number 是一个不小于 1 且不大于 999999999 的常数。

用户可以使用默认数，计算机将随机指定一个与工程任务关联的初始默认数。需要注意的是在定义一个定数分布的时候是不需要默认数的，以下是定义分布的几个例子：

Deterministic:	SET 2 DET 12
Beta:	SET 2 BET 10 15 12 .5 SEED 49483282
或者	SET 2 BET 10 15 12 .5

非固定持续时间

MicroCYCLONE 支持两种非固定持续时间。一种是在工程任务完成一定次数之后再修改持续时间参数，在经过一定数量的实施之后根据指定的增量值调整分布参数。第二种是在完成每次生产循环后即进行持续时间参数改变，此种情况下，持续时间参数根据指定的增量修改。两种类型的一般输入形式如下：

SET（set number）NST（distribution）Par1 Par2 SEED（seed no）

其中，Par1 表示持续时间参数调整的增量值（此参数在两种类型中都需要定义），Par2 表示进行持续时间参数修改所需要进行的次数（此参数在第一种类型中需要定义）。

其他参数的定义参照对固定持续时间的定义，以下是两种类型的例子：

第一种：

SET 1 NST DET 54 2.5 4（定数）

54　表示任务的持续时间

2.5　表示持续时间调整的增量值

4　表示持续时间（54）调整要经过的次数

第二种：

SET 1 NST BET 54 72 65.4 1.23 2.5 4 SEED 4849

或 SET 1 NST BET 54 72 65.4 1.23 2.5 4

54 72 65.4 1.23　　表示对应于低值、高值、均值、方差的持续时间参数

2.5　　表示持续时间参数（如低值、高值、均值）调整的增量值

4　　表示持续时间参数（如低值、高值、均值）调整要经过的次数

持续时间数据库的使用

持续时间输入的一个附加特点是与输入模块中根据 BETA 分布生成的持续时间数据文件兼容，这一过程如下：

在进行持续时间输入的时候，输入“SET (set number),”之后，不需要输入参数，可以只输入 REC 和记录名，例如，输入

SET 4 REC truck

可以使用在持续时间文件中经过 BETA 模块生成的以 truck 名字存储的参数，集合数为 4。

要看到文件是什么样子，在输入菜单中按 F10，会显示存储在 STAT.DST 文件中的记录。

注意：要使用这一功能，必须先在“数据文件（如 Beta）”模块中生成记录，这意味着在使用这一模块时可以把结果存储到文件（STAT.DST）中，只有这样，才可以通过记录名（如上例中的“truck”）或者记录号来引用这些记录。

设备～资源输入部分

在这一部分，用于网络处理的每一种资源类型的数量将被初始化，资源类型包括设备（起重机、卡车）、劳动力（混凝土浇注组）或者材料（一货盘砖）。初始化这些资源需要两项信息：网络中的数量单位和 QUEUE 节点为这些单位在网络中的起点。此部分的字头为 RESOURCE INPUT，必须放在这一部分的第一行。

输入的一般形式为：

(# of units) “description” <u>AT</u> (Label.N.) <u>VAR</u> (VC) <u>FIX</u> (FC)

其中：

1. 所有带下划线的字符是关键词，必须在语句中出现。
2. 括号中的字符对应着下面的说明：
   a. (No.units.)：此节点初始化的数量单位。
   b. (Label.N.)：单位被初始化的 QUEUE 节点的数字标志。
   c. (VC)：与这一单位相关联的可变成本。
   d. (FC)：与这一单位相关联的固定成本。

注意：<u>VAR</u> (VC) 和<u>FIX</u> (FC) 是可选的。

<u>示例</u>：

4 ‘trucks’ AT 8 VARIABLE 10.0 FIXED 25.5

可变成本是基于实际施工所设计的资源的小时成本（燃料、油、劳动力等），固定成本是只与施工无关（折旧、维护等）的成本，并转化成小时成本。可变成本主要用于设备操作，可变成本和固定成本列表并不是系统运行所必须的，是可选的输入。

结束数据

程序上的词“ENDDATA”表示 MicroCYCLONE 输入数据的结束，这也是网络数据输入的最后一行。在用户输入此行之后，会出现新一行的提示：

LINE # 43?

此时用户按 RETURN 即可离开输入模式。

重要提示

在进行模拟之前，新生成的输入数据必须先编译（按 F3），这是每次在 Edit Input 模式下进行数据修改和添加新信息之后都必须进行的。编译器将检查整个网络以确定没有基本的逻辑错误。逻辑错误将在编译结束之后列在屏幕上，只要有错误被修正，编译功能必须重新进行。

输入文件示例

程序语言	
	网络文件
LINE 1:	NAME SPREADING LENGTH 300000 CYCLE 30
LJNE 2:	NETWORK INPUT
LINE 3:	1 QUEUE ‘CROUND AVAILABLE’ GEN 30
LINE 4:	2 COMBl SET 1 ‘STOCKPILE SOIL’ PRE 1 3 FOLL 3 4
LINE 5:	3 QUE ‘DOZER IDLE’
LINE 6:	4 QUE ‘SOIL STOCKPILE AVAILABLE -
LINE 7:	5 QUE ‘EMPTY TRUCK A、7AILABLEt
LINE 8:	6 QUE ‘FRONT END LOADER IDLE’
LJNE 9:	7 COMBI ‘LOAD A TRUCK’ SET 2 PRE 4 5 6 FOL 8 18
LINE 10:	8 NORMAL ‘HAUL’ SET 3 FOL 9
LINE 11:	9 QUE ‘LOADED TRUCK QUEUE’
LINE 12:	10 COMBI ‘DUMP A LOAD’ SET 4 PRE 9 12 FOL 11 12 13
LINE 13:	11 NOR ‘EMP下Y TRUCK RETURN’ SET 5 FOL 5
LINE 14:	12 QUE ‘DUMP SPOTTER IDLE’
LINE 15:	13 QUE ‘DUMPED LOADS AVAILABLE’
LINE 16:	14 QUE’ DUMP DOZER IDLE’
LINE 17:	15 COM ‘SPREAD DIRT’ SET 6 PRE 13 14 FOL 16
LINE 18:	16 FUN COUNTER ‘ONE LOAD OF TRUCK SPREADED’ QUANTITY 1 FOL 14
LINE 19:	18 NORMAL SET 8 FOL 6 19 PROBABILITY O.8 O.2 SEED 9999991
LINE 20:	19 NORMAL ‘BRK DWN’ SET 7 FOLL 6
LINE 21:	DURATION INPUT
LINE 22:	SET l O.5
LINE 23:	SET 2 BETA O.94 9.33 2.09 1.2 SEED 1512
LINE 24:	SET 3 BETA 3.67 10.17 5.65 1.62 SEED 9343
LINE 25:	SET 4 0.5
LINE 26:	SET 5 BETA 2.67 9.82 4.52 1.33 SEED 2356
LINE 27:	SET 6 4.O
LINE 28:	SET 8 O
LINE 29:	SET 7 60.O
LINE 30:	RESOURCE INPUT
LINE 31:	1 ‘GROUND’ AT l
LINE 32:	1 ‘DOZER’ AT 3
LINE 33:	1 ‘F.E.L.’ AT 6
LINE 34:	7 ‘TRUCKS’ AT 5
LINE 35:	1 ‘DUMP SPOT.rER IDLE’ AT 12
LINE 36:	1 ‘DUMP DOZER’ AT 14
LINE 37:	ENDDATA

图 K.4 MicroCYCLONE 输入文件（示例）

图 K.4 为一个输入例子，表示的是土方搬运施工。此网络文件是根据正文中图 11.5 的 CYCLONE 模型编写的，在基本模型中增加了可能性分支和详细分类。

仿真模块

对一个生产系统建模的目的是检验资源流的相互作用、确定生产资源的空闲、寻找瓶颈并对系统的生产进行评价。仿真模块在 MicroCYCLONE 系统中被用于处理复杂系统。在仿真过程中，初始的资源根据工程任务的持续时间在网络中流动，这种流动通过使用与仿真时间相关的模拟时钟来控制。仿真时间基于常数持续时间或者对每项工程任务随即生成的时间。随着仿真时间的推进，资源流从一项工程任务流向另一个。当资源以循环方式在网络中流动时，某些特征如生产率（每小时立方英尺混凝土）和延迟数据被收集。另外，对于仿真时钟，一个计数器记录了资源流在网络中的循环次数。仿真过程将在仿真时钟达到一般信息输入中 LENGTH 所定义的时间或者计数器达到 CYCLES 定义的次数时停止。当定义这两个参数时，必须确定有足够多的循环次数，以使得系统脱离施工开始时的暂时阶段而进入稳定生产状态。

仿真模块可以从 MicroCYCLONE 的处理菜单进入，可以在主菜单中选择“RUN CYCLONE”选项。单色显示将只显示按顺序排列的列表，而图形仿真将提供生产率曲线。

网络逻辑汇总

这一表单将在仿真遇到问题时出现，或者可以通过菜单来得到，由两个描述系统元素逻辑关系的表单组成。第一个表包括对每个工程任务元素（联合与一般）及函数进行描述，典型的网络表单如下所示。

网络逻辑关系报告

NODE 2 COMBI PRECEDERS 19 FOLLOWERS 13

NODE 3 FUNCTION FOLLOWERS 4

NODE 4 NORMAL FOLLOWERS 5

NODE 6 COMBI PRECEDERS 5 7 FOLLOWERS 7 8

NODE 8 NORMAL FOLLOWERS 9

按 RETURN 键显示 QUES 节点。

第二个表描述了每一个 QUEUE 节点，再看例子：

队列内容报告

QUE 1 HAS 0 UNITS. IT IS INTIALIZED WITH 1 UNITS

QUE 5 HAS 0 UNITS. IT IS INTIALIZED WITH 0 UNITS

QUE 7 HAS 0 UNITS. IT IS INTIALIZED WITH 1 UNITS

QUE 9 HAS 0 UNITS. IT IS INTIALIZED WITH 4 UNITS

按 RETURN 键继续进行仿真。

这两个表被用于在继续进行仿真之前对网络进行双重检验。

是否要打印仿真结果（Y/N)?

屏幕上显示的输出是仿真结果的顺序列表，如果需要打印，用户必须确定打印机处于联机状态。当键入 Y 或者 N 之后，即开始进行过程网络的仿真。

图形比例调整

在仿真开始之前，用户可以调整生产力曲线的比例，默认值为：

- 50 次循环的生产率/小时；
- 480 分钟的总持续时间；
- 不打印仿真结果。

在选定比例时，如果仿真结果不适合屏幕显示，程序将自动调整比例以使整个图形都显示在屏幕上，但是程序不会增大小图形的比例，这一点必须由用户通过调整一个或两个比例来完成。图 K.5 所示的是一个仿真运行的图形输出。

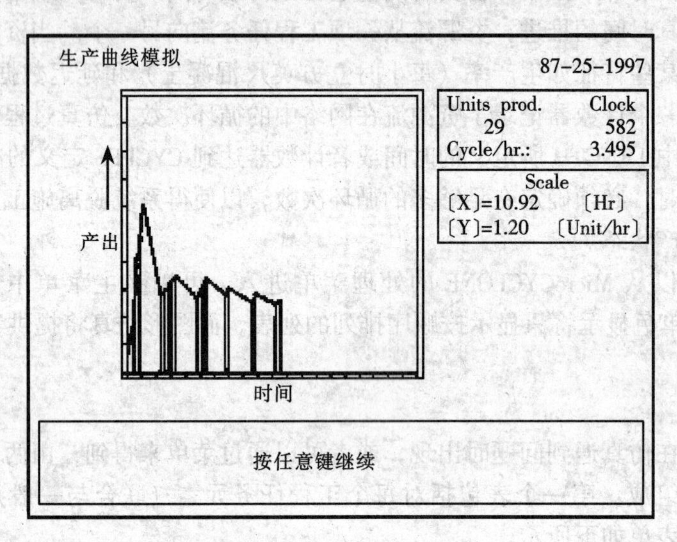

图 K.5 MicroCYCLONE 生产力曲线（示例）

报告模块

在 MicroCYCLONE 处理菜单中按 F3 即可进入报告模块，有两种报告模块可选，一种是单色屏幕列表，另一种只输出图形。以下只讨论报告列表。使用 MicroCYCLONE 的图形报告能力可以生成本文（参见第 11 章）中的空闲和生产曲线。

有五种报告类型可供选择，每一种报告描述不同的统计分类或仿真的结果。

报告模块菜单

1. 按元素生成报告；
2. 循环跟踪；
3. 按循环的生产报告；
4. 过程报告；
5. 网络逻辑报告；
6. 系统菜单。

报告格式的一个特点是不能在屏幕上一次显示所有报告内容，而是按页显示，屏幕下方将显示：

M – MAIN MENU R – REPEAT LAST PAGE C – CONTINUE

用户按 C 可以继续了解更多信息，按 R 可以返回浏览前面的信息，或者按 M 不看后面的数据而返回报告模块菜单。以下将分别讨论报告模块中的每一种报告。

按元素生成报告

第一个选项是按元素生成报告，通过按 F1 来选择，程序将显示以下子菜单：

按元素生成报告：

1. 按编号增序排列；
2. 输出用户指定的节点；
3. 先行和后续节点。

此报告的信息可以按三种形式显示，首先是所有网络节点信息的完整列表，先显示工程任务节点（联合和一般）报告，再显示队列，然后是函数节点。

工程任务报告

COUNT 表示工程任务进行的次数。

MEAN DUR 是完成工程任务的平均时间长度。

对于固定持续时间的工程任务，和参数集合中所定义的该节点的时间相同；对于非固定持续时间，将由程序生成持续时间的均值。

AR.TIME 是资源流到达此节点之间的平均时间。

AVE.NUM 表示某一特定工程任务涉及到的平均单元数。

%BUSY 表示工程任务在施工中的时间的百分比。

队列报告

AVE.WAIT 表示某一单元在转入下一个工程任务之前在队列中等待（或空闲）的平均时间，这是过程中发生延迟的重要指标。

AVG.UNIT 表示某一时间处于 QUEUE 节点的平均单元数。

UNITS END 表示在仿真结束时 QUEUE 节点中等待转入下一个工程任务的单元数。

函数报告

在函数报告中，COUNT 表示通过计数节点的资源单元的总数，也等于网络所经过的循环次数。STATISYICS BETWEEN 表示资源单元通过计数节点的平均时间。FIRST 表示第一个资源单元通过计数器的时间。

按元素生成报告的第二个选项使用户可以得到与第一个选项相同的报告，惟一的区别在于，第二个选项生成的是用户指定的节点的报告，而第一个选项生成的是所有节点的报告。

用户必须根据提示键入“所包含的节点数”，这取决于用户希望生成的报告中的节点数量。然后输入节点的标志即可生成报告。

按元素生产报告的第三个选项是对指定的联合节点的详细分析。在用户选择 3 之后，程序将询问需要检查的联合节点号。

联合节点的详细分析。

输入要分析的节点的编号。

用户输入联合节点的编号之后，程序即可显示上述报告。报告提供节点的统计输出以及所有的先行和后续节点。此选项只适用于联合节点，如果用户输入的节点号不是联合节点，程序将返回错误信息：

NODE <node number> IS NOT A COMBI

循环跟踪报告

此报告使用户可以及时监测工程任务在哪一个时间点完成。

T-NOW 表示工程任务某一特定循环开始的时间。

COUNTER 表示节点被使用的次数。

此报告的完整输出将显示每项工程任务的所有循环，知道计数器达到输入阶段所定义的循环数。

按循环的生产报告

此报告显示每循环每小时的生产，包括循环数、循环结束的仿真时间以及该时间的累计生产力。将显示系统起始阶段的影响并观测最终的稳定生产状态。可能会建议进行更多循环的仿真以达到稳定状态。

过程报告

此报告为每小时生产的数量汇总。用户需要输入一个施工因子来定义每小时的生产分钟数，每小时生产分钟数随特定工程条件的不同而不同，影响生产力的因素包括天气、设备类型和可用性、管理效率以及工程面的情况。如果没有详细的工程条件，系统假定每小时平均只有 50 分钟是完全生产时间。

如果仿真模型是基于实际的施工项目，现场施工时间已经处于延长期，那么可以使用完整的 60 分钟。

RUN LENGTH 表示仿真总时间。

NUMBER OF CYCLES 表示仿真循环的实际数。

其余的信息是自解释的。如果网络输入中没有成本信息，总成本和单位成本将为 0，如果资源输入的时候包含了可变和固定成本，成本结果也将在此显示。

网络逻辑报告

此报告包括两部分：所有工程任务和函数按数字顺序的列表，显示每一项的先行和后续元素；队列列表，显示仿真开始时每一队列的初始资源单元数以及仿真结束时队列中的单元数。

输入数据的统计分析（Beta 模块）

Beta 分布程序是 MicroCYCLONE 仿真包的支持模块。此程序是交互性的、菜单驱动的